建筑工程施工监理手册

(第 二 版)

欧震修　主　编
赵　琳
赵瑞清　副主编
黄苏生

中国建筑工业出版社

图书在版编目(CIP)数据

建筑工程施工监理手册/欧震修主编. —2版. —北京：
中国建筑工业出版社，2000
ISBN 978-7-112-04359-0

Ⅰ. 建… Ⅱ. 欧… Ⅲ. ①建筑工程-施工监督-手册②建筑工程-工程质量-质量控制-手册
Ⅳ. TU712-62

中国版本图书馆 CIP 数据核字(2000)第 43801 号

建筑工程施工监理手册
(第 二 版)
欧震修 主 编
赵 琳
赵瑞清 副主编
黄苏生

*

中国建筑工业出版社出版、发行(北京西郊百万庄)
各地新华书店、建筑书店经销
北京建筑工业印刷厂印刷

*

开本:850×1168毫米 1/32 印张:21½ 插页:4 字数:578千字
2001 年 5 月第二版   2008 年 6 月第十三次印刷
印数:39301—40300 册   定价:**38.00** 元
ISBN 978-7-112-04359-0
(9828)

版权所有 翻印必究
如有印装质量问题,可寄本社退换
(邮政编码 100037)

《建筑工程施工监理手册》第二版,是为了适应我国自 1996 年全面推行工程建设监理制以来,国家在监理工作方面所增加和修改的法律、法规,对原书大部分内容作了修改,所有实例采用近两年来发生的、资料更为翔实准确、对广大读者更有参考性的工程实例。

全手册共分八章,其内容包括:工程建设监理、工程建设监理组织与管理、施工监理中的合同管理、施工监理中的造价控制、施工监理中的进度控制、施工监理中的质量控制、建设监理信息管理及建筑工程施工监理实例。

本手册适用于土木工程施工监理人员和施工单位工程技术人员及土木类大专院校师生学习参考。

* * *

责任编辑 郦锁林

第二版前言

　　第一版第一次印刷于 1995 年 1 月,5 年来,特别是从 1996 年开始全国全面推行工程建设监理制以来,国家在监理工作方面所制定的法律、法规有新的增加和修改,能较全面、系统地为在全国推行工程建设监理制提供了法律、法规依据。由于参编人员在近五年来的监理工作实践中,又积累了较多的经验。为修改第一版和使第二版更富于实践性、先进性、科学性创造了有利条件。第一版截止于 2000 年 6 月,已印刷过八次。我们十分感谢广大读者对本手册的厚爱。为弥补第一版中的不足,急需使手册内容更体现当前监理工作发展的水平,因此对手册进行了全面的修订。

　　本手册第 1、2、5、8 章由欧震修编写,第 3 章由赵瑞清、王小平编写,第 4 章由黄苏生编写,第 6 章由赵琳、欧震修、欧谦、赵倩编写,第 7 章由欧谨、杨伯成编写。全手册由主编审核。

　　由于全国范围内的建筑工程施工监理工作还在不断发展和积累经验之中,为提高建筑工程施工监理水平,修改后的第二版能起到抛砖引玉的作用,手册中有缺点和不妥之处,敬请读者批评指正。

第一版前言

在我国推行工程建设监理，是基本建设管理体制的又一项重大改革，是社会主义市场经济发展的客观要求，是提高工程质量、加速工程进度、降低工程造价、提高经济效益的重大措施，也是研究和学习国际上工程管理先进经验的产物。

我国自1988年起在工程建设领域试行建设监理制度以来，已在全国范围内进行了数千个工程项目的监理，有数万人参加监理工作，建设监理单位已达数百个。通过六年来的监理工作实践，总结了经验，提高了理论水平，更可喜的是提高了人们对建设监理工作的认识，逐步克服着在建设管理上的传统观念，增强了人们对工程项目要求实行监理的自觉性和积极性，有些城市已明文规定对新开工的大中型项目实行建设监理的制度。建设监理事业的发展，进一步促使建设监理单位在独立、公正、科学、服务等特征上提高自身的水平，把我国的建设监理工作更迅速地与国际要求接轨。

工程项目建设监理的范围甚广，包括项目建设前期的可行性研究阶段、项目的设计阶段、项目的施工阶段和项目的保修阶段等各建设阶段多方面的监理工作。以工程类别区分，有建筑工程、道路桥梁工程、水利电力工程等土木工程方面的监理，另外有机械、化工、化纤、石油、冶金、动力等管道与设备安装工程方面的监理。本手册的任务是：结合目前面广、量大的建筑工程施工监理业务，以我们长期从事建筑工程施工所积累的经验和所掌握的理论知识，为读者在建筑工程施工监理业务上实现理论与实践相结合作出我们的贡献。

本手册由长期从事建筑工程施工的专家编写：欧震修编写第1、2、5章，赵瑞清、王小平编写第3章，黄苏生编写第4章，赵琳、葛正云、王守祥、周永凯编写第 6 章,杨伯诚、欧谨编写第 7 章,陈晓荣编写第 8 章。全手册由主编、副主编共同审核,最后由主编统稿。

本手册在编写过程中参阅了很多资料,对资料作者,本手册不能一一列出,特请鉴谅并表示感谢。另外还得到不少同志的指点和帮助,在此也表示感谢。

由于我们水平有限,手册中如有错误和不足之处,望广大读者批评指正。

目 录

1 工程建设监理 …………………………………………… 1
　1.1 工程建设监理的涵义 ……………………………… 1
　1.2 我国实行工程建设监理制的简况 ………………… 1
　1.3 政府监督管理与工程建设监理 …………………… 2
　　1.3.1 政府监督管理 ………………………………… 2
　　1.3.2 工程建设监理 ………………………………… 3
　1.4 建筑工程施工监理的主要内容、监理程序和监理手段 …… 4
　　1.4.1 施工监理的主要内容 ………………………… 4
　　1.4.2 施工监理程序 ………………………………… 6
　　1.4.3 施工监理程序实例 …………………………… 7
　　1.4.4 施工监理手段 ………………………………… 11
　1.5 工程建设监理法规 ………………………………… 12
　1.6 工程建设监理工作守则 …………………………… 15
　附件1.1 工程建设监理规定 ………………………… 16
2 工程建设监理组织与管理 …………………………… 22
　2.1 国内外工程建设监理组织模式 …………………… 22
　　2.1.1 国内工程建设监理组织模式 ………………… 22
　　2.1.2 国外工程建设监理组织模式 ………………… 23
　2.2 工程建设监理单位与委托 ………………………… 27
　　2.2.1 工程建设监理单位 …………………………… 27
　　2.2.2 工程建设监理的委托 ………………………… 28
　　2.2.3 工程建设监理的取费 ………………………… 31
　2.3 工程建设监理的组织机构与人员构成 …………… 33
　　2.3.1 工程建设监理的组织机构 …………………… 33
　　2.3.2 工程建设监理组织机构的人员配备 ………… 34

2.3.3 项目监理机构的人员组成 ………………………… 35
2.4.4 项目监理机构与人员组成实例 …………………… 36
2.4 监理工程师 ……………………………………………… 37
2.4.1 监理工程师的资质与素质 ………………………… 37
2.4.2 监理工程师岗位责任制 …………………………… 39
2.4.3 监理工程师守则 …………………………………… 43
附件2.1 工程建设监理单位资质管理试行办法 ………… 44
附件2.2 监理工程师资格考试和注册试行办法 ………… 56

3 施工监理中的合同管理 ……………………………………… 61
3.1 合同实务概论 …………………………………………… 62
3.1.1 合同的一般规定 …………………………………… 62
3.1.2 合同的法律基础 …………………………………… 63
3.1.3 涉及建设工程合同的法律制度 …………………… 66
3.1.4 经济合同法律制度 ………………………………… 67
3.2 施工合同及其管理 ……………………………………… 71
3.2.1 施工合同概论 ……………………………………… 71
3.2.2 施工合同的应用及其说明 ………………………… 74
3.2.3 施工合同管理 ……………………………………… 88
3.3 监理合同及其管理 ……………………………………… 100
3.3.1 监理合同概论 ……………………………………… 100
3.3.2 监理合同的应用及其说明 ………………………… 102
3.3.3 监理合同管理 ……………………………………… 112
3.4 施工索赔管理 …………………………………………… 117
3.4.1 索赔 ………………………………………………… 117
3.4.2 反索赔 ……………………………………………… 125
3.4.3 索赔值的计算 ……………………………………… 128
附件3.1 建设工程施工合同(示范文本) ………………… 132
附件3.2 建设工程委托监理合同(示范文本)
GF-2000-0202 ……………………………………………… 169

4 施工监理中的造价控制 ……………………………………… 180
4.1 建设工程造价控制的涵义 ……………………………… 180
4.1.1 建设程序和建设工程造价的构成 ………………… 181

4.1.2 建设工程造价管理 …………………………… 191
4.1.3 建设工程造价的控制 …………………………… 195
4.2 建设项目投资决策阶段的投资控制 …………………… 198
4.2.1 投资决策分类、监理的主要任务和投资控制措施 …… 198
4.2.2 可行性研究的内容及作用 …………………… 199
4.2.3 建设项目总投资估算 …………………………… 202
4.2.4 建设项目资金筹措 …………………………… 208
4.2.5 建设项目经济评价 …………………………… 211
4.3 建设项目设计阶段的投资控制 …………………… 213
4.3.1 初步设计概算的作用和组成内容 ………………… 213
4.3.2 建设项目设计阶段的投资控制措施 ……………… 215
4.3.3 初步设计概算编制方法 …………………………… 215
4.3.4 影响设计方案主要的经济性因素 ………………… 232
4.3.5 初步设计概算的审查 …………………………… 235
4.3.6 设计阶段控制投资的主要方法 …………………… 238
4.4 建设项目招标发包阶段的投资控制 …………………… 241
4.4.1 基本建设项目投资包干责任制 …………………… 241
4.4.2 建设项目招标发包阶段的投资控制措施 ………… 244
4.4.3 建筑安装工程造价构成 …………………………… 245
4.4.4 施工图预算的编制和审查 ………………………… 249
4.4.5 招标发包阶段的工程造价控制 …………………… 260
4.5 建设项目施工阶段的投资控制 …………………… 270
4.5.1 施工阶段投资控制的基本原理和控制任务 ……… 270
4.5.2 建设项目施工阶段的投资控制措施 ……………… 271
4.5.3 工程变更控制 …………………………… 273
4.5.4 工程计量与支付的控制 …………………………… 278
4.5.5 加强对项目投资支出的分析和预测 ……………… 294
4.5.6 工程决(结)算的编制和审查 …………………… 295
4.5.7 建设项目竣工决算的编制和审查 ………………… 298

5 施工监理中的进度控制 …………………………… 303
5.1 招标阶段的进度控制 …………………………… 303
5.1.1 提出招标申请 …………………………… 303

5.1.2　编制招标文件和标底 …………………………………… 309
　　5.1.3　组织投标、开标、评标、定标 …………………………… 312
　　5.1.4　与中标单位商签承包合同………………………………… 326
5.2　施工进度计划的审定 …………………………………………… 329
5.3　网络计划技术 …………………………………………………… 331
　　5.3.1　双代号网络图的绘制 ……………………………………… 331
　　5.3.2　双代号网络图的时间参数计算 …………………………… 332
　　5.3.3　双代号时标网络计划的绘制 ……………………………… 333
5.4　施工阶段的进度控制 …………………………………………… 340
　　5.4.1　施工实际进度的数据收集………………………………… 340
　　5.4.2　施工实际进度的数据分析 ………………………………… 341
　　5.4.3　施工进度计划的调整 ……………………………………… 348
5.5　施工总进度计划的控制与优化 ………………………………… 354
　　5.5.1　施工总进度计划的控制 …………………………………… 354
　　5.5.2　施工总进度计划的优化 …………………………………… 357
附件5.1　中华人民共和国招标投标法 …………………………… 358
附件5.2　工程网络计划技术规程 ………………………………… 370
附件5.3　建筑安装工程工期定额 ………………………………… 405

6　施工监理中的质量控制 ……………………………………… 455
6.1　质量和工程质量 ………………………………………………… 455
　　6.1.1　质量和工程质量 …………………………………………… 455
　　6.1.2　工程质量和工程施工质量………………………………… 457
　　6.1.3　几个重要的质量术语 ……………………………………… 458
6.2　施工质量保证体系 ……………………………………………… 459
　　6.2.1　施工质量保证体系的原则………………………………… 459
　　6.2.2　施工质量保证体系的结构和程序 ………………………… 460
6.3　施工准备阶段的质量控制 ……………………………………… 467
　　6.3.1　施工图的质量控制 ………………………………………… 467
　　6.3.2　施工组织设计的质量控制………………………………… 469
　　6.3.3　工程测量的质量控制 ……………………………………… 470
　　6.3.4　施工人员的质量控制 ……………………………………… 471
　　6.3.5　施工机具的质量控制 ……………………………………… 471

  6.3.6 开工报告的控制 ·················· 472
6.4 施工过程的质量控制 ···················· 473
  6.4.1 施工过程的质量控制要领············· 473
  6.4.2 施工过程的质量预控 ················ 475
  6.4.3 材料、构配件的质量控制 ············· 476
  6.4.4 样板间、样板层的质量控制 ············ 484
  6.4.5 桩基(常见)工程质量控制要点 ·········· 485
  6.4.6 钢筋混凝土主体结构质量控制要点 ······· 495
  6.4.7 铝合金门、窗和玻璃幕墙工程质量控制要点 ······ 506
  6.4.8 地面与楼面工程质量控制要点 ·········· 512
  6.4.9 装饰工程质量控制要点 ··············· 520
  6.4.10 工程测量质量控制要点 ·············· 528
6.5 竣工验收质量等级的综合评定 ············· 530
  6.5.1 工程质量评定项目的划分 ············· 530
  6.5.2 工程质量评定等级标准 ··············· 534
  6.5.3 工程质量的评定 ···················· 535
  6.5.4 工程质量验收方法 ·················· 537
  6.5.5 工程项目的竣工验收 ················ 547
  6.5.6 工程资料的验收 ···················· 552
6.6 保修阶段工程质量的回访 ················· 553
  6.6.1 保修回访制度 ······················ 553
  6.6.2 产品使用交底 ······················ 554
附件6.1 建设工程质量管理条例(国务院279
号令 2000/1/30) ································ 556
7 建设监理信息管理 ························· 570
 7.1 建筑工程监理信息及其管理 ··············· 570
   7.1.1 信息的概念 ······················· 570
   7.1.2 建筑工程监理信息管理 ·············· 574
 7.2 监理管理信息系统 ······················ 581
   7.2.1 监理管理信息系统的涵义 ············ 581
   7.2.2 监理管理信息系统的作用 ············ 581
   7.2.3 监理管理信息系统的结构形式 ········· 581

    7.2.4 监理管理信息系统的模型 …………………………… 582

    7.2.5 监理管理信息系统的建立 …………………………… 583

  7.3 监理管理信息系统的主要内容 ………………………… 587

    7.3.1 投资控制子系统 ……………………………………… 587

    7.3.2 进度控制子系统 ……………………………………… 588

    7.3.3 质量控制子系统 ……………………………………… 591

    7.3.4 合同管理子系统 ……………………………………… 593

  7.4 建设监理施工阶段常用表格及编制说明 ……………… 596

8 建筑工程施工监理实例 …………………………………… 639

  8.1 工程概况 …………………………………………………… 639

  8.2 工程主体施工监理规划 ………………………………… 639

  8.3 工程施工监理细则 ……………………………………… 645

  8.4 工程施工监理程序 ……………………………………… 646

  8.5 工程进度控制 …………………………………………… 650

  8.6 工程质量控制 …………………………………………… 650

  8.7 工程投资控制 …………………………………………… 659

  8.8 工程组织协调 …………………………………………… 661

  8.9 工程监理常用表式 ……………………………………… 662

主要参考文献 ………………………………………………………… 676

1 工程建设监理

1.1 工程建设监理的涵义

建设部、国家计委建监(1995)737号文件《工程建设监理规定》第一章第三条称:工程建设监理是指监理单位受项目法人的委托,依据国家批准的项目建设文件,有关工程建设的法律、法规和工程建设监理合同及其他工程建设合同,对工程建设实施的监督管理。上述涵义中说明了三点:

其一,工程建设监理一定要受项目法人的委托,委托是通过项目法人与监理单位法人之间订立的合同来实现。委托不是聘用,委任不是代理。因此,监理工作一定要独立自主地进行。

其二,工程建设监理的依据是项目建设文件,工程建设的法律、法规,工程建设监理合同及其他工程建设合同,如材料、设备供应合同,施工承包合同等。即监理工作是依法监理,凭数据说话,不可随心所欲。

其三,对工程建设实施监督管理,监督是指对投资、进度、质量目标的监控;管理是指对合同、信息、现场文明施工、安全生产的管理。监督管理的核心工作是做好组织协调工作。

1.2 我国实行工程建设监理制的简况

工程建设监理是商品经济发展的产物。当资本占有者在进行一项新的投资时,可委托监理单位进行可行性研究,制定投资决策等咨询服务;项目确定后,又可委托监理单位参与项目招标活动,从事项目管理服务。随着商品经济的不断发展,工程建设监理业务将进一步得到充实和完善,逐渐成为工程建设程序的组成部分和工程实施的国际惯例。

我国政府提倡在工程建设中实行建设监理制度,始于1988年。建设部《关于开展建设监理工作的通知》(88)建建字第142号文件,对这种制度的实施作了明确的规定。1988年后建设部为了推进建设监理工作的稳步发展,提出了"试点起步,法规先导,形式多样,讲究实效,逐步提高,健康发展"的指导方针。事后相继经历了试点和稳步发展阶段,使监理工作在控制投资,确保工程质量和进度方面取得明显成效;监理组织、工作程序和监理方法等方面已向规范化迈进。工程建设监理经历了八年的实践后,从1996年开始工程建设监理在全国范围内进入全面推行阶段。截止于1996年底,全国已经有31个省、自治区、直辖市和国务院44个部委在不同程度上实施了工程建设监理制。据工程建设监理制推行较早、较广的江苏省建设委员会(1999)第8号公告称:江苏省到1998年底,全省共有监理单位219家,其中甲级22家,乙级121家,丙级76家,从业人员约7000人,监理工程覆盖面达到40%以上,全省已有713人经注册取得国家监理工程师岗位证书。

1.3 政府监督管理与工程建设监理

1.3.1 政府监督管理

政府监督管理是指政府制订有关法律、法规并通过政府有关部门对工程建设实施中的投资主体(投资者)、承建主体(承建商)、管理主体(监理单位)实行纵向的、宏观的、强制性的、执法性的监督管理。

对投资者的监督管理,包括审批建设项目可行性报告、立项计划、设计任务书;审查资金来源;审批工程建设项目的开工、竣工报告;控制建设规模;推行工程建设设计、施工、监理的招投标制度;实施建筑工程施工许可证制度等。

对承建商的监督管理,包括审批从业资格,确定资质等级;管理招标投标活动;检查工程质量,评定工程质量等级;检查工程安全生产和文明施工等。

对监理单位的监督管理,包括审批从业资格,确定资质等级;组织监理工程师的资格考核,颁发证书;指导和管理监理工作等。

1.3.2 工程建设监理

工程建设监理是指监理单位接受投资者的委托和授权,为其提供高智能监督管理服务。有关服务范围,是通过工程建设监理合同体现。一个建设项目可以是全过程、全方位监理;也可以分为项目可行性研究;工程招标投标;工程勘察、设计;工程施工;工程材料、设备选购;工程保修等某个阶段的监理。或某阶段中某项目标的监理。一个建设项目可以根据各阶段的需要和监理单位的实力及其中标的可能性,可以委托一个监理单位实施监理,也可以委托几个监理单位进行监理。

目前,工程建设监理一般分为二个大阶段,见表1.1。大多数监理单位是参与工程建设施工阶段的监理工作。监理单位针对勘察、设计单位或施工单位的勘察、设计活动或施工活动,进行横向的、平等的、微观的、委托性的民间监理。并具有独立、公正、科学、服务等特征。

设计阶段与施工阶段监理内容 表1.1

阶 段		内　　容
设 计	前 期	(1) 建设项目的可行性研究 (2) 参与设计任务书的编制
	设计实施	(1) 提出设计要求,组织评选设计方案 (2) 协助评选勘察设计单位,商签勘察设计合同,并组织实施 (3) 审查设计文件和概(预)算

续表

阶段		内容
施工	招投标	(1) 准备与发送招标文件 (2) 协助评审投标书,提出决标意见 (3) 协助建设单位与承建单位签订承包合同 (4) 协助建设单位与承建单位编写开工报告 (5) 确定总承建单位选择的分包单位等
	施工实施	(1) 审批承建单位进度计划 (2) 检查施工进度、施工质量 (3) 验收工程,签发付款凭证 (4) 督促承建单位全面履行工程合同,调解合同争端 (5) 组织设计与施工单位核验竣工工程 (6) 审查工程结算等
	保修	(1) 负责检查工程使用状况 (2) 鉴定工程质量问题的责任 (3) 督促保修等

1.4 建筑工程施工监理的主要内容、监理程序和监理手段

1.4.1 施工监理的主要内容

建设部、国家计委建监(1995)737号文件《工程建设监理规定》中第三章第九条"工程建设监理的主要内容是控制工程建设的投资、建设工期和工程质量;进行工程建设合同管理,协调有关单位间的工作关系"。

按国际惯例,施工监理的内容可用图1.1表示。

根据我国监理工作经验,施工监理的内容可用图1.2表示。

1.4 建筑工程施工监理的主要内容、监理程序和监理手段

图1.1 施工阶段监理内容图解之一

其具体工作内容主要有下列11项任务：

（1）协助建设单位与承建单位编写开工报告；

（2）确认承建单位选择的分包单位；

（3）审查承建单位提出的施工组织设计、施工技术方案和施工进度计划，提出改进意见；

（4）审查承建单位提出的材料和设备清单及其所列的规格与质量；

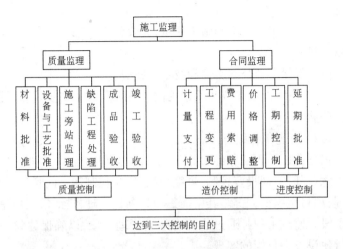

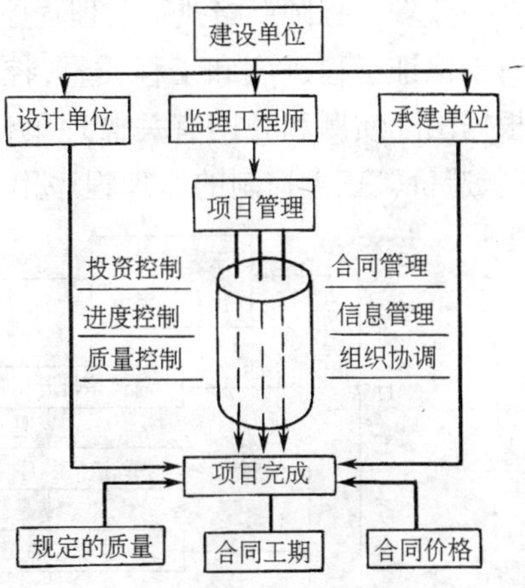

图1.2 施工阶段监理内容图解之二

（5）督促、检查承建单位严格执行工程承包合同和工程技术标准；

（6）调解建设单位与承建单位之间的争议；

（7）检查工程使用的材料、构件和设备的质量，检查安全防护

设施；

（8）检查工程进度和施工质量，验收分部分项工程，签署工程付款凭证；

（9）督促整理合同文件和技术档案资料；

（10）组织设计单位和承建单位进行工程竣工初步验收，提出竣工验收报告；

（11）审查工程结算。

根据我国监理工作经验，施工阶段的监理内容，可用图 1.2 表示为六项任务：即投资控制，进度控制，质量控制和合同管理，信息管理，项目组织协调等。其中前三项是项目管理目标，后三项是管理手段。监理工程师通过这些有效的管理手段，以确保建设单位项目建设三大目标的实现。

1.4.2 施工监理程序

监理工程师严格执行监理程序，以控制承建单位的施工程序，对于保证工程进度和工程质量，控制工程造价都是十分有益的。根据国际惯例和我国有关监理单位的实践经验，对工程质量、进度、造价等三大控制的监理程序用下列框图表示。图 1.3 为工程

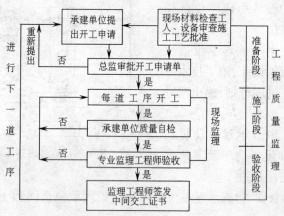

图 1.3 工程质量监理程序图

质量监理程序图,图1.4为工程进度监理程序图,图1.5为工程造价监理程序图。

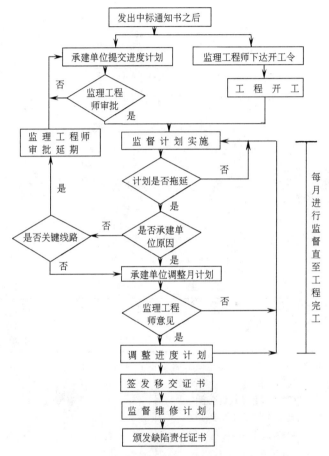

图1.4 工程进度监理程序图

1.4.3 施工监理程序实例

我国某监理公司实行的施工监理程序如图1.6所示。
图1.6中的有关工序管理,见表1.2。

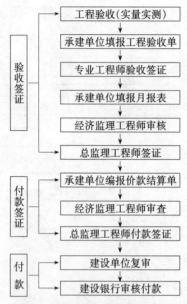

图 1.5 工程造价监理程序图

工 序 管 理 表   表 1.2

序号	工序名称	工作内容	工作人员		工作成果	工作准则(依据)	主要质量管理点	信息反馈
			负责人	配合人				
1	任务委托	(1)建设单位提出"委托任务书" (2)建设单位提供全套完整施工图及有关工程承包合同资料 (3)提供施工图阶段工程地质报告 (4)根据任务情况结合公司的技术上、人力上和安排上考虑,向主管领导汇报,由主管领导决定是否承接	经营计划室 经营计划室总经理	监理室	(1)取得甲方委托任务书及有关图纸资料 (2)决定任务承接,签署任务承接单			

1.4 建筑工程施工监理的主要内容、监理程序和监理手段

续表

序号	工序名称	工作内容	工作人员 负责人	工作人员 配合人	工作成果	工作准则（依据）	主要质量管理点	信息反馈
2	确定人员签订合同	(1) 确定项目总监理工程师及有关专业监理人员 (2) 摸清任务条件及具体内容 (3) 草拟合同条款 (4) 草签合同 (5) 签订合同	总经理 总监理工程师 经营计划室 主管领导	监理室经营计划室监理室专业人员项目总监理工程师	(1) 确定项目总监理工程师及监理组专业人员 (2) 取得正式合同	依照有关合同法规制定		
3	制定监理工作计划及准备工作	(1) 项目总监理工程师向监理组成员介绍任务情况 (2) 各专业监理工程师熟悉、消化施工图及有关设计资料 (3) 各专业提出图纸会审意见 (4) 根据合同规定拟定监理内容及监理权限（因目前国家尚无法规，结合监理项目情况与甲方商量拟定） (5) 进驻现场准备工作，确定进驻日期	项目总监理工程师 各专业监理工程师 专业工程师 项目总监理工程师	各专业监理工程师	(1) 制定监理内容和权限 (2) 制定监理组内部管理办法 (3) 提出图纸会审意见	按合同规定内容及监理文件		
4	审查施工组织设计和施工方案	(1) 组织各专业监理工程师认真审查各自有关施工组织设计 (2) 汇总对施工组织设计的审查意见 (3) 与施工单位磋商施工组织设计的审查意见	项目总监理工程师 项目总监理工程师 项目总监理工程师	各专业监理工程师	通过施工组织设计的审查认可工作，提出书面意见			

续表

序号	工序名称	工作内容	工作人员 负责人	工作人员 配合人	工作成果	工作准则（依据）	主要质量管理点	信息反馈
5	现场随机核查施工质量	监督施工单位严格按规范标准和设计图纸施工,在整个施工过程不同阶段进行现场随机核查,主要抓以下工作 (1) 检查施工计划进度 (2) 审查和会签设计变更、工地洽商 (3) 核定主要材料和主要设备 (4) 核定施工试验报告 (5) 检查隐蔽工程,签署"预检"和"隐蔽"记录 (6) 审阅"施工记录"和"安装记录" (7) 审查工程价款和付款申请 (8) 参加水、暖、电、通风有关系统试压和试运行工作	各专业监理工程师		控制工程质量进度和投资	有关设计施工规范和设计文件		
6	工程验收	(1) 项目总监理师组织各专业的阶段验收工作 (2) 参加建设单位组织的工程竣工验收工作 (3) 审查工程竣工决算 (4) 审查施工单位提出的竣工图及有关技术资料	项目总监理工程师建设单位经济监理工程师项目总监理工程师	专业监理工程师项目总监理公司总工及专业工程师各专业监理工程师	正式工程竣工验收报告、竣工图及施工技术条件	依据国家有关工程验收的规定办理		

1.4 建筑工程施工监理的主要内容、监理程序和监理手段

续表

序号	工序名称	工作内容	工作人员 负责人	工作人员 配合人	工作成果	工作准则（依据）	主要质量管理点	信息反馈
7	监理工作的总结和评定	(1)总结监理组实施监理经验教训 (2)整理监理的技术资料做好归档工作 (3)监理工作质量评定	项目总监理工程师 公司总工程师 监理室主任	监理工程师 总监理工程师	监理总结			

1.4.4 施工监理手段

按照国际惯例的施工监理,通常采用以下手段(见表1.3),对工程进行全面管理。目前,我国监理公司也广泛采用这些手段进行工程施工监理。

施工监理手段与实施办法　　　　　　　表1.3

序号	监理手段	实　施　办　法
1	旁站监理	监理人员在承建单位施工期间,用全部或大部分时间在施工现场对承建单位的施工活动进行跟踪监理。发现问题便可及时指令承建单位予以纠正。以减少质量缺陷的发生,保证工程的质量和进度
2	测量	监理工程师利用测量手段,在工程开工前核查工程的定位放线;在施工过程中控制工程的轴线和高程;在工程完工验收时测量各部位的几何尺寸、高度等
3	试验	监理工程师对项目或材料的质量评价,必须通过试验取得数据后进行。不允许采用经验,目测或感觉评价质量
4	严格执行监理程序	如未经监理工程师批准开工申请的项目不能开工,这就强化了承建单位做好开工前的各项准备工作;没有监理工程师的付款证书,承建单位就得不到工程付款,这就保证了监理工程师的核心地位

续表

序号	监理手段	实施办法
5	指令性文件	监理工程师应充分利用指令性文件,对任何事项发出书面指示,并督促承建单位严格遵守与执行监理工程师的书面指示
6	工地会议	是监理工程师与承建单位讨论施工中的各种问题,必要时,可邀请建设单位或有关人员参加。在会上监理工程师的决定具有书面函件与书面指示的作用。因此,监理工程师可通过工地会议方式发出有关指示
7	专家会议	对于复杂的技术问题,监理工程师可召开专家会议,进行研究讨论。根据专家意见和合同条件,再由监理工程师作出结论。这样可减少监理工程师处理复杂技术问题的片面性
8	计算机辅助管理	监理工程师利用计算机,对计量支付、工程质量、工程进度及合同条件进行辅助管理
9	停止支付	监理工程师应充分利用合同赋予的在支付方面的充分权力,承建单位的任何工程行为达不到监理工程师的满意,都应有权拒绝支付承建单位的工程款项。以约束承建单位认真按合同规定的条件完成各项任务
10	会见承建单位	当承建单位无视监理工程师的指示,违反合同条件进行工程活动时,由总监理工程师(或其代表)邀见承建单位的主要负责人,指出承建单位在工程上存在的问题的严重性和可能造成的后果,并提出挽救问题的途径。如仍不听劝告,监理工程师可进一步采取制裁措施

1.5 工程建设监理法规

工程建设监理的一个显著特点,是以国家法律、法规、规章、规范作为依据。因此,健全法规体系是我国推行工程建设监理制度

的一项主要内容,国家从监理工作试点阶段开始就以法规建设为先导。目前,我国有关监理工作的法规主要有:

《中华人民共和国建筑法》;建设部、国家计委建监(1995)737号文件《工程建设监理规定》;建设部、国家工商局建监(1995)547号文件《工程建设监理合同》;建设部第16号令《工程建设监理单位资质管理试行办法》;建设部第18号令《监理工程师资格考试和注册试行办法》;国家物价局、建设部(1992)价费字479号《关于发布工程建设监理费用有关规定》等一系列有关监理工作的法律、法规。还有各级地方政府制定的与国家制定的法律、法规相配套的地方性法规。这为监理工作的顺利开展,建立了良好的法律基础。近来,在我国工程建设监理工作中常用的法律、法规、规章、规范等见表1.4。

我国工程建设监理中常用的法规、规范　　　表1.4

类别	名称	发布单位
监理管理	(1)《中华人民共和国建筑法》(1997)	全国人民代表大会
	(2)《工程建设监理规定》(1995)	建设部、国家计委
	(3)《工程建设监理单位资质管理试行办法》(92)第16号令	建设部
	(4)《监理工程师资格考试和注册试行办法》(92)第18号令	建设部
	(5)《关于发布工程建设监理费有关规定的通知》(92)价费字479号	国家物价局、建设部
	(6)《工程建设监理招标投标实施办法》	省、市、自治区
招标投标管理	(7)中华人民共和国招标投标法(1999)	全国人民代表大会
	(8)《工程建设施工招标投标管理办法》(92)第23号令	建设部
	(9)《建设工程招标投标管理办法》	省、市、自治区

续表

类别	名称	发布单位
合同管理	(10)《中华人民共和国经济合同法》(1993)	全国人民代表大会常务委员会
	(11)《建设工程委托监理合同(示范文本)》GF—2000—0202	建设部、国家工商行政管理局
	(12)《建筑安装工程承包合同条例》国发[1983]122号	国务院
合同管理	(13)《建设工程施工合同》(示范文本)	建设部、国家工商行政管理局
	(14)《中华人民共和国经济合同法仲裁条例》国发[1983]119号	国务院
	(15)《中华人民共和国合同法》(1999)	全国人民代表大会
	(16)《土木工程施工合同条件》	FIDIC,国际通用条款
质量管理	(17)《建设工程质量管理办法》(1993)第29号令	建设部
	(18)《建设项目(工程)竣工验收办法》(1990)计建设1215号	国家计委
	(19)《建筑装饰装修管理规定》(1995)第46号令	建设部
	(20)建设工程质量管理条例(2000.1.30 第279号令)	国务院
安全生产文明施工管理	(21)《建筑安全生产监督管理规定》(1991)第13号令	建设部
	(22)《建设工程施工现场管理规定》(1991)第15号令	建设部
设计、施工资质管理	(23)《工程勘察和工程设计单位资质管理办法》(1991)	建设部
	(24)《建筑业企业资质管理规定》(1995)第48号令	建设部

续表

类别	名称	发布单位
技术规范	(25)《建筑设计规范》 (26)《建筑结构设计规范》 (27)《建筑工程施工及验收规范》 (28)《建筑材料的质量标准及检验方法》	建设部等 建设部等 建设部等 建设部等
定额	(29)《全国统一建筑工程基础定额》(土建)(1995) (30)《全国统一建筑工程预算工程量计算规则》(1995) (31)《全国统一建筑工程基础定额××省估价表》	建设部 建设部… ××省建委

1.6 工程建设监理工作守则

(1) 工程建设监理应依照法律、法规及有关的技术标准、设计文件和建筑工程承包合同,对承包单位在施工质量、建设工期和建设资金使用等方面实施监督。

(2) 工程监理单位应当按照"公正、独立、自主"的原则,开展工程建设监理工作,公平地维护项目法人和被监理单位的合法利益。

(3) 工程监理单位应当在其资质等级许可的监理范围内承担工程监理业务,并不得转让工程监理业务。

(4) 工程监理单位与被监理工程的承包单位以及建筑材料、建筑配件和设备供应单位不得有隶属关系或其他利害关系。

(5) 工程监理单位不履行监理合同义务,给建设单位造成损失的,应当承担相应的赔偿责任。

附件1.1

工程建设监理规定

第一章 总 则

第一条 为了确保工程建设质量,提高工程建设水平,充分发挥投资效益,促进工程建设监理事业的健康发展,制定本规定。

第二条 在中华人民共和国境内从事工程建设监理活动,必须遵守本规定。

第三条 本规定所称工程建设监理是指监理单位受项目法人的委托,依据国家批准的工程项目建设文件、有关工程建设的法律、法规和工程建设监理合同及其他工程建设合同,对工程建设实施的监督管理。

第四条 从事工程建设监理活动,应当遵循守法、诚信、公正、科学的准则。

第二章 工程建设监理的管理机构及职责

第五条 国家计委和建设部共同负责推进建设监理事业的发展,建设部归口管理全国工程建设监理工作。建设部的主要职责:

(一)起草并商国家计委制定、发布工程建设监理行政法规,监督实施;

(二)审批甲级监理单位资质;

(三)管理全国监理工程师资格考试、考核和注册等项工作;

(四)指导、监督、协调全国工程建设监理工作。

第六条 省、自治区、直辖市人民政府建设行政主管部门归口管理本行政区域内工程建设监理工作,其主要职责:

(一)贯彻执行国家工程建设监理法规,起草或制定地方工程建设监理法规并监督实施;

(二)审批本行政区域内乙级、丙级监理单位的资质,初审并推荐甲级监理单位；

（三）组织本行政区域内监理工程师资格考试、考核和注册工作；

（四）指导、监督、协调本行政区域内的工程建设监理工作。

第七条 国务院工业、交通等部门管理本部门工程建设监理工作，其主要职责：

（一）贯彻执行国家工程建设监理法规，根据需要制定本部门工程建设监理实施办法，并监督实施；

（二）审批直属的乙级、丙级监理单位资质，初审并推荐甲级监理单位；

（三）管理直属监理单位的监理工程师资格考试、考核和注册工作；

（四）指导、监督、协调本部门工程建设监理工作。

第三章 工程建设监理范围及内容

第八条 工程建设监理的范围：

（一）大、中型工程项目；

（二）市政、公用工程项目；

（三）政府投资兴建和开发建设的办公楼、社会发展事业项目和住宅工程项目；

（四）外资、中外合资、国外贷款、赠款、捐款建设的工程项目。

第九条 工程建设监理的主要内容是控制工程建设的投资、建设工期和工程质量；进行工程建设合同管理，协调有关单位间的工作关系。

第四章 工程建设监理合同与监理程序

第十条 项目法人一般通过招标投标方式择优选定监理单位。

第十一条 监理单位承担监理业务，应当与项目法人签订书面工程建设监理合同。工程建设监理合同的主要条款是：监理的范围和内容、双方的权利与义务、监理费的计取与支付、违约责任、双方约定的其他事项。

第十二条 监理费从工程概算中列支,并核减建设单位的管理费。

第十三条 监理单位应根据所承担的监理任务,组建工程建设监理机构。监理机构一般由总监理工程师、监理工程师和其他监理人员组成。

承担工程施工阶段的监理,监理机构应进驻施工现场。

第十四条 工程建设监理一般应按下列程序进行:

(一) 编制工程建设监理规划;

(二) 按工程建设进度,分专业编制工程建设监理细则;

(三) 按照建设监理细则进行建设监理;

(四) 参与工程竣工预验收,签署建设监理意见;

(五) 建设监理业务完成后,向项目法人提交工程建设监理档案资料。

第十五条 实施监理前,项目法人应当将委托的监理单位、监理的内容、总监理工程师姓名及所赋予的权限,书面通知被监理单位。

总监理工程师应当将其授予监理工程师的权限,书面通知被监理单位。

第十六条 工程建设监理过程中,被监理单位应当按照与项目法人签订的工程建设合同的规定接受监理。

第五章 工程建设监理单位与监理工程师

第十七条 监理单位实行资质审批制度。

设立监理单位,须报工程建设监理主管机关进行资质审查合格后,向工商行政管理机关申请企业法人登记。

监理单位应当按照核准的经营范围承接工程建设监理业务。

第十八条 监理单位是建筑市场的主体之一,建设监理是一种高智能的有偿技术服务。

监理单位与项目法人之间是委托与被委托的合同关系;与被监理单位之间是监理与被监理的关系。

监理单位应按照"公正、独立、自主"的原则,开展工程建设监理工作,公平地维护项目法人和被监理单位的合法权益。

第十九条 监理单位不得转让监理业务。

第二十条 监理单位不得承包工程,不得经营建筑材料、构配件和建筑机构、设备。

第二十一条 监理单位在监理过程中因过错造成重大经济损失的,应承担一定的经济责任和法律责任。

第二十二条 监理工程师实行注册制度。

监理工程师不得出卖、出借、转让、涂改《监理工程师岗位证书》。

第二十三条 监理工程师不得在政府机关或施工、设备制造、材料供应单位兼职,不得是施工、设备制造和材料、构配件供应单位的合伙经营者。

第二十四条 工程项目建设监理实行总监理工程师负责制。总监理工程师行使合同赋予监理单位的权限,全面负责受委托的监理工作。

第二十五条 总监理工程师在授权范围内发布有关指令,签认所监理的工程项目有关款项的支付凭证。

项目法人不得擅自更改总监理工程师的指令。

总监理工程师有权建议撤换不合格的工程建设分包单位和项目负责人及有关人员。

第二十六条 总监理工程师要公正地协调项目法人与被监理单位的争议。

第六章 外资、中外合资和国外贷款、赠款、捐款建设的工程建设监理

第二十七条 国外公司或社团组织在中国境内独立投资的工程建设项目,如果需要委托国外监理单位承担建设监理业务时,应

当聘请中国监理单位参加,进行合作监理。

中国监理单位能够监理的中外合资的工程建设项目,应当委托中国监理单位监理。若有必要,可以委托与该工程项目建设有关的国外监理机构监理或者聘请监理顾问。

国外贷款的工程建设项目,原则上应由中国监理单位负责建设监理。如果贷款方要求国外监理单位参加的,应当与中国监理单位进行合作监理。

国外赠款、捐款建设的工程项目,一般由中国监理单位承担建设监理业务。

第二十八条 外资、中外合资和国外贷款建设的工程项目的监理费用计取标准及付款方式,参照国际惯例由双方协商确定。

第七章 罚 则

第二十九条 项目法人违反本规定,由人民政府建设行政主管部门给予警告、通报批评、责令改正,并可处以罚款。对项目法人的处罚决定抄送计划行政主管部门。

第三十条 监理单位违反本规定,有下列行为之一的,由人民政府建设行政主管部门给予警告、通报批评、责令停业整顿、降低资质等级、吊销资质证书的处罚,并可处以罚款:

(一)未经批准而擅自开业;

(二)超出批准的业务范围从事工程建设监理活动;

(三)转让监理业务;

(四)故意损害项目法人、承建商利益;

(五)因工作失误造成重大事故。

第三十一条 监理工程师违反本规定,有下列行为之一的,由人民政府建设行政主管部门没收非法所得,收缴《监理工程师岗位证书》,并可处以罚款:

(一)假借监理工程师的名义从事监理工作;

(二)出卖、出借、转让、涂改《监理工程师岗位证书》;

(三)在影响公正执行监理业务的单位兼职。

第八章 附 则

第三十二条 本规定涉及国家计委职能的条款由建设部商国家计委解释。

第三十三条 省、自治区、直辖市人民政府建设行政主管部门、国务院有关部门参照本规定制定实施办法,并报建设部备案。

第三十四条 本规定自1996年1月1日起实施,建设部1989年7月28日发布的《建设监理试行规定》同时废止。

2 工程建设监理组织与管理

2.1 国内外工程建设监理组织模式

2.1.1 国内工程建设监理组织模式

国内工程建设监理组织模式经历了十多年来的演变,目前主要有几种模式,见表2.1。

目前国内工程建设监理组织的主要模式及其特点　　　表2.1

序	类别	模式	特点
1	按隶属关系分	独立法人	专项从事工程建设监理工作的监理公司或监理事务所
		附属机构	为企事业法人下设机构,专项从事工程建设监理工作。如设计、科研单位中的监理部
2	按经济性质分	全民所有制	一般由公有制企事业单位组建。该体制目前占大多数
		集体所有制	一般属于股份制公司
3	按资质等级分	甲级监理单位	可跨地区、跨部门承接核定业务范围内的一、二、三等工程监理业务
		乙级监理单位	限在本地区、本部门承接核定业务范围内的二、三等工程监理业务

2.1 国内外工程建设监理组织模式

续表

序	类 别	模 式	特 点
3	按资质等级分	丙级监理单位	限在本地区、本部门承接核定业务范围内的三等工程监理业务
4	按专业结构分	工业与民用建筑、道路桥梁、铁路、石油化工、冶金、煤炭、矿山、水利、水电、港口等	用于核定监理单位的业务范围

2.1.2 国外工程建设监理组织模式

欧美及亚洲经济发达的国家,建设监理已成为一种惯例。其组织模式繁多,工程建设监理在那些国家里与工程咨询同属于一种类别,我国的工程建设监理单位即相当于国外的建筑师事务所、工程顾问公司、工程咨询公司这类组织。国外这类组织有私人独资营业的,也有私人合资营业的。他们均拥有营业资金,并聘用具有监理资格的建筑师和工程师及一般的技术与经济管理人员。以下为读者提供美国、日本、英国、法国、德国、香港等国家和地区的

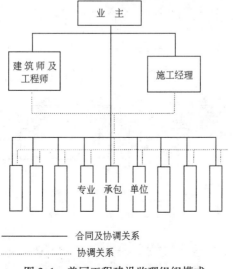

图 2.1 美国工程建设监理组织模式

工程建设监理组织模式,见图2.1~图2.7。

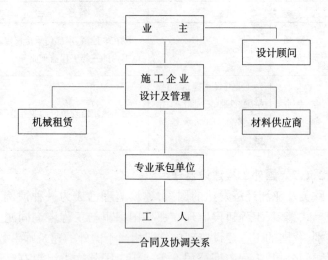

图2.2 日本工程建设监理组织模式

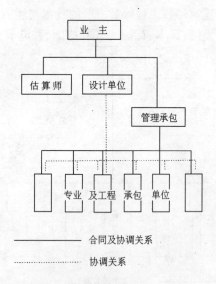

图2.3 英国工程建设监理组织模式

2.1 国内外工程建设监理组织模式

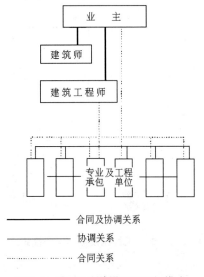

图 2.4 法国工程建设监理组织模式

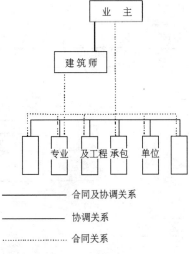

图 2.5 德国工程建设监理组织模式

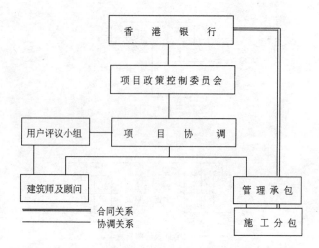

图 2.6 香港工程建设监理组织模式之一

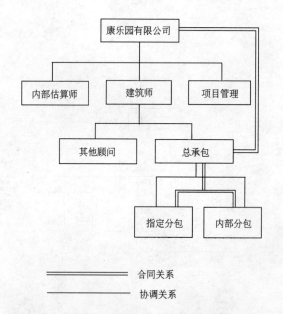

图 2.7 香港工程建设监理组织模式之二

2.2 工程建设监理单位与委托

2.2.1 工程建设监理单位

工程建设监理单位是指依法成立的工程建设监理公司或工程建设监理事务所,他们均具有单位名称、法人、组织机构、场所、资金、从业人员。

工程建设监理单位开业,必须向政府工程建设监理主管部门提出申请,经其审批,确定监理范围(暂定资质等级),并发给《监理申请批准书》。后向工商行政管理机关申请注册登记,领取营业执照,方能开业。

工程建设监理单位向政府工程建设监理主管部门提出申请书的内容为:

(1) 单位名称和地址;
(2) 法定代表人或组建负责人的姓名、年龄、学历及工作简历;
(3) 拟担任监理工程师的人员一览表,包括姓名、年龄、专业、职称等;
(4) 单位所有制性质及章程(草案);
(5) 上级主管部门名称;
(6) 注册资金数额;
(7) 业务范围。

工程建设监理单位自领取营业执照之日起二年内暂不核定资质等级;满二年后,向监理资质管理部门申请核定资质等级。申请核定资质等级时需提交下列材料:

(1) 定级申请书;
(2) 《监理申请批准书》和《营业执照》副本;
(3) 法定代表人与技术负责人的有关证件;
(4) 《监理业务手册》;
(5) 其他有关证明文件。

资质管理部门根据申请材料,对其人员素质、专业技能、管理水平、资金数量以及实绩等进行综合评审;经审核符合等级标准,发给相应的《资质等级证书》。

核定资质等级时可以申请升级。申请升级时需向资质管理部门报送下列材料:

(1) 资质升级申请书;
(2) 原《资质等级证书》和《营业执照》副本;
(3) 法定代表人与技术负责人的有关证件;
(4) 《监理业务手册》;
(5) 其他有关证明文件。

资质管理部门对资质升级申请材料进行审查核实;经审查符合升级标准的,发给相应的《资质等级证书》。

工程建设监理单位的资质等级三年核定一次。对于不符合原定资质等级标准的单位,由原资质管理部门予以降级。已定级的监理单位在定级后不满三年的期限内,其实际资质已达到上一级资质等级1~3项标准的,可申请承担上一资质等级规定的监理业务;由具有相应权限的资质管理部门根据其资质条件、实际业绩和监理需要予以审批。

工程建设监理单位的资质等级分甲、乙、丙三级。每级应具备的条件和监理范围见本章附件2.1《工程建设监理单位资质管理试行办法》。《工程类别和等级》见附表2.1。

2.2.2 工程建设监理的委托

中华人民共和国建筑法第四章第三十一条规定"实行监理的建筑工程,由建设单位委托具有相应资质条件的工程监理单位监理。"建设单位与其委托的工程监理单位应当订立书面委托监理合同。为加强建筑市场管理,规范工程建设中建设单位与监理单位的行为,维护其合法权益,提高工程建设水平,有些省、市已实行工程建设监理招投标制度。工程建设监理通过招投标确定监理中标单位后办理委任。

工程建设监理招投标办法,有些省、市已经制定了地方性法

规。切实可行的解决了如下内容:

1. 招标单位应按下列程序进行监理招标:

(1) 成立工程建设监理招标小组;

(2) 向招投标管理机构递交招标申请书;

(3) 编制招标文件和评、定标办法,并报招投标管理机构审定;

(4) 发布招标公告或发出招标邀请书;

(5) 对申请投标单位进行资质(资格)审核,并将结果通知投标申请单位;

(6) 向合格的投标申请单位发出招标文件;

(7) 组织投标单位进行答疑;

(8) 确定评标、定标小组组成人员;

(9) 召开开标会议,当众开标,组织评标,决定中标单位;

(10) 签发中标通知书;

(11) 与中标单位签订监理合同。

2. 招标文件应包括下列内容:

(1) 工程项目综合说明,包括项目主要建设内容、规模、地点,总投资,现场条件,开竣工日期;

(2) 委任监理的范围和监理业务;

(3) 业主提供的现场办公条件(包括交通、通讯、住宿等);

(4) 对监理单位和现场监理人员的要求;

(5) 监理检测手段要求,工程技术难点要求;

(6) 必要的设计文件、图纸和有关资料;

(7) 投标起止时间、开标评标、定标时间和地点;

(8) 投标须知;

(9) 其他事项。

3. 投标单位应向招标单位提供下列材料:

(1) 企业营业执照、资质证书或其他有效证明文件;

(2) 投标书(须单位盖章、法定代表人印鉴);

(3) 企业简历;

(4) 投标单位检测设备一览表;

(5) 近年来的主要工程监理业绩。

4. 投标书应包括下列内容:
(1) 投标综合说明;
(2) 监理大纲;
(3) 监理人员一览表(其中应确定项目总监理工程师、主要专业监理工程师);
(4) 监理人员学历证书、职称证书及上岗证复印件;
(5) 用于工程的检测设备、仪器一览表或委托有关单位进行检测的协议;
(6) 近三年来的监理工程一览表及奖惩情况;
(7) 监理费报价。

5. 投标书有下列情况之一的,应当宣布为无效标书:
(1) 投标书未密封;
(2) 投标书未加盖单位和单位法定代表人或法定代表人委托人印鉴(投标书正本附委托证明);
(3) 投标书没有相应招标文件;
(4) 投标书逾期送达;
(5) 投标单位法定代表人或委托人未如期参加会议;
(6) 监理费报价低于国家规定标准下限。

6. 评标、定标一般按下列要求进行:

评标:一般采用综合计分法,对投标单位的监理规划、人员素质、监理业绩、监理取费等进行全面评审。

(1) 主要评议内容和分值分配

监理规划或监理大纲	15~20
人员素质:总监人选	15
专业配套	10~15
职称、年龄结构	10
上岗证	10~15
监理取费	5~15
检测设备	5~10

| 监理业绩 | 5～10 |
| 企业社会信誉 | 5～10 |

(2) 评分办法

评标小组成员必须按规定的评分办法进行打分,否则视为废票。计算得分时,将分项分值相加,然后去掉一个最高分和一个最低分,取余下分数的平均分即为投标单位的得分。

定标:一般以评标得分最高的投标单位为中标单位。确定中标单位后 7d 内,招标单位与招投标管理机构联合向中标单位发《中标通知书》,《中标通知书》发出后 15d 内,招标单位和中标单位依据招标文件、投标书及有关规定草拟合同,经招投标管理机构审查后,双方正式签署监理委托合同。

2.2.3 工程建设监理的取费

工程建设监理单位的服务具有营业性质,但它又区别于一般的商业经营,它是属于智力密集型的高智能服务,这种服务必须通过收取费用得到补偿。

1. 监理费用的组成,如图 2.8 所示。

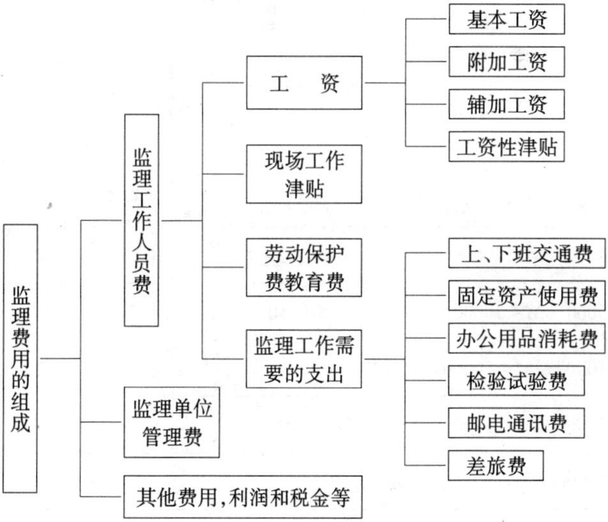

图 2.8 监理费用的组成

2．监理费用的计取方法：

按国家物价局、建设部文件[1992]价费字479号规定："工程建设监理费,根据委托监理业务的范围、深度和工程的性质、规模、难易程度以及工作条件等情况,按照下列方法之一计收,见表2.2。

我国监理费的计取方法　　　　　　　　表 2.2

方法	计 费 方 法	说　明
1	按所监理工程概(预)算的百分比计收	见表2.3
2	按照参与监理工作的年度平均人数计算	3.5~5万元/人·年
3	由建设单位和监理单位商定的其他办法	不宜按1、2方法计取时
4	1、2项为指导价,具体另行商定	
5	中外合资、合作、外商独资工程,由双方参照国际标准确定	见表2.4

工程建设监理收费标准　　　　　　　　表 2.3

序号	工程概(预)算 M (万元)	设计阶段(含设计招标)监理取费 $a(\%)$	施工(含施工招标)及保修阶段监理取费 $b(\%)$
1	$M<500$	$0.20<a$	$2.50<b$
2	$500 \leqslant M<1000$	$0.15<a \leqslant 0.20$	$2.00<b \leqslant 2.50$
3	$1000 \leqslant M<5000$	$0.10<a \leqslant 0.15$	$1.40<b \leqslant 2.00$
4	$5000 \leqslant M<10000$	$0.08<a \leqslant 0.10$	$1.20<b \leqslant 1.40$
5	$10000 \leqslant M<50000$	$0.05<a \leqslant 0.08$	$0.80<b \leqslant 1.20$
6	$50000 \leqslant M<100000$	$0.03<a \leqslant 0.05$	$0.60<b \leqslant 0.80$
7	$100000 \leqslant M$	$a \leqslant 0.03$	$b \leqslant 0.60$

国外监理费常用的计取方法 表 2.4

方法	计 算 方 法	说 明
1	按时计算法： 监理费 = 合同项目直接使用时间补偿费 + 一定补贴	计算单位： 小时或天或米
2	工资加一定比例的其他费用： 监理费 = 项目监理人员的实际工资 + (间接成本和利润)%	
3	建设成本百分比的计算方法： 监理费按工程规模大小，再以建设成本一定比例确定	类似我国的方法表 2.3
4	成本加固定费用： 监理费 = 成本 + 固定费(利润、税收、风险补偿、其他工资)	
5	固定价格，有二种计算方法： (1) 总价一笔包死，与工程增减无关 (2) 固定项目单价、总价由工程量确定	

2.3 工程建设监理的组织机构与人员构成

2.3.1 工程建设监理的组织机构

监理单位设置在施工现场的监理组织机构的确定，应根据工程规模大小、现场专业数量多少、监理人员的业务水平、建设单位委托监理的范围等因素确定。

对于单体工程，因监理工作较集中，监理的组织领导工作也相对集中，故可采用二级监理组织机构，如图 2.9 所示。

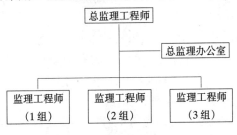

图 2.9 二级监理组织机构

对于群体工程,如小区住宅群,因工程规模大,监理工作分散,为便于监理工作的组织领导,可采用三级监理组织机构,如图2.10所示。

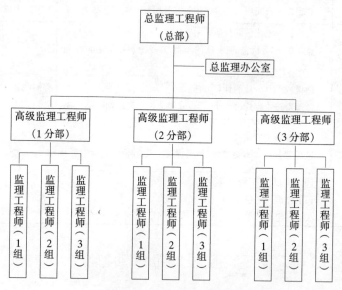

图 2.10 三级监理组织机构

2.3.2 工程建设监理组织机构的人员配备

根据有关建设监理公司的实践经验,监理人员的构成主要依据工程的复杂程度和工程投资密度(指每年投资额的多少)决定。一般情况下,每年投资密度为一百万元(人民币)应配备 1~1.5 名监理人员,对于道路工程也可按每公里配备 0.8~1.5 名监理人员。

此外,还应考虑到监理组织机构的设置;监理人员的素质;施工队伍的素质;机械化施工程度;工程复杂程度等情况。应在上述按投资密度配备人员的基础上上浮一定的名额,以保证有一定数量的监理人员参加工程监理工作。

在配备监理人员时,还应考虑各级监理人员和各类专业人员的比例。根据工程实践经验,建议可参考下列比例:

高级监理人员应占 10% 左右。他们是由具有丰富的施工和设计经验,而且对合同条件比较精通的高级工程师和高级经济师组成,负责全面的管理和重大问题的决策;

中级监理人员应占 60% 左右。他们是由工程师和水平较高的助理工程师组成,应具有解决一般性的技术问题和合同管理能力,能够承担现场监理工作;

初级监理人员应占 20% 左右。他们是由具有高中以上文化程度,经过短期培训可以承担一般性的现场试验、测量或一些辅助性工作;

行政人员应占 10% 左右,负责打字、录像、文档、财务及生活方面的管理。

2.3.3 项目监理机构的人员组成

项目监理机构,实质上是建立一个健全的现场监理工作班子。建立该班子的一般步骤可概括如下:

(1) 明确建立该工作班子所要达到的目标和最终成果。

(2) 为达到所期望的目标和成果,要进行哪些重要工作。

(3) 将所有工作归并为几类密切相关的职能,如:

工程管理:含质量控制,工程检测,设计变更等。

施工监督:含施工协调,现场监督,安全,劳工关系等;

项目控制:含预算,采购,合同管理,成本控制,进度控制等。

(4) 将各大职能部门系统地综合成为一个健全而简单的组织机构框图,如图 2.11 所示。

图 2.11 项目组织机构框图

(5) 为各项工作配备人员,如图 2.12 所示。

(6) 详细说明有关人员或有关部门的职责,授予履行职责人员相应的权力,建立各类人员工作评价标准,建立监理工作流程及信息流程。

2.3.4 项目监理机构与人员组成实例

根据有关项目监理的经验认为,项目监理机构与人员组成应贯彻少而精的原则,避免机构庞大,效率低。

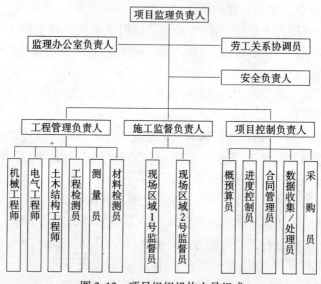

图2.12 项目组织机构人员组成

【例1】 当监理单项工程时。如某监理公司在一座高28层,建筑面积30000m^2的商、住、写字楼监理中,其监理机构与人员组成如图2.13所示。

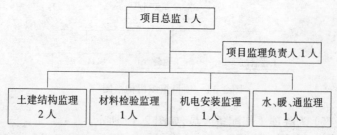

图2.13 单项工程现场监理机构人员组成

【例2】 当监理建筑群时。如某市一住宅小区共有51幢住宅,建筑面积15.13万 m^2,分A、B、C、D四个区施工,其监理机构与人员组成,如图2.14所示。

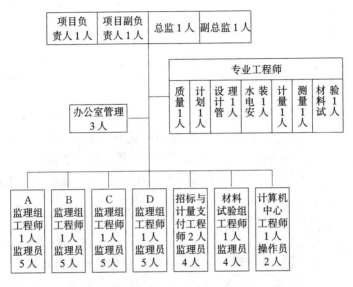

图2.14 建筑群现场监理机构人员组成

2.4 监理工程师

2.4.1 监理工程师的资质与素质

监理工程师是具有专业特长的工程项目管理专家。我国的监理工程师是岗位职务,不是专业技术职称。监理工程师分为建筑、建筑结构、工程测量、工程地质、给水排水、采暖通风、电气、通讯、城市燃气、工程机械及设备安装、焊接工艺、建筑经济等岗位。

1. 监理工程师的资质

我国对监理工程师将实行注册制度。申请监理工程师注册,必须先通过监理工程师岗位资格培训,接受经济、管理、法律、监理业务知识等教育,并取得合格证书。同时还必须具备下列条件:

获得高级建筑师、高级工程师、高级经济师等任职资格;或获得建筑师、工程师、经济师等任职资格后具有3年以上工程设计或施工实践经验。

然后经全国监理工程师资格统一考试或考核合格,并通过注册对申请者的素质和岗位责任能力进一步全面考查。考查合格者,政府注册机关才能批准注册。

监理工程师的工作单位为工程建设监理公司或工程建设监理事务所,或兼承建设监理业务的设计、科研单位和大专院校。监理工程师退出所在建设监理单位或被解聘,由该单位报告原注册管理机关核消注册,收回监理工程师资格证书。要求再次从事监理业务的,应当重新申请注册。未经注册不得以监理工程师名义从事监理工程业务。监理工程师不得以个人名义承接建设监理业务。

2. 监理工程师的素质

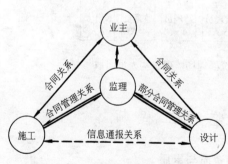

图2.15 工程建设中监理工程师与各方的关系

监理工程师在工程监理中处于核心地位,他们在工程建设中与各方的关系如图2.15所示。

因此,对监理工程师的素质要求更为全面,应比一般工程师具有更好的素质,在国际上被视为高智能人才。其素质由下列要素构成。

(1) 要有良好的品质。包括:具有热爱社会主义祖国,热爱人民,热爱建设事业;具有科学态度和综合分析能力;具有廉洁奉公,为人正直和办事公道的高尚情操;具有良好的性格,善于同各方面合作共事。

(2) 要有较高的学历和广泛的理论知识。因为现代工程建设投资规模大,要求多功能兼备,应用科技门类复杂,如果没有深厚的现代科技理论知识、经济管理理论知识和法律知识作基础,是不可能胜任其监理岗位工作的。在国外,监理工程师、咨询工程师,都具有大专学校毕业以上学历,大部分具有硕士、博士学位。

(3) 要有丰富的工程实践经验。据研究表明,一些工程建设中的失误,常与实践者的经验不足有关。所以世界各国都把工程实践经验放在重要地位。英国咨询工程师协会规定,入会的会员年龄必须在 38 岁以上,新加坡要求工程结构方面的监理工程师,必须具有 8 年以上的工程结构设计经验。我国在监理工程师注册制度中作出类似的规定也是必要的。

(4) 要有健康的体魄和充沛的精力。由于监理工作现场性强、流动性大、工作条件差、任务繁忙所决定的。

2.4.2 监理工程师岗位责任制

建立和健全监理工程师岗位责任制,是做好工程监理工作的重要保证。岗位责任制的建立可根据监理机构设置状况或"三大控制"的分工状况而定。

1. 按监理机构的设置状况建立岗位责任制

由图 2.9、图 2.10 中的机构设置建立监理工程师岗位责任制。

(1) 总监理工程师。他是监理公司或监理事务所派往项目监理机构的全权负责人。主要负责制定各种监理程序和有关制度;对重大技术问题的决策;办理和批准监理工程师的报告及各类合同管理方面的文件。其具体工作主要有以下几点:

1) 保持与建设单位的密切联系,弄清其要求和愿望;

2) 确定工程监理机构和主要人员职责;

3) 与各承建单位负责人联系,确定工作相互配合的问题及有关需要提供的资料;

4) 协助建设单位审核承建单位编写的开工报告,发布开工令;

5) 确认承建单位选择的分包单位;

6) 审查承建单位提出的施工组织设计、施工技术方案和施工

进度计划,提出改进意见;

7)审查承建单位提出的材料和设备清单及其所列的规格和质量;

8)督促、检查承建单位严格执行工程承包合同和工程技术标准;

9)调解建设单位与承建单位之间的争议;

10)检查工程使用的材料、构件和设备的质量是否符合合同要求,检查安全防火设施;

11)检查工程进度和施工质量,验收分部分项工程,签署工程付款凭证;

12)督促整理合同文件和技术档案资料;

13)向建设单位提供所有索赔和争议的事实分析资料,提出监理方的决定性意见;

14)组织设计单位和承建单位,进行工程竣工初步验收,向有关部门提出竣工验收报告;

15)审查工程结算,查明各项合同完成工作的最终价值;

16)按时向建设单位报告上述有关事项。

(2)专业监理工程师。他们是总监理工程师工作的具体执行者。他们的主要工作是分别从各自的专业方面,察看工程是否按设计意图进行,是否按合同要求施工,并检查承建单位是否履行了合同规定的各项职责。

专业监理工程师还具有承上启下的作用。向上,他对总监理工程师负责,作为其助手,经常要报告工程的进展情况;向下,他又领导着检查员、监理员的工作。所以,专业监理工程师,在施工现场的监理工作中,起着十分重要的作用。

在总监理工程师的委托或要求下,专业监理工程师可能承担以下的全部或部分的职责:

1)协调各承包人的工作,核准详细的施工计划,核实总监理工程师是否已给予承包人所有必要的指示,并获得认可;

2)核实所有工程所需材料的采购情况,检查进场材料是否符合要求；

3) 注意施工中出现缺陷的工艺和材料，发出补救这些缺陷的指示；

4) 核对建筑物在定位、标高和布局等方面是否符合设计图纸和合同要求；

5) 必要时，发布进一步指示，弄清以上工作的一些细节；

6) 为了付款和计算款额，计量已完成的工作量；

7) 保存所有测量和试验纪录，并使计划与实际进行的施工相一致；

8) 提供所有索赔和争议的联系渠道，并提供有关的事实情况；

9) 检查已完成的工程是否符合要求，经过试验能否达到正常要求功能；

10) 查明分项合同完成工作的最终价值；

11) 按时向总监理工程师报告上述事项。

(3) 其他监理人员。其他监理人员是指专业监理工程师手下的工作人员，含检查员、监理员，他们的具体工作主要为：

1) 不断掌握工程全面进展信息，及时报告专业监理工程师，以使专业监理工程师能熟悉工程的所有各部分情况；

2) 经常不断地巡视工程，并记录工程进展的详细情况和与工程有关的情况。

担任检查员、监理员的人员是具有一定技术专长，并有丰富经验的老工人担任此项工作是很合适的。优秀的检查员或监理员，对搞好工程现场监理起着极为重要的作用。他们可以及时发现并纠正工程承包人的错误，能够减轻专业监理工程师的工作。

2. 按"三大控制"的分工建立岗位责任制

(1) 按质量控制建立岗位责任制。一般可分为三个阶段进行：

施工准备阶段。严格检查现场材料，对质量或规格不符合标准的材料不允许在现场存放，对数量不足的材料一定要求补足，对存放条件不当的材料一定要求改善,以免影响工程质量和进度;检查机械设备,对工艺达不到规范规定标准的设备不允许使用,对数量和生产能力不足的设备要求补充,以便保证工程进度和工程质量;审查承建单位的开工申请,对开工项目在人员、设备、材料及施工组织计划等方面达不到开工条件者,决不能批准开工。

施工阶段。检查承建单位质量保证体系,并发挥其作用;对承建单位各项工程活动进行监督,发现问题有权指令承包人进行纠正或停止施工。

验收阶段。审查承建单位利用保证体系建立的各项自检记录;按照规范标准,对产品的外观、内在质量及几何尺寸等方面进行检查,对产品合格者签发中间交工证书;批准工程的最后验收结果,颁发缺陷责任证书。

(2) 按工程进度控制建立岗位责任制

1) 下达开工令。应在工程施工中标通知书颁发日之后,按合同中规定的日期发出开工通知书;

2) 审批工程进度计划。在工程施工中标通知书颁发日之后,承建单位按规定日期向监理工程师提交工程进度计划,经监理工程师批准后,应视为合同文件的一部分;

3) 监督和检查进度计划的实施。如果承建单位的工程施工进度跟不上被批准的进度计划时,则应指示承包人采取措施使其进度赶上被批准的进度计划;

4) 批准工期延长。如果承建单位的进度拖后是由于承建单位自身以外的原因,则监理工程师应根据合同条件批准工期延长,否则承建单位将受到停止付款或误期损害赔偿的制约。

(3) 按造价控制建立岗位责任制

1) 计量支付。对承包人已完成的工程进行计量,根据计量结果,出具证明,并向承包单位支付款项;

2) 工程变更。国际惯例中的工程变更,除设计图纸的变更外,还包括合同条款,技术规范,施工顺序与时间变化等均属于工程变更。任何内容的工程变更指令,均需由监理工程师发出。并确定工程变更的价格和条件。

3) 费用索赔。承建单位根据合同条件的有关规定,通过监理工程师向建设单位索取他应当得到的合同价以外的费用。

4) 价格调整。根据市场的变化情况,按合同规定的方法,对工程中主要材料以及劳动力,设备的价格进行调整。

2.4.3 监理工程师守则

(1) 认真学习贯彻国家有关建设监理的法律、法规、政令和政策;

(2) 坚持原则,秉公办事,自觉抵制不正之风;

(3) 严格按国家规范、标准监理工程,对工作严肃认真,一丝不苟;

(4) 努力钻研监理业务,坚持科学的工作态度,对工程以科学数据为认定质量的依据;

(5) 尊重客观事实,准确反映建设监理情况,及时妥善处理问题;

(6) 虚心听取受监单位意见,接受建设管理部门指导,及时总结经验教训,不断提高监理水平。

附件 2.1

工程建设监理单位资质管理试行办法

第一章 总 则

第一条 为了加强对工程建设监理单位的资质管理,保障其依法经营业务,促进建设工程监理工作健康发展,制定本办法。

第二条 本办法所称工程建设监理,是指监理单位受建设单位的委托对工程建设项目实施阶段进行监督和管理的活动。

本办法所称监理单位,是指取得监理资质证书,具有法人资格的监理公司、监理事务所和兼承监理业务的工程设计、科学研究及工程建设咨询的单位。

第三条 本办法所称监理单位资质,是指从事监理业务应当具备的人员素质、资金数量、专业技能、管理水平及监理业绩等。

第四条 国务院建设行政主管部门归口管理全国监理单位的资质管理工作。

省、自治区、直辖市人民政府建设行政主管部门负责本行政区域地方监理单位的资质管理工作。

国务院工业、交通等部门负责本部门直属监理单位的资质管理工作。

第二章 监理单位的设立

第五条 设立监理单位或者申请兼承监理业务的单位(以下简称设立监理单位),必须向本办法第六条规定的资质管理部门申请资质审查。对于符合本办法第八条第二款(一)、(二)、(三)项中的1~3目标准的,由资质管理部门核定其临时的监理业务范围(资质等级),并发给《监理申请批准书》。取得《监理申请批准书》的单位,须向工商行政管理机关申请登记注册;经核准登记注册后,方可从事监理活动。

监理单位应当在建设银行开立帐户,并接受财务监督。

第六条 设立监理单位的资质审批;

(一)国务院建设行政主管部门负责监理业务跨部门的监理单位设立的资质审批;

(二)省、自治区、直辖市人民政府建设行政主管部门负责本行政区域地方监理单位设立的资质审批,并报国务院建设行政主管部门备案;

(三)国务院工业、交通等部门负责本部门直属监理单位设立的资质审批,并报国务院建设行政主管部门备案。

监理业务跨部门的监理单位的设立,应当按隶属关系先由省、自治区、直辖市人民政府建设行政主管部门或国务院工业、交通等部门进行资质初审,初审合格的再报国务院建设行政主管部门审批。

第七条 设立监理单位的申请书,应当包括下列内容:

(一)单位名称和地址;

(二)法定代表人或者组建负责人的姓名、年龄、学历及工作简历;

(三)拟担任监理工程师的人员一览表,包括姓名、年龄、专业、职称等;

(四)单位所有制性质及章程(草案);

(五)上级主管部门名称;

(六)注册资金数额;

(七)业务范围。

第三章 监理单位的资质等级与监理业务范围

第八条 监理单位的资质分为甲级、乙级和丙级。

各级监理单位的资质标准如下:

(一)甲级

1.由取得监理工程师资格证书的在职高级工程师、高级建筑师或者高级经济师作单位负责人,或者由取得监理工程师资格证书的在职高级工程师、高级建筑师作技术负责人；

2．取得监理工程师资格证书的工程技术与管理人员不少于50人，且专业配套，其中高级工程师和高级建筑师不少于10人，高级经济师不少于3人；

3．注册资金不少于100万元；

4．一般应当监理过5个一等一般工业与民用建设项目或者2个一等工业、交通建设项目。

（二）乙级

1．由取得监理工程师资格证书的在职高级工程师、高级建筑师或者高级经济师作单位负责人，或者由取得监理工程师资格证书的在职高级工程师、高级建筑师作技术负责人；

2．取得监理工程师资格证书的工程技术与管理人员不少于30人，且专业配套，其中高级工程师和高级建筑师不少于5人，高级经济师不少于2人；

3．注册资金不少于50万元；

4．一般应当监理过5个二等一般工业与民用建设项目或者2个二等工业、交通建设项目。

（三）丙级

1．由取得监理工程师资格证书的在职高级工程师、高级建筑师或者高级经济师作单位负责人，或者由取得监理工程师资格证书的在职高级工程师、高级建筑师作技术负责人；

2．取得监理工程师资格证书的工程技术与管理人员不少于10人，且专业配套，其中高级工程师或者高级建筑师不少于2人，高级经济师不少于1人；

3．注册资金不少于10万元；

4．一般应当监理过5个三等一般工业与民用建设项目或者2个三等工业、交通建设项目。

第九条 监理单位的资质定级实行分级审批。

国务院建设行政主管部门负责甲级监理单位的定级审批；

省、自治区、直辖市人民政府建设行政主管部门负责本行政区域地方乙、丙级监理单位的定级审批。

国务院工业、交通等部门负责本部门直属乙、丙级监理单位的定级审批。

第十条 监理单位自领取营业执照之日起二年内暂不核定资质等级;满二年后向本办法第九条规定的资质管理部门申请核定资质等级。申请核定资质等级时需提交下列材料:

(一) 定级申请书;

(二)《监理申请批准书》和《营业执照》副本;

(三) 法定代表人与技术负责人的有关证件;

(四)《监理业务手册》;

(五) 其他有关证明文件。

资质管理部门根据申请材料,对其人员素质、专业技能、管理水平、资金数量以及实际业绩等进行综合评审;经审核符合等级标准的,发给相应的《资质等级证书》。

第十一条 监理单位的资质等级三年核定一次。对于不符合原定资质等级标准的单位,由原资质管理部门予以降级。

第十二条 核定资质等级时可以申请升级。申请升级的监理单位必须向资质管理部门报送下列材料:

(一) 资质升级申请书;

(二) 原《资质等级证书》和《营业执照》副本;

(三) 法定代表人与技术负责人的有关证件;

(四)《监理业务手册》;

(五) 其他有关证明文件。

资质管理部门对资质升级申请材料进行审查核实;经审查符合升级标准的,发给相应的《资质等级证书》,同时收回原《资质等级证书》。

第十三条 监理单位的监理业务范围:

(一) 甲级监理单位可以跨地区、跨部门监理一、二、三等的工程;

(二) 乙级监理单位只能监理本地区、本部门二、三等的工程;

(三) 丙级监理单位只能监理本地区、本部门三等的工程。

第十四条 监理单位必须在核定的监理范围内从事监理活动,不得擅自越级承接建设监理业务。

第十五条 已定级的监理单位在定级后不满三年的期限内,其实际资质已达到上一资质等级1—3目标准的,可以申请承担上一资质等级规定的监理业务;由具有相应权限的资质管理部门根据其资质条件、实际业绩和监理需要予以审批。

第四章 中外合营、中外合作监理单位的资质管理

第十六条 设立中外合营、中外合作监理单位,中方合营者或者中方合作者在正式向有关审批机构报送设立中外合营、中外合作监理单位的合同、章程之前,应当按隶属关系先向本办法第六条规定的资质管理部门申请资质审查;经审查符合本办法第八条第二款(一)、(二)、(三)项中的1~3目标准的,由资质管理部门发给《设立中外合营、中外合作监理单位资质审查批准书》。

《设立中外合营、中外合作监理单位资质审查批准书》是有关审批机构批准设立中外合营、中外合作监理单位的必备文件。

第十七条 申请设立中外合营、中外合作监理单位的资质审批,除必须报送本办法第七条规定的资料外,还应当报送外方合营者或者外方合作者的以下资料:

(一)原所在国有关当局颁发的营业执照及有关批准文件;

(二)近三年的资产负债表、专业人员和技术装备情况;

(三)承担监理业务的资历与业绩。

第十八条 中外合营、中外合作监理单位批准设立后,应当在领取营业执照之日起的三十日内,持《设立中外合营、中外合作监理单位资质审查批准书》、《中外合营企业批准书》或者《中外合作企业批准书》及《营业执照》,向原发给《设立中外合营、中外合作监理单位资质审查批准书》的资质管理部门申请领取《监理许可证书》。

第十九条 中外合营、中外合作监理单位,应当按规定在中国

的有关银行开立帐户,并接受财务监督。

第二十条 中外合营、中外合作监理单位歇业、破产或者因其他原因终止业务以及法定代表人变更,应当向原资质管理部门备案;其资质管理的其他事项,适用本办法的有关规定。

第五章 监理单位的证书管理

第二十一条 监理单位承担工程监理业务时,应当持《监理申请批准书》或者《监理许可证书》、《资质等级证书》以及《监理业务手册》,向监理工程所在地的省、自治区、直辖市人民政府建设行政主管部门备案。

第二十二条 《监理申请批准书》、《监理许可证书》和《资质等级证书》的式样由国务院建设行政主管部门统一制定,其副本和正本具有同等的法律效力。

根据开展监理业务的需要,资质管理部门可以向监理单位核发《监理申请批准书》或者《监理许可证书》、《资质等级证书》副本若干份。

核发《监理申请批准书》或者《监理许可证书》和《资质等级证书》及其副本,收取工本费。

第二十三条 监理单位遗失《监理申请批准书》或者《监理许可证书》、《资质等级证书》的,必须在全国性报纸上声明作废后,方可向发证部门申请补发。

第二十四条 监理单位必须建立《监理业务手册》。

《监理业务手册》的内容和管理办法由国务院建设行政主管部门统一制定。

第二十五条 《监理业务手册》是核定监理单位资质等级的重要依据。在必要的情况下,资质管理部门可以随时通知有关的监理单位送验。

第六章 监理单位的变更与终止

第二十六条 监理单位发生下列情况之一的,应当先向原资质管理部门申请办理有关手续后,再向工商行政管理机关申请办理变更登记或者注销登记,并在与其营业范围相当的地区或者全国性报纸上公告;

(一)分立或者合并,应当向资质管理部门交回原《监理申请批准书》或者《监理许可证书》、《资质等级证书》,经重新审查资质或者核定等级后,取得相应的《监理申请批准书》或者《监理许可证书》、《资质等级证书》。

(二)歇业、宣告破产或者因其他原因终止业务,应当报原资质管理部门备案,并收回其《监理申请批准书》或者《监理许可证书》、《资质等级证书》。

(三)法定代表人、技术负责人变更,应当向原资质管理部门办理变更手续。

第二十七条 监理单位分立、合并或者终止时,必须保护其财产,依法清理债权、债务。

第七章 罚 则

第二十八条 监理单位有下列行为之一的,由资质管理部门根据情节,分别给予警告、通报批评、罚款、降低资质等级、停业整顿直至收缴《监理申请批准书》或者《监理许可证书》、《资质等级证书》的处罚;构成犯罪的,由司法机关依法追究主要责任者的刑事责任:

(一)申请设立或者定级、升级时隐瞒真实情况,弄虚作假的;

(二)超越核定的监理业务范围或者未经批准擅自从事监理活动的;

(三)伪造、涂改、出租、出借、转让、出卖《监理申请批准书》或者《监理许可证书》、《资质等级证书》的;

(四)徇私舞弊,损害委托单位或者被监理单位利益的;

(五)因监理过失造成重大事故的;

(六)变更或者终止业务,不及时办理核批或备案手续和在报纸上公告的。

第二十九条 当事人对行政处罚决定不服的,可以在收到处罚通知之日起十五日内,向作出处罚决定机关的上一级机关申请复议,对复议决定不服的,可以在收到复议决定之日起十五日内向人民法院起诉;也可以直接向人民法院起诉。逾期不申请复议或者不向人民法院起诉,又不履行处罚决定的,由作出处罚决定的机关申请人民法院强制执行。

第八章 附 则

第三十条 香港、澳门、台湾地区的公司、企业和其他经济组织或个人同内地的公司、企业或其他经济组织合营或者合作设立监理单位,参照本办法第四章的规定执行。

第三十一条 省、自治区、直辖市人民政府建设行政主管部门和国务院工业、交通等部门可以根据本办法制定实施细则,并报国务院建设行政主管部门备案。

第三十二条 本办法由国务院建设行政主管部门负责解释。

第三十三条 本办法自一九九二年二月一日起施行。

附表2.1《工程类别和等级》

工程类别及等级　　　　附表2.1

序号	工程类别		一等	二等	三等
一	一般工业与民用建筑工程	一般工业与民用建筑工程	25层以上,30m跨度以上	16层以上,24m跨度以上	16层以下,24m跨度以下
		高耸构筑工程	高度200m以上	高度100m以上	高度100m以下
		住宅小区工程	建筑面积20万m²以上	建筑面积10万m²以上	建筑面积10万m²以下
二	冶金工业建筑安装工程	炼铁工业工程	年产100万t以上	年产20万t以上	年产20万t以下
		炼钢、轧钢工业工程	年产100万t以上	年产10万t以上	年产10万t以下
		特殊钢工业工程	年产50万t以上	年产10万t以上	年产10万t以下

续表

序号	工程类别		一 等	二 等	三 等
二	冶金工业建筑安装工程	矿山工程	年产200万t以上	年产60万t以上	年产60万t以下
		有色工业工程	大型	中型	小型
三	煤炭工业建筑安装工程	井巷矿山工程	年产180万t以上	年产90万t以上	年产90万t以下
		洗选煤工业工程	年产180万t以上	年产90万t以上	年产90万t以下
四	石油工业建筑安装工程	炼油化工工业工程	大型石油化工工程	中型石油化工工程	小型石油化工工程
		油田工业工程	日处理天然气300万m³以上	日处理天然气200万m³以上	日处理天然气200万m³以下
		输油气管道工程	2000km以上，跨省、市管道	1000km以上，跨市、县管道	1000km以下，市、县内管道
		储油气容器设备安装工程	高压容器20MPa以上，大型油气储罐20万m³/台以上	高压容器15MPa以上，中型油气储罐15万m³/台以上	高压容器15MPa以下，小型油气储罐15万m³/台以下
五	化学工业建筑安装工程	制酸工业工程	年产硫酸16万t以上	年产硫酸8万t以上	年产硫酸8万t以下
		制碱工业工程	年产烧碱3万t以上；年产纯碱40万t以上	年产烧碱7500t以上；年产纯碱4万t以上	年产烧碱7500t以下；年产纯碱4万t以下
		有机化学工业工程	年产3万t以上塑料及相应后加装置；年产4万t以上乙烯及相应后加装置；年产4万t以上化纤	年产1万t以上塑料及相应后加装置；年产2万t以上乙烯及相应后加装置；年产5000t以上化纤	年产1万t以下塑料及相应后加装置；年产2万t以下乙烯及相应后加装置；年产5000t以下化纤
		化肥工业工程	年产15万t以上合成氨及相应后加装置	年产5万t以上合成氨及相应后加装置	年产5万t以下合成氨及相应后加装置
		农药工业工程	年产3万t以上	年产5000t以上	年产5000t以下

续表

序号	工程类别		一等	二等	三等
六	电力工业建筑安装工程	水力发电站工程	单机容量15万kW以上	单机容量6000kW以上	单机容量6000kW以下
		火力发电站工程	单机容量20万kW以上	单机容量5万kW以上	单机容量5万kW以下
		核力发电站工程	单机容量20万kW以上	单机容量20万kW以下	
		输变电工程	33万V以上	6.6万V以上	6.6万V以下
七	建材工业建筑安装工程	水泥工业工程	年产100万t以上	年产普通水泥20万t以上;年产特种水泥5万t以上	年产普通水泥20万t以下;年产特种水泥5万t以下
		玻璃工业工程	年产100万箱以上	年产50万箱以上	年产50万箱以下
八	森林工业建筑安装工程	木材采运工程	年产30万m^{3}以上	年产15万m^{3}以上	年产15万m^{3}以下
		木材加工工业工程	年制材15万m^{3}以上;年产人造板5万m^{3}以上	年制材5万m^{3}以上;年产人造板1万m^{3}以上	年制材5万m^{3}以下;年产人造板1万m^{3}以下
		林产化学工业工程	年产1万t以上	年产2000t以上	年产2000t以下
九	纺织工业建筑安装工程	纺织工业工程	毛、麻、丝纺锭1万枚以上;棉纺锭10万枚以上	毛、麻、丝纺锭5000枚以上;棉纺锭5万枚以上	毛、麻、丝纺锭5000枚以下;棉纺锭5万枚以下
		造纸工业工程	年产3万t以上	年产1万t以上	年产1万t以下
		合成洗涤剂工业工程	年产2万t以上	年产1万t以上	年产1万t以下
		印染工业工程	年产1亿m以上	年产5000万m以上	年产5000万m以下
十	水利建筑工程	水库工程	总库容1亿m^{3}以上	总库容1000万m^{3}以上	总库容1000万m^{3}以下
		运河工程	流域面积1万km^{2}以上	流域面积1000km^{2}以上	流域面积1000km^{2}以下

续表

序号	工程类别		一等	二等	三等
十一	铁路建筑工程	铁路、枢纽及电气化线路工程	新建、改建一级干线，单线铁路山区40km以上，平原丘陵50km以上，双线30km以上	新建、改建一级干线，单线铁路山区40km以下，平原丘陵50km以下，双线30km以下；二级干线及站线	专用线
		铁路隧道工程	单线3000m以上，双线1500m以上	单线2000m以上；双线1000m以上	单线2000m以下；双线1000m以下
		铁路桥梁工程	长度500m以上	长度100m以上	长度100m以下
十二	公路建筑工程	公路工程	二级以上	三级以上	四级及等外级
		专用公路工程	高速公路		
		公路隧道工程	500m以上	100m以上	100m以下
		公路桥梁工程	单跨100m以上；总长1000m以上	单跨40m以上；总长200m以上	单跨40m以下；总长200m以下
		城市道路工程	快速路	主干路	次干路
十三	港口建筑工程	码头工程	年吞吐100万t以上	年吞吐50万t以上	年吞吐50万t以下
		船坞工程	2.5万t级以上	1万t级以上	1万t级以下
十四	航空航天工程	机场、导航工程	一级机场	二级机场	三级机场
		风洞工程	大型跨音速、超音速风洞及特种风洞	中型跨音速、超音速风洞及特种风洞	低速风洞和各类小型风洞
		航空专用试验设备工程	大型整机、系统模拟试验设备工程	大型部件模拟试验设备，整机试验设备工程	中、小型模拟试验设备、部件试验设备工程
		航天器及运载工具总装车间，发射试验装置工程	研制、生产航天飞行器运载火箭，大型动力装置等基地	总体设计部(所)、总装装厂、发动机、控制系统、惯性器体、地面设备及大型试验台、试车台等综合性建设项目	各类试验室、计算中心、仿真中心、地面测控站、研究用房和试制生产车间等单项工程

续表

序号	工程类别		一等	二等	三等
十五	邮电、通讯、广播设备安装工程	有线、无线传输通信工程	跨省：一级干线	省内：二级干线	市、县内工程
		邮政、电信、广播枢纽及交换工程	省会城市级以上枢纽	地市级枢纽	县级枢纽
十六	热力及燃气建筑安装工程	气源厂及管站工程	日供气30万 m^3 以上；8个大气压力以上	日供气10万 m^3 以上；3个大气压力以上	日供气10万 m^3 以下；3个大气压力以下
		气罐(柜)工程	15万 m^3/日以上	10万 m^3/日以上	10万 m^3/日以下
		热力厂及供热管线工程	单台25Gcal/h以上；10km以上	单台6Gcal/h以上；5km以上	单台6Gcal/h以下；5km以下
十七	给水排水建筑工程	给水厂及给水管网工程	30万 t/d以上	10万 t/d以上	10万 t/d以下
		污水处理厂工程	二级以上处理	二级处理	一级处理
		输、排水工程	直径1200、长度10km以上	直径800、长度10km以上	直径800、长度10km以上

说明

1. 表中"以上"、"以下"数中，以上者含本数，以下者不含本数。

2. 表中：冶金工业建筑安装工程、煤炭工业建筑安装工程、石油工业建筑安装工程、化学工业建筑安装工程、电力工业建筑安装工程、建材工业建筑安装工程、森林工业建筑安装工程、轻纺工业建筑安装工程、水利建筑工程、铁路建筑工程、公路建筑工程、港口建筑工程、航空航天工程及邮电、通讯、广播设备安装工程定为单一工程类，其余为部门交叉工程类。

3. 未列入工程类别的国务院非工业、交通部门所属的其他工程类，均按"一般工业与民用建筑工程"类对待。在单一工程类别表中未列入的其他工程科目，由国务院有关工业、交通部门按有关规定或习惯划等管理。

附件 2.2

监理工程师资格考试和注册试行办法

第一章 总 则

第一条 为加强监理工程师的资格考试和注册管理,保证监理工程师的素质,制定本办法。

第二条 本办法所称监理工程师系岗位职务,是指经全国统一考试合格并经注册取得《监理工程师岗位证书》的工程建设监理人员。

监理工程师按专业设置岗位。

第三条 国务院建设行政主管部门为全国监理工程师注册管理机关。

省、自治区、直辖市人民政府建设行政主管部门为本行政区域内地方工程建设监理单位监理工程师的注册机关。

国务院有关部门为本部门直属工程建设监理单位监理工程师的注册机关。

第二章 监理工程师资格考试

第四条 监理工程师资格考试,在全国监理工程师资格考试委员会的统一组织指导下进行,原则上每两年进行一次。

第五条 全国监理工程师资格考试委员会由国务院建设行政主管部门和国务院有关部门工程建设、人事行政管理的专家十五至十九人组成,设主任委员一人,副主任委员三至五人。

第六条 省、自治区、直辖市及国务院有关部门成立地方或部门监理工程师资格考试委员会,分别负责本行政区域内地方工程建设监理单位或本部门直属工程建设监理单位的监理工程师资格考试工作。

地方或部门监理工程师资格考试委员会的成立,应报全国监理工程师资格考试委员会备案。

第七条 监理工程师资格考试委员会为非常设机构,于每次考试前六个月组成并开始工作。

第八条 全国监理工程师资格考试委员会的主要任务是:

(一)制定统一的监理工程师资格考试大纲和有关要求;

(二)确定考试命题,提出考试合格的标准;

(三)监督、指导地方、部门监理工程师资格考试工作,审查、确认其考试是否有效;

(四)向全国监理工程师注册管理机关书面报告监理工程师资格考试情况。

第九条 地方和部门监理工程师资格考试委员会的主要任务是:

(一)根据监理工程师资格考试大纲和有关要求,发布本地区、本部门监理工程师资格考试公告;

(二)受理考试申请,审查参考者资格;

(三)组织考试、阅卷评分和确认考试合格者;

(四)向本地区或本部门监理工程师注册机关书面报告考试情况;

(五)向全国监理工程师资格考试委员会报告工作。

第十条 参加监理工程师资格考试者,必须具备以下条件:

(一)具有高级专业技术职称或取得中级专业技术职称后具有三年以上工程设计或施工管理实践经验;

(二)在全国监理工程师注册管理机关认定的培训单位经过监理业务培训,并取得培训结业证书。

第十一条 凡参加监理工程师资格考试者,由所在单位向本地区或本部门监理工程师资格考试委员会提出书面申请,经审查批准后,方可参加考试。

第十二条 经监理工程师资格考试合格者,由监理工程师注册机关核发《监理工程师资格证书》。

第十三条 一九九五年底以前,对少数具有高级技术职称和三年监理实践、年龄在55岁以上、工作能力较强的监理人员,经地区、部门监理工程师注册机关推荐,全国监理工程师资格考试委员会审查,全国监理工程师注册管理机关批准,可免予考试,取得《监理工程师资格证书》。

第十四条 《监理工程师资格证书》的持有者,自领取证书起,五年内未经注册,其证书失效。

《监理工程师资格证书》式样由国务院建设行政主管部门统一制定。

第三章 监理工程师注册

第十五条 申请监理工程师注册者,必须具备下列条件:

(一) 热爱中华人民共和国,拥护社会主义制度,遵纪守法,遵守监理工程师职业道德;

(二) 身体健康,胜任工程建设的现场监理工作;

(三) 已取得《监理工程师资格证书》。

第十六条 申请监理工程师注册,由拟聘用申请者的工程建设监理单位统一向本地区或本部门的监理工程师注册机关提出申请。监理工程师注册机关收到申请后,依照本办法第十五条的规定进行审查。对符合条件的,根据全国监理工程师注册管理机关批准的注册计划择优予以注册,颁发《监理工程师岗位证书》,并报全国监理工程师注册管理机关备案。

《监理工程师岗位证书》式样由国务院建设行政主管部门统一制定。

第十七条 已经取得《监理工程师资格证书》但未经注册的人员,不得以监理工程师的名义从事工程建设监理业务。已经注册的监理工程师,不得以个人名义私自承接工程建设监理业务。

第十八条 监理工程师注册机关每五年对持《监理工程师岗位证书》者复查一次。对不符合条件的,注销注册,并收回《监理工程师岗位证书》。

第十九条 监理工程师退出、调出所在的工程建设监理单位或被解聘,须向原注册机关交回其《监理工程师岗位证书》,核销注册。核销注册不满五年再从事监理业务的,须由拟聘用的工程建设监理单位向本地区或本部门监理工程师注册机关重新申请注册。

第二十条 国家行政机关现职工作人员,不得申请监理工程师注册。

第四章 罚 则

第二十一条 违反本办法,有下列行为之一的,由监理工程师注册机关根据情节,分别给予停止执业、收缴《监理工程师资格证书》、收缴《监理工程师岗位证书》、限期四年不准参加考试或注册的处罚,并可处以罚款;

(一) 未经注册,以监理工程师的名义从事监理业务的;

(二) 以监理工程师个人名义承接工程监理业务的;

(三) 以不正当手段取得《监理工程师资格证书》或《监理工程师岗位证书》的。

第二十二条 因监理工程师的过错造成利害关系人严重经济损失的,除追究其所在单位经济责任外,还应撤销其注册,收缴其《监理工程师岗位证书》;构成犯罪的,由司法机关依法追究其刑事责任。

第二十三条 监理工程师资格考试委员会成员及监理工程师注册机关工作人员泄露监理工程师资格考试内容,在监理工程师资格考试或注册中违反有关规定的,应由其所在单位给予行政处分;对监理工程师资格考试委员会成员应取消其考试委员会成员资格。

第二十四条 当事人对行政处罚决定不服的,可以在收到处罚通知之日起十五日内,向作出处罚决定机关的上一级机关申请复议,对复议决定不服的,可以在收到复议决定之日起十五日内向人民法院起诉;也可以直接向人民法院起诉。逾期不申请复议或者不向人民法院起诉,又不履行处罚决定的,由作出处罚决定的机关申请人民法院强制执行。

第五章 附 则

第二十五条 省、自治区、直辖市人民政府建设行政主管部门和国务院有关部门可以根据本办法制定实施细则,并报国务院建设行政主管部门备案。

第二十六条 国外及港、澳、台地区的工程建设监理人员来我国大陆执业的注册管理办法,另行制定。

第二十七条 本办法由国务院建设行政主管部门负责解释。

第二十八条 本办法自一九九二年七月一日起施行。

3 施工监理中的合同管理

合同管理是指国家行政机关、公正机构和企业自身对合同的管理。施工监理中的合同管理，主要是指站在公正、严肃的立场，由项目监理组对工程建设的有关合同进行监督管理活动，包括协助业主拟订工程建设项目的各类合同条款，并参与各类合同的洽谈和签字活动；对合同执行情况的分析和跟踪管理；协助业主处理工程建设项目有关的索赔事宜及合同纠纷事宜；拟定工程建设项目全体系合同管理制度，即合同草案的拟订、会签、协商、修改、审批、签署，执行情况的检查和分析、存档等工作制度及流程，在一定范围内提供科学、公正的依据等等。随着我国经济建设改革与开放事业的发展，工程建设合同的法制建设和科学管理进入了一个新阶段。合同管理已经成为我国建筑业发展和科学管理的重要环节，是提高工程建设社会效益和经济效益的法律保障和重要工具，也是监理工程师对工程建设项目实现目标控制的重要手段之一。

合同目标管理是一个动态过程，是指工程合同管理机构和管理人员为实现预期的管理目标，运用科学管理方法对工程合同的订立和履行行为实行管理活动的全过程。"全过程"包括：合同订立前的管理——市场预测、资信调查和决策；合同订立中的管理——依法、公平、有效；合同履行中的管理——明辨权利、义务和责任；合同纠纷中的管理——信息收集、处理索赔。

合同管理是控制工程建设项目质量、进度和投资的重要依据，通过科学的合同管理实现工程建设项目"三大控制"的任务要求，维护当事人双方的合法权益。工程建设项目的"三大控制"，通常由监理工程师依据合同进行管理。即：质量控制——由监理工程师依据合同条款的有关规定对工程质量进行监督与管理;进度控制——由监理工程师依据合同工期的要求,检查和监督施工总进度计划以及各阶段进度安排的合理性;投资控制——由监理工程师依据合同价款,对合同中所规定工程费用的计量与支付实现管理。

3.1 合同实务概论

3.1.1 合同的一般规定

合同的定义是当事人之间设立、变更、终止民事法律关系的协议,并体现当事人之间经济责、权、利的平衡关系,见图3.1。

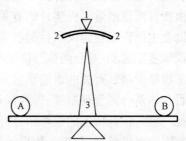

图 3.1 合同双方责权利关系的平衡
A. 业主;B. 承包商
1—平衡点;2—危险;3—合同

1．合同签订的基本原则:
(1) 平等自愿,等价有偿的原则;
(2) 公平合理、诚实信用的原则;
(3) 遵守国家法律政策的原则;
(4) 重视合同审查和风险分析。
2．合同履行的基本原则:
(1) 全面适当履行的原则;
(2) 节约合理、增进效益的原则;
(3) 互相协作的原则。
3．合同的订立和框架,见图3.2。
4．合同的变更和解除,见图3.3。
5．合同的担保,合同的担保必须由法律规定或当事人约定,主要形式有保证、抵押、质押、留置和定金五种担保方式。

3.1 合同实务概论 63

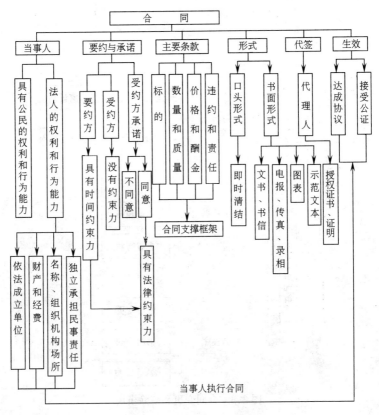

图3.2 合同的形成框架

3.1.2 合同的法律基础

1. **法律**:广义的法律是指由一定物质生活条件所决定的国家意志的体现,是由国家制定或认可并由国家强制力保障实施的具有普遍效力的行为规范的总称。狭义的法律是指特定的国家机关制定或认可的一类行为规范。

2. **法律规范**:它是指统治阶级依照自己的意志,由国家机关制定或认可,并由国家强制力保证实施的行为规则。其构成要素为假定、处理和制裁,处理是法律规范的核心部分。

3. **法律关系**:是指由法律规范所确认和调整的人与人之间的

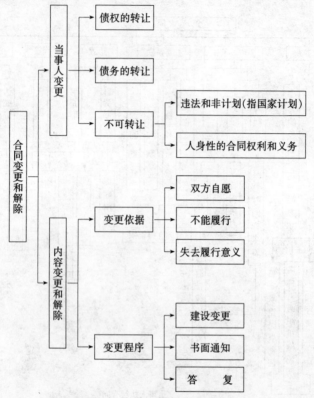

图 3.3 合同变更和解除模块

权利和义务关系,其构成要素为主体,客体和内容见图 3.4。

4．合同的法律关系:

(1) 合同法律、法规体系,见图 3.5。

(2) 代理制度:代理是指代理人以被代理人的名义,并在其授权范围内向第三人作出意思表示,所产生的权利和义务直接由被代理人享有和承担的法律行为。行为人没有代理权或超越代理权限而进行的"代理"活动为无权代理。

(3) 诉讼时效制度,诉讼时效是指权利人在法定期间内,未向人民法院提起诉讼请求保护其权利时,法律规定消灭申诉权的制度,也即消灭时效。

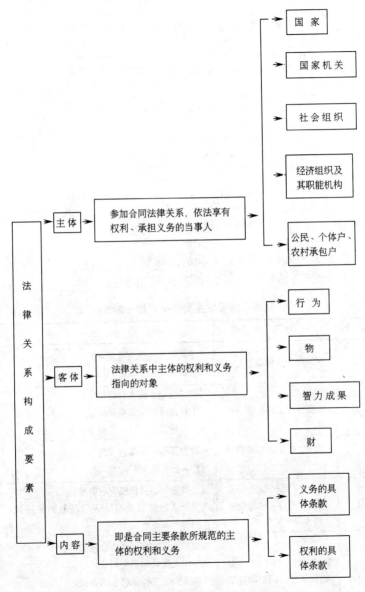

图 3.4 法律关系构成要素

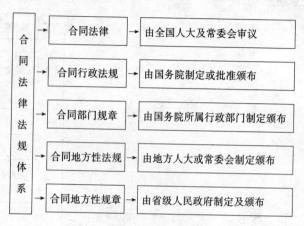

图 3.5 合同法律法规体系

3.1.3 涉及建设工程合同的法律制度

1. 建筑市场管理主要法律制度,见表 3.1。

建筑市场管理主要法律制度一览表 表 3.1

编号	类别	主要制度
1	建筑市场法律规范	《建筑装饰装修管理规定》 《建筑市场管理规定》等
2	资质管理法律制度	《建筑业企业资质管理规定》 《工程建设单位资质管理试行办法》 《工程建设监理单位资质管理办法》等
3	建设工程招投标法律制度	《建设工程发包承包管理条例》 《招标投标法》等
4	建设工程许可法律制度	《工程建设项目投建管理制度》 《关于实行建设项目法人责任制的暂行规定》等
5	建设工程合同法律制度	《中华人民共和国经济合同法》 《中华人民共和国合同法》 《建筑安装工程承包合同条例》 《建设工程施工合同管理办法》 《建设工程施工合同示范文本》等

2．建设工程质量管理法律制度
(1) 建设工程质量监督制度;
(2) 建设工程按质论价制度;
(3) 企业质量体系和产品质量认证制度;
(4) 建设工程质量验评制度;
(5) 建设工程质量保修制度。
3．工程建设标准化管理法律制度
(1)《中华人民共和国标准化法》;
(2)《中华人民共和国标准化法实施条例》;
(3)《中华人民共和国工程建设标准化管理规定》;
(4)《工程建设标准管理办法》;
(5)《工程建设行业标准管理办法》。
4．保险担保法律制度
(1)《中华人民共和国保险法》;
(2)《民法通则》;
(3)《中华人民共和国担保法》。

3.1.4 经济合同法律制度

1．经济合同的分类,见表3.2。

我国经济合同类别　　　　　　　　　　　　表 3.2

编号	类别	形式和内容
1	按签订合同是否以国家计划划分	(1) 计划合同可分为指令性和指导性计划合同 (2) 非计划经济合同即市场经济杠杆调节下所签合同
2	按合同有效期划分	(1) 长期合同,指有效期在1年以上的合同,适合大中型建设项目 (2) 短期合同,指有效在1年以下的合同
3	按当事人之间是否转移财产所有权划分	(1) 转移财产合同,如购销合同 (2) 工作性合同,如工程建设承包合同 (3) 劳务性合同,如货物运输合同,仓储保管合同

续表

编号	类别	形式和内容
4	按当事人双方或一方是否获得收益划分	(1) 有偿合同,指必须偿付一定代价所签的合同 (2) 无偿合同,如无息贷款合同,赠与合同等
5	按合同之间的隶属关系划分	(1) 总合同,如建设工程总承包合同 (2) 分合同,即执行合同
6	按权利的享有者划分	(1) 为自身利益签订的合同 (2) 为第三人权益签订的合同,如企业为职工投保人身保险等
7	按经济合同成立时是否以交付的标物为发生法律效力为条件划分	(1) 诺成性合同,如购销合同、加工承揽合同建设工程承包合同 (2) 实践性合同(要物合同),如寄托合同,借贷合同等
8	按合同之间依存互补及效力划分	(1) 主合同,能独立成立和发生效力的合同,如购销合同,建设工程承包合同 (2) 从合同,不能独立成立并发生效力的合同,如担保合同,保证保险合同等

2. 经济合同的有效条件

(1) 经济合同当事人要有合格的资格。即法定代表人或代理人。

(2) 经济合同的内容要合法,否则,属于无效经济合同。

(3) 经济合同的形式和订立的程序要合法。

3. 经济合同的主要条款

(1) 标的。是指经济合同当事人双方权利和义务共同指向的事物,即经济合同的法律关系的客体。

(2) 数量和质量。数量是指计算标的物的尺度。质量是标的物内在的属性和具体特征。

(3) 价款和酬金。价款是指取得对方转让的标的物支付的货币,酬金是为对方提供劳务、服务而支付的货币报酬。

(4) 履行的期限、地点和方式,在签订合同时必须具体、准确注明,以免发生差错引起纠纷。

(5) 违约责任。包括支付违约金、偿付赔偿金以及发生意外事故的处理等其他责任。

4. 违反经济合同承担责任的形式:

(1) 违约金:对违约者实行经济制裁,保护另一方的利益。

(2) 赔偿金:应当包括直接损失和间接损失。应在明确责任后 10d 内偿付。

(3) 继续履行:当违约当事人向对方支付违约金或赔偿金后,经济合同未经解除,仍具有法律效力,应对方要求仍须履行,不得拒绝。

5. 经济合同的鉴证和公证

(1) 鉴证:是指经济合同管理机关根据当事人双方的申请对其所签订的经济合同进行审查,以证明其真实性和合法性,并督促和检查当事人双方认真履行合同的法律制度,属于行政管理行为,不具有法定依据效力。

(2) 公证:是国家公证机关根据当事人双方的申请对经济合同的真实性和合法性依法审查并予以确认其效力的法律制度。属于司法行政行为,具有强制执行的证据效力。

(3) 鉴证和公证在我国经济合同签订活动中一般采取自愿的原则。

6. 经济合同纠纷的解决

(1) 解决经济合同纠纷的方式有:协商、调解、仲裁或诉讼。

(2) 协商是由当事人及时协商解决经济合同中的纠纷,并应坚持依法协商、尊重客观、采取主动,采用书面和解协议书的原则。

(3) 调解是在经济合同管理机关或有关部门主持下,促使双方互作让步,平息争议,自愿达成和解协议。主要有:社会调解、人民法院调解和行政调解三种形式。

(4) 仲裁是仲裁机构根据当事人的申请,对其互相之间的经济争议,按照仲裁法律进行仲裁并作出裁决,从而解决经济纠纷的法律制度。仲裁的原则采取自愿、公平合理、仲裁独立、一裁终局的原则。

(5) 诉讼:是指当事人依法请求人民法院行使审判权,审理双方之间发生的经济争议,作出国家强制力的裁决,保证实现其合法权益的审判活动。

7. 经济合同的管理

经济合同管理是指县级以上各级人民政府工商行政管理部门和其他有关主管部门,依据法律、行政法规规定的职责,对经济合同当事人在订立和履行合同过程中,实行指导、监督、检查和处理利用经济合同进行经济活动的行政管理行为。同时也包括企、事业单位等经济合同当事人对订立、履行经济合同的管理活动。

(1) 经济合同管理机关的职责。指导和督促业务主管部门和企事业单位的经济合同管理工作,宣传经济合同法律、行政法规,建立经济合同管理系统网络,组织"重合同、守信用"活动。监督经济合同的订立和履行、经济合同的鉴证、经济合同备案、查处违法合同。

(2) 主管部门对经济合同的管理。制定本部门企业的经济合同管理办法;指导帮助企业决定签订经济合同时的参考;调查处理本部门企业之间的经济合同纠纷;监督本部门企业经济合同管理状况,督促企业将经济合同管理制度落到实处;协助工商行政管理机关开展"重合同、守信用"活动等。

(3) 企业对经济合同的管理。设立企业合同专门管理机构或专职人员,建立企业合同台帐,定期统计、检查并制作报表向企业负责人报告合同管理动态,从而形成以合同管理为中心,涉及供应、生产、财务、销售和劳动管理等方面的系统工程,发挥合同管的纽带作用,成为企业法定代表人作出生产经营管理决策的依据。

3.2 施工合同及其管理

建筑安装工程施工合同是建设单位(或业主)和承建单位(或承包商)为完成双方商定的建筑安装工程项目,明确双方权利、义务关系的协议。施工合同应采取书面形式。构成施工合同文件的主要内容还包括投标函、中标函、当事人双方协商同意的有关修改施工合同的变更文件、洽商记录、会议纪要、来往信函以及资料、图纸和规范,标价的工程量表等其他文件。施工合同文件是合同当事人行为的依据,也是监理单位对工程项目进行质量、进度、投资控制、合同管理、组织协调等管理工作的主要依据之一。国际上,通常采用国际土木建筑工程师联合会颁布的业主与承包商《土木建筑工程承包合同协议书国际通用条款》,即《FIDIC》合同条款。

3.2.1 施工合同概论

1. 施工合同特征

(1) 合同"标的物"特殊,即:建筑产品的特殊性,投资大、工期长、质量要求高、功能复杂多变等;

(2) 合同执行期长;影响的因素多;

(3) 合同内容多;涉及面广;

(4) 合同管理严格,对合同签订、履行、主体管理的严格性。

2. 施工合同的作用

(1) 明确建设单位与承建单位在工程施工中的权利和义务;

(2) 是建筑安装工程施工实行社会监督的依据;

(3) 是产生纠纷时,调解、仲裁等手段的法律依据。

3. 施工合同的分类(见表3.3)

4. 施工合同签订注意事项(见表3.4)

5. 违约责任(见表3.5)

施工合同分类一揽表　　　　　　　表 3.3

分类性质	类别名称及内涵
一　按合同计价方式分类	1. 单价合同:即指整个合同期间执行同一单价,而工程量则按实际完成的数量进行计算的合同 2. 总价合同:即根据招标文件的要求,详细而全面地准备好设计图纸及说明书,准确计算工程量对工程项目一次性报总价的合同 3. 成本加酬金合同:即由建设单位向承建单位支付工程项目的实际成本,并按事先约定的方式支付酬金的合同
二　按施工内容分类	1. 土木工程施工合同 2. 设备安装施工合同 3. 管道线路敷设施工合同 4. 装饰装修及房屋修缮施工合同
三　按承包合同的数量分类	1. 总承包施工合同:即将全部工程发包给一个施工企业总承包的合同。 2. 分别承包施工合同:即因工程内容复杂,专业较多,发包方将工程分别发包给几个施工企业承包的合同

施工合同签订注意事项一览表　　　　　表 3.4

序号	事项	应注意的内容
1	承建单位资质审查	(1) 证书的审查:包括营业执照;安全生产合格证;企业资质等级证书;外地建筑施工企业进驻许可证 (2) 实地考查
2	承包方式	(1) 包工包料形式。即承建单位根据合同规定除了提供劳务以外还承担材料和设备的购置 (2) 包工不包料形式。即由建设单位提供全部材料和设备,承建单位只安排施工人员

续表

序号	事项	应注意的内容
3	安全问题	建筑安装工程施工高空作业多,工艺程序复杂,交叉作业量大,在施工合同签订时须制定安全条款
4	合同分析	重视合同的法律性质和结构分析;合同的审查和风险分析;合同的利润和正当权益分析等
5	合同的法律依据	在我国,签订施工合同的法律依据主要是指现行的有关法律、法规、政策和国内施工规范、技术规定等 在国际工程承包中,必须注明采用哪国法律、语言解释,执行哪国的施工技术规范等
6	保险责任和范围	合同中必须明确哪些范围应该投保,投保的数额和责任人

违约责任一览表　　　　　　　　表 3.5

违约项目序号 \ 违约责任方	建设单位	承建单位
1	未按施工合同规定履行职责,引起延误工期,赔偿由此产生的实际损失	工程质量不符合规定,应负责无偿修理和返工
2	因工程停(缓)建、设计变更或设计错误而造成承建单位返工,应赔偿损失	因修理或返工造成逾期交付,应偿付逾期违约金
3	工程未经验收,建设单位擅自使用而发生质量或其他问题,应承担全部责任	工程交付时间不符合合同规定,按合同中违约责任条款的规定偿付逾期违约金
4	超过合同验收日期验收,应偿付逾期违约金	

续表

违约项目序号	违约责任方	建设单位	承建单位
5		未按合同规定拨付工程款,应按银行有关规定的逾期付款办法执行	
6		因建设单位要求提前竣工,承建单位采取措施满足要求,应付奖金	

3.2.2 施工合同的应用及其说明

1. 工程对象及当事人的涵义

(1) 发包方(即建设单位,简称甲方):协议条款约定的,具有发包主体资格和支付工程款能力的当事人,在国际承包工程中,发包方还包括取得此当事人资格的合法继承人。

上述"主体"是指:依法享有权利和义务关系的参加者。"当事人"是指:与法律事实有直接关系的人,包括法人(法人代表),私营和个体经营者等。其中"发包主体资格"就是工程发包必须具备的条件,见表 3.6。

发包主体资格表　　　　表 3.6

资格条件类型	条件的内容
资质条件	(1) 是法人、依法成立的企事业组织或公民 (2) 有与发包建设项目相适应的技术、经济管理人员 (3) 实行招标的,应具有编制招标文件和组织开标、评标、定标的能力 (4) 若不具备(2)、(3)的条件,经委托具有相应资质的社会监理单位代理

续表

资格条件类型	条 件 的 内 容
经济技术条件	(1) 初步设计概算已经批准 (2) 工程项目已列入年度建设计划 (3) 有能够满足施工需要的施工图纸及有关技术资料 (4) 建设资金和主要建筑材料、设备来源已经落实 (5) 建设用地的征集购买和拆迁已基本完成

"支付工程价款的能力"是指：建设单位为了享受承建单位的建设服务这一权利，必须承担支付工程价款的义务，且须向经办银行提交拨款所需的文件(贷款或自筹的工程需保证资金供应)，按时办理拨款的结算。

(2) 承包方(即承建单位，简称乙方)：协议条款约定的、具有承包主体资格并被发包方接受的当事人。

上述"主体"与"当事人"的涵义跟(1)同。

其中"承包主体资格"也就是工程承包方必须具备的条件，即须持有营业执照、开户银行帐号、资金证明、资质证书等。

(3) 社会监理单位：即具备法定资格的工程监理单位受建设单位委托对工程项目进行监理。

本条考虑建设工程与国际惯例接轨，监理单位不得擅自越级承接监理业务，须委托有监理资格的总监理工程师在工地负责监理工作。

(4) 工程：协议条款约定具体内容的承包工程。

它是施工合同的"客体"，是当事人(权利主体)的权利和义务所描述的对象，即双方达成协议的工程内容和承包范围。

2．当事人的一般责任

(1) 建设单位责任

甲方代表。甲方任命驻施工现场的代表按照以下要求行使合同约定的权力，履行合同约定的职责。

1) 甲方可委派1名或数名管理人员为现场代表，承担自己的部分权力和职责,并可以在任何时候撤回此委派。委派和撤回均应提前5d通知乙方。

2) 甲方代表的指令、通知由其本人签名后,以书面形式交给乙方代表,乙方代表在回执上签署姓名及收到时间后生效。确有必要时,甲方代表可发出口头指令,并在48h内给予书面确认,乙方应在甲方代表发出口头指令后3d提出书面确认要求,甲方代表在乙方提出要求后3d内不予答复,应视为乙方要求已被确认。乙方要求甲方代表在收到乙方报告后24h作出修改指令,或继续执行原指令的决定,以书面形式通知乙方。紧急情况下,甲方代表要求乙方立即执行指令或乙方虽有异议,但甲方代表决定仍继续执行的指令,乙方应予执行。因指令错误发生的费用和给乙方造成的损失由甲方承担,延误的工期顺延。

3) 甲方代表按合同约定,及时向乙方提供所需指令、批件、图纸,并履行其他约定的义务,否则在约定时间后24h内乙方将具体要求需要的理由和迟误的后果通知甲方代表,甲方代表收到通知后48h内不予答复,应承担由此造成的经济支出,顺延因此延误的工期,赔偿乙方有关损失。

实行社会监理的工程,甲方委托的总监理工程师按协议条款的约定,部分或全部行使合同中甲方代表的权力,履行甲方代表的职责,但无权解除合同中乙方的义务。

甲方代表和总监理工程师易人,甲方应提前7d通知乙方,后任继续承担前任应负的责任(合同文件约定的义务和其职权内的承诺)。

本条中甲方代表可委派管理人员,主要是行政组织委派,被委派人向甲方代表负责行政责任;同时,被委派人员对乙方属于合同范围内的承诺,均视为甲方代表的承诺。

本条中关于实行社会监理应执行建设部、国家计委、《工程建设监理规定》。建设单位授予监理单位所需的监理权力应在施工合同中明确,必须在监理单位实行监理前,将监理的内容、总监理工程师姓名及授予权限书面通知承建单位。《协议条款》内的授权范围应与建设单位与委托监理单位签订的监理委托合同一致(注:下文中提到的甲方代表职责,对受监理项目视为项目监理组职责)。

甲方工作:甲方按协议条款约定的时间和要求,一次或分阶段完成以下工作:

1)办理土地征用,青苗树木赔偿,房屋拆迁、清除地面、架空和地下障碍等工作,使施工场地具备施工条件,并在开工后继续负责解决以上事项遗留问题;

2)将施工所需水、电、施工线路从施工场地外部接至协议条款约定地点,并保证施工期间的需要;

3)开通施工场地与城乡公共通路的通道,以及协议条款约定的施工场地内的主要交通干道,满足施工运输的需要,保证施工期间的畅通;

4)向乙方提供施工场地的工程地质和地下管网线路资料,保证数据真实准确;

5)办理施工所需各种执照、证件、批件和临时用地、占地及铁路专用线等申报批准手续(证明乙方自身资质的证件除外);

6)将水准点与坐标控制点以书面形式交给乙方,并进行现场交验;

7)组织乙方和设计单位进行图纸会审,向乙方进行设计交底;

8)协调处理施工现场周围地下管线和邻近建筑物、构筑物的保护,并承担有关费用。

甲方不按合同约定完成以上工作造成延误,承担由此造成的经济支出,赔偿乙方有关损失,工期相应顺延。

《建筑安装工程承包合同条例》规定了建设单位的主要责任是:"办理正式工程和临时设施范围内的土地征用、租用、申请施工许可执照和占道、爆破以及临时铁路专用线接岔等的许可证;确定建筑物(或构造物)道路、线路、上下水道的定位标桩、水准点和坐标控制点;开工前接通施工现场水源、电源和运输道路,拆迁现场内民房和障碍物;组织有关单位对施工图等技术资料进行审定。"

这一规定和"甲方工作"的内容是一致的。但应注意以下几点：

1) 若施工开工后发现应由建设单位负责清除的障碍事项，而该事项在事先未发现或未办理的，仍应由建设单位办理；

2) 甲方从施工场地外部接至《协议条款》内约定地点的水、电、电信线路的费用不包括在合同价款以内；

3) 在施工场地内修筑的永久性交通主干道（施工期内供施工用）应由甲方负责，不是临时道路故不属于临时设施费的内容；

4) 特别要注意对文物保护单位和大树名木的保护。

(2) 承建单位责任

乙方驻工地代表。乙方任命驻工地负责人，按以下要求行使合同约定的权力，履行合同约定的职责：

1) 乙方的要求、请求和通知，以书面形式由乙方代表签字后送交甲方代表，甲方代表在回执上签署姓名及收到时间后生效；

2) 乙方代表按甲方代表批准的施工组织设计（或施工方案）和依据合同发出的指令、要求组织施工。在情况紧急且无法与甲方联系的情况下，可采取保证工程和人员生命、财产安全的紧急措施，并在采取措施后 24h 内向甲方代表送交报告。责任在甲方，由甲方承担由此发生的经济支出，相应顺延工期；责任在乙方，由乙方承担费用。

乙方代表易人应提前 7d 通知甲方，后任继续承担前任应负的责任（合同文件约定的义务和其职权内的承诺）。

本条规定明确乙方代表职责和乙方代表在紧急情况下处理问题等程序和责任。

乙方工作。乙方按协议条款约定的时间和要求做好以下工作：

1) 在其设计资格证书允许范围内，按甲方代表的要求完成施工图设计或与工程配套的设计，经甲方代表批准后使用；

2) 向甲方代表提供年、季、月工程进度计划及相应进度统计报表和工程事故报告；

3) 按工程需要提供和维修作夜间施工的使用照明、看守、围

栏和警卫等。如乙方未履行上述义务造成工程、财产和人身伤害,由乙方承担责任及所发生的费用;

4) 按协议条款约定的数量和要求,向甲方代表提供施工现场办公和生活的房屋及设施,发生的费用由甲方承担;

5) 遵守地方政府和有关部门对施工场地交通和施工噪声等管理规定,经甲方同意后办理有关手续,甲方承担由此发生的费用,因乙方责任造成的罚款除外;

6) 已竣工程未交付甲方之前,乙方按协议条款约定责任负责已完工程的成品保护工作,保护期间发生损坏,乙方自费予以修复。要求乙方采取特殊措施保护的单位工程的部位和相应经济支出,在协议条款内约定。甲方提前使用后发生损坏的修理费由甲方承担;

7) 按合同的要求做好施工现场地下管线和邻近建筑物、构筑物的保护工作;

8) 保证施工现场清洁符合有关规定。交工前清理现场达到合同文件的要求,承担因违反有关规定造成的损失和罚款(合同签定后颁发的规定和非乙方原因造成的损失和罚款除外)。

乙方不履行上述各项义务,造成工期延误和工程损失,应对甲方损失给予赔偿。

以上需要说明的是:

1) 非夜间施工使用的照明、看守、围栏和警卫等费用已包括在合同价款以内。

2) 如果甲方代表在施工场地办公和生活用房及设施数量较大或有特殊要求,应另签订甲方施工场地用房及设施施工合同。

3) 关于噪声,《城市区域环境噪声标准》中交通干线道路两侧的标准规定,对采取控制措施后仍超过噪声标准的施工作业,除经当地人民政府批准的抢修、抢险工程外,所在地区的区县环境保护部门有权限制其作业时间,或责令其停工治理,或施工部门与受影响的居民协商采取其他变通性措施;

4) 已竣工工程未交付甲方,而甲方提前使用的责任,应由甲

方承担;

5) 承建单位坚持文明作业、保持现场清洁等方面在《城市市容环境卫生管理条例》(试行)中已有明确规定。

3. 建筑工程施工监理中的"三大控制"

第一大控制是进度控制。

(1) 进度计划。乙方应在协议条款约定的日期,将施工组织设计(或施工方案)和进度计划提交甲方代表(受监项目为项目总监理工程师),甲方代表应按协议条款约定的时间予以批准或提出修改意见,逾期不批复,可视为该施工组织设计(或施工方案)和进度计划已经批准。

乙方必须按批准的进度计划组织施工,接受甲方代表对进度的检查、监督。工程实际进展与进度计划不符时,乙方应按甲方代表的要求提出改进措施,报甲方代表批准后执行。

(2) 延期开工。乙方按协议条款规定的日期开始施工。乙方不能按时开工,应在协议条款约定的开工日期5d之前,向甲方代表提延期开工的理由和要求。甲方代表在3d内答复乙方。甲方代表同意延期要求或3d内不予答复,可视为已同意乙方要求,工期相应顺延。甲方代表不同意延期或乙方未在规定日期内提出延期要求,竣工日期不予顺延。

甲方征得乙方同意以书面形式通知乙方,可推迟开工日期,承担乙方因此造成的经济支出,相应顺延工期。

(3) 暂停施工。甲方代表在确有必要时,可要求乙方暂停施工,并在提出要求后48h内提出处理意见。乙方按甲方要求停止施工,妥善保护已完工程,实施甲方代表处理意见后向其提出复工要求,经甲方代表批准后继续施工。甲方代表未能在规定时间内提出处理意见,或收到乙方复工要求后,48h内未予答复,乙方可自行复工。若停工责任在甲方,由甲方承担经济支出,相应顺延工期;若停工责任在乙方,由乙方承担发生的费用。因甲方代表不及时作出答复,施工无法进行,乙方可认为甲方已部分或全部取消合同,由甲方承担违约责任。

(4) 工期延误。对以下造成竣工日期推迟的延误,经甲方代表确认,工期相应顺延:
1) 工程量变化和设计变更;
2) 一周内非乙方原因停水、停电、停气造成停工累计超过 8h;
3) 不可抗力;
4) 合同中约定或甲方代表同意给予顺延的其他情况。

乙方在以上情况发生 5d 内,就延误的内容和因此发生的经济支出向甲方代表提出报告,甲方代表在收到报告后 5d 内予以确认、答复,逾期不答复,乙方可视为延期要求被确认。

非上述原因,工程不能按合同工期竣工,乙方承担违约责任。

(5) 工期提前。施工中发需提前竣工,双方协商一致后签订提前竣工协议,合同竣工日期可以提前。乙方按此修订进度计划,报甲方批准。甲方应在 5d 内给予批准,并为赶工期提供方便条件。提前竣工协议包括以下主要内容:
1) 提前的时间;
2) 乙方采取的赶工措施;
3) 甲方为赶工提供的条件;
4) 赶工措施的经济支出及承担;
5) 提高竣工收益(如果有)的分享。

上述有关进度控制方面的五大因素中所述的"甲方代表的工作",如建设单位已委托监理单位,那么,该工作应由总监理工程师或其授权监理工程师负责完成。

关于承建单位编制、提交施工组织设计(或施工方案);建设单位批准程序或变更程序;甲、乙双方推迟开工日期的办事程序和应负责任等,在《建筑安装工程承包合同条例》中均有明确规定。

甲方代表或监理工程师在施工检查中发现违反施工程序,不按设计图纸、规范和规程施工、使用材料、半成品和设备不符合质量要求或有严重工程质量问题,有权制止,必要时向主管领导指出暂停施工,并发出停工通知单。

至于需要提前建成投产或使用的项目,建设单位应首先安排落实相应的施工条件,承建单位应据要求和可能,改变施工方法,增加作业班次,采取特殊保证措施,并达要求。建设单位则付给承建单位相应的工程抢工费用,工程抢工费用的比例应在施工合同中明确规定。

第二大控制是质量控制,即施工质量跟踪、监督、评定和验收。

(1) 检查和返工。乙方应认真按标准、规范和设计的要求以及甲方代表依据合同发出的指令施工,随时接受甲方代表及其委派人员的检查检验,为其提供便利条件,并按甲方代表及所委派人员的要求返工、修改;承担由自身原因导致返工,修改的费用。因甲方指导失误或其他非乙方原因引起的经济支出由甲方承担。

以上检查检验合格后,又发现由于乙方引起的质量原因,仍由乙方负责承担责任和发生的费用,赔偿甲方的有关损失,工期顺延。

以上检查检验不应影响施工正常进行,如影响施工正常进行,检查检验不合格,影响正常施工的费用由乙方承担;除此之外影响正常施工的费用由甲方承担,相应顺延工期。

(2) 工程质量等级。工程质量应达到国家或专业的质量检验评定标准的合格条件。甲方要求部分或全部工程达到优良标准,应支付由此增加的经济支出,对工期有影响的应给予顺延。

达不到约定条件的部分,甲方代表一经发现,可要求乙方返工,乙方应按甲方代表要求的时间返工,直到符合约定条件。因乙方原因达不到约定条件,由乙方承担返工费用,工期不予顺延。返工后,仍不能达到约定条件,乙方承担违约责任;因甲方原因达不到约定条件,由甲方承担返工造成的经济支出,工期顺延。

双方对工程质量有争议,按协议条款约定的质量监督部门仲裁,仲裁费用及因此造成的损失,由败诉一方承担。

(3) 隐蔽工程和中间验收。工程具备覆盖、掩盖条件或达到协议条款约定的中间验收部位,乙方自检合格后在隐蔽和中间验收48h前通知甲方代表或监理工程师参加。通知包括乙方自检记录、隐蔽和中间验收内容、验收时间和地点,乙方准备验收记录。

验收合格,甲方代表或监理工程师在验收记录上签字后,方可进行隐蔽和继续施工。验收不合格,乙方在限定时间内修改后重新验收。

工程质量符合规范要求,验收24h后,甲方代表不在验收记录上签字,可视为甲方代表已经批准,乙方可进行隐蔽或继续施工。

(4) 试车。设备安装工程具备单机无负荷试车条件,乙方组织试车,并在试车48h前,通知甲方代表或监理工程师,通知包括试车内容、时间、地点。乙方准备试车记录。甲方为试车提供必要条件。试车通过,甲方代表或监理工程师在试车记录上签字。

设备安装工程具备联动无负荷试车条件,甲方组织试车,并在试车48h前通知乙方,通知包括试车内容、时间、地点和对乙方应作准备工作的要求。乙方按要求做好准备工作和试车记录。试车通过,双方在试车记录上签字后,方可进行竣工验收。

由于设计原因试车达不到验收要求,甲方负责修改设计,乙方按修改后的设计重新安装。甲方承担修改设计费用、拆除及重新安装的经济支出,工期相应顺延。

由于设备制造原因试车达不到验收要求,由该设备采购一方负责重新购置或修理,乙方负责拆除和重新安装。设备为乙方采购,由乙方承担修理或重新购置、拆除及重新安装的费用,工期不予顺延;设备由甲方采购,甲方承担上述各项经济支出,工期相应顺延。

由于乙方施工原因试车达不到验收要求,甲方代表在试车后24h内提出修改意见,乙方修改后重新试车,承担修改和重新设计费用工期不予顺延。

试车费用除已包括在合同价款内或协议条款另有约定的,均由甲方承担。

甲方代表未在规定时间提出修改意见,或试车合格不在试车记录上签字,试车结束24h后,记录自行生效,乙方可继续施工或办理竣工手续。

(5) 验收和重新验收。甲方代表不能按时参加试车或验收,须在开始验收或试车24h前向乙方提出延期要求。延期不能超过2天。甲方未能按上述时间提出延期要求,不参加验收或试车,乙方可自行组织验收或试车,甲方应承认验收或试车记录。

无论甲方代表是否参加验收,当其提出对已经隐蔽工程重新验收的要求时,乙方应按要求进行剥露,并在检验后重新进行覆盖或修复。检验合格,甲方承担由此发生的经济支出,赔偿乙方损失并相应顺延工期。检验不合格,乙方承担发生的费用,工期也不予顺延。

上述质量控制条款,均依据《建筑安装工程承包合同条例》、《建筑工程质量责任暂行规定》和《建设工程质量监督规定》(建设部)。若该工程实行社会监理,则监理工程师履行甲方代表职责。

关于检查和返工。各类新建、改建和扩建的工业、交通及民用、市政公用工程和构筑物,均应接受检查验收。检查应严格按国标规范进行,一律不准降低标准。凡达不到合格标准的工程,必须进行返修加固,确保结构安全和满足使用功能,方得交工。

关于工程质量等级,应达到《建筑安装工程质量评定标准》中规定的标准,合格才能交工。若甲方要求工程质量达到优良标准,则应遵循"优质优价"、"等价有偿"的原则。

关于隐蔽工程和中间验收。有关文件规定,地下工程和隐蔽工程,特别是基础和结构的关键部位,一定要经过检验合格,并做好原始记录,办理验收手续,才能进行下一道工序。

关于试车,有下列两种情况:单机无负荷试车和联动无负荷试车。《国家施工企业暂行工作条例》等有关条例和定额都已作了规定。

第三大控制是造价控制,即合同价款与支付的控制管理。

(1) 合同价款及调整。合同价款在协议条款内约定后,任何一方不得擅自改变。协议条款另有约定或发生下列情况之一的可作调整。

1) 甲方代表确认的工程量增减;
2) 甲方代表确认的设计变更或工程洽商;

3) 工程造价管理部门公布的价格调整;
4) 一周内非乙方原因造成的停水、停电、停气累计超过 8h;
5) 合同约定的其他增减或调整。

乙方应在上述情况发生后 10d 内将调整的原因、金额以书面形式通知甲方代表,甲方代表批准后通知经办银行和乙方,甲方代表收到乙方通知后 10d 内不作答复,视为已批准。

约定合同价款的形式主要有两种:第一种是通过甲方、乙方双方及有关单位共同审定施工图预算约定合同价款形式;第二种是通过工程招投标,甲、乙双方约定合同价款的形式。

关于在施工图预算审定后,在总概算的控制范围内的价款调整,应按规定允许作量差、价差调整部分,其中由于建设单位、施工单位提出的设计变更所引起的预算增减,应经设计单位同意;不属设计变更的其他原因引起的预算增减,应经建设、承建单位同意,建设银行审定,作为调整预算的依据,并抄送设计单位一份。《建筑安装工程承包合同条例》还对工程结算方式作了详细规定。

(2) 工程款预付:甲方按协议条款约定的时间和数额,向乙方预付工程款,开工后按协议条款约定的时间和比例逐项扣回。甲方不按协议预付,乙方在约定预付时间 10d 后,向甲方发出要求预付通知,甲方收到通知后仍不能按要求预付,乙方可在发出通知 5d 后停工,甲方从应付款之日起向乙方支付应付款的利息并承担违约责任。

建设银行《基本建设工程价款结算办法》(试行)第三条规定,承包工程应以包工包料为主,施工企业所属材料周转资金,凡是没有实行统一供料体制的,由建设单位预付备料款。从而确定了本条内容和支付程序。

(3) 工程量的核实确认。乙方按协议条款约定时间向甲方代表提交已完工程量的报告。甲方代表接到报告后 3d 内按设计图纸核实已完工程数量(以下简称计量),并将双方核对计量时间在 24h 内通知乙方。乙方为双方核对计量提供便利条件并派人参加。乙方无正当理由不参加计量,甲方自行进行,计量结果视为有效,作为工程价款支付的依据。甲方代表收到乙方报告后3d内未进行计量,从第4d起,乙方报告中开列的工程量即视为已被确认,作为工程价款支付的依据。甲方代表不按约定时间通知乙方,使乙方不能参加计量,计量结果无效。

甲方代表对乙方超出设计图纸要求增加的工程量和因自身原因造成返工的工程量,不予计量。

(4)工程款支付。甲方根据协议条款约定的时间、方式才甲方代表确认的工程量,按构成合同价款相应项目的单价和取费标准计算,支付工程价款。甲方在其代表计量签字后10d内不予支付,乙方可向甲方发出要求付款的通知,甲方收到乙方通知后仍不能按要求支付,乙方可在发生通知5d后停工,甲方承担违约责任。

经乙方同意并签订协议,甲方可逾期支付工程价款。协议经明确约定付款日期和从甲方计量签字后第11天起计算应付工程价款的利息率。

《建筑安装工程承包合同条例》规定,建设单位应向经办银行提交拨款所需的文件(实行贷款式自筹的工程要保证资金来源),按时办理拨款的结算。建设银行《基本建设工程价款结算办法》(试行)规定,每月底,承建单位应据当月实际完成的工程量和取费标准等编制"工程价款结算帐单"和"已完工程月报表"送建设单位和经办银行办理结算,从而确定甲方必须审核乙方当月的实际完成工程量的内容及审核工作程序和责任,确定了工程价款支付的程序和责任。

(5)施工中涉及的其他费用。如安全文明施工费用,专利技术和合理化建议涉及的费用,地下障碍物和文物涉及的费用,不可抗力发生的费用,保险涉及的费用,保修金等在示范文体的条款中均已作具体明确的规定。

4.争议、违约和索赔

(1)争议:甲乙双方因合同发生争议,要求调查仲裁、起诉的,可按协议条款的约定,采取以下一种或几种方式解决。

1)向协议条款约定的单位或人员要求调解;

2) 向有管辖权的经济合同仲裁机关申请仲裁；
3) 向有管辖权的人民法院起诉。

发生争议后，除非出现下列情况的，双方都应继续履行合同，保持继续施工，保护好已完工程：
1) 合同确已无法履行；
2) 双方协议停止施工；
3) 调解要求停止施工，且为双方接受；
4) 仲裁机关要求停止施工；
5) 法院要求停止施工。

《经济合同法》规定，经济合同发生纠纷时，当事人应及时协商解决。协商不成，可以向合同管理机关申请调解，也可直接向法院起诉。《建筑安装工程承包合同条例》规定，合同管理和合同纠纷仲裁，按国务院有关合同管理和合同纠纷的规定执行。《民事诉讼法》规定，因合同纠纷诉讼，由被告所住地或合同履行地人民法院管辖；同时规定，合同的双方当事人可以在书面合同中协议选择被告所在地、合同履行地、原告住所地、标的物所在地人民法院管辖。据上述规定确定本条内容和发生争议后对履行合同的规定。

(2) 违约。甲方代表不能及时给出必要指令、确认、批准，不按合同约定履行自己的各项义务、支付款项及发生其他使合同无法履行的行为，应承担违约责任（包括支付因其违约导致乙方增加的经济支出和从应付之日起计算的应支付款项的利息等），相应顺延工期；按协议条款约定支付违约金和赔偿因其违约给乙方造成的窝工等损失。

乙方不能按合同工期竣工，施工质量达不到设计和规范的要求，或发生其他使合同无法履行的行为，甲方代表可通知乙方、按协议条款约定支付违约金，赔偿因其违约给甲方造成的损失。

除非双方协议将合同终止，或因一方违约使合同无法履行，违约方承担上述违约责任后仍应继续履行合同。

因一方违约使合同不能履行，另一方欲终止或解除全部合同，应提前10d通知违约方后，方可终止或解除合同，由违约方承担违约责任。

《经济合同法》规定,由于当事人一方过错造成经济合同不能履行或不能完全履行,由责任方承担违约责任;如属双方的过错根据实际情况,由双方分别承担各自应负的责任;同时还规定,当事人违约经济合同时,应向对方支付违约金,如果由于违约给对方造成经济损失应予赔偿。《建筑安装工程承包合同条例》规定了违反承包合同的责任(见表3.5),从而确定本部分内容。

(3) 索赔。甲方未能按合同约定支付各种费用、顺延工期、赔偿损失,乙方可按以下规定向甲方索赔:

1) 有正当索赔理由,且有索赔事件发生时的有关证据;

2) 索赔事件发生后20d内,向甲方发出要求索赔的通知;

3) 甲方在收到通知后10d内给予批准,或要求乙方进一步补充索赔理由和证据,甲方在10d内未予答复,应视为该索赔已批准。

本条是鉴国外比较科学的工程"索赔方法",以及土木建筑工程合同FIDIC条款的有关规定确定,以改变以前我国工程建设甲、乙双方,在解决某些工程费用和工期上的争议时的扯皮现象。

3.2.3 施工合同管理

建筑工程合同的管理,是指各级政府工商和行政管理机关、建设行政主管机关和金融机构,以及建设单位、承建单位依据法律和行政法规、规章制度,采取法律的、行政的手段,对施工合同关系进行组织、指导、协调及监督,保护施工合同当事人的合法权益,处理施工合同纠纷,防止和制裁违法行为,保证施工合同法规贯彻实施等一系列活动。

在工程项目管理中,合同管理与投资、进度、质量和信息管理密切联系组成完整的工程项目管理系统,见图3.6。

1. 施工合同管理的层次及其职能

第一个层次:管理施工合同的国家机关及金融机构。包括各级政府工商行政管理机关、建设行政主管部门及经办建设工程拨款的银行。其职能主要是立法、监督、公证和裁决等。

3.2 施工合同及其管理

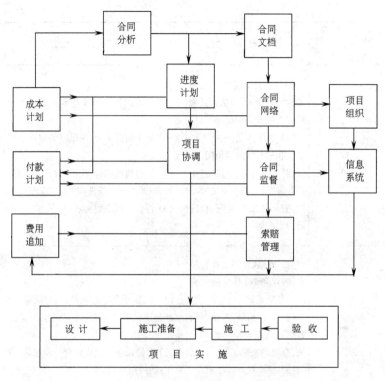

图 3-6 工程项目管理流程图

第二个层次:管理施工合同的基层组织,主要是指工程建设单位和承建单位,其管理内容见表 3.7、表 3.8。

基层组织施工合同管理一览表　　　　　　表 3.7

管理阶段 \ 内容 \ 签约方	建 设 单 位	承 建 单 位
签订前管理	对承建单位的资格、资信和履约能力进行预审,主要内容有: (1) 资质等级证书 (2) 营业执照	对工程建设单位的了解,对施工合同可行性研究,主要内容有: (1) 施工图纸、技术资料等设计文件

续表

管理阶段	建设单位	承建单位
签订前管理	(3) 承担拟发包工程施工的实际能力；包括人员素质和机械设备情况 (4) 财务情况，包括流动资金和近几年效益情况 (5) 社会信誉，包括已接任务情况，近期主要工程质量、安全及工期情况、合同履约情况等	(2) 已正式列入年度基本建设投资计划 (3) 施工所需资金、甲供材料和设备情况 (4) 工程建设用地、征用、拆迁的落实，水源、电源和交通条件满足施工需要 (5) 符合城市规划要求
谈判签订管理	(1) 依据《合同条件》，结合《协议条款》具体提出合同的各项条款 (2) 责任明确，对谈判内容双方达成完全一致的意见，有准确文字记录 (3) 须经双方签字盖章、公证、备案 (4) 若该工程委托监理，则监理单位应参与签订协议活动	(1) 依据《合同条件》，结合《协议条款》逐条与建设单位谈判，尤其是承担义务条款 (2) 对协议条款达成完全一致意见，方可正式签订合同文件 (3) 建立洽谈权、审查权、批准权三权相对独立，相互制约措施
履行合同管理	(1) 严格按施工合同规定履行应尽的义务，提供施工条件 (2) 严格按施工合同规定履行应尽的职责，控制工期，检验质量以及审核决算等	(1) 编制总进度计划等并组织施工，确保合同工期。若甲方造成延误工期，应及时办理签证 (2) 参加施工图交底，贯彻施工方案，自检工程质量，接受质量检验，据设计变更，办理变更签证 (3) 如期供应承建单位供应的材料、设备；及时检验、保管甲供材料和设备 (4) 及时组织劳动力，确保施工力量

3.2 施工合同及其管理

续表

管理阶段	建设单位	承建单位
履行合同管理		(5)据工程进度计划,安排施工机械动力设备,保证施工需要 (6)提供完整竣工资料,竣工验收报告,参加工程竣工验收,并对不合格部位负责返修 (7)据设计变更签订,及时提出增减预算,及时调整,工程造价,收取预付款及进度款,办理工程竣工结算 (8)履行工程修理内的各项义务 (9)负责组织分包企业如期完成分包工程任务

建立合同管理制度一览表　　　　表3.8

1	工作岗位责任制	5	检查和奖励制度
2	施工合同企业内部会签制度	6	统计考核制度
3	审查批准制度	7	档案制度
4	监印制度		

2. 施工合同管理的阶段性

合同的生命期,见图3.7。

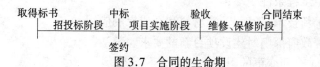

图3.7 合同的生命期

(1)招标文件和合同。国际工程招标文件通常包括如下内容:

1)投标人须知;

2)投标书与附件;

3)合同协议书(草案);

4)合同条件;

5) 合同的技术文件。

招投标阶段合同管理的基本任务；

1) 进行合同文本结构审查；

2) 进行合同风险分析；

3) 报价、合同谈判和签订决策所需的信息、建议、意见或警告；

4) 对合同修改作法律方面的审查。

(2) 施工合同协议书的签订。审查对方的资格、资信和履约能力，对财务状况、技术情况和合同可行性研究、调查、核实。对合同协议的内容，尤其是当事人应承担的义务和权利，要求双方达成完全一致的意见，才能进行签字、盖章、公证等手续。

(3) 施工合同的实施。首先要建立合同实施保证系统，落实合同责任，实行目标管理，如建立文档系统、检查验收制度和行文制度等。其次是对合同实施进行控制，包括工程目标控制（见图3.8）；合同实施监理（见图3.9）和合同跟踪（见表3.9）。

3. 施工合同变更管理。一般在合同签订之后引起工程范围、合同双方责权利关系变化的事件都可以被看作是合同变更。

(1) 变更的起因，一般有如下原因：

1) 新的变更指令；

2) 设计变更图纸；

3) 工程条件变动；

4) 新技术、新工艺、新材料和新成果的应用；

5) 政府部门对建设项目新的要求。

(2) 合同变更的影响主要有如下因素：

1) 定义工程目标和工程实施情况的各种文件都应作相应的修改和变更，如设计图纸、工期计划等。

2) 引起合同双方、分包商之间合同责任的变化。

3) 引起已完工程的返工、停工和材料的损失。

(3) 合同变更的处理要求：

1) 尽快作出变更；

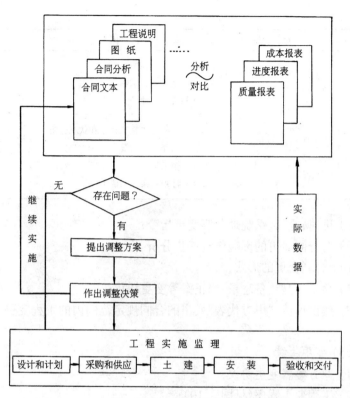

图 3.8 工程目标控制

图 3.9 合同实施监理

合同跟踪对象一览表　　　　　　　　　　表 3.9

序号	对象	具体内容
1	具体合同事件	(1)施工质量 (2)工程数量 (3)施工进度 (4)工程投资

续表

序号	对象	具体内容
2	工程项目小组和分包商的工程或工作	(1)完成工程情况 (2)索赔和反索赔 (3)协调管理
3	工程总体状况	(1)工程整体施工秩序和状况分析 (2)已完工程情况 (3)施工进度 (4)计划和实际的成本比较

2) 迅速、全面、系统地落实变更指令；

3) 对合同变更的影响作进一步分析。

(4) 合同变更的形式：

1) 会谈、纪要、备忘录、修正案等变更协议；

2) 建设单位、"甲方代表"发出的合同规定范围内的工程变更指令。

(5) 变更手续

1) 双方签署变更协议；

2) 工程变更程序(见图 3.10)；

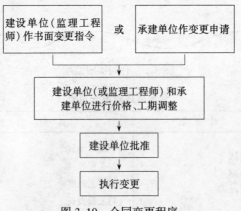

图 3.10　合同变更程序

3) 工程变更申请的内容和格式(见表 3.10)。

工程变更申请表　　　　　　　　表 3.10

申　请　人	申 请 表 编 号	合　同　号	
相关的分项工程和该工程的技术资料说明			
工程号	图号		
施工段号			
变更根据		变更说明	
变更根据的标准			
变更所涉及的资料			
变更影响			
技术要求	工期	材料	劳动力
对其他工程的影响	成本	机械	
变更类型	变更优先次序		
意见			
计划变更实施日期			
变更申请人(签字)			
变更批准人(签字)			
变更实施决策/变更会议			
备注			

(6) 对任何工程问题,承建单位不能擅自进行工程变更。

(7) 在合同实施中,合同内容的任何变更须经合同管理人员进行技术和法律方面的审查,方可提出。

4. 合同分析

合同分析包括合同结构分析、风险分析、总体分析、详细分析和特殊问题的法律分析。

(1) 合同总体结构分析。主要是对合同协议书和合同条件的结构状态进行归类整理,常见的国际工程总承包合同文本结构如下:

1) 合同前言。包括合同当事人的介绍和工程项目的介绍,以及合同目标和当事人的意图等。

2) 定义。主要对合同文本中用到的名词和概念进行解释和定义,统一理解。

3) 技术规定。明确合同双方在实施中各种工程活动责任等。主要有:

 合同资料的完整性;

 承建单位的工程范围及责任;

 关于建筑材料和设备供应方面的规定;

 建设单位的支持、合作责任和权力;

 其他有关技术问题的责任。

4) 商务和组织方面规定:

 关于价格方面的规定;

 价款的支付条件;

 支付保证方面的规定;

 合同价格的调整条件和调整方法;

 关于保险方面的规定;

 工程总的实施顺序;

 进度安排和工期;

 会计和税收方面的规定;

 有关验收方面的规定;

 工程分包和转让的限制;

 工程维修期责任等。

5) 法律方面的规定:

 签约的法律依据;

 官方的批准要求和手续;

 合同的公证要求;

 合同有效的最迟日期;

 工程拖延的处罚条款或工期提前的奖励条款;

 合同处罚;

 对不能履约情况处理的规定;

 适用于合同关系的法律;

合同语言;

对承建单位及其工作人员的其他法律依据;

不可抗力因素的定义、相应的工期和费用索赔条款;

取消合同的条件、程序及其索赔问题;

争执的解决等。

目前,国际工程总承包合同条款可以分解为五大类、四十六个项目,近400个子项目,对于不同类的合同有不同形式的结构。

(2) 合同的风险分析

1) 合同风险的(分析)特性,主要指不确定性,表现为:合同风险事件一旦发生会给对方或自身造成很大损失;它是相对的,也可以通过其他途径消除或转嫁。

2) 合同风险有以下几种:

a. 合同中明确规定的承建单位承担的风险。如:工程变更的补偿范围和补偿条件;合同价格的调整条件,建设单位对设计、施工、材料供应的认可权和各种检查权等;

b. 合同条文不全面,合同双方的责权利关系不够明确,如:缺少工期拖延罚款的最高限额的条款;缺少建设单位拖欠工程款的处罚条款;

c. 合同条文不细致、不严密;

d. 建设单位过于苛刻的合同条款。

3) 风险的对策:

a. 在报价中考虑;

b. 通过合同谈判,完善合同条文;

c. 在合同实施过程中,采取技术的、经济的措施减少或避免风险;

d. 其他对策,如承建单位与其他承建单位合伙承担等等。

(3) 合同详细分析。合同详细分析是在工程项目结构分解、施工总组织计划(或施工方案)和工程成本计划的基础上进行的。它主要通过网络图、合同事件表、横道图和活动工期表等定义工程活动。

(4) 特殊问题的合同法律分析。由于合同中没有预计、没有明确规定或超出合同范围,为避免损失和争执,应将这些问题提出来进行特殊分析。对重大的、难以确定的问题应请专家咨询或作法律鉴定。主要表现为:

1) 合同范围内的特殊问题。合同实施过程中,合同内未明确因素影响到双方合同责任界限的划分和争执的解决,它可以用合同文本来明确的解释。如:合同规定,进口材料关税不包括在承建单位的材料报价中,由建设单位支付。而合同没有规定建设单位的支付日期,仅规定建设单位在接到到货通知单30d内完成海关放行的一切手续。现承建单位急需该材料,先垫支关税,提早取得该材料,避免现场停工待料。对此,承建单位可否向建设单位提出补偿关税要求,索赔是否受到合同规定的索赔有效时间限制。若建设单位拖延海关放行手续超过30d,造成停工待料,承建单位可将它作为不可预见事件,在合同规定的索赔有效期内提出工期和费用索赔。而承建单位先垫付了关税,以便及早取得材料,对此承建单位有责任和权力为降低损失采取措施。而建设单位的行为对承建单位并非违约,故这项索赔不受合同所规定的索赔有效期限制。

2) 合同法律扩展分析的特殊问题,在实施合同中,有些重大的法律问题,已超出合同的范围,则经对合同的法律基础进行分析,在适用于合同关系的法律中寻求解答。

(5) 合同分析结果的信息处理,见图3.11。

5. 监理工程师在施工合同履行中进行以下管理工作

(1) 在工期管理方面:按合同规定,要求承建单位在开工前提出包括分月、分段进度计划的施工总进度计划,并加以审核;按照分月、分段进度计划,进行实际检查;对影响进度计划的因素进行分析,属于建设单位的原因,应及时主动协调解决,属于承建单位的原因,应督促其尽快纠正解决,审查承建单位修改的进度计划,确认竣工日期的延误等。

(2) 在质量管理方面:检验工程使用的材料、设备质量;检验

3.2 施工合同及其管理

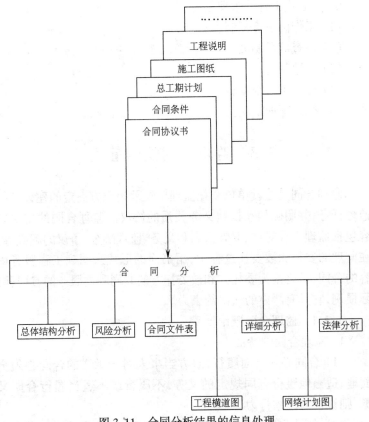

图 3.11 合同分析结果的信息处理

工程使用的半成品及构件质量;按合同规定的规范、规程监督检查验收施工质量,按合同规定的程序,验收隐蔽工程和需要中间验收工程的质量,验收分项、分部、单位工程质量情况,参与单位工程初验和竣工验收。

(3) 在费用管理方面:严格按施工合同约定的价款及支付办法为准则,对工程量进行核实签证,签署工程款的结算和支付意见,并对变更价款进行审核认可,对施工中涉及的其他费用如安全文明施工方面的费用,专利技术等涉及的费用进行确认,办理竣工结算签证,对保修金进行审核等。

6. 建立施工合同管理制度

(1) 工作岗位责任制度；
(2) 检查监督制度；
(3) 奖惩制度；
(4) 统计考核制度；
(5) 档案管理制度。

3.3 监理合同及其管理

监理合同是建设单位委托监理单位承担双方商定的建设工程监理任务，并明确相互权利义务关系的协议。监理合同的主要内容包括监理工程对象、双方权利和义务、监理酬金、争议的解决等。在监理的委托和被委托过程中，用书面的形式来明确工程服务内容的合同，最终是为委托方和被委托方的共同利益服务的，这是国际惯例，它具有严肃的法律约束力。

3.3.1 监理合同概论

1. 监理合同的特征

(1) 合同必须全面履行，双方当事人对于承诺的合同必须全面地、适当地履行合同规定的义务，不履行或不适当履行合同义务，则被视为违约行为。

(2) 合同不得擅自变更或解除。合同一经签定就不能随意变动，如果客观情况发生变化，一方要求变更或解除合同时，也必须经双方协商，达成新的协议后才能变更和解除合同，否则就是违约行为。

(3) 合同是一种法律文件，是反映双方纠纷的根据，双方当事人对于在履行合同中所发生的争议，都应以合同的条款，约定为依据。

(4) 国家强制力对合同的保障除了不可抗力等法律规定外，当事人不履行或不完全履行合同时，就要支付违约金赔偿或强制违约方依法履行合同。

2. 监理合同的形式

从国外情况来看,监理合同主要有以下几种形式:

(1) 根据法律要求制定的,由适宜的管理机构签定并执行的正式合同。

(2) 信件式合同。通常由监理单位制订,由委托方签署一份备案,退给监理单位执行。

(3) 委托通知书。通过一份通知单,成为监理单位接受的协议。

(4) 标准合同。它由合同参考格式或标准合同格式组成。国际上通常使用的是国际咨询工程师联合会(FIDIC)颁发的《工程师项目管理协议书国际范本与国际通用规则》。我国主要采用由建设部颁发的 GF—2000—0202《建设工程委托监理合同》示范文件见附件 3.2。

3. 工程建设监理合同签订的原则:

(1) 依法原则;

(2) 实用原则;

(3) 规范监理行为,向国际惯例靠拢;

(4) 条款尽量完备原则。

4. 工程建设监理合同的条款结构:

(1) 合同内所涉及的词语定义和遵循的法规;

(2) 监理单位的义务;

(3) 业主的义务;

(4) 监理单位的权利;

(5) 业主权利;

(6) 监理单位的责任;

(7) 业主的责任;

(8) 对合同生效、变更、终止的规定;

(9) 监理酬金的收取和支付办法;

(10) 其他方面的规定;

(11) 争议的解决方式。

5. 《工程建设监理委托合同》示范文本的组成
(1) 工程建设监理合同,是系统性文件。
(2) 工程建设监理合同标准条件,共46条。
(3) 工程建设监理合同专用条件。

3.3.2 监理合同的应用及其说明

1. 专用名词的涵义

(1) 合同主体

"业主"是指承担直接投资责任的,委托监理任务的一方,以及其合法继承人。监理单位是指承担监理业务和监理责任的一方,以及其合同继承人。主体是指经济法律关系的主体,是参加经济法律关系,依法享有经济权利和承担经济义务的当事人。

在监理合同当中,主体具有两个特点:

1) "业主"和"监理单位"在监理合同当中具有平等的法律地位。"业主"和监理单位经协商一致签订监理合同,在履行合同过程中双方都依法享有权利和义务,他们都处于监理合同这一民事法律关系的主体地位,这种主体地位是平等的。因此签订合同的双方即使存在上下级的隶属关系,但在履行合同当中也互为平等主体,双方是法律关系,按照《经济合同法》规定,经济合同依法成立,即具有法律约束力,当事人必须全面履行合同规定义务。

2) "业主"、"监理单位"必须符合法定资格

业主:目前我国的投资体制比较复杂,大部分工程是国家投资,又有集体筹资,贷款,还有外资或个体投资的项目。"业主"在不同的工程项目上表现形式是不同的。因此我们把业主定义为承担直接投资责任的一方。

监理单位:a. 必须依法成立的具有法人资格的单位;b. 所承担的工程监理业务,应与单位资质等级相一致。

3) 业主或监理单位,未经双方的书面同意,均不能将所签订合同的权利和义务转让给第三者,而单方面变更合同主体。

(2) 合同的标的

1) "工程"是指业主委托实施监理的工程建设项目。

2) 工程建设监理包括正常的监理工作,附加的工作和额外的工作。

3) 监理委托合同的标的,是监理单位为业主提供的监理服务。主要内容是控制工程建设的投资,工期和质量,进行工程建设合同管理,组织协调有关单位间的工作关系。

按照这一规定,业主委托监理业务的范围非常广泛,从工程建设各阶段来看,包括项目前期立项咨询、设计阶段、实施阶段、保修阶段的监理工作。在每一阶段,又可以进行投资、质量、工期的三大控制,及信息、合同二项管理。正常的监理服务是指合同内规定的工作内容,大致包括以下几方面的内容:

a. 工程技术咨询服务:如进行可行性研究,各种方案的成本效益分析,建筑设计标准,准备技术规范,提出质量保证措施等等。

b. 协助业主选择承包商,组织设计、施工、设备采购招标。

c. 技术监督和检查:检查工程设计,材料和设备质量;对操作或施工质量的监理和检查等。

4) 附加工作:是指合同内规定的附加工作或通过双方书面协议附加于正常服务的那类工作。在标准条件内规定:由于业主或第三方原因使正常的服务工作受到阻碍或延误,导致增加了工作量或持续时间,由此而增加的工作量被视为附加工作;原应由业主方承担的义务,后由双方达成协议由监理单位来承担的工作也属于附加工作;另一种附加工作可能是监理单位应业主要求提出更改服务内容建议而增加的工作内容。

5) 额外工作:是指那些既不是正常的,也不是附加的,但根据合同规定监理单位必须履行的工作。如出现根据合同规定不应由监理单位负责的特殊情况时,使监理工程师不能履行他的职责,而发生暂停或终止执行监理任务;其善后工作以及恢复执行监理任务的工作应视为额外工作。

业主要求监理单位提供的每一项任务,都应当在合同专用条件中详细说明。对施工监理合同的"监理工作范围"条款,应与工程项目总概算、单位工程概算相一致,与工程总承担合同、单项工程承包合同相一致。

6) 监理合同适用的法规

适用的法规,除了国家颁布的有关法律、行政管理条例之外,还应就工程特点在专用条件中明确列出合同履行期间,双方必须遵守的部门规章和工程所在地的地方法规。

7) 合同解释的原则

合同文件不仅指签订监理委托合同时已明确的协议书、标准条件和专用条件,还包括组成合同一部分的任何其他文件,如合同履行过程中双方协商达成一致的书面补充协议;经业主批准的由监理单位提出更改服务内容的建议;业主向监理单位发出的书面指示等。如果各合同文件中的规定之间产生矛盾时,按年月顺序以最后编号的为准。

2. 双方的权利和义务

(1) 业主的权利

1) 授予监理单位权限的权力权。监理合同要求监理单位对业主与第三方签订的各种承包合同的履行实施监理,监理单位在业主授权范围内对其他合同进行监督管理,因此在监理合同内除需要明确委托的监理任务外,还应规定监理单位的权限。在业主授权范围内,监理单位可对所监理的工程自主地采取各种措施进行监督、管理和协调,如果超越权限时,就应首先报请业主批准后方可发布有关指令。业主授予监理单位权限的大小,要根据自身的管理能力、工程建设项目的特点及需要等因素考虑。监理合同内授予监理单位的权限,在执行过程中可随时通过书面附加协议予以扩大或减少。

2) 对其他合同承包单位的选定权。业主是建设资金的持有者和建筑产品的所有人,因此对设计合同、施工合同、加工制造合同等承包单位有选定权和订立合同的签字权。监理单位对选定其他合同承包单位的过程中仅有建议权而无决定权。但标准条件中规定,监理单位对设计和施工等总承包单位所选定的分包单位,拥有批准权或否决权。

3) 对工程重大事项的决定权。业主有对工程规模、规划设计、生产工艺设计、设计标准和使用功能等要求的认定权;对工程设计变更和施工任务变更的审批权;以及对工程质量等级要求和合理工期要求的决定权。

4) 对监理单位履行合同的监督控制权。业主对监理单位履行合同的监督权利体现在以下三个方面:

a. 对监理合同转让和分包的监督。未经业主的书面同意,监理单位不得将所签合同涉及到的利益或规定义务转让给第三方。监理单位所选择的监理工作分包单位必须事先征得业主的认可。在没有取得业主的书面同意前,监理单位不得开始实行、更改或终止全部或部分服务的任何分包合同。

b. 对监理人员的控制监督。合同开始履行时,监理单位应向业主报送委派的总监理工程师及其监理机构主要成员名单,以保证完成监理合同专用条件中约定的监理工作范围内的任务。当监理单位调换主要监理人员时,须经业主同意。

c. 对合同履行的监督权。业主有权要求监理单位提交专项报告,以及月度、季度和年度监理报告,检查监理工作的执行情况,如果发现监理人员履行监理合同不力,有权要求监理单位更换监理人员,直至对终止合同。

(2) 业主义务

1) 业主负责工程建设的所有外部关系的协调工作,满足开展监理工作所需提供的外部条件。

2) 与监理单位做好协调工作。业主要任命一位熟悉建设工程项目情况,能迅速作出决定的甲方代表,负责与监理单位联系。更换此人要提前通知监理单位。

3) 为了不耽搁监理服务,业主应在合理的时间内就监理单位以书面形式提交一切事宜作出书面决定。

4) 为监理单位顺利履行合同义务,做好协助工作。协助工作包括以下几方面内容:

a. 将授予监理单位的监理权利,及时书面通知已选定的第三方,并在与第三方签订的合同中予以明确。

b. 在双方议定时间内,免费向监理单位提供自己能够获得并与监理服务有关一切资料。

c. 为监理单位驻工地监理机构开展工作正常提供协助服务。服务内容包括信息服务、物质服务和人员服务三个方面。信息服务是指协助监理单位获取永久工程使用的原材料、构配件、机械设备等生产厂家名录,以掌握产品质量和信息,向监理单位提供与本工程有关的协作单位、配合单位的名录,以方便监理工作的组织协调。物质服务是指免费向监理单位提供合同内议定的设备、设施、生活条件等。一般包括检测试验设备、测量设备、通讯设备、交通设备、气象设备、照相录像设备、打字复印设备、办公用房及生活用房等。这些属于业主财产的设施和物品,在监理任务完成和终止时,监理单位应将其交还业主。如果双方议定某些本应由业主提供的设施由监理单位自备,则应给监理单位合理的经济补偿。对于这种情况,要在专用条件的相应条款内明确经济补偿的计算方法,通常为:

补偿金额＝设备在工程上使用时间占折旧年限的比率×设备原值＋管理费

人员服务是指如果双方议定,业主应免费向监理单位提供职员和服务人员,也应在专用条件中写明提供的人数和服务时间。当涉及监理服务工作时,业主所提供的职员只应从监理工程师处接受指示。监理单位应与这些提供服务人员密切合作。但不对他们的失职行为负责。

(3) 监理单位的权利

监理合同中涉及到监理单位权利的条款可分为两大类,一类是监理单位在委托合同中应享有的权利,另一类是监理单位履行业主与第三方签订的承包合同的监理任务时可行使的权利。

监理委托合同中赋予监理单位的权利包括:

1) 完成监理任务后获得酬金的权利。监理单位不仅可获得完成合同内规定的正常监理任务酬金,如果完成附加服务和额外服务工作后,有权按照专用条件中议定的计算方法,得到额外的时间酬金。

对于附加工作,如果是业主未按原议定提供职员或服务人员,或者是应提供的设施,监理单位完成工作后,业主应按监理方实际用于这方面的费用给以全部补偿。若由于业主或第三方的阻碍或延误而导致监理单位发生附加工作,则附加酬金应等于附加工作天数之和乘以非监理单位原因所发生监理任务暂停时间和恢复监理服务的时间。额外服务酬金为额外工作天数乘以监理任务日平均酬金额。

如果监理合同生效后,因国家的法规、政策变化而导致监理服务期的改变,则应相应地调整商定的报酬和服务完成时间。

2) 获得奖励的权利。监理单位如果在服务过程中作出显著成绩,如由于监理单位提出的合理化建议,使业主获得实际经济利益,则应按照合同中规定的奖励办法,得到业主给予的适当物质奖励。奖励办法通常参照国家颁布的合理化建议奖励办法,写明在专用条件的相应的条款内。

3) 终止合同的权利。如果由于业主违约严重拖欠应付监理单位的酬金,或由于非监理方责任而使服务暂停的期限超过半年以上,监理单位可按照终止合同规定程序,单方面提出终止合同,以保护自己的合法权益。

4) 监理在业主与第三方签订承包合同时可行使的权利包括:

a. 工程建设有关事项和工程设计的建议权,工程建设有关事项包括工程规模、规划设计,生产工艺设计,平面立体布局。

设计标准和使用功能等方面,向业主和设计单位的建议权,工程设计是指按照安全和优化方面的要求,就某些技术问题自主向设计单位提出建议。但如果由于拟提出的建议提高了工程造价,应事先征得业主的同意。

b. 对实施项目的质量、工期和费用的监督控制权。主要表现为:对承建单位报送的组织设计和技术方案,按照保质量、保工期和降低成本要求,自主进行审批和向施工单位提出建议;检查施工

的开工准备,发布开工令;对工程上使用的材料和施工质量进行检验,有权发布停工、返工和复工令;对施工进度进行检查、监督,以及工程实际竣工日期提出或延误期限的鉴定权,在工程承包合同议定的工作价格范围内,工程支付款的审核和确认权,以及结算工程款的复核确定与否定权。未经监理单位签字确认,业主不得私自支付工程款。

c. 工程建设有关协作单位组织协调的主持权。

d. 在业务紧急情况下,为了工程和人身安全,尽管变更指令已超越了业主授权而又不能事先得到批准时,也有权发布变更指令,但应尽快通知业主。

e. 审核承建单位索赔的权力。

(4) 监理单位义务

1) 监理单位在履行合同的义务期间,应运用合理的技能、认真勤奋地工作,公正地维护有关方面的合法权益,做到"守法、诚信、公正、科学"的原则。

2) 在合同期内或合同终止两年内,未经得业主事先同意,不得泄露与该工程、合同或业主的业务活动有关的专业资料或保密资料。

3) 任何由业主提供或支付的供监理单位使用的物品都属于业主的财产,服务完成后,应将剩余物品归还业主。

4) 非经业主书面同意,监理单位及其职员不应接受监理合同规定以外的监理工程有关的其他方所给报酬,以保证监理行为的公正性。监理单位不得参与可能与合同规定的与业主利益相冲突的任何活动。

3. 双方的违约责任

《经济合同法》规定"由于当事人一方的过错,造成经济合同不能履行或者不能完全履行,由有过错一方承担违约责任;如属双方的过错,根据实际情况,由双方分别承担各自应负的违约责任"。"当事人一方违反经济合同时,应向对方支付违约金",根据经济合同法的原则,为保证监理合同规定的各项权利义务的顺利实现,在监理合同中,制定了约束双方行为的条款,"监理单位的责任"合同第24条~27条,"业主责任"合同中第28条~29条。这些规定归纳起来有如下几点。

(1) 在合同责任期内,如果监理单位未按合同中要求的职责勤恳认真地服务;或业主违背了他对监理单位的责任时,均应向对方承担赔偿责任。

(2) 任何一方对另一方负有责任时赔偿原则是:

1) 赔偿应限于由于违约所造成的,可以合理预见到的损失和损害的数额。

2) 在任何情况下,赔偿的累计数额不应超过专用条款中规定的最大赔偿限额;在监理单位一方,其赔偿总额不应超出监理酬金总额(除去税金)。

3) 如果任何一方与第三方共同对另一方负有责任时,则负有责任一方所应付的赔偿比例应限于由其违约所应负责的那部分比例。

(3) 当一方向另一方的索赔要求不成立时,提出索赔一方应补偿由此所导致的对方各种费用支出。

(4) 如果不在专用条件中规定的时限内或法律规定的更早日期前正式提出索赔,无论业主或是监理单位均不对由任何事件引起的任何损失或损害负责。

由于建设监理,是监理单位向业主提供技术服务的特性,在服务过程中,监理单位主要凭借自身知识、技术和管理经验,向业主提出咨询、服务替业主管理工程。同时,在工程项目的建设过程中,会受到多方面因素限制,鉴于上述情况,在监理单位责任方面作了如下规定:

监理工作的责任期即监理合同有效期。监理单位在责任期内,如果因过失而造成了经济损失,要负监理失职的责任。在监理过程中,如果完成全部议定监理任务因工程进展的推迟或延误而超过议定的日期,双方应进一步商定相应延长的责任期,监理单位不对责任期以外发生的任何事件所引起的损失或损害负责,也不对第三方违反合同规定的质量要求和交工时限承担责任。

4. 协调双方关系条款

监理委托合同中对合同履行期间甲乙双方的有关联系,工作程序都作出了严格周密的规定,便于双方协调有序地履行合同。

这些条款集中在"合同生效、变更与终止"、"监理酬金"、"其他"和"争议的解决"几节当中。主要内容是:

(1) 更换人员的规定。

为了执行合同,业主应授予指定一名能迅速作出决定的常驻代表,监理单位的代表为该项目的总监理工程师。不论是对方提出要求或本方工作的需要,如果有必要更换包括代表人在内的任何人员时,负责任命的一方应立即安排,代之以一位同等能力的人员,并要求以书面形式提出要求或申述更换理由。如果对方要求更换某一具体人员因渎职或不能圆满地执行任务作为理由不能成立的话,则提出要求的一方应承担更换费用。

(2) 合同履行过程中的交往文件

合同履行过程中的"通知"、"批准"、"建议"等有关事项必须以书面形式发送对方,并从对方收到时生效。文件可由专人递送或传真通讯,但要有书面回执确认或签收。为了不耽搁监理的服务工作,应在专用条件中规定一个合理的时间,业主须对监理单位以书面形式提交给他的一切事宜作出书面决定。

(3) 合同的生效、变更与终止

1) 生效:自合同正式签字之日起,合同生效。

2) 开始和完成:以专用条件中注明的监理准备工作开始和完成时间。如果合同履行过程中双方商定延期时间,完成时间相应顺延。

3) 变更:任一方申请并经双方书面同意时,可对合同进行变更。

如果业主要求,监理单位可提出更改服务的建议,这类建议的服务和移交应看作一次附加的服务。

4) 延误:如果由于业主或第三方的原因使监理工作受到阻碍

或延误,以致增加了工程量或持续时间,则监理单位应将此情况与可能产生的影响及时通知业主。增加的服务应视为附加的服务,完成监理任务的时间应相应延长。

5) 情况的改变:如果在监理合同签订后,出现了不应由监理单位负责的情况,而导致不能全部或部分执行监理任务时,监理单位应立即通知业主。在这种情况下,如果不得不暂停执行某些监理任务,则该项服务的完成期限应予以延长,直到这种情况不再持续。当恢复监理工作时,还应增加不超过 42d 的合理期限,用于恢复监理服务。若由于这种情况的影响使得执行某些监理任务的速度不得不减慢,则该项监理任务的完成时间必须给予延长。

6) 合同的暂停或终止:

a. 业主要求暂停或终止合同。业主如果要求监理单位全部或部分暂停执行监理任务或终止监理合同,则应至于在 46d 前发出通知,此后监理单位应立即安排停止服务,并将开支减至最小。

如果业主认为监理单位无正当理由而未履行监理义务时,可向监理单位发出指明其未履行义务通知。若业主在 21 天内没收到满意答复,可在第一个通知发出后 35d 内进一步发出终止监理合同的通知。

b. 监理单位提出暂停或终止合同。合同履行过程中出现监理酬金超过支付日 30d 业主仍未支付,而又未对监理单位提出任何书面意见,或暂停监理服务期限已超过半年时,监理单位可向业主发出通知指出上述问题。如果 14d 后未得到业主答复,可进一步发出终止合同的通知。发出终止合同通知的 42d 后仍未得到业主答复,监理单位可终止合同,也可自行暂停履行部分或全部服务。

合同协议的终止并不影响损害各方应有权利、责任或索赔。

(4) 监理酬金

我国现行的监理费计算方法主要有四种,即国家物价局、建设部颁发的价费字 479 号文《关于发布工程建设监理费用有关规定的通知》中规定的:

按照监理工程概预算的百分比计收;

按照参与监理工作的年度平均人数计算；

不宜按以上两项办法计收的，由建设单位和监理单位按商定的其他方法计收；

中外合资、合作、外商独资的建设工程，工程建设监理费由双方参照国际标准协商确定。

按以上取费方法收取的费用，仅是正常的监理工作的那部分取费，在监理工作中所收费用还应包括附加服务和额外服务的酬金、以及合理化建议的奖励。其收费应按照监理合同专用条件议定的方法计取，并按议定的时间和数额进行支付。

当业主在议定的支付期限内未予支付时，自支付期限之日起向监理单位补偿该到期应支付酬金部分的利息。利息按国有企业贷款利率计算，或按每月增加1%滞后金。

如果业主对监理单位提交的支付通知书中酬金或部分酬金项目提出异议，应立即发出通知说明理由，但不得拖延其他无异议酬金项目支付。

5．争议的解决

因违反或终止合同而引起的对损失或迫害的任何赔偿，应首先通过双方协商友好解决。如协商未能达成一致，可提交主管部门调解。仍不能达成一致时，可提交仲裁机构仲裁或向法院起诉。

3.3.3 监理合同管理

在工程施工监理中，监理合同的管理主要是指建设主管部门和合同当事人对合同的管理。其主要内容包括：监理合同的订立和履行，变更和修改，建立合同管理制度。

1．监理合同的订立

（1）监理任务的取得：按照市场竞争的原则及国家的有关规定，应以招标投标的方式取得。对于特殊工程可以采用定向议标方式取得。

（2）监理合同签订前

1）业主对监理单位的资格考察，其内容包括资质证书、营业执照、监理的实际能力、资信情况、监理业绩、经历和合同的履行情况等方面。

2) 对工程业主了解及对工程合同可行性的调查,其内容包括考察业主合法资格、是否有相应的财产和经费、是否符合国家政策法规、是否适合本企业的技术优势。

3) 招标项目要考察竞争对手的实力及招标报价的动向,不宜勉强投标,不宜参加"陪标",以免影响企业声誉,影响其他工程的中标。

(3) 监理合同的谈判和签订

1) 检查招标文件,合同条约的完整性、合理性,分析合同条款、风险预测,为谈判和签订提供决策依据。

2) 明确监理合同的主要条款和应负责任,明确工程的质量、工期、投资等目标要求。

3) 对业主提出的条款是否能够全部履行,予以明确答复,对重大问题不能无原则让步。

4) 经谈判双方就监理合同的条款达成一致,即可以正式签订监理合同文件。

2. 合同的履行

(1) 业主的履行

1) 严格按照监理合同的规定履行应尽义务。监理合同规定的应由业主方负责的工作,是使合同最终实现的基础,如外部关系的协调、为监理工作提供外部条件、为监理单位提供获取本工程使用的原料、构配件、机械设备等生产厂家名录等等,都是为监理方做好工作的先决条件。业主方必须严格按照监理合同的规定,履行应尽的义务,才有权要求监理方履行合同。

2) 按照监理合同的规定行使权利:监理合同中规定的业主权利,对设计、施工单位的发包权;对工程规模、设计标准的认定权及设计变更的审批权;对监理方的监督管理权等。

3) 业主的档案管理:在全部工程项目竣工后,业主应将全部合同文件,包括完整的工程竣工资料加以系统整理,按照国家《档案法》及有关规定,建档保管。

(2) 监理单位的履行

1) 确定项目总监理工程师,成立项目监理组织。每一个拟监理的工程项目,监理单位都应根据工程项目规模、性质、业主对监理的要求,委派称职的人员担任项目的总监理工程师,代表监理单位全面负责该项目的监理工作。总监理工程师向监理单位负责,对外向业主负责。在总监理工程师的具体领导下,组建项目的监理班子,并根据签订的监理委托合同,制订监理规划和具体的实施细则,开展监理工作。

一般情况下,监理单位在承接项目监理业务时,在参与项目监理的投标,拟订监理方案(大纲),以及与业主商签监理委托合同时,即应选派称职的人员主持该项工作。在监理任务确定并签订监理委托合同后,该主持人即可作为项目总监理工程师。这样,项目的总监理工程师在承接任务阶段就早期介入,从而更能了解业主的建设意图和对监理工作的要求,并与后续工作能更好地衔接。

2) 进一步熟悉情况,收集有关资料,为开展建设监理工作作准备。

a. 反映工程项目特征的有关资料:如工程勘测、设计图纸及有关说明。

b. 反映当地工程建设报建程序的有关规定:如招投标文件、中标函、施工合同等。

c. 反映工程建设施工的有关资料。

d. 反映工程所在地区技术经济状况及建设条件的资料。

e. 类似工程项目建设情况的有关资料。

3) 制订工程项目监理规划。工程项目的监理规划是开展项目监理活动的纲领性文件,根据业主委托监理的要求,在详细分析监理项目有关资料的基础上,结合监理的具体条件编制的开展监理工作的指导性文件。其内容包括:工程概况;监理范围和目标;监理主要措施;监理组织;项目监理工作制度等。

4) 制订各专业监理实施细则。在监理规划的指导下,结合工程项目中的各种专业制订相应的实施性细则。

5) 根据制订的监理工作计划和运行制度,规范化地开展监理工作。作为一种科学的工程项目管理制度,监理工作的规范化体现在:工作的顺序性、职责分工的严密性、工作目标的确定性。

6) 监理工作总结归档。监理工作总结归档应包括三个部分内容:

a. 向业主提交监理工作总结。其内容主要包括:监理委托合同履行情况概述;监理任务或监理目标完成情况评价;由业主提供的供监理活动使用的办公用房、车辆、试验设施等清单;表明监理工作终结的说明等。

b. 向由监理单位提交的监理工作总结。其内容主要包括:监理工作的经验,可以是采用某种监理技术、方法的经验;也可以是采用某种经济措施、组织措施的经验;以及签订监理委托合同方面的经验;如何处理好与业主、承包单位关系的经验等。

c. 监理工作中存在的问题及改进的建议,以指导今后的监理工作,并向政府有关部分提出政策建议,不断提高我国工程建设监理的水平。

3. 合同变更和修改

工程建设中难免出现许多不可预见的事项,因此,经常会出现要求修改或变更合同条件的情况。具体可能包括改变工程服务范围、工作深度、工作进度、费用的支付和委托方与被委托方各自承担的责任等,尤其是当改变服务范围和费用问题时,监理单位应该坚持要求修改合同,口头协议或临时性交换函件等是不可取代的。修改合同可以通过以下几种方式进行,无论采用什么方式,修改或变更一定要便于履行。同时,要注意变更资料的收集和存档备案。

(1) 正式文件。合同一方所提出合同变更通知,须经合同双方充分洽商谈判,共同签署,同意履行变更内容,以文件的形式发出,并通报有关单位。这种形式主要针对修改较大,内容复杂、影响面广、时间跨度长的变更,因而须共同商讨签署(具有严肃的法律效力)后,才能生效。这样可以避免在履行合同过程中引起的纠纷。

(2) 信件协议。对于一些内容简单、涉及面广、修改内容较小、临时决定、未经商定或来不及商定的一些事务性变更,通常采用信件协议的方式,当信件协议一经对方接纳,同意履行,则该信函协议具有法律效力。

(3) 委托书。对于一些影响小、内容简单、修改小、时间要求紧的变更,采用委托书的形式,通知合同当事人。该方式比较灵活,变更也能及时得到落实。

(4) 重新签订合同。对于变动范围较大,涉及到监理合同当事人的权利和义务,以及酬金的计取等重大问题,凭上述变更很难表达清晰,因而须重新制订一个新的监理合同来取代原有合同。

4. 建立合同管理制度

由于监理单位要经常承揽工程监理任务,经常谈判和签订监理合同,长期处于履行监理合同活动之中,为了使监理合同的谈判、签订、履行各环节实现科学化、系统化、规范化,就需要建立一套完整的监理合同管理制度,主要有如下内容:

(1) 工作岗位责任制度。这是监理单位一项基本管理制度,它具体规定企业内部具有监理合同管理任务的部门和管理人员的工作范围,履行合同中应负的责任,以及拥有的职权,做到分工协作、责任明确、任务落实、逐级负责,保证合同的圆满实施。

(2) 内部会签制度。由于监理合同涉及到监理工程各专业人员,为了保证监理合同签订后得以全面履行,在监理合同未正式签订之前,由办理合同业务部门合同其他业务部门的有关业务技术人员共同研究,提出对合同条款的具体意见,进行会签。

(3) 审查批准制度。为使监理合同在签订后合法、有效,须在签订前进行审查、批准手续。审查是指将准备签订的监理合同在部门之间会签后,送给企业主管合同的机构或法律顾问进行审查,批准是由企业主管或法人代表签署意见,同意对外正式签订监理合同。

(4) 监印制度。企业合同专用章和有关部门使用的合同专用章,均系代表企业对外行使权利、承担业务、签订合同的凭证。因此，对合同专用章的登记、保管、使用等要有严格的规定。

(5) 检查和奖励制度。及时发现和解决监理合同履行中的问题，协调企业各部门履行合同的关系，通过检查及时发现问题，以利于提出改进意见，并对合理化建议实行奖励措施。

(6) 统计考核制度。它是统计报表制度的一个主要部分。运用科学的统计考核办法，利用统计，反馈监理合同签订和履行等情况。

(7) 档案制度。监理合同档案分为归档和利用两部分。归档是为了利用，利用首先要归档，必须督促施工企业按国家《档案法》的有关规定，加以搜集、整理、分类、登记、编号、装订、保管，使档案的管理规范化。

3.4 施工索赔管理

索赔是指在合同实施过程中，根据法律、合同规定及惯例，合同的一方依据合同条款，对合作对方未履行或未完全履行合同规定的义务所造成的损失，而向合作方提出追索和赔偿的要求。索赔申请报告应以书面形式提出，其结果是工期延长或资金补偿。这是国际、国内工程承包中保护自己合法权益的一种手段。

索赔管理的任务一方面包括对已产生的损失进行追索和补偿，另一方面对将产生或可能产生的损失进行预测和防止。追索损失主要通过索赔手段进行，而防止损失主要通过反索赔进行。索赔和反索赔是进攻和防守的关系。在建设单位和承建单位，总包和分包，合伙人之间都可能存在索赔和反索赔。索赔和反索赔的主要内容见图3.12和图3.13。

3.4.1 索赔

1. 索赔一般指因业主违约或非承建单位责任而造成损失，由承建单位提出的追索和赔偿活动。

2. 索赔的分类：

(1) 按干扰事件性质分类有：工期延长索赔、工程变更索赔、

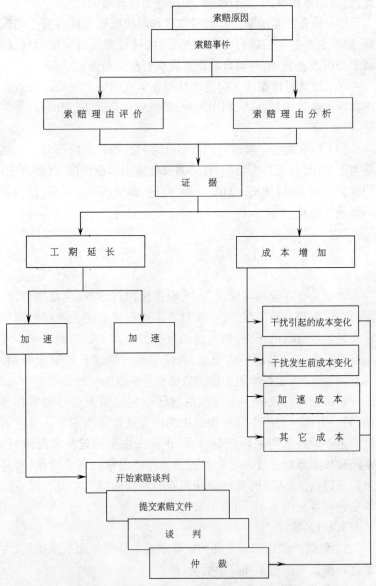

图 3.12 索赔管理的内容之一——索赔管理

3.4 施工索赔管理

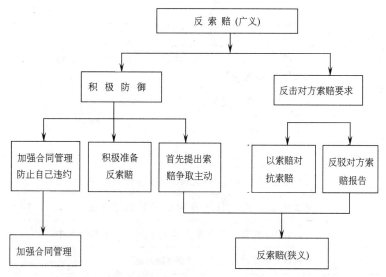

图 3.13 索赔管理的内容之二——反索赔管理

工程中断索赔、工程终止索赔、其他原因索赔。

(2) 按索赔处理方式分类：

1) 单项索赔。单项索赔报告必须在合同规定的有效期内提出。

2) 总索赔。又叫一揽子索赔。在工程竣工前,将未解决的单项索赔集中整理,提出一份总索赔报告。

3. 索赔的依据和承建单位可引用的索赔条款见表 3.11 和表 3.12。

索赔的依据一览表　　　　　表 3.11

序号	依据
1	招标文件;合同文本及附件;备忘录;修正案等;工程图纸(包括变更);技术规范等
2	来往信函,通知和建设单位的变更指令等
3	各种会议纪要,纪要须经会签后生效
4	施工进度计划和实际施工进度安排

续表

序号	依据
5	施工现场的工程文件,如施工记录、施工备忘、施工日记、监理工程师填写的施工记录等
6	工程照片。如表示进度、隐蔽工程、返工等照片应注明日期
7	气候报告。须经监理工程师签证
8	工程检查验收报告和各种技术鉴定报告
9	工程停电、停水、道路堵塞记录和证明,应由监理工程师签证
10	建筑材料的采购、订货、运输、进场、使用方面的依据
11	官方的物价指数、工资指数、国家银行的外汇比价等公布材料
12	各种财务核算材料,它作为计算基础的证明
13	国家法律、法令、政策文件,如工资税的增加等
14	工程地质与合同规定不一致而采取加固等措施
15	附加工程(由建设单位附加的工程项目)

承建单位可引用的索赔条款　　　　表3.12

序号	条款主题内容	可调整事项
1	合同论述含糊	T+C
2	延误发放施工图纸	T+C
3	不利的自然条件	T+C
4	因工程师提供错误数据导致的放线错误	C+P
5	工程师指令钻孔和勘探开挖	C+P
6	业主风险造成的损失和修复	C+P
7	发现化石、古迹或地下构筑物	T+C
8	为其他承包商提供服务	C+P
9	进行合同内未规定的试验	T+C
10	指示剥露和穿孔检查	C

续表

序号	条款主题内容	可调整事项
11	中途暂停施工	T+C
12	业主未按时提供现场	T+C
13	修补非承包商原因的缺陷	C+P
14	指示调查缺陷原因	C
15	工程变更	C+P
16	对变更工程的估价	C+P
17	增减超过15%对结算总价的调整	±C
18	特殊风险引起的工程破坏	C+P
19	特殊风险引起的其他费用增加	C
20	合同被迫终止	C+P
21	业主违约	T+C
22	成本的增加或减少	按调价公式
23	后续法规的变化	±C
24	货币和汇率的变化	C+P

注：T——应给予工期展延补偿；
　　P——应给予利润损失补偿；
　　C——应给予施工成本费用补偿。

4．索赔的重点(见表3.13)

工程索赔重点一览表　　表3.13

名称	内容提要
工程变更	因勘察、设计考虑不周出现错误；甲方代表(或监理工程师)指令增、减的工程量；改变工程质量、技术要求；承建单位改变工序而引起费用增加等
施工条件变更	遇到人力无法抗拒的意外事故；遇到人为障碍、意外风险和特殊风险等
建设单位违约	由建设单位提出超越合同外的要求，擅自改动设计和技术规范；延误提交图纸资料或付款等

续表

名 称	内 容 提 要
承建单位违约	延误工程进度；降低工程质量标准的要求；不执行甲方指令而造成资金损失或工期的延长；工程暂停或终止等
工程保险和设备保险	经投保后，遇有设备事故；工伤、车祸、被盗、火灾等事故，则可以向保险公司索取赔偿

5. 索赔资料

在提出索赔要求时，索赔方必须提出一整套的工程项目的原始资料。这些材料具体有如下几种：

(1) 施工期间的重要业务资料

1) 工程师填写的施工记录表；

2) 工程检查和验收报告；

3) 工程照片；

4) 记工卡；

5) 工地施工日记；

6) 施工工长月报；

7) 施工备忘录；

8) 施工图纸；

9) 投标时施工进度计划及修改后的施工进度计划；

10) 施工质量检查记录；

11) 施工设备，材料使用记录；

12) 会议记录。

(2) 施工期间的重要财务资料

1) 有关人工部分：工人劳动记时卡；工人工资表；人工分配表；工人福利协议；注销工资薪金支票；经会计师核准的工资薪金报告单等。

这些材料都可以佐证工程内容增加减少情况及其开始时间。

2) 有关设备、材料部分：采购设备、材料、零配件等定单；采购原始凭证;收讫发票和收款票据;设备使用单;注销帐应支付支票等。这些资料可以查证工程用料使用数量和日期。

3) 有关财务部分:会计往来信件;施工进度支付报告单;各项费用的支付收据和收款单据;会计日、月报表;会计总帐和分类帐;通用货币汇率变化表等。

从上述资料中可以分析出各种资金使用情况,收、付款以及其他情况。

4) 有关预、决算和成本部分:经会计师核准的财务计算;工程预算和决算;工程成本报告等等。从这些资料中可以查出财务盈亏情况,了解亏损的项目和超支情况,以找出财务依据。

6. 索赔处理程序(见图3.14)

(1) 承包单位提出索赔要求

1) 索赔意向通知。当事人应在事件发生后28d内,以正式信函的形式向监理工程师发出索赔意向通知书,说明是否提出索赔申请或保留索赔权利。

2) 现场同期记录。

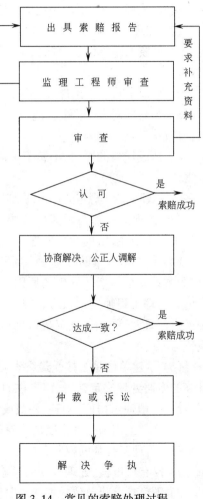

图 3.14 常见的索赔处理过程

从事件发生之日起,承建单位应做好现场条件和施工情况的同期记录,记录内容包括时间起讫、持续时期内的气象、人工、设备和物料投入情况以及每天完成工程量等。

3) 索赔报告。索赔意向通知提交后 28d 内,承建单位应递送正式的索赔报告,其内容包括:事件发生的原因、对其权益影响的证据资料、索赔依据、要求补偿的工期或款额的详细计算资料等。

(2) 监理工程师审查索赔报告

1) 审核承建单位的索赔意向通知书,决定是否同意或进一步上报业主。

2) 审核索赔成立条件,以下三个条件必须同时具备。

a. 与合同对照,事件已造成了承建单位施工成本的额外支出,或直接工期损失。

b. 造成损失的原因,不属于承建单位应承担的行为责任或风险责任。

c. 承建单位按规定的程序,提交了索赔意向通知书和索赔报告。

(3) 监理工程师与承建单位协商解决。协商解决未果,应将处理情况报业主,协助业主处理。

(4) 业主审查索赔处理。当索赔超过监理工程师的权限范围时,业主首先根据事件发生的原因、责任范围、合同条款审核索赔申请和监理工程师处理报告,再依据工程建设的目的、投资控制、竣工投产日期等要求,决定是否批准索赔报告和监理工程师处理报告。

(5) 承建单位是否接受最终索赔处理。若承建单位同意接受最终的索赔处理决定,则索赔事件的处理完成。否则,就会导致合同争议,一般通过协商、调解、仲裁或诉讼解决。

7. 监理工程师处理索赔的注意事项:

(1) 监理工程师的权限范围。

1) 仅有权审核、处理合同的索赔;

2) 不负责承建单位拖期违约赔偿处理;

3) 超过合同内处理索赔的权限范围,需报业主处理。

(2) 审查索赔证据。
1) 合同文件;
2) 经监理工程师批准的施工进度计划;
3) 合同履行过程中的来往函件;
4) 施工现场记录;
5) 施工会议纪要;
6) 工程照片;
7) 监理工程师发布的各种指令单;
8) 中期支付工程进度款的单证;
9) 检查和试验记录;
10) 各种财务凭证;
11) 其他有关资料。
(3) 审查工期展延要求。
1) 划清施工进度拖延的责任。
2) 被延误的工作应是处于施工进度计划关键线路上的施工内容。
3) 无权要求承建单位缩短合同工期。
(4) 审查费用索赔要求方面:
1) 承建单位可索赔的费用:一般包括:a.人工费、b.设备费、c.材料费、d.保函手续费、e.贷款利息、f.保险费、g.利润、h.管理费等。
2) 审查索赔取费的合理性。
3) 审查索赔计算的准确性、防止重复计算。
(5) 处理好索赔。监理工程师应集中精力及时抓好单项索赔处理工作,尽可能避免出现综合索赔,处于被动处理状态。

3.4.2 反索赔

反索赔是相对索赔而言。索赔主要在于对已产生的损失的追索。反索赔是防止损失的手段,在合同实施过程中,必须能攻善守,攻守相济。

反索赔,一般是指业主针对承建单位提出的索赔而采取的防御措施，并针对承建单位在执行合同过程中造成的过失，如工期延期、施工缺陷、材料浪费等提出追索和补偿要求。

1. 反索赔处理程序

反索赔处理和索赔处理较为相似，通常对对方可能提出或已经提出的索赔要求，制定反索赔策略和计划，针对索赔报告，对照合同规定和有关文件要求，通过合同分析、评价而提出向承建单位索赔的要求。反索赔的处理过程见图3.15。

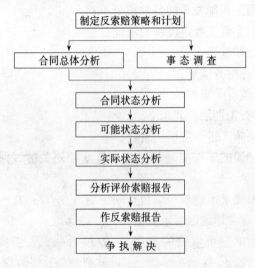

图3.15 反索赔处理过程

2. 合同总体分析

合同总体分析的重点是分析与对方索赔报告中提出的问题有关的合同条款，通常有：合同的法律基础及其特点；合同的组成及其变更情况；合同规定的工程范围；工程变更的补偿条件、范围和方法；对方的合同责任；合同价格的调整条件、范围、方式以及承担的风险；工期调整条件、范围和方法；违约责任；争议的解决方法等方面。

3. 事态调整

即以各种实际工程资料作为依据，用以对索赔报告所描述的事情经过和所附依据,收集整理所有与反索赔相关的工程资料。业主可引用的反索赔条款见表 3.14。

业主可引用的反索赔条款　　　　表 3.14

序号	条款主题内容	是否需通知承包商
1	承包商保险失效	不需要
2	损坏了公路或桥梁	讨论
3	拒收材料或设备	工程师通知
4	承包商不遵守指示	工程师通知
5	施工进度拖后	工程师通知
6	延期损失赔偿费	不需要
7	承包商未修复缺陷工程	工程师通知
8	未向指定分包商付款	工程师通知
9	承包商违约	工程师通知
10	紧急维修	工程师通知
11	终止合同后的付款	工程师通知

4．三种状态分析

在事态调整和收集、整理工程资料的基础上进行合同状态、可能状态和实际状态分析,通过三种状态分析,达到如下要求:

(1) 全面地评价合同、合同实施状况,评价双方合同责任的完成情况;

(2) 对对方有理由提出索赔的进行总结;

(3) 对对方的失误和风险范围进行具体指认;

(4) 针对对方失误作进一步分析。

5．起草并向对方递交索赔报告

其主要内容:

(1) 合同总体分析结果简述;

(2) 合同实施情况简述和评价;

(3) 反驳对方的索赔要求;

(4) 提出索赔要求;
(5) 总结(包括总评价和各种证据)。
6. 反驳索赔报告
对于索赔报告的反驳通常可以从如下几个方面着手。
(1) 索赔事件的真实性;
(2) 干扰事件的责任分析;
(3) 索赔理由分析;
(4) 干扰事件的影响分析;
(5) 证据分析;
(6) 索赔值审核等。

3.4.3 索赔值的计算

索赔值的计算基础是合同报价,或在合同报价基础上,按合同规定进行的调整。

索赔值的计算主要有两个方面,即:

工期索赔值＝责任方造成的实际工期－合同工期
费用索赔值＝责任方造成的实际费用－合同费用

索赔值的计算应避免如下因素:
(1) 推卸事故责任;
(2) 超越合同报价基础;
(3) 重复计算。

1. 工期索赔计算

(1) 干扰事件对活动持续时间的影响分析

1) 工程拖延的影响分析。在工程中,由于推迟提供设计资料、建筑场地、行驶道路或推迟进场、开工等因素,会直接造成工程的推迟或中断,影响整个工期,这些活动的实际推迟天数即可直接作为工期延长天数。对于同一推迟因素内的诸多方面的影响须综合平衡后计算。

2) 工程变更的影响分析,其中包括:

a. 工程量增加超过合同规定的承建单位承担的风险范围(即10%以内或由双方鉴定)之外,可以进行工期索赔。通常首先要扣除承建单位应承担的风险,然后按工程量增加的比例同步延长新涉及到的网络计划的持续时间。此外,须追索使工程量增加的责任方,并附各分项工程量增加的明细表,相对单位计算说明及计算表等资料,参阅如下计算公式:

$$\frac{追索责任方的延长工期}{} = 合同工期$$

$$\times \frac{责任方实际工期 - [1+10\%(或双方签订)] \times 合同工期}{[1+10\%(或双方签订)] \times 合同工期}$$

b. 增加新的附加工程,即增加合同中未包括的,但又在合同规定范围内的新的工程项目,必须增加新的网络事件,新事件的持续时间可按合同双方商讨或签订新的附加协议确定;

c. 对责任方造成工程停工、返工、窝工以及其他等待变更指令事件,可按经工程师签字认可的实际工程记录,延长相应网络事件的持续时间;

d. 由责任方指令变更施工程序引起网络事件之间逻辑关系的变化,它的实际影响可由新旧两个网络的分析结果对比所得。

3) 工程中断的影响分析。由于罢工、恶劣气候条件和其他不可抵抗因素造成的工程暂时中断,或建设单位指令停工,使工期延长,一般其工期索赔值按工程实际停滞时间即从工程停工到重新开工这段时间计算。若干扰事件有后果要处理,还要加上清除后果的时间。

(2) 干扰事件对整个工期的影响分析方法:在计算干扰事件对工程活动的影响基础上,即可计算干扰事件对整个工期的影响,计算工期索赔值。在实际工程中通常可以采用以下两种分析方法:

1) 网络分析方法。即通过分析干扰事件发生前后网络计划,对比两种工期计算结果,计算索赔值。它适用各种干扰事件的索赔,但必须以采用计算机网络分析技术进行工期计划和控制为前提条件。

2) 比例分析法。若干扰事件仅影响某些单项工程的工期,宜

采用比例分析方法,具体有:

a. 以合同价所占比例计算。包含两个公式即:

$$总工期索赔 = \frac{受干扰部分的工程合同价}{整个工程合同总价} \times 该部分工程受干扰工期拖延量$$

或

$$总工期索赔 = \frac{附加工程或新增工程量价格}{原合同总价} \times 原合同总工期$$

b. 按单项工程工期拖延的平均值计算。公式如下:

$$总延长天数 = 各单项工程的推迟天数之和$$

$$平均延长天数 = \frac{总延长天数}{单项工程数量}$$

工程索赔值 = 平均延长天数 + 由单项工程推迟的不均匀性使总工期推迟的天数

注:上述各种计算方法均有它们的局限性,要注意它们各自的使用范围和性质。

2. 费用索赔计算

(1) 费用索赔计算应注意事项

费用索赔是整个工程合同索赔的重点和最终目标。费用索赔的计算应注意如下几个问题:

1) 计算原则。费用索赔都是以赔(补)偿实际损失为原则,其中包括直接损失和间接损失等情况,并且必须有详细的证明。

2) 计算方法的选用原则见图3.16。

3) 应考虑索赔最终解决的让步和对方的反索赔,这两个因素往往使得双方达成赔偿协议的实际索赔值与原索赔值相差甚远。

4) 充分准备计算资料。在索赔中必须出具所有的计算基础和计算过程的资料作为证明。

(2) 费用索赔计算方法

1) 总费用法。这是一种最简易的计算方法,它的思路是把固定总价合同转化为成本加酬金,以承建单位的额外成本为基点加

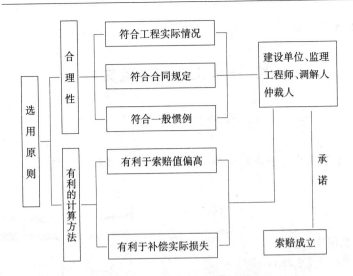

图 3.16 索赔值计算方法的选用原则

上管理费和利息等附加费作为索赔值,应注意其使用范围。用如下公式表示:

索赔值 = 总成本增加量 + 管理费×(总成本增加量×10%)
　　　　+ 利润(总成本增加量 + 管理)×x%

其中 x% 为双方商定的百分比。

2) 分项法。分项法是按每个(或每类)引起损失的干扰事件,以及这些事件所引起损失的费用项目分别分析计算索赔值的方法。这种方法较为科学、合理。

3) 费用索赔的计算步骤。由于分项法计算比较合理,有利于对索赔报告的分析评价和索赔的解决,所以实际工程中绝大多数的索赔采用分项法计算。其步骤为:

1) 分析每个(或每类)干扰事件所影响的费用项目,即干扰事件引起哪些项目的费用损失。

2) 计算各费用项目的损失值。

3) 将各费用项目的计算值列表汇总,得到总费用索赔值。

附件 3.1

建设工程施工合同示范文本

(协议书及通用条款)

中华人民共和国建设部　国家工商行政管理局　制定

第一部分　协议书

发包人(全称)：
承包人(全称)：
依照《中华人民共和国合同法》、《中华人民共和国建筑法》及其他有关法律、行政法规，遵循平等、自愿、公平和诚实信用的原则，双方就本建设工程施工事项协商一致，订立本合同。

一、工程概况

工程名称：
工程地点：
工程内容：
群体工程应附承包人承揽工程项目一览表(附件1)
工程立项批准文号：
资金来源：

二、工程承包范围

承包范围：

三、合同工期

开工日期：
竣工日期：
合同工期总日历天数　　　天。

四、质量标准

工程质量标准：

五、合同价款

金额(大写)： 　　元(人民币)

￥： 　　元

六、组成合同的文件

组成本合同的文件包括：

1. 本合同协议书
2. 中标通知书
3. 投标书及其附件
4. 本合同专用条款
5. 本合同通用条款
6. 标准、规范及有关技术文件
7. 图纸
8. 工程量清单
9. 工程报价单或预算书

双方有关工程的洽商、变更等书面协议或文件视为本合同的组成部分。

七、本协议书中有关词语含义与本合同第二部分《通用条款》中分别赋予它们的定义相同。

八、承包人向发包人承诺按照合同约定进行施工、竣工并在质量保修期内承担工程质量保修责任。

九、发包人向承包人承诺按照合同约定的期限和方式支付合同价款及其他应当支付的款项。

十、合同生效

合同订立时间：　　年　　月　　日

合同订立地点：

本合同双方约定　　　　后生效

发包人：(公章) 　　　　承包人：(公章)

住所： 　　　　　　　　住所：

法定代表人： 　　　　　法定代表人：

委托代理人： 　　　　　委托代理人：

电话：　　　　　　　　电话：
传真：　　　　　　　　传真：
开户银行：　　　　　　开户银行：
帐号：　　　　　　　　帐号：
邮政编码：　　　　　　邮政编码：

第二部分　通　用　条　款

一、词语定义及合同文件

1．词语定义

下列词语除专用条款另有约定外，应具有本条所赋予的定义：

1.1　通用条款：是根据法律、行政法规规定及建设工程施工的需要订立，通用于建设工程施工的条款。

1.2　专用条款：是发包人与承包人根据法律、行政法规规定，结合具体工程实际，经协商达成一致意见的条款，是对通用条款的具体化，补充或修改。

1.3　发包人：指在协议书中约定，具有工程发包主体资格和支付工程价款能力的当事人以及取得该当事人资格的合法继承人。

1.4　承包人：指在协议书中约定，被发包人接受的具有工程施工承包主体资格的当事人以及取得该当事人资格的合法继承人。

1.5　项目经理：指承包人在专用条款中指定的负责施工管理和合同履行的代表。

1.6　设计单位：指发包人委托的负责本工程设计并取得相应工程设计资质等级证书的单位。

1.7　监理单位：指发包人委托的负责本工程监理并取得相应工程监理资质等级证书的单位。

1.8　工程师：指本工程监理单位委派的总监理工程师或发包人指定的履行本合同的代表，其具体身份和职权由发包人承包人在专用条款中约定。

1.9 工程造价管理部门:指国务院有关部门、县级以上人民政府建设行政主管部门或其委托的工程造价管理机构。

1.10 工程:指发包人承包人在协议书中约定的承包范围内的工程。

1.11 合同价款:指发包人承包人在协议书中约定,发包人用以支付承包人按照合同约定完成承包范围内全部工程并承担质量保修责任的款项。

1.12 追加合同价款:指在合同履行中发生需要增加合同价款的情况,经发包人确认后按计算合同价款的方法增加的合同价款。

1.13 费用:指不包含在合同价款之内的应当由发包人或承包人承担的经济支出。

1.14 工期:指发包人承包人在协议书中约定,按总日历天数(包括法定节假日)计算的承包天数。

1.15 开工日期:指发包人承包人在协议书中约定,承包人开始施工的绝对或相对的日期。

1.16 竣工日期:指发包人承包人在协议书中约定,承包人完成承包范围内工程的绝对或相对的日期。

1.17 图纸:指由发包人提供或由承包人提供并经发包人批准,满足承包人施工需要的所有图纸(包括配套说明和有关资料)。

1.18 施工场地:指由发包人提供的用于工程施工的场所以及发包人在图纸中具体指定的供施工使用的任何其他场所。

1.19 书面形式:指合同书、信件和数据电文(包括电报、电传、传真、电子数据交换和电子邮件)等可以有形地表现所载内容的形式。

1.20 违约责任:指合同一方不履行合同义务或履行合同义务不符合约定所应承担的责任。

1.21 索赔:指在合同履行过程中,对于并非自己的过错,而是应由对方承担责任的情况造成的实际损失,向对方提出经济补偿和(或)工期顺延的要求。

1.22 不可抗力:指不能预见、不能避免并不能克服的客观情况。

1.23 小时或天:本合同中规定按小时计算时间的,从事件有效开始时计算(不扣除休息时间);规定按天计算时间的,开始当天不计入,从次日开始计算。时限的最后一天是休息日或者其他法定节假日的,以节假日次日为时限的最后一天,但竣工日期除外。时限的最后一天的截止时间为当日 24h。

2. 合同文件及解释顺序

2.1 合同文件应能相互解释,互为说明。除专用条款另有约定外,组成本合同的文件及优先解释顺序如下:

(1) 本合同协议书
(2) 中标通知书
(3) 投标书及其附件
(4) 本合同专用条款
(5) 本合同通用条款
(6) 标准、规范及有关技术文件
(7) 图纸
(8) 工程量清单
(9) 工程报价单或预算书

合同履行中,发包人承包人有关工程的洽商、变更等书面协议或文件视为本合同的组成部分。

2.2 当合同文件内容含糊不清或不相一致时,在不影响工程正常进行的情况下,由发包人承包人协商解决。双方也可以提请负责监理的工程师作出解释。双方协商不成或不同意负责监理的工程师的解释时,按本通用条款 37 条关于争议的约定处理。

3. 语言文字和适用法律、标准及规范

3.1 语言文字

本合同文件使用汉语语言文字书写、解释和说明。如专用条款约定使用两种以上(含两种)语言文字时,汉语应为解释和说明本合同的标准语言文字。

在少数民族地区,双方可以约定使用少数民族语言文字书写和解释、说明本合同。

3.2 适用法律和法规

本合同文件适用国家的法律和行政法规。需要明示的法律、行政法规,由双方在专用条款中约定。

3.3 适用标准、规范

双方在专用条款内约定适用国家标准、规范的名称;没有国家标准、规范但有行业标准、规范的,约定适用行业标准、规范的名称;没有国家和行业标准、规范的,约定适用工程所在地地方标准、规范的名称。发包人应按专用条款约定的时间向承包人提供一式两份约定的标准、规范。

国内没有相应标准、规范的,由发包人按专用条款约定的时间向承包人提出施工技术要求,承包人按约定的时间和要求提出施工工艺,经发包人认可后执行。发包人要求使用国外标准、规范的,应负责提供中文译本。

本条所发生的购买、翻译标准、规范或制定施工工艺的费用,由发包人承担。

4. 图纸

4.1 发包人应按专用条款约定的日期和套数,向承包人提供图纸。承包人需要增加图纸套数的,发包人应代为复制,复制费用由承包人承担。发包人对工程有保密要求的,应在专用条款中提出保密要求,保密措施费用由发包人承担,承包人在约定保密期限内履行保密义务。

4.2 承包人未经发包人同意,不得将本工程图纸转给第三人。工程质量保修期满后,除承包人存档需要的图纸外,应将全部图纸退还给发包人。

4.3 承包人应在施工现场保留一套完整图纸,供工程师及有关人员进行工程检查时使用。

二、双方一般权利和义务

5．工程师

5.1 实行工程监理的,发包人应在实施监理前将委托的监理单位名称、监理内容及监理权限以书面形式通知承包人。

5.2 监理单位委派的总监理工程师在本合同中称工程师,其姓名、职务、职权由发包人承包人在专用条款内写明。工程师按合同约定行使职权,发包人在专用条款内要求工程师在行使某些职权前需要征得发包人批准的,工程师应征得发包人批准。

5.3 发包人派驻施工场地履行合同的代表在本合同中也称工程师,其姓名、职务、职权由发包人在专用条款内写明,但职权不得与监理单位委派的总监理工程师职权相互交叉。双方职权发生交叉或不明确时,由发包人予以明确,并以书面形式通知承包人。

5.4 合同履行中,发生影响发包人承包人双方权利或义务的事件时,负责监理的工程师应依据合同在其职权范围内客观公正地进行处理。一方对工程师的处理有异议时,按本通用条款37条关于争议的约定处理。

5.5 除合同内有明确约定或经发包人同意外,负责监理的工程师无权解除本合同约定的承包人的任何权利与义务。

5.6 不实行工程监理的,本合同中工程师专指发包人派驻施工场地履行合同的代表,其具体职权由发包人在专用条款内写明。

6．工程师的委派和指令

6.1 工程师可委派工程师代表,行使合同约定的自己的职权,并可在认为必要时撤回委派。委派和撤回均应提前7d以书面形式通知承包人,负责监理的工程师还应将委派和撤回通知发包人。委派书和撤回通知作为本合同附件。

工程师代表在工程师授权范围内向承包人发出的任何书面形式的函件,与工程师发出的函件具有同等效力。承包人对工程师代表向其发出的任何书面形式的函件有疑问时,可将此函件提交工程师,工程师应进行确认。工程师代表发出指令有失误时,工程师应进行纠正。

除工程师或工程师代表外,发包人派驻工地的其他人员均无权向承包人发出任何指令。

6.2 工程师的指令、通知由其本人签字后,以书面形式交给项目经理,项目经理在回执上签署姓名和收到时间后生效。确有必要时,工程师可发出口头指令,并在48h内给予书面确认,承包人对工程师的指令应予执行。工程师不能及时给予书面确认的,承包人应于工程师发出口头指令后7天内提出书面确认要求。工程师在承包人提出确认要求后48h内不予答复的,视为口头指令已被确认。

承包人认为工程师指令不合理,应在收到指令后24h内向工程师提出修改指令的书面报告,工程师在收到承包人报告后24h内作出修改指令或继续执行原指令的决定,并以书面形式通知承包人。紧急情况下,工程师要求承包人立即执行的指令或承包人虽有异议,但工程师决定仍继续执行的指令,承包人应予执行。因指令错误发生的追加合同价款和给承包人造成的损失由发包人承担,延误的工期相应顺延。

本款规定同样适用于由工程师代表发出的指令、通知。

6.3 工程师应按合同约定,及时向承包人提供所需指令、批准并履行约定的其他义务。由于工程师未能按合同约定履行义务造成工期延误,发包人应承担延误造成的追加合同价款,并赔偿承包人有关损失,顺延延误的工期。

6.4 如需更换工程师,发包人应至少提前7d以书面形式通知承包人,后任继续行使合同文件约定的前任的职权,履行前任的义务。

7. 项目经理

7.1 项目经理的姓名、职务在专用条款内写明。

7.2 承包人依据合同发出的通知,以书面形式由项目经理签字后送交工程师,工程师在回执上签署姓名和收到时间后生效。

7.3 项目经理按发包人认可的施工组织设计(施工方案)和工程师依据合同发出的指令组织施工。在情况紧急且无法与工程师联系时,项目经理应当采取保证人员生命和工程、财产安全的紧急措施,并在要取措施后48h内向工程师送交报告。责任在发包人或第三人,由发包人承担由此发生的追加合同价款,相应顺延工期;责任在承包人,由承包人承担费用,不顺延工期。

7.4 承包人如需更换项目经理,应至少提前7d以书面形式通知发包人,并征得发包人同意。后任继续行使合同文件约定的前任的职权,履行前任的义务。

7.5 发包人可以与承包人协商,建议更换其认为不称职的项目经理。

8. 发包人工作

8.1 发包人按专用条款约定的内容和时间完成以下工作:

(1) 办理土地征用、拆迁补偿、平整施工场地等工作,使施工场地具备施工条件,在开工后继续负责解决以上事项遗留问题;

(2) 将施工所需水、电、电讯线路从施工场地外部接至专用条款约定地点,保证施工期间的需要;

(3) 开通施工场地与城乡公共道路的通道,以及专用条款约定的施工场地内的主要道路,满足施工运输的需要,保证施工期间的畅通;

(4) 向承包人提供施工场地的工程地质和地下管线资料,对资料的真实准确性负责;

(5) 办理施工许可证及其他施工所需证件、批件和临时用地、停水、停电、中断道路交通、爆破作业等的申请批准手续(证明承包人自身资质的证件除外);

(6) 确定水准点与坐标控制点,以书面形式交给承包人,进行现场交验;

(7) 组织承包人和设计单位进行图纸会审和设计交底;

(8) 协调处理施工场地周围地下管线和邻近建筑物、构筑物(包括文物保护建筑)、古树名木的保护工作,承担有关费用;

(9) 发包人应做的其他工作,双方在专用条款内约定。

8.2 发包人可以将8.1款部分工作委托承包人办理,双方在专用条款内约定,其费用由发包人承担。

8.3 发包人未能履行8.1款各项义务,导致工期延误或给承包人造成损失的,发包人赔偿承包人有关损失,顺延延误的工期。

9. 承包人工作

9.1 承包人按专用条款约定的内容和时间完成以下工作:

(1)根据发包人委托,在其设计资质等级和业务允许的范围内,完成施工图设计或与工程配套的设计,经工程师确认后使用,发包人承担由此发生的费用;

(2)向工程师提供年、季、月度工程进度计划及相应进度统计报表;

(3)根据工程需要,提供和维修非夜间施工使用的照明、围栏设施,并负责安全保卫;

(4)按专用条款约定的数量和要求,向发包人提供施工场地办公和生活的房屋及设施,发包人承担由此发生的费用;

(5)遵守政府有关主管部门对施工场地交通、施工噪音以及环境保护和安全生产等的管理规定,按规定办理有关手续,并以书面形式通知发包人,发包人承担由此发生的费用,因承包人责任造成的罚款除外;

(6)已竣工工程未交付发包人之前,承包人按专用条款约定负责已完工程的保护工作,保护期间发生损坏,承包人自费予以修复;发包人要求承包人采取特殊措施保护的工程部位和相应的追加合同价款,双方在专用条款内约定;

(7)按专用条款约定做好施工场地地下管线和邻近建筑物、构筑物(包括文物保护建筑)、古树名木的保护工作;

(8)保证施工场地清洁符合环境卫生管理的有关规定,交工前清理现场达到专用条款约定的要求,承担因自身原因违反有关规定造成的损失和罚款;

(9)承包人应做的其他工作,双方在专用条款内约定。

9.2 承包人未能履行9.1款各项义务,造成发包人损失的,承包人赔偿发包人有关损失。

三、施工组织设计和工期

10. 进度计划

10.1 承包人应按专用条款约定的日期,将施工组织设计和工程进度计划提交工程师,工程师按专用条款约定的时间予以确认或提出修改意见,逾期不确认也不提出书面意见的,视为同意。

10.2 群体工程中单位工程分期进行施工的,承包人应按照发包人提供图纸及有关资料的时间,按单位工程编制进度计划,其具体内容双方在专用条款中约定。

10.3 承包人必须按工程师确认的进度计划组织施工,接受工程师对进度的检查、监督。工程实际进度与经确认的进度计划不符时,承包人应按工程师的要求提出改进措施,经工程师确认后执行。因承包人的原因导致实际进度与进度计划不符,承包人无权就改进措施提出追加合同价款。

11. 开工及延期开工

11.1 承包人应当按照协议书约定的开工日期开工。承包人不能按时开工,应当不迟于协议书约定的开工日期前7d,以书面形式向工程师提出延期开工的理由和要求。工程师应当在接到延期开工申请后的48h内以书面形式答复承包人。工程师在接到延期开工申请后48h内不答复,视为同意承包人要求,工期相应顺延。工程师不同意延期要求或承包人未在规定时间提出延期开工要求,工期不予顺延。

11.2 因发包人原因不能按照协议书约定的开工日期开工,工程师应以书面形式通知承包人,推迟开工日期。发包人赔偿承包人因延期开工造成的损失,并相应顺延工期。

12. 暂停施工

工程师认为确有必要暂停施工时,应当以书面形式要求承包人暂停施工,并在提出要求后48小时内提出书面处理意见。承包人应当按工程师要求停止施工,并妥善保护已完工程。承包人实施工程师作出的处理意见后,可以书面形式提出复工要求,工程师应当在48h内给予答复。工程师未能在规定时间内提出处理意见,或收到承包人复工要求答复。工程师未能在规定时间内提出处理意见,或收到承包人复工要求后48小时内未予答复,承包人可自行复工。因发包人原因造成停工的,由发包人承担所发生的追加合同价款,赔偿承包人由此造成的损失,相应顺延工期;因承包人原因造成停工的,由承包人承担发生的费用,工期不予顺延。

13. 工期延误

13.1 因以下原因造成工期延误,经工程师确认,工期相应顺延:

(1) 发包人未能按专用条款的约定提供图纸及开工条件;

(2) 发包人未能按约定日期支付工程预付款、进度款,致使施工不能正常进行;

(3) 工程师未按合同约定提供所需指令、批准等,致使施工不能正常进行;

(4) 设计变更和工程量增加;

(5) 一周内非承包人原因停水、停电、停气造成停工累计超过8h;

(6) 不可抗力;

(7) 专用条款中约定或工程师同意工期顺延的其他情况。

13.2 承包人在13.1款情况发生后14d内,就延误的工期以书面形式向工程师提出报告。工程师在收到报告后14d内予以确认,逾期不予确认也不提出修改意见,视为同意顺延工期。

14. 工程竣工

14.1 承包人必须按照协议书约定的竣工日期或工程师同意顺延的工期竣工。

14.2 因承包人原因不能按照协议书约定的竣工日期或工程师同意顺延的工期竣工的,承包人承担违约责任。

14.3 施工中发包人如需提前竣工,双方协商一致后应签订提前竣工协议,作为合同文件组成部分。提前竣工协议应包括承包人为保证工程质量和安全采取的措施、发包人为提前竣工提供的条件以及提前竣工所需的追加合同价款等内容。

四、质量与检验

15. 工程质量

15.1 工程质量应当达到协议书约定的质量标准,质量标准的评定以国家或行业的质量检验评定标准为依据。因承包人原因工程质量达不到约定的质量标准,承包人承担违约责任。

15.2 双方对工程质量有争议,由双方同意的工程质量检测机构鉴定,所需费用及因此造成的损失,由责任方承担。双方均有责任,由双方根据其责任分别承担。

16. 检查和返工

16.1 承包人应认真按照标准、规范和设计图纸要求以及工程师依据合同发出的指令施工,随时接受工程师的检查检验,为检查检验提供便利条件。

16.2 工程质量达不到约定标准的部分,工程师一经发现,应要求承包人拆除和重新施工,承包人应按工程师的要求拆除和重新施工,直到符合约定标准。因承包人原因达不到约定标准,由承包人承担拆除和重新施工的费用,工期不予顺延。

16.3 工程师的检查检验不应影响施工正常进行。如影响施工正常进行,检查检验不合格时,影响正常施工的费用由承包人承担。除此之外影响正常施工的追加合同价款由发包人承担,相应顺延工期。

16.4 因工程师指令失误或其他非承包人原因发生的追加合同价款,由发包人承担。

17. 隐蔽工程和中间验收

17.1 工程具备隐蔽条件或达到专用条款约定的中间验收部位,承包人进行自检,并在隐蔽或中间验收前48h以书面形式通知工程师验收。通知包括隐蔽和中间验收的内容、验收时间和地点。承包人准备验收记录,验收合格,工程师在验收记录上签字后,承包人可进行隐蔽和继续施工。验收不合格,承包人在工程师限定的时间内修改后重新验收。

17.2 工程师不能按时进行验收,应在验收前24h以书面形式向承包人提出延期要求,延期不能超过48h。工程师未能按以上时间提出延期要求,不进行验收,承包人可自行组织验收,工程师应承认验收记录。

17.3 经工程师验收,工程质量符合标准、规范和设计图纸等要求,验收24h后,工程师不在验收记录上签字,视为工程师已经认可验收记录,承包人可进行隐蔽或继续施工。

18. 重新检验

无论工程师是否进行验收,当其要求对已经隐蔽的工程重新检验时,承包人应按要求进行剥离或开孔,并在检验后重新覆盖或修复。检验合格,发包人承担发生的全部费用,工期不予顺延。

19. 工程试车

19.1 双方约定需要试车的,试车内容与承包人承包的安装范围相一致。

19.2 设备安装工程具备单机无负荷试车条件,承包人组织试车,并在试车前48h以书面形式通知工程师。通知包括试车内容、时间、地点。承包人准备试车记录,发包人根据承包人要求为试车提供必要条件。试车合格,工程师在试车记录上签字。

19.3 工程师不能按时参加试车,须在开始试车前24h以书面形式向承包人提出延期要求,延期不能超过48h。工程师未能按以上时间提出延期要求,不参加试车,应承认试车记录。

19.4 设备安装工程具备无负荷联动试车条件,发包人组织试车,并在试车前48h以书面形式通知承包人。通知包括试车内容、时间、地点和对承包人的要求,承包人按要求做好准备工作。试车合格,双方在试车记录上签字。

19.5 双方责任

(1) 由于设计原因试车达不到验收要求,发包人应要求设计单位修改设计,承包人按修改后的设计重新安装。发包人承担修改设计、拆除及重新安装的全部费用和追加合同价款,工期相应顺延。

（2）由于设备制造原因试车达不到验收要求,由该设备采购一方负责重新购置或修理,承包人负责拆降和重新安装。设备由承包人采购的,由承包人承担修理或重新购置、拆除及重新安装的费用,工期不予顺延;设备由发包人采购的,发包人承担上述各项追加合同价款,工期相应顺延。

（3）由于承包人施工原因试车达不到验收要求,承包人按工程师要求重新安装和试车,并承担重新安装和试车的费用,工期不予顺延。

（4）试车费用除已包括在合同价款之内或专用条款另有约定外,均由发包人承担。

（5）工程师在试车合格后不在试车记录上签字,试车结束24h后,视为工程师已经认可试车记录,承包人可继续施工或办理竣工手续。

19.6 投料试车应在工程竣工验收后由发包人负责,如发包人要求在工程竣工验收前进行或需要承包人配合时,应征得承包人同意,另行签订补充协议。

五、安全施工

20．安全施工与检查

20.1 承包人应遵守工程建设安全生产有关管理规定,严格按安全标准组织施工,并随时接受行业安全检查人员依法实施的监督检查,采取必要的安全防护措施,消除事故隐患。由于承包人安全措施不力造成事故的责任和因此发生的费用,由承包人承担。

20.2 发包人应对其在施工场地的工作人员进行安全教育,并对他们的安全负责。发包人不得要求承包人违反安全管理的规定进行施工。因发包人原因导致的安全事故,由发包人承担相应责任及发生的费用。

21．安全防护

21.1 承包人在动力设备、输电线路、地下管道、密封防震车间、易燃易爆地段以及临街交通要道附近施工时,施工开始前应向工程师提出安全防护措施,经工程师认可后实施,防护措施费用由发包人承担。

21.2 实施爆破作业,在放射、毒害性环境中施工(含储存、运输、使用)及使用毒害性、腐蚀性物品施工时,承包人应在施工前14天以书面形式通知工程师,并提出相应的安全防护措施,经工程师认可后实施,由发包人承担安全防护措施费用。

22. 事故处理

22.1 发生重大伤亡及其他安全事故,承包人应按有关规定立即上报有关部门并通知工程师,同时按政府有关部门要求处理,由事故责任方承担发生的费用。

22.2 发包人承包人对事故责任有争议时,应按政府有关部门的认定处理。

六、合同价款与支付

23. 合同价款及调整

23.1 招标工程的合同价款由发包人承包人依据中标通知书中的中标价格在协议书内约定。非招标工程的合同价款由发包人承包人依据工程预算书在协议书内约定。

23.2 合同价款在协议书内约定后,任何一方不得擅自改变。下列三种确定合同价款的方式,双方可在专用条款内约定采用其中一种:

(1) 固定价格合同。双方在专用条款内约定合同价款包含的风险范围和风险费用的计算方法,在约定的风险范围内合同价款不再调整。风险范围以外的合同价款调整方法,应当在专用条款内约定。

(2) 可调价格合同。合同价款可根据双方的约定而调整,双方在专用条款内约定合同价款调整方法。

(3) 成本加酬金合同。合同价款包括成本和酬金部分,双方在专用条款内约定成本构成和酬金的计算方法。

23.3 可调价格合同中合同价款的调整因素包括:

（1）法律、行政法规和国家有关政策变化影响合同价款；

（2）工程造价管理部门公布的价格调整；

（3）一周内非承包人原因停水、停电、停气造成的停工累计超过8h；

（4）双方约定的其他因素。

23.4 承包人应当在23.3款情况发生后14d内，将调整原因、金额以书面形式通知工程师，工程师确认调整金额后作为追加合同价款，与工程款同期支付。工程师收到承包人通知后14d内不予确认也不提出修改意见，视为已经同意该项调整。

24．工程预付款

实行工程预付款的，双方应当在专用条款内约定发包人向承包人预付工程款的时间和数额，开工后按约定的时间和比例逐次扣回。预付时间应不迟于约定的开工日期前7d。发包人不按约定预付，承包人在约定预付时间7d后向发包人发出要求预付的通知，发包人收到通知后仍不能按要求预付，承包人可在发出通告后7d停止施工，发包人应从约定应付之日起向承包人支付应付款的贷款利息，并承担违约责任。

25．工程量的确认

25.1 承包人应按专用条款约定的时间，向工程师提交已完工程量的报告。工程师接到接到报告后7d内按设计图纸核实已完工程量（以下称计量），并在计量前24h通知承包人，承包人为计量提供便利条件并派人参加。承包人收到通知后不参加计量，计量结果有效，作为工程价款支付的依据。

25.2 工程师收到承包人报告后7d内未进行计量，从第8d起，承包人报告中开列的工程量即视为被确认，作为工程价款支付的依据。工程师不按约定时间通知承包人，致使承包人未能参加计量，计量结果无效。

25.3 对承包人超出设计图纸范围和因承包人原因造成返工的工程量，工程师不予计量。

26．工程款（进度款）支付

26.1 在确认计量结果后14d内,发包人应向承包人支付工程款(进度款)。按约定时间发包人应扣回的预付款,与工程款(进度款)同期结算。

26.2 本通用条款第23条确定调整的合同价款,第31条工程变更调整的合同价款及其他条款中约定的追加合同价款,应与工程款(进度款)同期调整支付。

26.3 发包人超过约定的支付时间不支付工程款(进度款),承包人可向发包人发出要求付款的通知,发包人收到承包人通知后仍不能按要求付款,可与承包人协商签订延期付款协议,经承包人同意后可延期支付。协议应明确延期支付的时间和从计量结果确认后第15d起计算应付款的贷款利息。

26.4 发包人不按合同约定支付工程款(进度款),双方又未达成延期付款协议,导致施工无法进行,承包人可停止施工,由发包人承担违约责任。

七、材料设备供应

27. 发包人供应材料设备

27.1 实行发包人供应材料设备的,双方应当约定发包人供应材料设备的一览表,作为本合同附件(附件2)。一览表包括发包人供应材料设备的品种、规格、型号、数量、单价、质量等级、提供时间和地点。

27.2 发包人按一览表约定的内容提供材料设备,并向承包人提供产品合格证明,对其质量负责。发包人在所供材料设备到货前24h,以书面形式通知承包人,由承包人派人与发包人共同清点。

27.3 发包人供应的材料设备,承包人派人参加清点后由承包人妥善保管,发包人支付相应保管费用。因承包人原因发生丢失损坏,由承包人负责赔偿。

发包人未通知承包人清点,承包人不负责材料设备保管,丢失损坏由发包人负责。

27.4 发包人供应的材料设备与一览表不符时,发包人承担

有关责任。发包人应承担责任的具体内容,双方根据下列情况在专用条款内约定:

(1) 材料设备单价与一览表不符,由发包人承担所有价差;

(2) 材料设备的品种、规格、型号、质量等级与一览表不符,承包人可拒绝接收保管,由发包人运出施工场地并重新采购;

(3) 发包人供应的材料规格、型号与一览表不符,经发包人同意,承包人可代为调剂串换,由发包人承担相应费用;

(4) 到货地点与一览表不符,由发包人负责运至一览表指定地点;

(5) 供应数量少于一览表约定的数量时,由发包人补齐,多于一览表约定数量时,发包人负责将多出部分运出施工场地;

(6) 到货时间早于一览表约定时间,由发包人承担因此发生的保管费用;到货时间迟于一览表约定的供应时间,发包人赔偿由此造成的承包人损失,造成工期延误的,相应顺延工期。

27.5 发包人供应的材料设备使用前,由承包人负责检验或试验,不合格的不得使用,检验或试验费用由发包人承担。

27.6 发包人供应材料设备的结算方法,双方在专用条款内约定。

28. 承包人采购材料设备

28.1 承包人负责采购材料设备的,应按照专用条款约定及设计和有关标准要求采购,并提供产品合格证明,对材料设备质量负责。承包人在材料设备到货前24h通知工程师清点。

28.2 承包人采购的材料设备与设计或标准要求不符时,承包人应按工程师要求的时间运出施工场地,重新采购符合要求的产品,承担由此发生的费用,由此延误的工期不予顺延。

28.3 承包人采购的材料设备在使用前,承包人应按工程师的要求进行检验或试验,不合格的不得使用,检验或试验费用由承包人承担。

28.4 工程师发现承包人采购并使用不符合设计或标准要求的材料设备时,应要求由承包人负责修复、拆除或重新采购,并承担发生的费用,由此延误的工期不予顺延。

28.5 承包人需要使用代用材料时,应经工程师认可后才能使用,由此增减的合同价款双方以书面形式议定。

28.6 由承包人采购的材料设备,发包人不得指定生产厂或供应商。

八、工程变更

29. 工程设计变更

29.1 施工中发包人需对原工程设计进行变更,应提前14天以书面形式向承包人发出变更通知。变更超过原设计标准或批准的建设规模时,发包人应报规划管理部门和其他有关部门重新审查批准,并由原设计单位提供变更的相应图纸和说明。承包人按照工程师发出的变更通知及有关要求,进行下列需要的变更:

(1) 更改工程有关部分的标高、基线、位置和尺寸;

(2) 增减合同中约定的工程量;

(3) 改变有关工程的施工时间和顺序;

(4) 其他有关工程变更需要的附加工作。

因变更导致合同价款的增减及造成的承包人损失,由发包人承担,延误的工期相应顺延。

29.2 施工中承包人不得对原工程设计进行变更。因承包人擅自变更设计发生的费用和由此导致发包人的直接损失,由承包人承担,延误的工期不予顺延。

29.3 承包人在施工中提出的合理化建议涉及到对设计图纸或施工组织设计的更改及对材料、设备的换用,须经工程师同意。未经同意擅自更改或换用时,承包人承担由此发生的费用,并赔偿发包人的有关损失,延误的工期不予顺延。

工程师同意采用承包人合理化建议,所发生的费用和获得的收益,发包人承包人另行约定分担或分享。

30. 其他变更

合同履行中发包人要求变更工程质量标准及发生其他实质性变更,由双方协商解决。

31. 确定变更价款

31.1 承包人在工程变更确定后 14d 内,提出变更工程价款的报告,经工程师确认后调整合同价款。变更合同价款按下列方法进行:

(1) 合同中已有适用于变更工程的价格,按合同已有的价格变更合同价款;

(2) 合同中只有类似于变更工程的价格,可以参照类似价格变更合同价款;

(3) 合同中没有适用或类似于变更工程的价格,由承包人提出适当的变更价格,经工程师确认后执行。

31.2 承包人在双方确定变更后 14d 内不向工程师提出变更工程价款报告时,视为该项变更不涉及合同价款的变更。

31.3 工程师应收到变更工程价款报告之日起 14d 内予以确认,工程师无正当理由不确认时,自变更工程价款报告送达之日起 14d 后视为变更工程价款报告已被确认。

31.4 工程师不同意承包人提出的变更价,按本通用条款第 37 条关于争议的约定处理。

31.5 工程师确认增加的工程变更价款作为追加合同价款,与工程款同期支付。

31.6 因承包人自身原因导致的工程变更,承包人无权要求追加合同价款。

九、竣工验收与结算

32. 竣工验收

32.1 工程具备竣工验收条件,承包人按国家工程竣工验收有关规定,向发包人提供完整竣工资料及竣工验收报告。双方约定由承包人提供竣工图的,应当在专用条款内约定提供的日期和份数。

32.2 发包人收到竣工验收报告后 28d 内组织有关单位验收,并在验收后 14d 内给予认可或提出修改意见。承包人按要求修改,并承担由自身原因造成修改的费用。

32.3 发包人收到承包人送交的竣工验收报告后28天内不组织验收，或验收后14d内不提出修改意见，视为竣工验收报告已被认可。

32.4 工程竣工验收通过，承包人送交竣工验收报告的日期为实际竣工日期。工程按发包人要求修改后通过竣工验收的，实际竣工日期为承包人修改后提请发包人验收的日期。

32.5 发包人收到承包人竣工验收报告后28d内不组织验收，从第29d起承担工程保管及一切意外责任。

32.6 中间交工工程的范围和竣工时间，双方在专用条款内约定，其验收程序按本通用条款32.1款至32.4款办理。

32.7 因特殊原因，发包人要求部分单位工程或工程部位甩项竣工的，双方另行签订甩项竣工协议，明确双方责任和工程价款支付方法。

32.8 工程未经竣工验收或竣工验收未通过的，发包人不得使用。发包人强行使用时，由此发生的质量问题及其他问题，由发包人承担责任。

33. 竣工结算

33.1 工程竣工验收报告经发包人认可后28d内，承包人向发包人递交竣工结算报告及完整的结算资料，双方按照协议书约定的合同价款及专用条款约定的合同价款调整内容，进行工程竣工结算。

33.2 发包人收到承包人递交的竣工结算报告及结算资料后28d内进行核实，给予确认或者提出修改意见。发包人确认竣工结算报告后通知经办银行向承包人支付工程竣工结算价款。承包人收到竣工结算价款后14d内将竣工工程交付发包人。

33.3 发包人收到竣工结算报告及结算资料后28d内无正当理由不支付工程竣工结算价款，从第29d起按承包人同期向银行贷款利率支付拖欠工程价款的利息，并承担违约责任。

33.4 发包人收到竣工结算报告及结算资料后28d内不支付工程竣工结算价款，承包人可以催告发包人支付结算价款。发包人在收到竣工结算报告及结算资料后56d内仍不支付,承包人可以与发包人协议将该工程折价,也可以由承包人审请人民法院将该工程依法拍卖,承包人就该工程折价或者拍卖的价款优先受偿。

33.5 工程竣工验收报告发包人认可后28d内,承包人未能向发包人递交竣工结算报告及完整的结算资料,造成工程竣工结算不能正常进行或工程竣工结算价款不能及时支付,发包人要求交付工程的,承包人应当交付;发包人不要求交付工程的,承包人承担保管责任。

33.6 发包人承包人对工程竣工结算价款发生争议时,按本通用条款37条关于争议的约定处理。

34. 质量保修

34.1 承包人应按法律、行政法规或国家关于工程质量保修的有关规定,对交付发包人使用的工程在质量保修期内承担质量保修责任。

34.2 质量保修工作的实施。承包人应在工程竣工验收之前,与发包人签订质量保修书,作为本合同附件(附件3)。

34.3 质量保修书的主要内容包括:
(1) 质量保修项目内容及范围;
(2) 质量保修期;
(3) 质量保修责任;
(4) 质量保修金的支付方法。

十、违约、索赔和争议

35. 违约

35.1 发包人违约。当发生下列情况时:
(1) 本通用条款第24条提到的发包人不按时支付工程预付款;
(2) 本通用条款第26.4款提到的发包人不按合同约定支付工程款,导致施工无法进行;
(3) 本通用条款第33.3款提到的发包人无正当理由不支付

工程竣工结算价款；

（4）发包人不履行合同义务或不按合同约定履行义务的其他情况。

发包人承担违约责任，赔偿因其违约给承包人造成的经济损失，顺延延误的工期。双方在专用条款内约定发包人赔偿承包人损失的计算方法或者发包人应当支付违约金的数额或计算方法。

35.2 承包人违约。当发生下列情况时：

（1）本通用条款等 14.2 款提到的因承包人原因不能按照协议书约定的竣工日期或工程师同意顺延的工期竣工；

（2）本通用条款第 15.1 款提到的因承包人原因工程质量达不到协议书约定的质量标准；

（3）承包人不履行合同义务或不按合同约定履行义务的其他情况。

承包人承担违约责任，赔偿因其违约给发包人造成的损失。双方在专用条款内约定承包人赔偿发包人损失的计算方法或者承包人应当支付违约金的数额或计算方法。

35.3 一方违约后，另一方要求违约方继续履行合同时，违约方承担上述违约责任后仍应继续履行合同。

36．索赔

36.1 当一方向另一方提出索赔时，要有正当索赔理由，且有索赔事件发生时的有效证据。

36.2 发包人未能按合同约定履行自己的各项义务或发生错误以及应由发包人承担责任的其他情况，造成工期延误和(或)承包人不能及时得到合同价款及承包人的其他经济损失，承包人可按下列程序以书面形式向发包人索赔：

（1）索赔事件发生后 28d 内，向工程师发出索赔意向通知；

（2）发出索赔意向通知后 28d 内，向工程师提出延长工期和(或)补偿经济损失的索赔报告及有关资料；

（3）工程师在收到承包人送交的索赔报告有关资料后，于 28d

内给予答复,或要求承包人进一步补充索赔理由和证据;

(4)工程师在收到承包人送交的索赔报告和有关资料后28d内未予答复或未对承包人作进一步要求,视为该项索赔已经认可;

(5)当该索赔事件持续进行时,承包人应当阶段性向工程师发出索赔意向,在索赔事件终了后28d内,向工程师送交索赔的有关资料和最终索赔报告。索赔答复程序与(3)、(4)规定相同。

36.3 承包人未能按合同约定履行自己的各项义务或发生错误,给发包人造成经济损失,发包人可按36.2款确定的时限向承包人提出索赔。

37. 争议

37.1 发包人承包人在履行合同时发生争议,可以和解或者要求有关主管部门调解。当事人不愿和解、调解或者和解、调解不成的,双方可以在专用条款内约定下一种方式解决争议:

第一种解决方式:双方达成仲裁协议,向约定的仲裁委员会申请仲裁;

第二种解决方式:向有管辖权的人民法院起诉。

37.2 发生争议后,除非出现下列情况的,双方都应继续履行合同,保持施工连续,保护好已完工程:

(1)单方违约导致合同确已无法履行,双方协议停止施工;

(2)调解要求停止施工,且为双方接受;

(3)仲裁机构要求停止施工;

(4)法院要求停止施工。

十一、其他

38. 工程分包

38.1 承包人按专用条款的约定分包所承包的部分工程,并与分包单位签订分包合同。非经发包人同意,承包人不得将承包工程的任何部分分包。

38.2 承包人不得将其承包的全部工程转包给他人,也不得将其承包的全部工程肢解以后以分包的名义分别转包给他人。

38.3 工程分包不能解除承包人任何责任与义务。承包人应在分包场地派驻相应管理人员，保证本合同的履行。分包单位的任何违约行为或疏忽导致工程损害或给发包人造成其他损失，承包人承担连带责任。

38.4 分包工程价款由承包人与分包单位结算。发包人未经承包人同意不得以任何形式向分包单位支付各种工程款项。

39．不可抗力

39.1 不可抗力事件发生后，承包人应立即通知工程师，并在力所能及的条件下迅速采取措施，尽力减少损失，发包人应协助承包人采取措施。工程师认为应当暂停施工的，承包人应暂停施工。不可抗力事件结束后48h内承包人向工程师通报受害情况的损失情况，及预计清理和修复的费用。不可抗力事件持续发生，承包人应每隔7d向工程师报告一次受害情况。不可抗力结束后14d内，承包人向工程师提交清理和修复费用的正式报告及有关资料。

39.3 因不可抗力事件导致的费用及延误的工期由双方按以下方法分别承担：

（1）工程本身的损害、因工程损害导致第三人人员伤亡财产损失以及运至施工场地用于施工的材料和待安装的设备的损害，由发包人承担；

（2）发包人承包人人员伤亡由其所在单位负责，并承担相应费用；

（3）承包人机械设备损坏及停工损失，由承包人承担；

（4）停工期间，承包人应工程师要求留在施工场地的必要的管理人员及保卫人员的费用由发包人承担；

（5）工程所需清理、修复费用，由发包人承担；

（6）延误的工期相应顺延。

39.4 因合同一方迟延履行合同后发生不可抗力的，不能免除迟延履行方的相应责任。

40．保险

40.1 工程开工前，发包人为建设工程和施工场地内的自有人员及第三人人员生命财产办理保险，支付保险费用。

40.2 运至施工场地内用于工程的材料和待安装设备,由发包人办理保险,并支付保险费用。

40.3 发包人可以将有关保险事项委托承包人办理,费用由发包人承担。

40.4 承包人必须为从事危险作业的职工办理意外伤害保险,并为施工场地内自有人员生命财产和施工机械设备办理保险,支付保险费用。

40.5 保险事故发生时,发包人承包人有责任尽力采取必要的措施,防止或者减少损失。

40.6 具体投保内容和相关责任,发包人承包人在专用条款中约定。

41. 担保

41.1 发包人承包人为了全面履行合同,应互相提供以下担保:

(1) 发包人向承包人提供履约担保,按合同约定支付工程价款及履行合同约定的其他义务。

(2) 承包人向发包人提供履约担保,按合同约定履行自己的各项义务。

41.2 一方违约后,另一方可要求提供担保的第三人承担相应责任。

41.3 提供担保的内容、方式和相关责任,发包人承包人除在专用条款中约定外,被担保方与担保方还应签订担保合同,作为本合同附件。

42. 专利技术及特殊工艺

42.1 发包人要求使用使用专利技术或特殊工艺,应负责办理相应的申报手续,承担申报、试验、使用等费用;承包人提出使用专利技术或特殊工艺,应取得工程师认可,承包人负责办理申报手续并承担有关费用。

42.2 擅自使用专利技术侵犯他人专利权的,责任者依法承担相应责任。

43. 文物和地下障碍物

43.1 在施工中发现古墓、古建筑遗址等文物及化石或其他有考古、地质研究等价值的物品时,承包人应立即保护好现场并于4h内以书面形式通知工程师,工程师应于收到书面通知后24h内报告当地文物管理部门,发包人承包人按文物管理部门的要求采取妥善保护措施。发包人承担由此发生的费用,顺延延误的工期。

如发现后隐瞒不报,致使文物遭受破坏,责任者依法承担相应责任。

43.2 施工中发现影响施工的地下障碍物时,承包人应于8h内以书面形式通知工程师,同时提出处置方案,工程师收到处置方案后24h内予以认可或提出修正方案。发包人承担由此发生的费用,顺延延误的工期。

所发现的地下障碍物有归属单位时,发包人应报请有关部门协同处置。

44. 合同解除

44.1 发包人承包人协商一致,可以解除合同。

44.2 发生本通用条款第26.4款情况,停止施工超过56d,发包人仍不支付工程款(进度款),承包人有权解除合同。

44.3 发生本通用条款第38.2款禁止的情况,承包人将其承包的全部工程转包给他人或者肢解以后以分包的名义分别转包给他人,发包人有权解除合同。

44.4 有下列情形之一的,发包人承包人可以解除合同:

(1) 因不可抗力致使合同无法履行;

(2) 因一方违约(包括因发包人原因造成工程停建或缓建)致使合同无法履行。

44.5 一方依据44.2、44.3、44.4款约定要求解除合同的,应以书面形式向对方发出解除合同的通知,并在发出通知前7天告知对方,通知到达对方时合同解除。对解除合同有争议的,按本通用条款第37条关于争议的约定处理。

44.6 合同解除后,承包人应妥善做好已完工程和已购材料、设备的保护和移交工作,按发包人要求将自有机械设备和人员撤出施工场地。发包人应为承包人撤出提供必要条件,支付以上所发生的费用,并按合同约定支付已完工程价款。已经订货的材料、设备由订货方负责退货或解除订货合同,不能退还的货款和因退货、解除订货合同发生的费用,由发包人承担,因未及时退货造成的损失由责任方承担。除此之外,有过错的一方应当赔偿因合同解除给对方造成的损失。

44.7 合同解除后,不影响双方在合同中约定的结算和清理条款的效力。

45. 合同生效与终止

45.1 双方在协议书中约定合同生效方式。

45.2 除本通用条款第34条外,发包人承包人履行合同全部义务,竣工结算价款支付完毕,承包人向发包人交付竣工工程后,本合同即告终止。

45.3 合同的权利义务终止后,发包人承包人应当遵循诚实信用原则,履行通知、协助、保密等义务。

46. 合同份数

46.1 本合同正本两份,具有同等效力,由发包人承包人分别保存一份。

46.2 本合同副本份数,由双方根据需要在专用条款内约定。

47. 补充条款

双方根据有关法律、行政法规规定,结合工程实际,经协商一致后,可对本通用条款内容具体化、补充或修改,在专用条款内约定。

第三部分 专 用 条 款

一、词语定义及合同文件

2. 合同文件及解释顺序

合同文件组成及解释顺序:＿＿＿＿

3. 语言文字和适用法律、标准及规范

3.1 本合同除使用汉语外,还使用＿＿＿＿语言文字。

3.2 适用法律和法规

需要明示的法律、行政法规：＿＿＿＿＿

3.3 适用标准、规范

适用标准、规范的名称：＿＿＿＿＿

发包人提供标准、规范的时间：＿＿＿＿＿

国内没有相应标准、规范时的约定：＿＿＿＿＿

4．图纸

4.1 发包人向承包人提供图纸日期和套数：＿＿＿发包人对图纸的保密要求：＿＿＿＿＿

使用国外图纸的要求及费用承担：＿＿＿＿＿

二、双方一般权利和义务

5．工程师

5.2 监理单位委派的工程师

姓名：＿＿＿＿＿ 职务：＿＿＿＿＿

发包人委托的职权：＿＿＿＿＿

需要取得发包人批准才能行使的职权：＿＿＿＿＿

5.3 发包人派驻的工程师

姓名：＿＿＿＿＿ 职务：＿＿＿＿＿

职权：＿＿＿＿＿

5.6 不实行监理的,工程师的职权：＿＿＿＿＿

7．项目经理

姓名：＿＿＿＿＿ 职务：＿＿＿＿＿

8．发包人工作

8.1 发包人应按约定的时间和要求完成以下工作：

（1）施工场地具备施工条件的要求及完成的时间：＿＿＿＿＿

（2）将施工所需的水、电、电讯线路接至施工场地的时间、地点和供应要求：＿＿＿＿＿

（3）施工场地与公共道路的通道开通时间和要求：＿＿＿＿＿

(4) 工程地质和地下管线资料的提供时间:＿＿＿＿＿
(5) 由发包人办理的施工所需证件、批件的名称和完成时间:＿＿＿＿＿
(6) 水准点与坐标控制点交验要求:＿＿＿＿＿
(7) 图纸会审和设计交底时间:＿＿＿＿＿
(8) 协调处理施工场地周围地下管线和邻近建筑物、构筑物(含文物保护建筑)、古树名木的保护工作:＿＿＿＿＿
(9) 双方约定发包人应做的其他工作:＿＿＿＿＿
8.2 发包人委托承包人办理的工作:＿＿＿＿＿
9. 承包人工作
9.1 承包人应按约定时间和要求,完成以下工作:
(1) 需由设计资质等级和业务范围允许的承包人完成的设计文件提交时间:＿＿＿＿＿
(2) 应提供计划、报表的名称及完成时间:＿＿＿＿＿
(3) 承担施工安全保卫工作及非夜间施工照明的责任和要求:＿＿＿＿＿
(4) 向发包人提供的办公和生活房屋及设施的要求:＿＿＿＿＿
(5) 需承包人办理的有关施工场地交通、环卫和施工噪音管理等手续:＿＿＿＿＿
(6) 已完工程成品保护的特殊要求及费用承担:＿＿＿＿＿
(7) 施工场地周围地下管线和邻近建筑物、构筑物(含文物保护建筑)、古树名木的保护要求及费用承担:＿＿＿＿＿
(8) 施工场地清洁卫生的要求:＿＿＿＿＿
(9) 双方约定承包人应做的其他工作:＿＿＿＿＿
三、施工组织设计和工期
10. 进度计划
10.1 承包人提供施工组织设计(施工方案)和进度计划的时间:＿＿＿＿＿
工程师确认的时间:＿＿＿＿＿

10.2 群体工程中有关进度计划的要求：_____

13．工期延误

13.1 双方约定工期顺延的其他情况：_____

四、质量与验收

17．隐蔽工程和中间验收

17.1 双方约定中间验收部位：_____

19．工程试车

19.5 试车费用的承担：_____

五、安全施工

六、合同价款与支付

23．合同价款及调整

23.2 本合同价款采用_____方式确定。

(1) 采用固定价格合同，合同价款中包括的风险范围：_____

风险费用的计算方法：_____

风险范围以外合同价款调整方法：_____

(2) 采用可调价格合同，合同价款调整方法：_____

(3) 采用成本加酬金合同，有关成本和酬金的约定：_____

23.3 双方约定合同价款的其他调整因素：_____

24．工程预付款

发包人向承包人预付工程款的时间和金额或占合同价款总额的比例：_____

扣回工程款的时间、比例：_____

25．工程量确认

25.1 承包人向工程师提交已完工程量报告的时间：_____

26．工程款(进度款)支付

双方约定的工程款(进度款)支付的方式和时间：_____

七、材料设备供应

27．发包人供应材料设备

27.4 发包人供应的材料设备与一览表不符时,双方约定发包人承担责任如下:

(1) 材料设备单价与一览表不符:_____

(2) 材料设备的品种、规格、型号、质量等级与一览表不符:_____

(3) 承包人可代为调剂串换的材料:_____

(4) 到货地点与一览表不符:_____

(5) 供应数量与一览表不符:_____

(6) 到货时间与一览表不符:_____

27.6 发包人供应材料设备的结算方法:_____

28. 承包人采购材料设备

28.1 承包人采购材料设备的约定:_____

八、工程变更

九、竣工验收与结算

32. 竣工验收

32.1 承包人提供竣工图的约定:_____

32.6 中间交工工程的范围和竣工时间:_____

十、违约、索赔和争议

35. 违约

35.1 本合同中关于发包人违约的具体责任如下

本合同通用条款第24条约定发包人违约应承担的违约责任:_____

本合同通用条款第26.4款约定发包人违约应承担的违约责任:_____

本合同通用条款第33.3款约定发包人违约应承担的违约责任:_____

双方约定的发包人其他违约责任:_____

35.2 本合同中关于承包人违约的具体责任如下:

本合同通用条款第14.2款约定承包人违约应承担的违约责任:_____

本合同通用条款第15.1款约定承包人违约应承担的违约责任：_____

双方约定的承包人其他违约责任：_____

37. 争议

37.1 双方约定,在履行合同过程中产生争议时：

（1）请_____调解；

（2）采取第_____种方式解决,并约定向_____仲裁委员会提请仲裁或向_____人民法院提起诉讼。

十一、其他

38. 工程分包

38.1 本工程发包人同意承包人分包的工程：_____

分包施工单位为：_____

39. 不可抗力

39.1 双方关于不可抗力的约定：_____

40. 保险

40.6 本工程双方约定投保内容如下：

（1）发包人投保内容：_____

发包人委托承包人办理的保险事项：_____

（2）承包人投保内容：_____

41. 担保

41.3 本工程双方约定担保事项如下：

（1）发包人向承包人提供履约担保,担保方式为：_____担保合同作为本合同附件。

（2）承包人向发包人提供履约担保,担保方式为：_____担保合同作为本合同附件。

（3）双方约定的其他担保事项：_____

46. 合同份数

46.1 双方约定合同副本份数：_____

47. 补充条款_____

附件1

承包人承揽工程项目一览表

单位工程名称	建设规模	建筑面积（平方米）	结构	层数	跨度（米）	设备安装内容	工程造价（元）	开工日期	竣工日期

附件2

发包人供应材料设备一览表

序号	材料设备品种	规格型号	单位	数量	单价	质量等级	供应时间	送达地点	备注

附件3

工程质量保修书

发包人（全称）：_____

承包人（全称）：_____

为保证_____（工程名称）在合理使用期限内正常使用，发包人承包人协商一致签订工程质量保修书。承包人在质量保修期内按照有关管理规定及双方约定承担工程质量保修责任。

一、工程质量保修范围和内容

质量保修范围包括地基基础工程、主体结构工程、屋面防水工程和双方约定的其他土建工程，以及电气管线、上下水管线的安装工程，供热、供冷系统工程等项目。具体质量保修内容双方约定如下：_____

二、质量保修期

质量保修期从工程实际竣工之日算起。分单项竣工验收的工程，按单项工程分别计算质量保修期。

双方根据国家有关规定，结合具体工程约定保修期如下：

1. 土建工程为_____年，屋面防水工程为_____年；

2. 电气管线、上下水管线安装工程为_____；

3. 供热及供冷为_____个采暖期及供冷期；

4. 室外的上下水和小区道路等市政公用工程为_____年；

5. 其他约定：_____

三、质量保修责任

1. 属于保修范围和内容的项目，承包人应在接到修理通知之日后7d内派人修理。承包人不在约定期限内派人修理，发包人可委托其他人员修理，保修费用从质量保修金内扣除。

2. 发生须紧急抢修事故（如上水跑水、暖气漏水漏气、燃气漏气等），承包人接到事故通知后，应立即到达事故现场抢修。非承包人施工质量引起的事故，抢修费用由发包人承担。

3. 在国家规定的工程合理使用期限内,承包人确保地基基础工程和主体结构的质量。因承包人原因至使工程在合理使用期限内造成人身和财产损害的,承包人应承担损害赔偿责任。

四、质量保修金的支付

工程质量保修金一般不超过施工合同价款的 3%,本工程约定的工程质量保修金为施工合同价款的_____%。

本工程双方约定承包人向发包人支付工程质量保修金金额为_____(大写)。质量保修金银行利率为_____。

五、质量保养金的返还

发包人在质量保修期满后 14d 内,将剩余保修金和利息返还承包人。

六、其他

双方约定的其他工程质量保修事项:_____

本工程质量保修书作为施工合同附件,由施工合同发包人承包人双方共同签署。

发包人(公章):　　　承包人(公章):
法定代表人(签字):　　法定代表人(签字):
___年___月___日　　___年___月___日

附件 3.2　GF—2000—0202

建设工程委托监理合同

(示范文本)

第一部分　建设工程委托监理合同

委托人＿＿＿＿＿与监理人＿＿＿＿＿经双方协商一致,签订本合同。

一、委托人委托监理人监理的工程(以下简称"本工程")概况如下:

工程名称:

工程地点:

工程规模:

总投资:

二、本合同中的有关词语含义与本合同第二部分《标准条件》中赋予它们的定义相同。

三、下列文件均为本合同的组成部分:

① 监理投标书或中标通知书;

② 本合同标准条件;

③ 本合同专用条件;

④ 在实施过程中双方共同签署的补充与修正文件。

四、监理人向委托人承诺,按照本合同的规定,承担本合同专用条件中议定范围内的监理业务。

五、委托人向监理人承诺按照本合同注明的期限、方式、币种,向监理人支付报酬。

本合同自＿＿＿＿年＿＿＿＿月＿＿＿＿日开始实施,至＿＿＿＿年＿＿＿＿月＿＿＿＿日完成。

本合同一式　份,具有同等法律效力,双方各执　份。

委托人:(签章)　　　　　监理人:(签章)

住所：　　　　　　　　　住所：
法定代表人：(签章)　　　法定代表人：(签章)
开户银行：　　　　　　　开户银行：
帐号：　　　　　　　　　帐号：
邮编：　　　　　　　　　邮编：
电话：　　　　　　　　　电话：
本合同签订于：_____年_____月_____日

第二部分　标　准　条　件

词语定义、适用范围和法规

第一条　下列名词和用语，除上下文另有规定外，有如下含义：

(1)"工程"是指委托人委托实施监理的工程。

(2)"委托人"是指承担直接投资责任和委托监理业务的一方以及其合法继承人。

(3)"监理人"是指承担监理业务和监理责任的一方，以及其合法继承人。

(4)"监理机构"是指监理人派驻本工程现场实施监理业务的组织。

(5)"总监理工程师"是指经委托人同意，监理人派到监理机构全面履行本合同的全权负责人。

(6)"承包人"是指除监理人以外，委托人就工程建设有关事宜签订合同的当事人。

(7)"工程监理的正常工作"是指双方在专用条件中约定，委托人委托的监理工作范围和内容。

(8)"工程监理的附加工作"是指：①委托人委托监理范围以外，通过双方书面协议另外增加的工作内容；②由于委托人或承包人原因，使监理工作受到阻碍或延误，因增加工作量或持续时间而增加的工作。

(9)"工程监理的额外工作"是指正常工作和附加工作以外，

根据第三十八条规定监理人必须完成的工作,或非监理人自己的原因而暂停或终止监理业务,其善后工作及恢复监理业务的工作。

(10)"日"是指任何一天零时至第二天零时的时间段。

(11)"月"是指根据公历从一个月份中任何一天开始到下一个月相应日期的前一天的时间段。

第二条 建设工程委托监理合同适用的法律是指国家的法律、行政法规,以及专用条件中议定的部门规章或工程所在地的地方法规、地方规章。

第三条 本合同文件使用汉语语言文字书写、解释和说明。如专用条件约定使用两种以上(含两种)语言文字时,汉语应为解释和说明本合同的标准语言文字。

监 理 人 义 务

第四条 监理人按合同约定派出监理工作需要的监理机构及监理人员,向委托人报送委派的总监理工程师及其监理机构主要成员名单、监理规划,完成监理合同专用条件中约定的监理工程范围内的监理业务。在履行合同义务期间,应按合同约定定期向委托人报告监理工作。

第五条 监理人在履行本合同的义务期间,应认真、勤奋地工作,为委托人提供与其水平相应的咨询意见,公正维护各方面的合法权益。

第六条 监理人使用委托人提供的设施和物品属委托人的财产。在监理工作完成或中止时,应将其设施和剩余的物品按合同约定的时间和方式移交给委托人。

第七条 在合同期内或合同终止后,未征得有关方面同意,不得泄露与本工程、本合同业务有关的保密资料。

委 托 人 义 务

第八条 委托人在监理人开展监理业务之前应向监理人支付预付款。

第九条 委托人应当负责工程建设的所有外部关系的协调,为监理工作提供外部条件。根据需要,如将部分或全部协调工作委托监理人承担,则应在专用条件中明确委托的工作和相应的报酬。

第十条 委托人应当在双方约定的时间内免费向监理人提供与工程有关的为监理工作所需要的工程资料。

第十一条 委托人应当在专用条款约定的时间内就监理人书面提交并要求作出决定的一切事宜作出书面决定。

第十二条 委托人应当授权一名熟悉工程情况、能在规定时间内作出决定的常驻代表(在专用条款中约定),负责与监理人联系。更换常驻代表,要提前通知监理人。

第十三条 委托人应当将授予监理人的监理权利,以及监理人主要成员的职能分工、监理权限及时书面通知已选定的承包合同的承包人,并在与第三人签订的合同中予以明确。

第十四条 委托人应在不影响监理人开展监理工作的时间内提供如下资料:

(1) 与本工程合作的原材料、构配件、机械设备等生产厂家名录。

(2) 提供与本工程有关的协作单位、配合单位的名录。

第十五条 委托人应免费向监理人提供办公用房、通讯设施、监理人员工地住房及合同专用条件约定的设施,对监理人自备的设施给予合理的经济补偿(补偿金额=设施在工程使用时间占折旧年限的比例×设施原值+管理费)。

第十六条 根据情况需要,如果双方约定,由委托人免费向监理人提供其他人员,应在监理合同专用条件中予以明确。

监理人权利

第十七条 监理人在委托人委托的工程范围内,享有以下权利:

(1) 选择工程总承包人的建议权。

(2) 选择工程分包人的认可权。

(3) 对工程建设有关事项包括工程规模、设计标准、规划设计、生产工艺设计和使用功能要求,向委托人的建议权。

(4) 对工程设计中的技术问题,按照安全和优化的原则,向设计人提出建议;如果拟提出的建议可能会提高工程造价,或延长工期,应当事先征得委托人的同意。当发现工程设计不符合国家颁布的建设工程质量标准或设计合同约定的质量标准时,监理人应当书面报告委托人并要求设计人更正。

(5) 审批工程施工组织设计和技术方案,按照保质量、保工期和降低成本的原则,向承包人提出建议,并向委托人提出书面报告。

(6) 主持工程建设有关协作单位的组织协调,重要协调事项应当事先向委托人报告。

(7) 征得委托人同意,监理人有权发布开工令、停工令、复工令,但应当事先向委托人报告。如在紧急情况下未能事先报告时,则应在 24 小时内向委托人作出书面报告。

(8) 工程上使用的材料和施工质量的检验权。对于不符合设计要求和合同约定及国家质量标准的材料、构配件、设备,有权通知承包人停止使用;对于不符合规范和质量标准的工序、分部分项工程和不安全施工作业,有权通知承包人停工整改、返工。承包人得到监理机构复工令后才能复工。

(9) 工程施工进度的检查、监督权,以及工程实际竣工日期提前或超过工程施工合同规定的竣工期限的签认权。

(10) 在工程施工合同约定的工程价格范围内,工程款支付的审核和签认权,以及工程结算的复核确认权与否决权。未经总监理工程师签字确认,委托人不支付工程款。

第十八条 监理人在委托人授权下,可对任何承包人合同规定的义务提出变更。如果由此严重影响了工程费用或质量、或进度,则这种变更须经委托人事先批准。在紧急下未能事先报委托人批准时,监理人所做的变更也应尽快通知委托人。在监理过程中如发现工程承包人人员工作不力,监理机构可要求承包人调换有关人员。

第十九条 在委托的工程范围内,委托人或承包人对对方的任何意见和要求(包括索赔要求),均必须首先向监理机构提出,由监理机构研究处置意见,再同双方协商确定,当委托人和承包人发生争议时,监理机构应根据自己的职能,以独立的身份判断,公正地进行调解。当双方争议由政府建设行政主管部门调解或仲裁机关仲裁时,应当提供作证的事实材料。

委托人权利

第二十条 委托人有选定工程总承包人,以及与其订立合同的权利。

第二十一条 委托人有对工程规模、设计标准、规划设计、生产工艺设计和设计使用功能要求的认定权,以及对工程设计变更的审批权。

第二十二条 监理人调换总监理工程师须事先经委托人同意。

第二十三条 委托人有权要求监理人提交监理工作月报及监理业务范围内的专项报告。

第二十四条 当委托人发现监理人员不按监理合同履行监理职责,或与承包人串通给委托人或工程造成损失的,委托人有权要求监理人更换监理人员,直到终止合同并要求监理人承担相应的赔偿责任或连带赔偿责任。

监理人责任

第二十五条 监理人的责任期即委托监理合同有效期。在监理过程中,如果因工程建设进度的推迟或延误而超过书面约定的日期,双方应进一步约定相应延长的合同期。

第二十六条 监理人在责任期内,应当履行约定的义务。如果因监理人过失而造成了委托人的经济损失,应当向委托人赔偿。

累计赔偿总额(除本合同第二十四条规定以外)不应超过监理报酬总额(除去税金)。

第二十七条 监理人对承包人违反合同规定的质量要求和完工(交图、交货)时限,不承担责任。因不可抗力导致委托监理合同不能全部或部分履行,监理人不承担责任。但对违反第五条规定引起的与之有关的事宜,向委托人承担赔偿责任。

第二十八条 监理人向委托人提出赔偿要求不能成立时,监理人应当补偿由于该索赔所导致委托人的各种费用支出。

委托人责任

第二十九条 委托人应当履行委托监理合同约定的义务,如有违反则应当承担违约责任,赔偿给监理人造成的经济损失。

监理人处理委托业务时,因非监理人原因的事由受到损失的,可以向委托人要求补偿损失。

第三十条 委托人如果向监理人提出赔偿的要求不能成立,则应当补偿由该索赔所引起的监理人的各种费用支出。

合同生效、变更与终止

第三十一条 由于委托人或承包人的原因使监理工作受到阻碍或延误,以致发生了附加工作或延长了持续时间,则监理人应当将此情况与可能产生的影响及时通知委托人。完成监理业务的时间相应延长,并得到附加工作的报酬。

第三十二条 在委托监理合同签订后,实际情况发生变化,使得监理人不能全部或部分执行监理业务时,监理人应当立即通知委托人。该监理业务的完成时间应予延长。当恢复监理业务时,应当增加不超过42d的时间用于恢复执行监理业务,并按双方约定的数量支付监理报酬。

第三十三条 监理人向委托人办理完竣工验收或工程移交手续,承包人和委托人已签订工程保修责任书,监理人收到监理报酬尾款,本合同即终止。保修期间的责任,双方在专用条款中约定。

第三十四条 当事人一方要求变更或解除合同时,应当在42d前通知对方,因解除合同使一方遭受损失的,除依法可以免除责任的外,应由责任方负责赔偿。

变更或解除合同的通知或协议必须采取书面形式,协议未达成之前,原合同仍然有效。

第三十五条 监理人在应当获得监理报酬之日起30d内仍未收到支付单据,而委托人又未对监理人提出任何书面解释时,或根据第三十三条及第三十四条已暂停执行监理业务时限超过六个月的,监理人可向委托人发出终止合同的通知,发出通知后14d内仍未得到委托人答复,可进一步发出终止合同的通知,如果第二份通知发出后42d内仍未得到委托人答复,可终止合同或自行暂停或继续暂停执行全部或部分监理业务。委托人承担违约责任。

第三十六条 监理人由于非自己的原因而暂停或终止执行监理业务,其善后工作以及恢复执行监理业务的工作,应当视为额外工作,有权得到额外的报酬。

第三十七条 当委托人认为监理人无正当理由而又未履行监理义务时,可向监理人发出指明其未履行义务的通知。若委托人发出通知后21d内没有收到答复,可在第一个通知发出后35d内发出终止委托监理合同的通知,合同即行终止。监理人承担违约责任。

第三十八条 合同协议的终止并不各方应有的权利和应当承担的责任。

监 理 报 酬

第三十九条 正常的监理工作、附加工作和额外工作的报酬,按照监理合同专用条件中第四十条的方法计算,并按约定的时间和数额支付。

第四十条 如果委托人在规定的支付期限内未支付监理报酬,自规定之日起,还应向监理人支付滞纳金。滞纳金从规定支付期限最后一日起计算。

第四十一条 支付监理报酬所采取的货币币种、汇率由合同专用条件约定。

第四十二条 如果委托人对监理人提交的支付通知中报酬或部分报酬项目提出异议,应当收到支付通知书 24h 内向监理人发出表示异议的通知,但委托人不得拖延其他无异议报酬项目的支付。

其 他

第四十三条 委托的建设工程监理所必要的监理人员出外考察、材料设备复试,其费用支出经委托人同意的,在预算范围内向委托人实报实销。

第四十四条 在监理业务范围内,如需聘用专家咨询或协助,由监理人聘用的,其费用由监理人承担;由委托人聘用的,其费用由委托人承担。

第四十五条 监理人在监理工作过程中提出的合理化建议,使委托人得到了经济效益,委托人应按专用条件中的约定给予经济奖励。

第四十六条 监理人驻地监理机构及其职员不得接受监理工程项目施工承包人的任何报酬或者经济利益。

监理人不得参与可能与合同规定的与委托人的利益相冲突的任何活动。

第四十七条 监理人在监理过程中,不得泄露委托人申明的秘密,监理人亦不得泄露设计人、承包人等提供并申明的秘密。

第四十八条 监理人对于由其编制的所有文件拥有版权,委托人仅有权为本工程使用或复制此类文件。

争议的解决

第四十九条 因违反或终止合同而引起的对对方损失和损害的赔偿,双方应当协商解决,如未能达成一致;可提交主管部门协调,如仍未能达成一致时,根据双方约定提交仲裁机关仲裁,或向人民法院起诉。

第三部分 专 用 条 件

第二条 本合同适用的法律及监理依据:

第四条 监理范围和监理工作内容:

第九条 外部条件包括:

第十条 委托人应提供的工程资料及提供时间:

第十一条 委托人应在_____天内对监理人书面提交并要求作出决定的事宜作出书面答复。

第十二条 委托人的常驻代表为_____。

第十五条 委托人免费向监理机构提供如下设施:

监理人自备的、委托人给予补偿的设施如下:

补偿金额＝

第十六条 在监理期间,委托人免费向监理机构提供_____名工作人员,由总监理工程师安排其工作,凡涉及服务时,此类职员只应从总监理工程师处接受指示。并免费提供_____名服务人员。监理机构应与此类服务的提供者合作,但不对此类人员及其行为负责。

第二十六条 监理人在责任期内如果失职,同意按以下办法承担责任,赔偿损失[累计赔偿额不超过监理报酬总数(扣税)]:

赔偿金＝直接经济损失×报酬比率(扣除税金)

第三十九条 委托人同意按以下的计算方法、支付时间与金额,支付监理人的报酬:

委托人同意按以下的计算方法、支付时间与金额,支付附加工作报酬:(报酬＝附加工作日数×合同报酬/监理服务日)

委托人同意按以下的计算方法、支付时间与金额,支付额外工作报酬:

第四十一条 双方同意用_____支付报酬,按_____汇率计付。

第四十五条 奖励办法:

奖励金额＝工程费用节省额×报酬比率

第四十九条 本合同在履行过程中发生争议时,当事人双方应及时协商解决。协商不成时,双方同意由仲裁委员会仲裁(当事人双方不在本合同中约定仲裁机构,事后又未达成书面仲裁协议的,可向人民法院起诉)。

附加协议条款：

4 施工监理中的造价控制

4.1 建设工程造价控制的涵义

建设工程造价也称建设项目投资,是以货币形式表现的基本建设工作量,是反映建设项目投资规模的综合性指标,是建设工程价值的体现。一般系指某建设项目从筹建到竣工验收交付使用所需的全部费用,即该建设项目在工程建设全过程中支出用于进行固定资产再生产和形成最低量流动基金的一次性费用总和。它主要是由建筑安装工程费、设备及工器具购置费、工程建设其他费用、预备费以及建设期贷款利息、固定资产投资方向调节税所组成。

建设工程造价的合理确定和有效控制是工程建设管理的重要组成部分。控制工程造价的目的不仅仅在于控制项目投资不超过批准的造价限额,更积极的意义在于在保证设计生产能力和使用功能的前提下,合理使用人力、物力、财力,以取得最大的投资效益。为有效地控制工程造价,必须建立健全投资主管、建设、设计、施工、监理等各有关单位的建设全过程造价控制责任制。在工程建设的各个阶段认真遵循价值规律,遵照国家有关法律、法规和方针政策,在保障国家利益的前提下,保护上述各单位的合法经济利益,正确处理好各方面的关系,充分发挥竞争机制的作用,有效地调动各单位和人员的积极性,合理确定适合我国国情的建设方案和建设标准,努力降低工程造价,节约投资,力求少投入多产出。

由于在建设全过程都需要对工程造价进行有效的控制,因此,本章比较系统的介绍建设项目在建设的各个阶段的工程造价控制,即投资控制,以适应监理工程师开展建设监理业务的需要。

4.1.1 建设程序和建设工程造价的构成

1. 建设程序

建国以来,国家多次颁布有关固定资产投资建设程序的文件,指出一个建设项目从提出、决策、设计、施工到建成投产交付使用的全过程中各个阶段的工作内容和应遵循的程序如下:

(1) 编报项目建议书。有关部门、省、市、自治区或单位根据国民经济和社会发展的长远规划,行业、地区布局规划,经济建设的方针政策,在对拟建项目经过调查研究、收集资料、踏勘建设地点、初步分析投资效果的基础上,提出项目建议书附初步可行性研究报告,按项目建设规模的审批权限,经国家、有关部委、或省、市、自治区批准后立项,纳入各级的建设前期工作计划。其初步投资估算数作为建设前期准备工作的控制造价,对规划起参考作用。

(2) 编报可行性研究报告。根据列入建设前期工作计划内的项目建议书,进行可行性研究。其任务是对拟建项目在技术、工程、经济和外部协作条件等方面进行全面分析论证,作多方案比较和评价,推荐最佳方案,评价是否可行,提出可行性研究报告,经有关咨询部门评估审查后,为投资决策提供依据。批准的可行性研究报告,可以安排年度建设计划,进行建设前准备工作和开展工程设计的主要依据。其投资估算数为拟建项目计划控制造价,对初步设计概算起控制作用。在此期间可对外进行合同谈判、勘察设计、厂址选择、土地征用、设备材料预安排、资金筹措等准备工作。

(3) 编报总体设计。对大型矿区、油田、林区、垦区、联合企业和进口成套设备项目,为解决总体开发方案和建设的总体部署等重大原则问题,根据可行性研究报告、厂址选择报告和国家计划,由建设单位和总体设计院组织,在初步设计之前编制,经有关主管部门或省、市、自治区预审,报国家计委审批,重大项目由国家计委提出审查意见报国务院审批。批准的投资估算数是确定项目的总投资控制数。

(4) 编报初步设计。根据可行性研究报告要求和可靠的设计基础资料编制具体实施方案,其设计总概算数是项目投资的最高限额,如超出投资估算数10%时,需报批重新决策。批准的总概算可作为安排项目投资计划的依据。

(5) 编报技术设计。一般建设项目按初步设计和施工图设计两个阶段进行。对于技术上复杂而又缺乏设计经验的项目,由设计单位提出,经主管部门同意,在初步设计和施工图设计之间增加技术设计阶段。技术设计要满足确定设计方案中重大技术问题和有关试验、设备制造方面等要求,技术设计阶段编制修正总概算,如超出设计总概算数,应经原审批部门批准。

(6) 编制施工图设计。根据初步设计文件要求开展施工图设计,即完成设备施工图、工程施工图和模型设计,按设计总概算控制施工图预算,施工图预算是确定工程预算造价、签订工程合同、实行投资包干和办理工程结算的依据。

按建设程序先后、交叉或同步进行的尚有:

(7) 厂址选择。在上报可行性研究报告时,应完成规划性选点工作,在可行性研究报告批准后进行选址工作。

(8) 勘察工作。勘察主要指工程测量、水文地质勘察和工程地质勘察,是在建设项目进行可行性研究时,对厂址比较和选择的依据,又是在厂址选择批准后,进行工程设计前期准备阶段的工作,为建设项目开展工程设计提供的设计基础资料。

(9) 建设准备。主要有开工报告的上报和审批、建设场地准备、委托设计、物资准备、施工用'五通一平'(水、电、气、通讯、道路和场地平整)、招标选择承建单位、确定投标价和合同价等。

(10) 生产准备。指生产机构设置、人员配备、培训、生产技术准备、经营管理准备、外部协作条件落实、生产物资供应准备等。

(11) 施工准备和施工。进行施工总体规划、编制施工组织设计或施工方案,施工图纸会审,施工用人工、材料、机具、临时设施满足施工进度需要,组织施工并及时办理工程结算。

(12) 竣工验收交付使用。项目全部建成,经单体试运转、无负荷联动试车、投料试车合格,形成生产能力,办理竣工验收和交

4.1 建设工程造价控制的涵义

付固定资产,进行竣工决算。

(13) 后评价。项目建成投产,经试生产考核,对项目进行全面的技术经济后评价。

按以上建设程序,其各个阶段的投资控制值是前者制约后者,后者修正前者,后者应小于前者。项目建设程序及分阶段示意如图 4.1 所示。

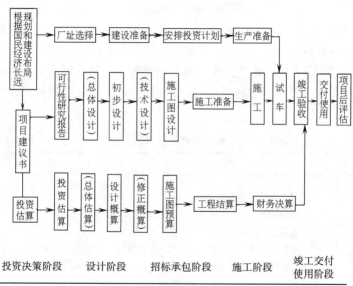

图 4.1 项目建设程序及分阶段示意图

2. 固定资产、固定资产投资及其分类

(1) 固定资产。是指使用年限在 1 年以上,单位价值在规定的标准以上,并在使用过程中保持原来物质形态的资产。按照新会计制度规定,企业使用期限在 1 年以上的房屋、建筑物、机器设备、器具、工具等资产应作为固定资产;不属于生产经营的物品,单位价值在 2000 元以上,并且使用期限超过 2 年的也应作为固定资产。

(2) 固定资产投资。是指固定资产再生产。是通过投资进行固定资产建造和购置的经济活动,是社会再生产的重要条件。也就是建筑、安装全过程、购置固定资产的活动以及与之有关的工作。

固定资产在生产或使用过程中不断地被消耗,又通过投资建设得到补偿、替换或扩大,这种不断更新、扩大的连续过程就是固定资产再生产。按原有固定资产规模更新,称固定资产简单再生产;如果扩大了原有规模,称固定资产扩大再生产。一般将新建、扩建称外延扩大再生产,改建和技术改造称内涵扩大再生产。

(3) 固定资产投资分类。我国现行管理体制将国有企业固定资产投资划分为基本建设、更新改造和其他固定资产投资三个部分,如表 4.1 所示。

固定资产投资分类 表 4.1

分类	内容
1. 基本建设	通过对固定资产的建筑、安装和购置,实现新增、扩大生产能力(或工程效益)为主要目的的新建、扩建工程及有关工作,以外延为主的固定资产扩大再生产。包括: (1) 新建工厂、矿山、铁路、医院、学校等新建项目 (2) 增建分厂、主要车间、矿井、铁路干支线、码头泊位等扩建项目 (3) 改变生产力布局的全厂性迁建项目 (4) 遭受灾害需重建整个企业、事业单位的恢复性项目 (5) 行政、事业单位增建业务用房和生活福利设施的建设项目 (6) 以基本建设计划内投资和更新改造计划内投资结合安排的新建项目或新增生产能力(或工程效益)达到大中型标准的扩建项目
2. 更新改造	通过采用新技术、新工艺、新设备、新材料,对现有企业、事业单位原有设施进行固定资产更新和技术改造,实现产品提高质量、增加品种、升级换代、降低能源和原材料消耗、加强资源综合利用和污染治理等,提高社会综合经济效益和实现以内涵为主的扩大再生产。包括: (1) 原有车间、生产线的工艺、设施、装备的技术改造或设备、建筑物的更新

续表

分类	内 容
2.更新改造	(2) 改善原有交通运输条件和设施,提高运输、装卸能力的更新改造 (3) 节约能源和原材料,治理"三废—废水、废气、废渣"污染或综合利用原材料对现有企业、事业单位进行技术改造 (4) 对现有建筑和技术装备采取的劳动安全保护措施 (5) 城市现有的供热、供气、供排水和道桥等市政设施的改造 (6) 以更新改造计划内投资与基本建设计划内投资结合安排的对原有设施进行技术改造或更新的项目,增建主要车间、分厂等其新增生产能力(或工程效益)未达到大中型标准的项目 (7) 由于环境保护和安全生产的需要对现有企业、事业单位的迁建
3.其他固定资产投资	指按国家规定不纳入基本建设和更新改造计划管理范围,由各部门、地方安排的国有企业的其他固定资产投资。主要用于维持简单再生产资金安排的油田维护开发工程、矿山和森林的开拓延伸工程、交通部门的原有公路和桥涵的改建、商业部门的简易仓库工程,以及总投资在2~5万元的零星固定资产建造和购置等

3. 固定资产投资额及其分类

(1) 固定资产投资额。是以货币表现建造和购置固定资产活动的工作量以及与此有关费用的总称。它反映了固定资产投资规模、速度、比例关系、使用方向的综合性指标,是检查工程进度、投资计划执行情况和考核投资效果的重要依据。

(2) 固定资产投资额分类。如表4.2所示。

固定资产投资额分类 表4.2

分类	内 容
按工程用途分类	1. 第一产业:用于农业工程,包括种植业、林业、牧业、渔业等 2. 第二产业:用于工业,包括采掘业、制造业、电力、煤气及水的生产和供应业及建筑业工程

续表

分类	内 容
按工程用途分类	3. 第三产业：用于除上述第一、第二产业以外的其他工程，包括：地质勘查、水利、农林牧渔服务、交通运输、仓储、邮电通信、批发和零售贸易、餐饮、房地产、社会服务、综合技术服务、金融、保险、文教卫生、体育、社会福利、广播影视、科研、党政军机关、社会团体 4. 住宅：指职工家属宿舍和集体宿舍、商品住宅
按费用构成分类	1. 建筑工程费用—建筑物和构筑物(含土建、卫生、照明、管线等)、设备基础、支柱、操作平台、梯子、窑炉砌筑、金属结构等工程费用，又称建筑工作量 2. 安装工程费用—需要安装的机械设备、电气设备、自控仪表设备及附属的工艺管线等工程费用，又称安装工作量 3. 设备、工器具购置费用：指需要安装设备和不需要安装设备的购置或自制，生产工器具及家具的购置或自制 4. 其他费用：指除建筑安装工程费用、设备和工器具购置费用以外的构成固定资产投资完成额的各种费用，如待摊投资等
按施工方式分类	按完成建筑安装工程投资额分： 1. 发包方式 2. 自营方式
按资金来源分	1. 国家投资 2. 国内贷款 3. 利用外资 4. 自筹投资 5. 专项资金(如煤代油资金) 6. 其他投资

4. 建设项目划分

我国现行固定资产投资计划管理制度规定，国有建设项目分为基本建设项目和更新改造项目(其他固定资产投资按企业统计，暂不划分项目)。

(1) 基本建设项目。一般指经批准包括在一个总体设计或初步设计范围内进行建设,经济上实行统一核算,行政上有独立组织形式,实行统一管理的基本建设单位。通常以一个企业、事业、行政单位或独立的工程作为一个基建项目。基建项目由设计文件规定的若干个有内在联系的单位工程、单项工程所组成,如钢铁项目由炼铁、炼钢、轧钢等工程组成,纺织项目由纺纱、织布、印染等工程组成,石油化工项目由炼油、化工、化肥、合成纤维单体或聚合物等工程组成。设计文件规定分期建设的单位,当分几个总体设计,则其每一期工程作为一个基建项目,即一个建设单位可以有不止一个基建项目,如宝钢项目分为一期工程、二期工程、三期工程;当分期建设的单位包括在一个总体设计之内,如扬子乙烯工程分为一阶段工程、二阶段工程,则只算为一个基建项目。一定期间施工和建成投产的基建项目个数可以分别反映基本建设的规模和建设成果。

(2) 更新改造项目。一般指经批准具有独立设计文件的更新改造工程,或企业、事业单位及其主管部门制定的能独立发挥效益的更新改造工程。更新改造项目相当于基本建设项目中的单项工程,一个建设单位可以同时有若干个更新改造项目。一定时期施工和建成投产的更新改造项目个数可以分别反映更新改造建设的规模和建设成果。

更新改造按建设规模分为限额以上(能源、交通、原材料项目5000万元以上,其他项目3000万元以上)、限额以下。限额以上项目必须按基本建设办法管理;限额以下项目当单项工程新增建筑面积超过原有面积30%或用于土建工程资金超过资金总额20%的,属于扩建性质,亦应按基本建设办法管理。

建设项目的分组如表4.3所示。

5. 基本建设项目的组成

根据设计、施工、编制概预算、制定投资计划、统计和会计核算等的需要,基本建设项目按工程构成一般划分为单项工程、单位工程、分部工程及分项工程,如表4.4所示。

建设项目分组　　　　　　表 4.3

分　组	内　　容
按建设性质分	新建;改建;扩建;恢复;迁建;单纯建造生活设施;单纯购置
按建设规模分	基本建设项目:大型;中型;小型 更新改造项目:限额以上;限额以下
按隶属关系分	部直属项目;地方项目;部直供项目;合资建设项目
按国民经济行业分	按国民经济行业分类国家标准,其主要经济业务活动属国民经济哪个门类,如农业、工业、教育文化艺术和广播电视事业等共 13 个门类 99 个大类
按建设阶段分	筹建项目;施工项目;建成投产项目;竣工项目
按施工情况分	续建项目;收尾项目;全部投产项目;部分投产单项;拟新开工项目
按投资包干形式分	按设计概算包干;按施工图预算加系数包干;按单位能力投资包干;按平方米造价包干;按小区综合造价包干等
按技术引进方式分	专有技术转让;许可证贸易(技术贸易);引进成套设备;引进生产线;引进关键设备;技术服务
按横向经济联合形式分	生产联合体;资源开发联合体科研与生产联合体;产销联合体
按工作阶段分	正式施工项目;预备项目;前期工作项目

基本建设项目按工程构成划分　　　　　　表 4.4

分　类	内　　容
基本建设项目 (建设项目)	一般指在一个或几个场地上,按照经批准包括在一个总体设计或初步设计范围内进行建设的多个单项工程。如一个工厂、联合企业、电站、矿业、铁路、水利工程、医院、学校等

续表

分 类	内 容
单项工程 (工程项目)	一般指有独立设计文件,建成后能独立发挥生产能力(或工程效益)或满足工作生活需要的分厂、车间、生产线或独立工程。如一个建筑物(办公楼、车间、食堂等)、一个构筑物(烟囱、水塔、油缸等)、室外给排水、输配电线路等。当建设项目仅为一个单项工程时,则该单项工程即为建设项目
单位工程	是单项工程的组成部分,单项工程可以划分为若干个不能独立发挥作用,但能独立组织施工的单位工程。以专业分工为建筑工程(一般土建工程、卫生工程、电气照明工程、工业管道工程、特殊构筑物工程)、安装工程(机械设备及安装工程、电气设备及安装工程)。如工业建筑中一个车间是一个单项工程,车间的厂房建筑是一个单位工程,车间的设备安装又是一个单位工程;民用建筑中一般以一栋房作为一个单位工程,如宿舍工程是一个单项工程,而每幢宿舍是一个单位工程
分部工程	是单位工程的组成部分,按建筑工程和安装工程的不同结构、部位或工序划分。如一般土建工程可划分为土方工程、基础工程、墙体工程、柱、梁工程、楼地面及天棚工程、屋面工程、门窗及木装修工程等;一般安装工程可划分为工艺设备安装工程、工艺管线安装工程、电气仪表安装工程等
分项工程	是分部工程的组成部分,将分部工程进一步按不同施工方法、不同材料、不同规格划分为若干个部分。如建筑工程中的基础工程可划分为垫层、基础、打桩;墙体工程可划分为内墙、外墙等;安装工程的工艺管线安装工程可划分为配管、组焊、吹扫、试压、防腐、保温等

6. 建设工程造价构成及费用计算方法

(1) 建设工程造价。一般系指建设项目从筹建到竣工验收交付使用所需的全部费用,即为建设该项目支出费用的总和,是建设工程价值的体现。

(2) 建设工程造价构成及费用计算方法,如表 4.5 所示。

建设工程造价构成及费用计算方法　　　表 4.5

费 用 名 称		计 算 方 法
(一) 第一部分工程费用		
1. 建筑安装工程费用	直接费	基本直接费 + 其他直接费
	间接费	人工费 × 综合间接费率
	计划利润税金	(直接费 + 间接费) × 费率或人工费 × 费率 按有关规定计算
2. 设备、工器具购置费	设备购置费(包括备品、备件费)	设备原价 × (1 + 运杂费率)运杂费率中含设备成套公司的成套服务费、港口建设费
	工器具及生产家具购置费	设备购置费 × 费率或按规定的定额计算
(二) 第二部分其他费用		
1. 土地、青苗等补偿费和安置补助费		按建设项目所在地政府规定计取
2. 建设单位管理费		(一) × 规定费率或按规定的定额计算
3. 研究试验费		按批准的计划编制
4. 生产职工培训费		培训费 + 提前进厂费
5. 办公及生活用具购置费		按规定的定额计算
6. 联合试运转费		按规定的定额计算
7. 勘察设计费		按规定的收费标准计算
8. 供电贴费		按规定的标准计算
9. 施工机构迁移费		按有关规定计算
10. 矿山巷道维修费		按有关规定计算
11. 引进技术和进口设备项目的其他费		按有关专业部(局、公司)规定计算
(三) 第三部分预备费 1. 基本预备费 2. 价差预备费		[(一) + (二)] × 规定费率 由有关部门、地区测定或自行测定

续表

费用名称	计算方法
(四) 有关费用	
1. 外汇汇率差	引进工程的设备材料在签订合同时与实际支付结算时的外汇牌价与人民币比价之差,即清算价与结算价之差
2. 建设期贷款利息(由投资贷款利息和储备贷款利息组成)	按筹措资金来源及时间不同,银行规定的利息率也有所不同,用复利法来计算项目在建设期内的利息。贷款利息应单独计列,不作为计算其他费用的取费基础
3. 固定资产投资方向调节税	按《固定资产投资方向调节税》等文件实行差别税率计算。税金单独计列,不作为计算其他费用的取费基础
各单项工程造价	(一)
建设工程总造价	(一)+(二)+(三)+(四)
(五) 尚应列入项目总投资计划的费用——铺底流动资金	工业建设项目投产时,应注入铺底流动资金。按1.5~3个月的工厂成本估算的流动资金的30%计列,其余70%通过银行贷款

4.1.2 建设工程造价管理

1. 建设工程造价管理的目的

建设工程造价的合理确定和有效控制,是工程建设管理的重要组成部分。由于建设工程一般具有施工周期长、规模大、投资多的特点,在工程建设管理时需对项目的进度、质量、投资进行有效的控制(简称"三大"控制),以取得最大的投资效益,保证建设总目标的实现。从国家产业政策和控制固定资产投资总规模,通过控制工程造价,降低建设成本,使拟建项目生产成本降低,增强还贷能力,增强产品销售的竞争能力;对项目主管部门来说,由于一些拟建项目降低建设成本,使节约的投资可用于安排新增急需的计划内建设项目。如表4.6所示。

工程造价管理的目的 表4.6

目的	内容
合理确定工程造价	运用价值工程进行设计方案优化,合理确定工程造价
有效控制工程造价	在项目实施的各个阶段,采取有效控制措施,使实际造价控制在批准的造价限额之内
取得最大效益	合理使用人力、物力、财力,以取得最大限度的投资效益和社会效益

2. 建设工程造价的确定

建设工程造价确定的程序是:初步总投资估算→总投资估算→设计总概算→修正总概算→施工图预算→标底价→中标价→合同价→工程结算→竣工决算。

建设工程造价的确定如表4.7所示。

建设工程造价的确定 表4.7

阶段划分	确定内容
1. 可行性研究阶段编制总投资估算	按照可行性研究报告的建设地点、建设规模、建设内容、建设标准、主要设备选型、建设条件、资金来源、建设工期、建筑安装工程量估算等,在优化建设方案的基础上,根据有关规定和估(概)算指标等,以估算编制时的价格和预测建设期内调价因素编制总投资估算,经批准后的总投资估算,作为建设项目投资计划控制值 总投资=固定资产投资+投资建设期利息+流动资金
2. 设计阶段编制设计概(预)算	按照初步设计或施工图设计内容,合理的施工规划设计或施工方案,根据概预算定额(综合预算定额),以概预算编制期的价格编制概预算,并按照有关规定合理地预测建设期内的价格、利率、汇率等动态因素,经测算后增加调整系数,把概预算严格控制在总投资估算之内。即以总投资估算控制概预算,按照概预算控制实际造价
3. 招标承包阶段合理确定合同价款	推行项目招标承包制,合同价应在中标价和概预算的范围内确定,对中标价中有关项目未作明确规定时,应通过合同谈判明确后,在合同价款中体现

续表

阶段划分	确 定 内 容
4. 施工阶段推行投资包干责任制、办理工程结算	推行建设项目多种形式的投资包干责任制,使工程造价确定在计划控制目标值内 以合同价款为依据,按合同条款要求办理工程结算和材料结算,除合同条款明确可变更的部分外,均不得随意变更合同价款

3. 建设工程造价管理的内容和措施

为使建设项目在满足设计能力和使用功能的前提下,合理确定和有效控制工程造价,必须在项目建设的前期阶段(又称项目决策阶段)和项目实施阶段进行全过程的控制,即从投资决策、设计准备、设计、招标发包、施工、物资供应、资金运用、生产准备、试车调试、竣工投产、交付使用和保修的各个阶段、各个环节进行投资控制,使技术、经济和管理紧密结合,在组织、技术、经济和合同四个方面采取措施,以及计算机辅助,充分调动投资主管、建设(工程总承包)、设计、施工、监理各方的积极性,在重大引进工程项目尚需调动国外承包商、专利商、制造商、重要的国内配套设备制造厂家、指导试车调试的国内外专家的积极性,建立健全造价控制责任制,使项目实际投资发生数控制在批准的计划投资数之内。

建设工程造价管理内容和措施如表 4.8 所示。

建设工程造价管理内容和措施　　　　表 4.8

管理内容	措　　　施
1. 改进工程造价管理的基础工作	(1) 有关部委和省、市、自治区主管部门编制估算指标,为编制总投资估算提供依据 (2) 适应招标承包制和简化预算编制工作,在全国统一预算定额项目划分、统一工程量计算规则、统一编码等规定的基础上编制地区建筑工程综合预算定额,作为编制概预算、标的工程结算、设计方案经济比较、施工企业经济核算比较的依据

续表

管理内容	措　　施
1. 改进工程造价管理的基础工作	（3）根据《全国统一安装工程预算定额》，编制《地区安装工程单位估价表和价目表》，作为编制安装工程预算的依据和编制安装工程概算定额、概算指标的基础 （4）各专业部编制行业的概算指标、概算定额、预算定额、其他费用定额及其编制办法 （5）基本建设执行新的财会制度，引起工程造价构成的变化的具体规定和实施办法
2. 建设项目的可行性研究报告的总投资估算应对总造价起控制作用	必须严格按照规定的可行性研究报告编制的深度，准确地根据有关规定和估算指标，合理编制总投资估算，以保证质量，对总造价起控制作用 （1）建设项目立项，以国家和有关部委或地区规划为依据，充分调查研究，落实内、外部条件，上报项目建议书，使立项科学、合理、可靠 （2）可行性研究报告要客观真实，并经有资质的咨询单位评估，严禁把本不可行项目变成"可批性"项目 （3）总投资估算要实事求是，既不高估冒算，又不留有缺口，编制单位要对技术方案和总投资估算负责，并达到规定的编制深度
3. 加强设计阶段的造价控制	设计阶段是工程造价控制的关键阶段 （1）工程设计要严格按照可行性研究报告进行，要做到技术先进、经济合理，初步设计要达到规定的深度，满足通用、专用设备和主要材料订货、工程招标和施工准备的需要 （2）推行限额设计，把投资估算或设计概算指标分解到各单元和专业，按批准的总投资估算控制设计总概算及施工图预算。严格划定超投资的审批权限，设计总概算不准超过总投资估算的10%，初步设计总概算一经批准，一般不再调整，遇有特殊情况时（如资源、水文、地质有重大变化，引起建设方案变动；人力不可抗拒的各种自然灾害造成重大损失；国家计划有重大调整；建设期内利率、汇率有重大变化），报经原审批部门批准后方能调整；施工图预算不得超过初步设计概算，如果超过，应修改设计或重新报批 （3）保持设计文件的完整性，设计概预算是设计文件的组成部分，初步设计应有概算、技术设计应有修正概算、施工图设计应有预算

续表

管理内容	措　　施
4. 建立健全投资主管单位和建设单位对工程造价控制的责任制和建设项目业主责任制	建立健全投资主管单位和建设单位(工程总承包单位)对建设项目建设全过程的工程造价控制责任制 (1) 由投资主管单位分别与国家、建设单位签订投资包干承包协议，明确双方责、权、利，以保证不突破工程总造价限额 (2) 认真组织设计方案招标、施工招标、设备采购招标，与设计单位、承建单位、设备制造厂家签订承包合同，使投资估算、概预算和合同价相互衔接，使前者控制后者 (3) 委托或聘请咨询、监理单位协助做好工程造价控制和管理工作，对现职人员加强业务培训 (4) 把概预算费用按单项工程、各单位工程、各分部分项工程分解，并作为招标、签订合同、工程结算的依据 (5) 严格控制施工过程中的设计变更，健全变更审批制度和计量与支付制度，遇有重大设计变更和突破总概算必须报批
5. 承建单位建立内部经营承包责任制，按承包合同价进行造价控制	按合同价对承建项目按专业队、班组分解，建立内部经营承包责任制，进行造价控制 (1) 推行项目法施工，加强对项目的经济核算，改进经营管理，强化人、财、物、技术等投入产出管理，按合同内容完成施工任务 (2) 抓好项目法施工的制度化建设，建立项目承包责任制，搞好项目法施工的各项基础工作 (3) 加强成本管理，做好成本预测、成本计划控制、成本核算和分析工作 (4) 科学合理的处理好进度、质量和工程造价之间的关系

4.1.3 建设工程造价的控制

1. 工程造价控制的阶段、方法、措施和目标以及工程造价控制工作流程图

建设工程造价的有效控制是工程建设管理的重要内容。评价一个技术先进、适用可靠、经济合理的建设工程条件之一是实际工程造价应在批准的投资限额之内，在建设全过程各个阶段对工程

造价进行控制。

工程造价控制的阶段划分、控制方法、控制措施和控制目标如表 4.9 所示。

工程造价控制分类表　　　　　　　　表 4.9

分　类	内　　　容
1. 分阶段控制	将建设全过程的工程造价控制分为若干个不同的阶段进行，一般可分为投资决策阶段（建设前期阶段、设计准备阶段）、设计阶段、招标发包阶段、施工阶段、竣工验收阶段、保修期阶段
2. 控制方法	进行动态控制，分为主动控制——在已明确计划目标值时（如已知设计总概算作为总目标），对影响计划目标实现的因素预先分析，估计目标偏离的可能性，采取预防措施；被动控制——在项目实施过程中，以控制循环理论为指导，对工程造价计划目标值与实际支出值经常比较，发现偏离目标，及时采取纠偏措施，再发现偏离、再采取纠偏措施，最终确保工程造价控制总目标的实现
3. 控制措施	在建设过程中，使技术和经济相结合是控制工程造价的有效手段，工程造价控制不仅是经济管理部门的工作，要使技术人员参与造价控制，经济人员懂得工程技术。对工程造价控制措施一般采用以下几个方面： （1）组织措施——建立造价控制组织保证体系，有明确的项目组织结构，使造价控制有机构和人员管理，任务职责明确 （2）技术措施——应用价值工程于设计、施工阶段进行多方案选择，严格审查初步设计、施工图设计、施工组织设计和施工方案，严格控制设计变更，研究采取措施节约投资 （3）经济措施——推行经济承包责任制，将计划目标值进行分解落实到基层，动态地对工程造价的计划值与实际支出值比较分析，严格各项费用的审批和支付，对节约投资采取奖励措施 （4）合同措施——通过合同条款的制订，明确和约束在设计、施工阶段控制工程造价，不突破计划目标值 （5）信息管理——采用计算机辅助工程造价管理
4. 控制目标	工程造价控制目标设置是随不同建设阶段的实施而制定，一般将初步总投资估算作为选择设计方案、编制总体估算和设计总概算的造价控制目标，设计总概算是设计阶段编制修正总概算和施工图预算的造价控制

续表

分 类	内 容
4. 控制目标	目标,施工图预算、建安工程合同价、设备订货合同价是施工阶段控制建安工程造价和设备投资的控制目标,投资包干基数是建设单位与主管部门、建设单位与设计、施工等单位或建设单位内部在建设实施阶段的工程造价或费用的控制目标 以上不同阶段的控制目标是相互制约,相互补充,前者控制后者,后者补充前者,共同组成造价控制目标系统,以确保实际支出值控制在计划目标值之内

工程造价(投资)控制工作流程图示意见图4.2。

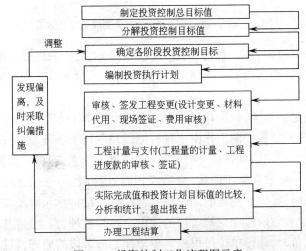

图4.2 投资控制工作流程图示意

2. 投资决策(设计准备)阶段和设计阶段对投资控制的影响

如图4.3所示,为不同建设阶段对项目投资影响程度,从图中可以看出投资决策(设计准备)阶段对项目投资影响达95%~100%,初步设计阶段影响为75%~95%,技术设计阶段的影响为35%~75%,施工图设计阶段的影响为25%~35%,施工阶段的影响仅为10%以下,设计变更对项目投资影响为图中曲线所示。

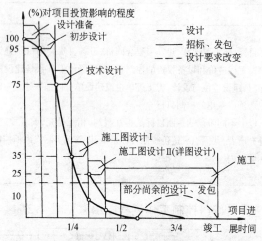

图4.3 不同建设阶段对项目投资影响程度坐标图

由此可以认清项目投资控制关键在施工之前的投资决策阶段和设计阶段,当投资决策确定后,设计的质量对项目投资影响起着重要的作用。

但是多年来,我国在建设项目的建设前期(投资决策、设计准备)阶段的投资控制工作由于种种原因控制得不够理想,对设计阶段的监督控制措施正在完善,设计单位也不习惯被监督,投资控制的重点一般放在施工阶段,今后应扭转这种做法。在推行建设监理工作时,提倡从建设前期阶段、设计阶段、招标承包阶段、施工阶段、竣工验收阶段和保修阶段的建设全过程监理,当全过程监理条件不具备时,建设单位可根据需要委托部分阶段的监理,以提高工程建设的投资效益。

4.2 建设项目投资决策阶段的投资控制

4.2.1 投资决策分类、监理的主要任务和投资控制措施

项目投资决策阶段又称项目建设前期阶段,是投资控制的重

要阶段,本阶段中包含了设计准备阶段。投资决策是对建设项目投资总规模、投资方向、投资重点、投资结构以及对项目和布局等方面作出的决定。因此,合理地确定项目投资总规模、建设地点、建设方案、工程内容、建设标准、工艺技术方案、设备选型、产品方案等,对项目的经济效益、规模效益及社会效益有着决定性的影响。编制投资估算要密切结合建设方案条件,套用指标要尽量结合实际、方法得当,以提高投资估算正确性。

1. 投资决策分类(如表4.10所示)

投资决策分类　　　　　　　　表4.10

决策分类	内容
宏观决策	在一定时期内(如在某个五年计划内),国家根据国民经济和社会发展的长远规划,行业和地区的发展规划,对基本建设投资总规模、投资和建设项目在部门、行业和地区间的分配所作出的决定
微观决策	对拟建项目的内容选择,建设方案、建设地点、建设规模、建设工期、投资估算等重大问题所作出的决定

2. 监理的主要任务

本阶段监理的主要任务是受建设单位委托。

(1) 参与项目可行性研究报告的编制或审核,对该项目的建设方案从技术上的先进可靠性、经济上的合理性、建设上的可行性进行多方案的比较、分析,进行财务评价和国民经济评价,择优选定最佳方案,以提高项目决策的科学性;

(2) 在选定最佳方案时,应用恰当的方法,合理编制或审核投资估算,作为该项目的投资计划控制值

3. 投资决策阶段中设计准备阶段的投资控制措施。如表4.11所示。

4.2.2 可行性研究的内容及作用

1. 可行性研究的内容

项目可行性研究一般包括的主要内容有:

设计准备阶段的投资控制措施 表 4.11

措 施	内 容
组织措施	(1) 明确项目监理组织结构形式。是线性、顾问性、职能性、矩阵性或其中的结合 (2) 建立项目监理的组织保证体系,落实投资控制方面的人员和职责 (3) 编制本阶段投资控制工作流程图 (4) 组织和准备设计方案竞赛、设计招标,择优选择有资质、有经验和有社会信誉的设计单位
经济措施	(1) 对项目总投资控制目标分析、论证,对总投资额按费用构成分解,按年、季(月)度进度分解,按项目实施阶段分解,按项目结构组成分解或按资金来源分解 (2) 对影响投资控制目标实现的风险预测和分析 (3) 收集与项目控制投资有关的规定、指标、数据、资料,调查、处理与项目类同的数据,当时当地国家和地区有关政策和价格方面的信息 (4) 控制费用支付,编制本阶段费用支出计划,复核一切付款支出
技术措施	(1) 运用价值工程等方法,对多个技术方案进行初步的技术经济分析、比较和论证 (2) 对可行性研究报告中有关技术条件、技术数据、技术问题进行核算和论证,作技术经济分析和审查 (3) 确定设计方案评选原则,参加评选,择优推荐设计方案
合同措施	(1) 研究分析可能采用的各种承发包模式(项目总承包、平行承发包、设计/施工总分包、施工联合体、施工合作体、项目总承包管理)与投资控制的关系 (2) 按项目可能采用的承发包模式,其相应的合同结构应对投资控制的需要相适应 (3) 在合同条款中应有约束机制和激励机制,使设计单位在给定的投资额内设计,进行限额设计,选用技术先进、经济适用的设计方案

(1) 项目建设的必要性、可行性和依据；

(2) 产品需求预测和确定建设规模、产品方案的技术经济比较分析；

(3) 资源、原材料、燃料和公用设施落实情况、供应方式和需要数量；

(4) 建厂的地理位置、气象、水文、地质、交通运输及水、电、气的现状、厂址的比较与选择；

(5) 主要技术工艺和设备选型、建设标准和相应的技术经济指标,引进或部分引进技术和设备的设想,外部协作配套供应条件；

(6) 全厂总图布置方案、主要单项工程、公用辅助设施和协作配套工程的构成,土建工程量估算；

(7) 环境保护、公安消防、工业卫生、防震、防空等要求和采取的措施；

(8) 企业组织、劳动定员和人员培训设想；

(9) 建设工期和实施进度；

(10) 投资估算、投资来源、筹措方式和贷款的偿付方式,工程用汇额度,生产流动资金的测算；

(11) 对项目经济效果的评估,进行财务评价和国民经济评价。

可行性研究在国外一般分为机会研究、初步可行性研究、详细可行性研究。以上为详细可行性研究的主要内容,国内项目建议书阶段大体上界于国外项目机会研究和初步可行性研究之间。

2. 可行性研究的作用

可行性研究是基本建设程序中的重要环节,是建设前期阶段中的一项重要工作,其主要作用是：

(1) 是项目建设的重要依据；

(2) 是进行设计招标、设计竞赛、择优选择设计单位、签订设计合同、开展初步设计的依据；

(3) 是项目筹措建设资金、流动资金和向银行申请贷款的依据；

(4) 是与项目有关的各部门签订协作合同的依据；

(5) 需从国外引进技术、设备,作为与外商谈判、签订合同的依据；

(6) 编制项目采用的新技术、新设备需用计划和大型专用设备生产预安排的依据；

(7) 安排投资计划,开展各项建设前期工作的依据。

可行性研究报告一经批准,项目的规模、工程内容、标准、工艺路线及产品方案均不得任意改变,其投资估算作为项目投资的计划控制造价,并不得任意突破。涉及以上内容的改变,必须报经原审批部门批准后方可实施。因此,应提高投资估算的质量,既要实事求是避免漏项少算,又应严格控制避免高估冒算。

4.2.3 建设项目总投资估算

1. 建设项目总投资估算的组成

项目总投资估算由固定资产投资、流动资金和投资建设期贷款利息组成,如表 4.12 所示。

项目总投资估算的组成　　　　　　表 4.12

组成分类	内容
1. 固定资产投资	投入到固定资产再生产过程的资金,亦即为通过建设或购置固定资产的资金。按固定资产再生产的形式分为基本建设投资和更新改造投资
2. 流动资金	为企业生产、经营筹措的流动资金,一般应在投产前开始筹措。中国工商银行规定,国内生产性项目在建成投产时,必须有 30% 的铺底流动资金(自有流动资金),才能给予 70% 的流动资金贷款(流动资金借款)
3. 建设期贷款利息	按贷款资金来源不同,在投资建设期间计取不同的利率

2. 固定资产投资估算方法

固定资产投资估算一般是在项目决策之前的规划和研究阶段

4.2 建设项目投资决策阶段的投资控制

时,对项目工程费用进行的预测和估算,其投资估算的总投资额应对项目总造价起控制作用,在报批前应经有资质的工程咨询公司或监理公司评估,可行性研究报告一经批准,其投资估算即作为项目投资的计划控制造价。

投资估算根据基本建设程序的投资决策过程分为规划阶段、项目建议书阶段、可行性研究阶段、评审阶段、可行性研究报告阶段。其投资估算的误差率随着决策过程的深入而逐渐减小,一般在规划阶段的投资估算误差率大于或等于±30%,项目建议书阶段误差率在±30%以内,可行性研究阶段误差率在±20%以内,评审阶段为误差率±10%,可行性研究报告阶段±10%以内。

投资估算指标是基本建设的一项重要的基础工作,由各专业部、各地区组织制订、审批和管理。它是编制项目建议书和可行性研究报告投资估算的依据,指标中主要材料消耗量也是计算项目的主要材料消耗量的基础。因此,正确的制订和应用估算指标,对提高投资估算质量、项目的评估和投资决策具有重要意义,最后在项目后评估中验证。

(1) 项目估算指标的分类,如表 4.13 所示。

项目估算指标的分类 表 4.13

分 类	表 现 形 式
1. 建设项目指标	一般应有工程总投资(总造价)指标,以生产能力(或其他计量单位)为计算单位的综合投资指标,以及对项目的工程特征、工程组成内容、建设标准、设备选型及数量和单价、主要材料用量及基价以及价格调整系数和调整办法等说明。总投资指标包括从筹建至竣工验收所需的按规定列入项目总投资的全部费用,有建筑安装工程费,设备、工器具购置费,工程建设其他费用,预备费,固定资产投资方向调节税,建设期贷款利息和铺底流动资金
2. 单项工程指标	一般指组成建设项目中的各单项工程,以单位生产能力(或其他计量单位)为计算单位的投资指标,以及对单项工程特征、工程内容、建设标准、设备选型、数量和单价、主要材料用量及基价,以及价格调整系数和调整办法等说明。指标中包括单项工程的建筑安装工程费,设备、工器具购置费和应列入工程投资的其他费用

续表

分 类	表 现 形 式
3. 单位工程指标	一般指建筑物、构筑物、管线等以平方米、立方米、座、延长米等为计算单位的建筑安装工程投资指标,以及对单位工程内容、建筑结构特征、主要工程实物量、主要材料用量、人工费及工日数、施工机械使用费、价格调整系数等说明

估算指标一般应附有因建设地点不同、设备和材料价格不同(国外设备、材料价格列出外汇汇率、贸易从属费用的计取方式)及建设期间的价格系数等对估算指标进行调整换算的规定。

(2) 投资估算的主要编制方法

1) 扩大指标估算法。适用于规划性估算和项目建议书估算。系采集类似企业已有的实际投资资料,经整理分析后套用。

a. 单位生产能力估算法。根据类似企业单位生产能力和投资,估算拟建项目的投资,计算公式为:

$$I_2 = X_2 \left(\frac{I_1}{X_1}\right) \cdot f$$

式中 X_1——类似企业的生产能力(已知);

X_2——拟建企业的生产能力(已知);

I_1——类似企业的投资额(已知);

I_2——拟建企业的投资额;

f——为不同时期、不同地点的定额基价、价格、税费等调整系数。

【例】 已建成某电站装机容量为 15 万 kW,投资额为 22500 万元,现拟建一类同项目,装机容量为 20 万 kW,$f=1.3$,估算其投资额。

【解】 拟建项目投资额为

$(22500 \div 15) \times 20 \times 1.3 = 39000$ 万元

此方法估算不够精确,原因是把生产能力与投资额作为线性关系。因此,对两项目间生产能力和其他条件的可比性进行分析比较,常把项目按单项工程分解,分别套用类似的单项工程的单位生产能力投资指标计算后汇总得总投资,并结合拟建项目规模、建设条件等具体情况将总投资调整后得估算值。如电站装机容量相同,但台数组成不同,输煤栈桥长短不同,建设时期和建设地点不同等。

b. 生产能力指数估算法。根据已建类似企业的生产能力和投资额,求拟建项目的投资额。计算公式为:

$$I_2 = I_1 \left(\frac{X_2}{X_1}\right)^n \cdot f$$

式中　X_1——类似企业的生产能力(已知);

　　　X_2——拟建项目的生产能力(已知);

　　　I_1——类似企业的投资额(已知);

　　　I_2——拟建项目的投资额;

　　　n——生产能力指数,$0 \leqslant n \leqslant 1$;

　　　f——为不同时期、不同地点的定额基价、价格、税费等调整系数。

此方法使用时,拟建项目规模增幅不宜大于 50 倍;当增加相同设备(装置)容量扩大规模时,n 值取 $0.6 \sim 0.7$;增加相同设备(装置)数量扩大规模时,n 值取 $0.8 \sim 0.9$;也可根据各行业的统计数据确定 n 值。

【例】　已建年产 30 万 t 乙烯装置投资额为 60000 万元,求拟建年产 45 万 t 乙烯装置投资额。

(生产能力指数 $n = 0.6, f = 1.2$)

【解】　拟建项目投资额为

$$60000 \times \left(\frac{45}{30}\right)^{0.6} \times 1.2 = 91830.57 \text{ 万元}$$

2) 比例投资估算法(按主要设备费占总投资额的百分比估算)。其估算方法有两种:

a. 已知类似已建企业主要设备费占总投资额的比例,再估算

出拟建项目的主要设备费,然后可按比例估算出拟建项目的总投资额。计算公式为:

$$I = \frac{1}{K}\sum_{i=1}^{n} Q_i \cdot P_i$$

式中　I——拟建项目总投资额;
　　　K——主要设备费占拟建项目总投资额的比例(%);
　　　n——设备的种类数;
　　　Q_i——第 i 种设备的数量;
　　　P_i——第 i 种设备的到现场单价。

b. 以拟建项目设备费为基数,按统计资料计算出已建类似企业的各专业工程(总图、土建、卫生、电气及其他工程费用等)占设备投资的比例,即可计算得拟建项目各专业工程投资,相加后即得拟建项目总投资额。计算公式为:

$$C = E(1 + f_1 p_1 + f_2 p_2 + f_3 p_3 + \cdots\cdots) + I$$

式中　C——拟建项目总投资额;
　　　E——拟建项目设备费;
　　　$p_1 \cdot p_2 \cdot p_3$——各专业工程费用占设备投资的比例(%);
　　　$f_1 \cdot f_2 \cdot f_3$——不同时期、不同地点的定额基价、价格、税费等调整系数;
　　　I——拟建项目的其他费用。

3) 造价指标估算法。系指某一单位工程的每计算单位造价指标(以元/m、元/m²、元/m³、元/t、元/kVA 表示)乘以单位工程数量,求得相应的各单位工程估算投资,汇总各单位工程估算投资即为单项工程估算投资;再将各单项工程估算投资汇总,并估算工程建设其他费用及预备费等,即可求得项目总投资额。

在工业建设项目中,一般把单项工程的估算投资以元/m² 或元/m³ 表示。

在民用建设项目中,一般把土建工程、卫生工程、照明工程等汇总为单项工程的估算投资,以元/m² 表示。

在编制投资估算时,要根据国家有关规定、投资主管部门或地区颁布的估算指标,结合可行性研究报告内容(功能、建筑结构特征、地质情况、建设条件等因素),以估算编制时的价格编制,并按规定预测在项目建设期间影响造价的动态因素(价格、汇率、利率、税费等)进行综合考虑,以减少投资估算误差。

4) 概算指标估算法。常适用于项目可行性研究的投资估算,分为国内一般项目和引进工程项目,编制时一般参照概算指标的编制方法,能达到提高项目投资估算的质量。

3. 投资估算的审查

投资估算是项目审批部门对项目进行投资决策的重要依据。因此,要求编制的可行性研究报告应达到规定的深度,其投资估算的质量应满足正确性和完整性的要求,在报批前应经有资质的工程咨询公司或建设监理公司评估。其审查程序与内容见表 4.14。

投资估算的审查 表 4.14

程 序	内 容
1. 审查编制的依据	投资估算的方法使用是否得当,采用的数据、资料其时效性、确切性和适用性是否符合项目的实际情况,是否作过修正及其计算依据
2. 审查编制的内容	项目的各单项工程组成、建设规模和内容是否与项目建议书规定和可行性研究报告内容相一致及其计算依据
3. 审查其他费用	审查编制的其他费用项目组成及预备费是否符合规定及其计算依据
4. 审查有关费用	审查项目有关费用是否考虑齐全,如环境保护、工业卫生、公安消防、劳动保护、交通运输、施工技术措施费用、场外"五通一平"、采用新的技术标准规范及价格、汇率、利息等动态因素及其计算依据

4. 流动资金的估算方法

(1) 流动资金的组成及划分如图 4.4 所示。

(2) 流动资金的估算方法。流动资金一般参照已建类似企业的指标估算。有两种估算方法:

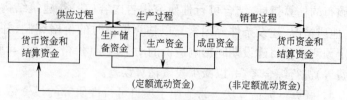

图 4.4 流动资金的组成及划分

1) 扩大指标估算法。又分为按产值(或销售收入)资金率估算;按经营成本(或总成本)资金率估算;按固定资产价值资金率估算;按单位产量资金率估算。

2) 分项详细估算法。又分为按分项详细估算(储备资金、生产资金、成品资金、其他流动资金);按分项分别采用定额指标估算。

4.2.4 建设项目资金筹措

按国家经济体制和投资管理体制的改革,将固定资产投资由国家拨款改为银行贷款,资金来源渠道多元化,做好资金的筹措规划,为项目寻找理想的筹资方案。

资金筹措要将资金(包括流动资金)来源及依据、筹措方式、资金数额及组成、贷款利率、银行费率、债券利率、计息方法、贷款偿还年限及方式等,按人民币与外币分列。

根据项目投资计划,按建设年份编制资金来源及用款计划及编制建设期内分年用款及利息计算。

1. 资金来源分类(见表 4.15)

资金来源分类　　　　　表 4.15

分　类	内　　　容
1. 国内资金	
(1) 财政拨款	由国家预算内安排的基本建设投资,均由财政拨款改为银行贷款。对科研、学校、医院等非营业、无偿还能力的项目,其贷款不计息、免归还

续表

分 类	内　　容
(2) 国内银行贷款	按贷款渠道不同,由不同银行贷款。 (1) 固定资产投资贷款:由建设银行贷给 (2) 流动资金贷款:30%由企业自筹,70%由工商银行贷给 (3) 外汇贷款:由中国银行贷给,其中又可分为短期、买方信贷、特种甲类、特种乙类、中外合资企业等贷款 (4) 其他贷款:如通过银行发行债券、股票及类似补偿贸易形式筹措资金
2. 国外资金	
(1) 外国政府贷款	由政府间签订协议、国家银行办理利率低、期限长
(2) 国际金融组织贷款	如世界银行(由国际复兴开发银行、国际开发协会和国际金融公司组成)、国际货币基金组织、亚洲开发银行等机构。一般为低息、无息、期限较长
(3) 出口信贷	分为卖方信贷(出口方银行向出口商提供信贷)和买方信贷(出口方银行直接向进口商或进口方银行提供信贷)。利率适中,期限较长
(4) 商业银行信贷	通过国家银行向国外银行借款,利率高且随国际市场价浮动
(5) 混合贷款	由外国政府和银行联合提供,较出口信贷利率低、期限长
(6) 补偿贸易	由外商提供设备、专利技术等作价的资金作为贷款,用拟建项目的产品返销补偿
(7) 租赁信贷	是以商品信贷和金融信贷同时进行筹措资金的一种形式
(8) 发行债券	在国外金融市场上发行债券,利率一般高于商业银行信贷
(9) 吸收存款	吸收外国银行、企业和私人存款
(10) 对外加工装配	通过加工和装配业务来收取合同规定加工费和装配费

分 类	内 容
3. 自筹资金	分为地方自筹、部门自筹、企事业单位自筹、集体自筹、个人自筹。资金来源一般按照财政制度提留、管理、筹集和自行分配用于投资的资金

【例】 某建设项目资金来源,累计投资拨款、贷款数80.87亿元,其中:基建拨款20.68亿元,联营拨款3亿元,国外商业银行贷款49.71亿元,其他贷款7.48亿元(来源于地方、建设银行、基金投资、特别贷款等)。

2. 建设期间贷款利息的计算

如建设项目资金来源多渠道,所贷币值、贷款利率、计息方法、贷款时间和偿还年限等不同,对建设期间贷款利息的计算方法也有所不同。一般计算方法为:

(1) 国内贷款。拨改贷款等固定资产投资贷款按年计息,发生贷款的当年假定发生在年中,按半年计息,其后年份按全年计息;其他贷款按贷款方规定的计算方法计息。

(2) 国外贷款。按借贷双方规定的计算方法计息。如有半年或一个季度计息一次。

现以复利法计算建设期贷款利息,公式如下:

$$Q_j = \left(P_{j-1} + \frac{1}{2}A_j\right) \cdot i$$

式中　Q_j——建设期第 j 年应计利息;

P_{j-1}——建设期第 $j-1$ 年末贷款余额;

A_j——建设期第 j 年使用贷款;

i——年利率。

【例】 某项目建设期三年,第一年贷款3000万元,第二年贷款4000万元,第三年贷款5000万元,年利率为9.4%,用复利法计算建设期贷款利息。

【解】 在建设期间各年贷款利息计算如下:

第一年　$Q_1 = \frac{1}{2}A_1 \cdot i = \frac{1}{2} \times 3000 \times 9.4\% = 141$ 万元

第二年　$Q_2 = \left(P_1 + \frac{1}{2}A_2\right) \cdot i = \left(3141 + \frac{1}{2} \times 4000\right) \times 9.4\%$
$= 483.3$ 万元

第三年　$Q_3 = \left(P_2 + \frac{1}{2}A_3\right) \cdot i$
$= \left(7624.3 + \frac{1}{2} \times 5000\right) \times 9.4\% = 951.7$ 万元

4.2.5 建设项目经济评价

1. 经济评价的概念

建设项目经济评价是项目可行性研究的核心,是项目决策科学化的重要手段。在项目决策前的可行性研究和评估过程中,采用现代分析方法,对拟建项目计算期(包括建设期和生产期)内投入产出诸多经济因素进行调查、预测、研究、计算和论证,比选推荐最佳方案,作为项目决策的重要依据。

项目经济评价分为两个层次,即财务评价和国民经济评价。一般应以国民经济评价结论作为项目取舍的依据。

财务评价是依据国家现行规定的财税制度和价格,从企业财务角度分析、计算拟建项目的费用和效益,考察项目盈利、还贷、创汇的能力和风险性,以判别项目在财务上的可行性。

国民经济评价是从国家和社会的整体角度考察、分析计算项目需要的费用,判断、评价项目的经济合理性,以及评价、分析计算给国民经济带来的净效益。

2. 经济评价的目的和作用

经济评价的目的在于最大限度地提高投资效益,确定项目是否可以接受和推荐最好的投资方案,为项目决策提供可靠的依据。

经济评价的作用分为两个方面来看:

(1) 从国民经济的社会宏观管理来看,可以使社会的有效资源得到最优的利用,发挥资源的最大效益,促进经济的稳定发展。有利于指导投资方向、促进国家资源的合理配置;有利于控制投资规模,使有限的资金发挥更好的效益;有利于提高计划工作的质量,合理地进行项目排队和取舍。

(2) 从拟建项目来看,可以起到预测投资风险、提高投资盈利率的作用。由于经济评价方法和参数设立了一套比较科学严谨的分析计算指标和判别依据,项目和方案经过需要—可能—最佳的深入分析和比选,可避免由于依据不足、方法不当、盲目决策造成的失误,使项目建成后,获得更好的经济效益。

3. 经济评价的基本要求

建设项目经济评价的基本要求为:

(1) 动态分析与静态分析相结合,以动态分析为主。采用折现办法考虑投入—产出资金的时间因素,进行动态的价值判断。

(2) 定量分析与定性分析相结合,以定量分析为主。对项目建设和生产的经济活动通过费用、效益计算,给出数量概念,进行价值判断。

(3) 全过程效益分析与阶段效益分析相结合,以全过程效益分析为主。强调以项目整个计算期,包括建设阶段和生产经营阶段全过程经济效益分析。

(4) 宏观效益分析与微观效益分析相结合,以宏观分析为主。即不仅要评价项目本身获利多少和财务生存能力,还应考虑项目建设和生产需要国家付出的代价及对国民经济的贡献。当财务评价可行而国民经济评价不可行时,以国民经济评价的结论为主,考虑项目取舍。

(5) 价值量分析与实物量分析相结合,以价值量分析为主。把物资因素、劳动因素、时间因素等量化为资金价值因素,用同一可比的价值量分析,作为判别、取舍的标准。

(6) 预测分析与统计分析相结合,以预测分析为主。既要以现有状况水平为基础,又要做有根据的预测。在进行对资金流入流出的时间、数额预测的同时,应对某些不确定因素和风险性作出估计,包括敏感性分析、盈亏平衡分析和概率分析。

4.3 建设项目设计阶段的投资控制

4.3.1 初步设计概算的作用和组成内容

设计阶段的投资控制对项目总投资控制具有重要的意义,它是建设全过程中投资控制的重点。在设计阶段开展的初步设计或扩大初步设计及其设计概算,是根据已批准的项目可行性研究报告及其投资估算的内容、要求和确定的原则进行编制的设计文件。在投资控制方面,要求编制的设计概算应控制在投资估算之内,一经有权单位批准,即为该项目总造价的最高限额,不得随意突破,当编制的设计概算超过投资估算10%,应修改设计或重新办理报批立项。初步设计概算的作用如下:

(1) 是确定建设项目总投资、各单项工程投资和各单位工程投资的依据;

(2) 是编制建设项目固定资产总投资计划和年度固定资产投资计划的依据;

(3) 是银行办理拨款和贷款的依据;

(4) 是项目实行业主责任制和主管部门对建设单位实行投资包干的依据;

(5) 是对承建单位实行概算切块包干和内部实行经济承包责任制的依据;

(6) 是考核设计方案经济效果和控制施工图预算造价的依据;

(7) 是项目办理竣工决算、对比分析投资节约或超支的依据。

初步设计概算的编制,系根据初步设计文件、图纸、项目主管部门审批的有关文件,部门或地区的概算定额、综合预算定额或概算指标、工程建设其他费用和预备费定额的计算规定,以及国家对价格、汇率、利率、税费的规定进行计算。

初步设计概算由单位工程概算、单项工程综合概算和建设项目总概算三个部分组成。其编制的组成内容及相互关系如图 4.5

所示。

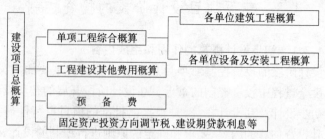

图 4.5 设计概算编制的组成内容及相互关系

单位工程概算是确定单项工程中各单位工程建设费用的文件,是编制单项工程综合概算的依据。单位工程概算的组成内容以一般土建工程为例,如图 4.6 所示。

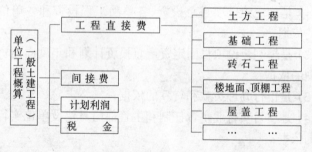

图 4.6 单位工程(一般土建工程)概算的组成内容

单项工程综合概算是确定一个单项工程(或一个装置)所需建设费用的文件,是编制工程费用的主要组成部分,是单项工程内各专业单位工程概算的汇总。其组成内容如图 4.7 所示,图中工程建设其他费用系当建设项目总概算要求各单项工程综合概算内单独编制时或建设项目仅为一个单项工程时,则需列此项费用。

建设项目总概算是确定项目从筹建到建成投产所需全部费用的文件,由各单项工程综合概算、工程建设其他费用和预备费、固定资产投资方向调节税、建设期贷款利息、铺底流动资金等汇总编制而成。组成内容如图 4.8 所示。

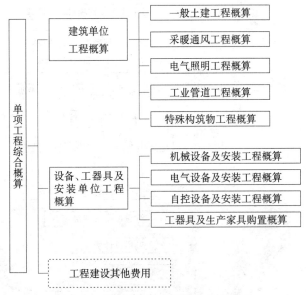

图 4.7 单项工程综合概算的组成内容

4.3.2 建设项目设计阶段的投资控制措施

监理工程师在本阶段采取的投资控制措施如表 4.16 所示。

4.3.3 初步设计概算编制方法

1. 单位工程概算主要编制方法

(1) 建筑工程单位工程概算主要编制方法。建筑工程概算一般采用工程所在地的地区统一定额,间接费定额与直接费定额一般应配套使用,执行什么直接费定额就采用相应的间接费定额。

1) 概算定额法。适用于初步设计深度已达到使建筑结构工程比较明确,能计量工程量时。在有的地区编制了概算定额,则按其编制说明要求、使用方法和工程量计算规则计算工程量,套用相应的各分部分项工程项目的概算定额单价(或基价),求得工程直接费、间接费、计划利润、税金等,汇总求得单位工程造价和计算技术经济指标(每平方米建筑面积造价);有的地区不另行编制概算定额,而编制了综合预算定额,亦作为概算定额之用。综合预算定

图 4.8 建设项目总概算的组成内容

设计阶段的投资控制措施　　　　　　　　　　表 4.16

措　施	内　　　　容
组织措施	(1) 建立项目监理的组织保证体系,在项目监理班子中落实从投资控制方面进行设计协调、管理与跟踪的人员,明确任务及职责,如进行设计审核与挖潜、概预算审核、勘察设计等费用复核、计划值与实际值比较及投资控制报表数据处理等 (2) 编制本阶段投资控制详细工作流程图 (3) 通过设计招标,择优选择设计单位 (4) 向有经验的部门和专家咨询,对设计方案作技术经济比较,进一步进行设计挖潜
经济措施	(1) 推行技术经济责任制,编制详细的投资计划并进行分解,用于控制各子项,对各专业分配进行限额设计,落实到组、人,并分阶段考核 (2) 随着各设计阶段工作的进展,应用系统工程原理,加强投资跟踪的动态控制,发现偏离目标值,及时采取纠偏措施,正确处理好责、权、利的关系,严把设计质量关 (3) 编制本阶段详细的费用支出计划,建立审批控制制度,复核一切支付帐单 (4) 定期提供投资控制报表,分析计划值与设计实际值、计划值与已支付资金的比较
技术措施	(1) 在各设计阶段,运用价值工程评比多方案设计,进行技术经济比较,寻找设计挖潜、节约投资的因素 (2) 采取"请进来、走出去"进行调查研究、分析论证和科学试验,寻找进一步节约投资的途径 (3) 严格设计变更的管理,把设计变更控制在设计阶段,杜绝设计质量事故,设计要达到预定深度
合同措施	(1) 参与设计招投标和合同谈判,向设计单位提出在给定的投资计划值内设计,并在合同条款中制订奖罚措施,鼓励设计单位优化设计、控制投资

额是在预算定额基础上的综合扩大,是属于概算性质的定额。如

基础工程综合了挖土、运土、回填土、基础防潮层,按综合项目的工程内容,套用相应的定额基价,定额基价由人工费、材料费和施工机械使用费组成。其计算公式为:

$$\text{概算定额基价} = \frac{\text{概算定额}}{\text{单位人工费}} + \frac{\text{概算定额}}{\text{单位材料费}} + \frac{\text{概算定额}}{\text{单位施工机械使用费}}$$

$$= \sum \left(\begin{array}{c}\text{概算定额中} \\ \text{材料消耗量}\end{array} \times \begin{array}{c}\text{材料预} \\ \text{算价格}\end{array} \right) +$$

$$\sum \left(\begin{array}{c}\text{概算定额中} \\ \text{人工工日消耗量}\end{array} \times \begin{array}{c}\text{人工日工} \\ \text{资单价}\end{array} \right) +$$

$$\sum \left(\begin{array}{c}\text{概算定额中} \\ \text{施工机械台班消耗量}\end{array} \times \begin{array}{c}\text{机械台班} \\ \text{费用单价}\end{array} \right)$$

概算定额基价×综合扩大的分部分项工程的工程量=该对应项目的工程直接费

对一些次要零星工程可按主要工程费用的百分比计列,一般取5%~8%;

按当地取费标准规定计算其他直接费、间接费、计划利润和税金;

将上述各项费用总计即为建筑工程单位工程概算总造价。

当工程内容与套用定额的扩大综合项目工程内容不一致时,以及当地工资标准和材料预算价格与概算定额不一致时,则应重新补充编制概算定额基价或测定系数进行调整。

2) 概算指标法。建筑工程概算指标是用建筑面积、建筑体积或万元为单位,以整幢建筑物、构筑物为对象编制的指标。安装工程概算指标以被安装的设备、管线等为对象用元/t、元/m、元/m^{2}为单位,当计入建筑物、构筑物概算指标内时,采用与建筑工程概算指标一致的以每平方米(或每立方米)表示。

概算指标是比概算定额更综合扩大的分部工程或单位工程等的人工、材料和机械台班的消耗标准和造价指标。因此,比用概算定额(或综合预算定额)编制出的设计概算简化,但精确度差。此方法适用于初步设计阶段,且当初步设计深度不够,不能准确计算工程量时,但工程采用的技术较成熟且基本符合概算指标所列的各项条件和结构特征时,也采用此法。

a. 直接套用概算指标编制。当设计对象的结构特征与某项概算指标的结构特征完全相符时,可直接采用 $100m^2$(或 $1000m^3$)的造价指标及工料消耗指标。其计算公式和步骤为:

$100m^2$(或 $1000m^3$)建筑物面(体)积的人工费 = 当地区日工资单价 × 指标规定耗用工日

$100m^2$(或 $1000m^3$)建筑物面(体)积的主要材料费 = 当地区材料预算价格 × 指标规定耗用主要材料量

$100m^2$(或 $1000m^3$)建筑物面(体)积的其他材料费 = 主要材料费 × 其他材料费占主要材料费比率

$100m^2$(或 $1000m^3$)建筑物面(体)积的机械使用费 = (人工费 + 主要材料费 + 其他材料费) × 机械使用费占的比率

每平方米(立方米)建筑物面(体)积的直接费 = (人工费 + 主要材料费 + 其他材料费 + 机械使用费) ÷ 100(或 1000) × (1 + 其他直接费率)

每平方米(立方米)建筑物面(体)积的概算单价 = 直接费 + 间接费 + 计划利润 + 税金

b. 换算概算指标的编制。当设计对象的结构特征与概算指标规定有局部不同时,则需要对概算指标的局部内容修正换算,以保证概算值的正确性。其换算步骤为:

修正后的每平方米(立方米)建筑工程单价 =

原每平方米(立方米)指标单价 − $\dfrac{换出结构件价值}{100(或1000)}$ + $\dfrac{换入结构件价值}{100(或1000)}$

换出(入)结构件单价 = 换出(入)结构件工程量 × 相应的概算定额的当地区单价

【例】 某省 1988 年建筑工程概算指标(土建部分)—某综合楼,如表 4.17 所示。

某省土建工程(某综合楼)概算指标 表 4.17

工程内容	面积(m^2) 2617	层数(层) 7	层高(m)	跨度(m)	檐高(m) 20.4
构造说明	打预制钢筋混凝土方桩、钢筋混凝土承台、地梁、砖基础、砖墙,现浇钢筋混凝土空心楼板,水磨石楼(地)面面层(局部缸砖贴面),二毡三油防水屋面,木门、钢窗(底层铝合金门、窗),外墙玻璃马赛克贴面(局部贴大理石面砖),内墙、顶棚石灰纸筋灰浆粉刷、刷涂料(底层为轻钢龙骨铝合金天棚)。				

指标	每平方米造价(土建部分)(元)	人工及主要材料			
		人工(工日)	钢材(kg)	水泥(kg)	成材(m^3)	红砖(块)
		6.30	55.51	269	0.021	178

3)类似工程预算法。是指应用与原有相似工程已编的预(决)算于拟建项目,对建筑和结构特征上差异,修正时应用概算指标法,对人工工资、材料预算价格、机械使用费和间接费的差异,则分别修正系数调整,最后求出总修正系数。其计算公式及步骤为:

$$工资修正系数\ K_1 = \frac{编制概算地区人工工资标准}{采用类似预算地区人工工资标准}$$

$$材料预算价格修正系数\ K_2 = \frac{编制概算地区材料费用}{采用类似预算地区材料费用}$$

$$机械使用费修正系数\ K_3 = \frac{编制概算地区机械使用费}{采用类似预算地区机械使用费}$$

$$间接费修正系数\ K_4 = \frac{编制概算地区的间接费率}{采用类似预算地区的间接费率}$$

$$总造价修正系数\ K = \frac{类似预算工资}{占概算价值比重} \times K_1 + \frac{类似预算材料费}{占概算价值比重} \times K_2 + \frac{类似预算机械费}{占概算价值比重} \times K_3$$

4.3 建设项目设计阶段的投资控制

$$+ \frac{类似预算的间接费}{占概算价值比重} \times K_4$$

则修正后的总造价计算公式为:

$$\begin{matrix}修正后的类似\\预算总造价\end{matrix} = \begin{matrix}类似预算\\造价\end{matrix} \times \begin{matrix}造价修正\\系数\ K\end{matrix} \pm \begin{matrix}结构\\增减值\end{matrix}$$

$$\times \left(+ \begin{matrix}修正后\\间接费率\end{matrix} \right) + 计划利润 + 税金$$

每平方米(立方米)建筑的面(体)积概算指标

$$= 修正后的类似预算造价 \div \frac{1}{100(或\ 1000)}$$

(2) 设备及安装工程概算主要编制方法。安装工程单位概算包括设备购置费和设备安装工程费。

1) 设备购置费概算编制方法,见表4.18。

设备购置费概算编制方法　　　　表4.18

名　称	编　制　方　法
国产设备(标准设备和非标准设备)	(1) 设备购置费 = 设备原价 + 设备运杂费 (2) 设备运杂费 = 设备原价 × 设备运杂费率 (3) 设备运杂费率一般由主管部门按建厂所在不同地区制订不同的运杂费率,一般占设备原价的6%~10%。运杂费包括从制造厂交货地点至安装工地仓库或施工现场堆放点所发生的运费、装卸费、包装费、供应部门手续费、采购保管费、港口建设费、成套设备订货手续费等。一般对超限设备(长>18m、宽>3.4m、高>3.1m、净重>40t)的特殊运输措施费单列计算 (4) 标准设备原价一般由各生产厂主管部门统一计价或生产厂自定的现行产品出厂价确定成套设备可委托设备成套公司组织供应其订货合同价即为设备原价,并付1%设备总价的业务费 (5) 非标准设备原价根据其类别、性质、质量、材质等有关主管部门制订的估价指标(按吨或台计)或由生产厂自定的现行出厂价确定,如对非标准设备制造,化工部和机械部联合制订"非标准设备统一计价办法",也可采用设备招标定价
引进设备	(1) 设备购置费 = 设备费 + 设备国内运杂费 (2) 设备费 = 货价(F.O.B.) + 国外运费(海运费、空运费或陆运费) + 运输保险费 + 关税 + 增值税 + 外贸手续费 + 银行财务费 + 海关监管手续费

续表

名 称	编 制 方 法
引进设备	(3) 货价系指引进硬件和软件的外币金额,按下式折合成人民币,货价=人民币外汇牌价(卖出价)×外币金额 (4) 海运费=人民币外汇牌价(卖出价)×运费单价(按海费率规定)×硬件毛重,软件不计运费,毛重为净重的1.15。 计算陆运费按中国外运总公司规定计算。如无设备、材料重量时,海运费=外币金额×人民币外汇牌价(卖出价)×平均海运费率(6%) (5) 运输保险费:软件不计算,硬件按海运保险费=货价(F.O.B)×1.0635×3.5‰ 海运保险费=货价(C&F)×1.0035×3.5‰ 空运保险费=货价(F.O.B.)×1.0645×4.5‰ 空运保险费=货价(C&F)×1.0045×4.5‰ (6) 关税:软件部分不计算,硬件按关税=人民币外汇牌价(中间价)×外币金额(F.O.B.)×1.0635×关税率,如当引进与我国有贸易协定的国家的石油化工项目,关税率一般取20%,关税常数为0.2127 (7) 增值税:软件部分不计算,硬件按增值税=[人民币外汇牌价(中间价)×外币金额(F.O.B.)×1.0635+关税]×$\frac{增值税率}{1-增值税率}$,如当关税为20%,增值税为14%时,则增值税常数为0.20775,即增值税=人民币外汇牌价(中间价)×外币金额(F.O.B.)×0.20775 (8) 外贸手续费=硬、软件的货价(C.I.F.)×1.5% (9) 银行财务费=硬、软件的货价(F.O.B.)×5‰ (10) 海关监管手续费(一般应用于引进技术改造项目的技术和设备)可按减免关税和增值税的货价计取,即海关监管手续费=货价(C.I.F.)×3‰ (3)~(10)项中的各计算式中所列的税率、费率和常数,在编制概算时应按国家有关部门公布的最新数字调整,(4)~(9)项又称从属费用,简称"两税四费" (11) 进口车辆购置附加费=(货价+关税+增值税)×10% (12) 设备国内运杂费:货物到达我国港口码头或车站到安装工地仓库或施工现场堆放点所发生的运费、保险费、装卸费、包装费、供销部门手续费、仓库保管费和所在港口发生的费用,一般由主管部门根据建厂所在地区不同以硬件货价(F.O.B.)的费率计取,一般为货价的1.5%~3.0%

2) 设备安装工程概算编制方法,见表4.19。

设备安装工程概算编制方法 表4.19

名 称	编 制 方 法
需要安装设备	(1) 预算单价法:初步设计有详细设备清单,可直接套安装工程预算综合单价,汇总求得设备安装工程费。即设备安装工程费 = $\sum$(设备台数×安装工程预算综合单价),应用此方法,计算方便正确 (2) 扩大单价法:初步设计设备清单不齐或仅有成套设备总量时,可按主设备、成套设备或工艺线的综合扩大安装单价编制 (3) 概算指标法:初步设计清单不完备或安装工程预算单价、综合扩大安装单价不全时,用概算指标编制 1) 按占设备价值的百分比计算,设备安装费=设备价值×设备安装费率 2) 按每吨设备安装费计算,设备安装费=设备总吨数×每吨设备安装费 3) 按设备的座、个、台、套、组或功率等为计量单位的概算指标计算 4) 按设备安装工程每平方米(立方米)建筑面积(体积)的概算指标计算

在编制建筑工程和设备安装工程的单位工程概算时,都应注意使用的定额或指标的编制年限,人工工资、材料价格及定额水平的差异,按建设地区颁布的人工、材料及定额的调整系数调整至编制期时单价,求得单位工程直接费。建筑工程和设备安装工程的单位工程概算表的格式分别见表4.20和表4.21。

建筑工程单位概算表 表4.20

工程项目 × × 装置(泵房)土建　　金额单位:元

序 号	价格依据	费 用 名 称	单 位	数 量	单 价	合 价
1	2	3	4	5	6	7
		建筑面积	m²	√	√	√
1	√	带形砖基础	10m³	√	√	√
2	√	一砖半墙	10m³	√	√	√

续表

序号	价格依据	费用名称	单位	数量	单价	合价
1	2	3	4	5	6	7
3	√	构造柱	10m³	√	√	√
4	√	矩形梁	10m³	√	√	√
5	√	过梁	10m³	√	√	√
6	√	大型屋面板	10m³	√	√	√
7	√	挑檐	10m³	√	√	√
8	√	双层实腹钢窗	100m²	√	√	√
9	√	木板大门	100m²	√	√	√
10	√	圈梁	10m³	√	√	√
11	√	水泥砂浆地面	100m²	√	√	√
12	√	水刷石墙面	100m²	√	√	√
13	√	三毡三油屋面	100m²	√	√	√
14	√	混凝土设备基础	10m³	√	√	√
15	√	脚手架	m²	√	√	√
		零星工程	%	√	√	√
		小计				√
		概算定额直接费小计				
		材料调价				√
		其他直接费				√
		冬雨期施工增加费				√
		夜间施工增加费				√
		施工流动津贴				√
		二次搬运费				√
		特殊条件施工增加费				√
		特殊工种培训费				√
		间接费				√
		施工管理费				√

4.3 建设项目设计阶段的投资控制

续表

序号	价格依据	费用名称	单位	数量	单价	合价
1	2	3	4	5	6	7
		其他间接费(包括临时设施费、劳保支出等)				√
		施工企业流动资金贷款利息				√
		计划利润				√
		税金				√
		概算价值				√
						√
						√

安装工程概算表　　　　　　表 4.21

工程项目 ×× 装置——工艺设备　　金额单位:元

序号	价格依据		设备、材料或费用名称	单位	数量	材质	重量(t)		单价			总价		
	设备、材	施工费					单重	总重	设备、材料	施工费	其中工资	设备、材料	施工费	其中工资
1	2	3	4	5	6	7	8	9	10	11	12	13	14	15
			一、通用设备											
			(一) 泵											
1	√	√	循环输送泵 50YⅡ-60A	台	√	√	√	√	√	√	√	√	√	√
			流量 14.4m³/h, 扬程 45m											
			电机 BJO₂-42-2, 7.5kN											
			⋮ ⋮											

续表

序号	价格依据		设备、材料或费用名称	单位	数量	材质	重量(t)		单价			总价		
	设、材	施工费					单重	总重	设备、材料	施工费	其中工资	设备、材料	施工费	其中工资
1	2	3	4	5	6	7	8	9	10	11	12	13	14	15
			小计	台	√			√		√	√			√
			(二)风机											
1	√	√	颗粒输送鼓风机	台	√	√	√	√	√	√	√	√	√	√
			型号SD36×35											
			风量1284m³/h, 风压7000mm水柱,											
			电机Y280M-6, 55kN											
			⋮											
			小计	台	√			√		√	√			√
			二、非标设备											
			(一)反应器											
1.	√	√	预聚合反应器	台	√	√	√	√	√	√	√	√	√	√
			⋮											
1.	√	√	小计		√			√		√	√		√	√
			(二)换热器											
1.	√		预聚合反应预热器	台	√	√	√	√	√	√	√			
			⋮											
1.	√	√	小计		√			√		√	√		√	√
			设备费小计									√		
			设备调价											
			设备运杂费											
			设备费合计									√		

续表

序号	价格依据		设备、材料或费用名称	单位	数量	材质	重量(t)		单价			总价		
	设、材	施工费					单重	总重	设备、材料	施工费	其中工资	设备、材料	施工费	其中工资
1	2	3	4	5	6	7	8	9	10	11	12	13	14	15
			设备安装费											
			调整后设备安装费	√			√		√	√	√	√	√	√
			材料费小计									√		
			材料调价									√		
			材料费合计									√		
			材料安装费									√		
			调整后材料安装费										√	√
			概算直接费小计										√	√
			其他直接费										√	
			冬雨期施工增加费										√	
			夜间施工增加费										√	
			施工流动津贴										√	√
			二次搬运费										√	√
			特殊条件施工增加费									√	√	√
			特殊工种培训费											
			间接费										√	
			施工管理费										√	
			其他间接费 (包括临时设施费、劳保支出等)										√	
			施工企业流动资金贷款利息											
			计划利润										√	√
			税金										√	√
													√	
			概算价值										√	√

注:"设备、材料调价"系指调至做本概算当时当地的设备、材料预算价格。

2. 单项工程综合概算编制方法

单项工程综合概算是将该单项工程(或一个装置)内各单位工

程概算综合汇总编制而成的全部建设费用的文件。综合概算一般包括编制说明和综合概算表两个部分。

编制说明主要内容包括编制依据、编制方法、主要材料和设备的数量、技术经济指标和其他需说明的问题。

综合概算表,综合汇总单项工程中的各单位工程或费用。如将建筑工程中的一般土建工程、给排水工程、采暖通风工程等和设备安装工程中的工艺设备及安装工程、自控设备及安装工程等予以综合汇总。

一般在综合概算表中不列其他工程和费用概算,只有当建设项目仅有一个单项工程时或根据需要列入部分或全部其他工程和费用。一般当建设项目有两个以上单项工程时,其他工程和费用概算列入建设项目总概算内。

单项工程综合概算的计算表达式为:

单项工程综合概算投资 = $\sum$ 单位工程概算投资

单项工程综合概算表的格式见表4.22。

单项工程综合概算表　　　　　　表4.22

工程项目:××装置　　　　　　金额单位:万元

序号	单位工程或费用名称	概算价值					技术经济指标			占投资总额(%)	备注
		设备购置费	安装工程费	建筑工程费	其他费用	合计	单位	数量	单位造价(元)		
1	2	3	4	5	6	7	8	9	10	11	12
1	建筑物			√		√	√	√	√	√	
2	构筑物			√		√	√	√	√	√	
3	给排水	√	√	√		√	√	√	√	√	
4	照明及避雷		√			√	√	√	√	√	
5	采暖		√			√	√	√	√	√	
6	通风		√	√		√	√	√	√	√	
7	工艺设备及安装(包括防腐保温)	√	√		√	√	√	√	√	√	
8	工艺管道(包括防腐保温)		√			√	√	√	√	√	

4.3 建设项目设计阶段的投资控制

续表

序号	单位工程或费用名称	概算价值					技术经济指标			占投资总额(%)	备注
		设备购置费	安装工程费	建筑工程费	其他费用	合计	单位	数量	单位造价(元)		
1	2	3	4	5	6	7	8	9	10	11	12
9	自控设备及安装	√	√			√	√	√	√	√	
	…… ……										
	…… ……										
	…… ……										
	合计	√	√	√		√	√	√	√		

表中的技术经济指标,是综合概算的重要内容之一。不仅说明拟建企业或车间的单位生产能力的投资额、每吨设备的投资额或单位服务能力投资额,同时对于评价设计方案的经济合理性、项目的决策具有重要价值。技术经济指标一般以: m^2、m^3、m、$t/$年、m^3/h、kVA 等单位表示。

3. 建设项目总概算编制方法

总概算是确定该项目从筹建到竣工以及试车投产验收所需的全部建设费用的总文件。它是由各单项工程综合概算、工程建设其他费用和预备费,以及固定资产投资方向调节税、建设期贷款利息和铺底流动资金所组成。其计算表达式为:

$$\text{建设项目总概算投资} = \sum \text{单项工程综合概算投资} + \text{工程建设其他费用} + \text{予备费} + \text{固定资产投资方向调节税} + \text{建设期贷款利息} + \text{铺底流动资金}$$

总概算书一般包括编制说明、总概算表及其所属的综合概算表、单位工程概算表,以及其他费用和预备费概算表。

(1) 编制说明如表 4.23 所示。

建设项目总概算编制说明　　　　　表 4.23

内　容	编　制　要　求
1. 工程概况	项目的产品名称、生产方法、建设规模、范围、建设地点、建设条件、建设期限、原材料及厂外协作配套等
2. 编制依据	说明项目主管部门批准文件及有关规定。采用的概算定额或概算指标、材料和设备的价格、各种费用和取费标准、税金和利息等编制依据
3. 投资分析	建筑安装、设备和其他费用的各类工程投资比例和费用构成分析,与类似工程比较投资高低,分析对比投资效果的技术经济指标等
4. 主要材料设备量	说明主要设备、材料和建筑安装工程的钢材、水泥、木材等数量、消耗指标
5. 动态因素	说明在总概算中影响工程造价的动态因素,在结合工程建设特点和建设工期的考虑
6. 建设的分工	参加建设的设计,承建单位与项目分工

（2）总概算表的编制。总概算表中的项目按工程用途分的单项工程由主要生产项目、配套及辅助生产项目、公用工程项目、服务性及生活福利设施工程项目、厂外工程项目等组成,按费用构成分为第一部分工程费用(建筑、安装、设备及工器具购置、其他费用),第二部分工程建设其他费用,第三部分预备费用以及固定资产投资方向调节税、建设期贷款利息、铺底流动资金组成。建设项目总概算表的格式如表 4.24 所示。

建设项目总概算表　　　　　表 4.24

工程名称　　　　　　　　　　　　　　　金额单位:万元

序号	单元号	工程或费用名称	设备购置费	安装工程费	建筑工程费	其他费用	总计	占总投资(%)	备注
1	2	3	4	5	6	7	8	9	10
		第一部分工程费用							
		一、主要生产项目	√	√	√	√	√	√	
1		××××	√	√	√	√	√		

续表

序号	单元号	工程或费用名称	设备购置费	安装工程费	建筑工程费	其他费用	总计	占总投资(%)	备注
1	2	3	4	5	6	7	8	9	10
		⋮　⋮							
		二、辅助生产项目							
1		××××	√	√	√	√	√	√	√
		⋮　⋮							
		三、公用工程项目	√	√	√	√	√	√	
1		××××							
		⋮　⋮							
		四、服务性工程项目	√	√	√	√	√	√	
1		××××							
		⋮　⋮							
		五、生活福利设施工程项目	√	√	√	√	√	√	
1		××××							
		⋮　⋮							
		六、厂外工程项目	√	√	√	√	√	√	
1		××××							
		⋮　⋮							
		第一部分工程费用合计	√	√	√	√	√	√	
		第二部分其他费用							
1		××××				√	√	√	
		⋮　⋮							
		第二部分其他费用合计				√	√	√	
		第一、二部分费用合计	√	√	√	√	√	√	
		第三部分预备费							
1		工程不可预见费							
2		设备、材料浮动价差							

续表

序号	单元号	工程或费用名称	设备购置费	安装工程费	建筑工程费	其他费用	总计	占总投资(%)	备注
1	2	3	4	5	6	7	8	9	10
3		设备、材料建设期价差	√	√	√	√			
		第三部分预备费合计					√	√	
		固定资产投资方向调节税				√	√		
		建设期贷款利息				√	√		
		建设工程总概算	√	√	√	√	√	√	
		铺底流动资金				√			

4.3.4 影响设计方案主要的经济性因素

在进行设计方案分析论证时，影响设计方案主要的经济性因素有：

1. 改革建筑业和基本建设管理体制

如实行建设项目业主责任制；改革建设资金管理办法，由拨款改为银行贷款，对投资实行有偿使用；在设计和施工中全面推行项目投资包干责任制；大力推行工程招标承包制；改革设备和材料供应办法；推行建设监理工作，推行项目法管理等。通过改革使项目提高投资效益和节约投资。

2. 厂址选择和建厂地区的条件

厂址选择和建厂地区的条件对设计方案的经济合理具有重大影响，对于实现国民经济和地区的规划布局的合理、项目的原材料供应及产品的销售成本的降低、以及对企业的经济效益和社会效益的增加所带来的影响。建厂地区条件优越给企业带来了有利条件，厂址选择理想给企业发展增加了活力。如地理位置、交通运输、水、电、气供应能力和其他外部协作条件以及地形地貌、工程与水文地质、气象条件、建材供应、地区的工业和科技力量等条件优越，称为理想厂址。

3. 总图运输和公用工程

总图运输和公用工程布置在满足工艺要求、使用功能的前提下，改革工厂设计模式，依托社会、有利生产、方便生活、节约土地。对分期实施的建设项目，要统筹考虑、合理安排、留有发展余地。

4．建设标准

在设计时应遵循国家对不同的建设项目制订不同的建设标准要求，如建设规模、占地面积、工艺技术装备水平、建筑标准、质量和安全标准、劳动组织、辅助及配套协作工程等。

5．工艺总流程和产品方案

工艺总流程和生产工艺要技术先进、适用经济。对引进项目的技术和设备采用成熟的先进技术方案，对多数项目采用先进程度适宜的技术方案。通过技术经济分析，要选择符合国情的（如能源、资金、技术短缺，劳动力资源雄厚）、能耗少、自动化程度适当、投资低、质量高、见效快的工艺流程。

产品方案要符合国内外需要，按国家产业政策制订对国家急需的、市场产销对路的产品方案，以增强企业的竞争能力。

6．设备的选型和设计

在工艺流程确定后，根据生产规模选用设备，其选用原则是：技术先进、适用经济、质量可靠、供货及时、节约投资和外汇，一般应做到：

（1）尽量选用国产设备，并注意设备的标准化、通用化、系列化；

（2）多引进先进技术和技术资料、专刊，少引进设备；

（3）引进部分关键设备或单机，其余由国内配套分交，减少成套引进；

（4）与国外合作方式选用，即以购买技术资料和专刊，合作设计、合作制造、合作采购的"一买三合作"方式，以提高国内机械行业制造水平和减少外汇支出。

7．工程限额投资与使用期间的成本

正确处理好工程限额投资对设计方案的制约，同时设计方案要考虑整个使用期间的再投资和长期使用成本——如更新改造、大修理、维修、能耗、管理费用等，以反映项目整体效益。

8. 建筑材料与结构的选择

建筑材料与结构的合理选择，对工程造价有直接影响，采用适用先进、方便施工的结构形式和轻质、高强、耐用的建筑材料，可降低建筑物自重，采用开发地方建筑材料资源可节约材料费和运输费，有利于提高劳动生产率，缩短工期，提高投资效益。

9. 投资、进度、质量三者之间的关系

投资、进度、质量是进行项目法管理的三大控制内容，而投资目标、进度目标和质量目标是项目在同一系统中的对立统一关系。如投资和进度的关系是当加快进度、有可能增加投资，但同时可获得提前投产效益。例如，某工程工期每提前一天可获得增加利税350万元，而每拖后一天，要多支付建设期间贷款利息100万元，从中可以看出加快进度对整体效益的作用。又如进度与质量的关系是当加快进度、有可能影响质量、而质量控制严、不返工，实质上又加快了进度、节省了建设期间资金和使用期间的成本。再如投资与质量的关系是当质量好、有可能增加投资，而质量控制严，可以一次建成投产，减少使用期间维护费，加快投资回收期，为国家多作贡献。因此，建设项目应将投资控制在批准的最高限额之内，按合理工期组织建设、考核工程进度，按规定的质量标准组织施工和验收。

10. 建设工期和有效使用期的全寿命经济分析

建设项目全寿命经济分析系指项目从筹建到建成交付使用，形成新增生产能力或使用功能，又继续为国民经济提供效益。共分为三个阶段，如图4.9所示。

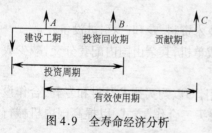

图4.9 全寿命经济分析

图中 P——初始投资；

A——基本效益(项目按设计要求建成并达到设计生产能力或使用功能)；

B——必要效益(投产后获得的效益用于还清投资款);

C——实得效益(还清投资贷款后,为国民经济作贡献)。

增加实得效益是项目建设的根本目的。要采取措施,减少投资周期,即缩短建设工期和投资回收期,延长有效使用期。

4.3.5 初步设计概算的审查

1. 设计概算审查的意义

(1) 为了准确确定工程造价,有利于合理安排建设资金,有利于加强投资计划管理;

(2) 促进设计方案的技术先进、经济适用,通过概算中的技术经济指标的综合反映,与类似工程分析比较,得出设计的先进性和合理性程度和寻找设计挖潜的可能;

(3) 促进设计单位在编制时严格遵循国家和地方的有关编制规定和取费标准;

(4) 控制投资规模,通过审查概算,防止高估冒算或压低投资,使项目总投资作到准确、完整、合理。

2. 设计概算审查的原则

(1) 坚持实事求是和严格控制的原则。按照基本建设的方针、政策和规定,以及概算的编制规定,在审查中,既要实事求是地结合项目的具体情况,又要严格控制项目的各项工程内容和费用的核实,做到错估多算的扣除,漏项少算的增加;

(2) 坚持工程量、计价、费用和设计技术标准同时审查的原则。防止超规模、超面积、超标准、超投资;

(3) 坚持充分协商的原则。在各参审单位参加审查时,不可避免地会对一些问题理解不一致,这就要坚持充分协商,以取得一致的意见,必要时才报请有关部门仲裁。

3. 设计概算审查的依据

(1) 批准项目的建设文件;

(2) 国家有关部委和省、市、自治区颁发的设计概算编制办法、概预算定额(或综合预算定额)、单位估价表、设备和材料预算价格、间接费和有关费用的计算规定等;

(3) 初步设计图纸、说明、资料等;
(4) 类似工程的概预算和技术经济指标;
(5) 国家和地方颁发的有关基本建设的方针、政策、文件,有关设计标准及规范等。

4. 设计概算审查的内容

(1) 审查编制依据的合法性。采用的编制依据应经国家或权威部门批准,并按规定进行编制,不得自行制定政策和规定,不得强调特殊而擅自提高各种标准。

(2) 审查编制依据的时效性。对于定额、指标、材料和设备价格、人工工资、各项取费标准、价格调整系数等,都应依据有关专业部和地方的现行规定执行。

(3) 审查编制依据的适用范围。各专业部规定的各种专业定额及其取费标准,只适用于本部门的专业工程;各地区规定的各种定额及其取费标准,只适用于该地区工程。间接费定额与直接费定额一般应配套使用,采用什么定额就套用相应的取费标准。

(4) 审查概算是否按编制依据进行编制,有无差错、多算、漏项,有无多列投资或留有缺口,有无计划外项目,有无不应从基本建设内开支的费用等;

(5) 审查概算文件的组成。概算文件由编制说明、项目总概算书、综合概算书、单位工程概算书所组成。概算文件要完整反映设计内容,按设计文件内的项目和费用编制,概算总投资应完整的包括项目从筹建到竣工投产的全部总投资。

(6) 审查总体布局和工艺流程。总图设计要注意总体规划与近期规划相结合,对分期建设的项目,要统筹安排,一次规划、分期征地,并留有发展余地。总体布局要符合生产和工艺流程的要求,并按照要求对局部能提前投产的项目先行安排建设,达到早投产、早得益。

(7) 审查投资效益。从生产条件、工艺技术、建设期、原材料供应、产、供、销、资金运用、盈利和还贷能力等因素综合衡量投资效益。

(8) 审查"三废"治理等项目。对与建设项目同步建设的"三废"治理、工业卫生、安全生产、消防设施、绿化等项目的治理措施和投资。

(9) 审查概算单位造价和各项技术经济指标。应用综合指标和单项指标与类似工程的指标比较分析，寻找相差的原因，对设计进一步挖潜。

(10) 审查概算费用的构成。费用的构成是否准确齐全，构成比例是否合理。建筑安装工程量及采用的定额或指标以及取费规定的审查，设备、材料的数量、价格的取定，工程建设其他费用和预备费以及其他有关的税金、利率、汇率和流动资金等构成的审查。

5. 设计概算审查的方式

(1) 多方会审。由项目主管部门或地区主管部门组织建设、设计、施工、建设银行及地方的规划、城建、环保、市政、交通、电力、电讯、土地、工业卫生、劳动、消防等有关部门参加会审，能达到及时解决会审中存在的问题，常适用于大中型重点建设项目。

(2) 分头审查、集中定案。由建设单位将初步设计文件分送主管部门、建设银行、设计单位和有关部门分头审查，再由主管部门组织各有关单位集中讨论定案。

6. 设计概算审查方法

(1) 全面审查法。此法特点是审查质量高、工作量大，常适用于工程量小、工艺简单的小型工程。

(2) 重点审查法。抓住项目的重点进行审查，如对项目中工程量大或价值高的单位工程以及分部分项工程费用、设备费等。

(3) 经验审查法。根据实践经验，审查在工程上常容易计算错的工程量、价格和费用；

(4) 分解对比审查法。把一个单位工程按定额直接费和间接费分解，再把定额直接费按分部分项工程分解，分别与编制依据的预算定额进行对比，分析其差异。此法常适用于有可比性的类似工程。

7. 设计概算审查步骤

(1) 掌握和熟悉情况。掌握概算文件组成内容,熟悉编制依据和方法,了解项目初步设计文件、图纸、说明的主要内容,收集有关定额、指标、规定、文件、资料等,调查收集同类型工程的资料,并进行分析整理。

(2) 进行对比分析。按定额、指标或有关技术经济指标与审查的概算对比分析,与同类型工程的相应指标对比分析,从而找出相差原因。

(3) 搞好审查定案。通过审查,把审查出的问题提交建设单位、设计单位和有关单位共同研究处理,在会审中定案的问题及时修正报批,对未定案的问题向有关主管部门反映。

4.3.6 设计阶段控制投资的主要方法

设计阶段是控制投资的关键阶段,设计质量的优劣对项目投资影响起着重要的作用,因此,选择一个有资质、有经验、社会信誉高的设计单位至关重要,实践经验证明,对主要生产性工程或装置必须选择专业性强的甲级设计院,以确保设计质量。

在设计阶段控制项目投资的主要方法有:

1. 推行工程设计招标和设计方案竞赛

(1) 工程设计招标的步骤及目的见表 4.25。

工程设计招标的步骤及目的 表 4.25

主 要 步 骤	目 的
1. 编制招标文件 2. 发布招标通告、发出邀请投标书 3. 对设计投标单位进行资格审查 4. 向合格的设计投标单位发售或发送招标文件 5. 组织设计投标单位踏勘工程现场和解答问题 6. 接受投标单位的投标书 7. 组织开标、评标、决标,确定中标单位 8. 签订设计承包合同	1. 通过招标,鼓励平等竞争,有利于择优选定设计方案和设计单位 2. 有利于控制项目投资,降低工程造价,提高投资效益 3. 有利于缩短设计周期,保证设计进度 4. 有利于促进采用技术先进、经济适用、提高设计质量的设计方案

(2) 设计方案竞赛。一般应用于建筑工程中的大中型建筑设计和总体规划设计的发包。设计方案竞赛的方法和步骤是:由主办单位提出竞赛的要求和评选条件,提供方案设计的技术、经济资料,邀请有关设计单位参加竞赛或组织公开竞赛,设计单位按规定提交参赛的设计方案,由主办单位组织评审委员会评审后决策。

2. 落实勘察设计单位技术经济责任制

设计单位和建设单位共同签订设计承包合同后,明确了双方的责、权、利。设计单位要全面推行技术经济责任制,按国家规定收取勘察设计费,实行企业化经营,在内部实行多种形式的经济责任制,制订奖惩和考核措施,把完成各项设计任务按专业分工和定额考核落实到基层,以确保设计质量和设计任务的完成。

当有两个以上的设计单位进行项目设计时,建设单位应委托其中一个设计单位进行总包,并签订总包合同,总包单位(又称总体设计院)和各分包单位(又称装置设计院或分包设计院)签订分包合同;也可由委托方择优选定各单项工程分包单位,由总包单位归口对各分包单位的设计技术协调、组织管理和负有技术把关的责任。总包单位负责编制和控制项目的生产工艺总流程、总平面布置、总定员、总占地、总投资以及分担的单项工程设计任务,分包单位负责编制和控制分担的单项工程设计任务。总包单位和分包单位之间是组织者和被组织者之间的关系。

3. 推行限额设计

推行限额设计是对建设项目在满足生产和使用功能前提下,有效地控制投资的有力措施。因此,应在设计准备阶段和设计阶段中推行,对投资按单项工程、单位工程分配到各专业,使投资估算控制初步设计概算、初步设计概算控制施工图预算。限额设计控制内容如表 4.26 所示。

4. 应用设计标准规范和标准设计

设计标准规范和标准设计是国家、专业部、地区或设计单位制订的统一的标准规范和标准设计,它来源于建设实践和科学总结,是项目建设的勘察、设计、施工和竣工验收的重要依据,是技术管理、质量管理的重要组成部分,其制订的内容和标准对项目投资控制有直接的影响。

限额设计控制内容 表 4.26

控制内容	措施
1. 提高投资估算的正确性,合理确定投资限额	充分重视对提高投资估算正确性的认识,正确处理技术与经济的对立统一关系,采取适当加深可行性研究报告的深度,对设计方案进行全面分析比较和论证后择优推荐,使投资估算编制合理科学、实事求是,从而合理确定投资限额
2. 初步设计概算要控制在批准的投资估算之内	根据可行性研究报告的要求、内容和投资估算,做好初步设计多方案选择,在保证生产和使用功能的前提下,通过合理确定设计规模、设计内容、设计标准和概预算定额、指标及取费标准,加强对投资限额的控制与管理,把投资限额按各单元、专业和工序分解,把责任落实到人。在设计中发现重大设计内容或某项费用超投资时,应及时采取措施纠偏,防止在概算编制完后再纠正。对超出投资估算10%的初步设计概算,要重新办理立项报批手续
3. 施工图预算要严格控制在批准的设计概算之内	根据批准的初步设计确定的原则、项目组成和内容及设计概算,进行施工图设计和编制施工图预算,对建设规模、工艺流程、产品方案或设计方案的重大变更,要另行编报初步设计文件。施工图预算造价要严格控制在批准的设计概算之内,加强设计单位的技术经济人员及其素质,由设计单位组织编制施工图预算
4. 加强设计审查和对设计变更的管理	加强对项目在可行性研究阶段和设计阶段的设计审查,是控制和节约投资的重要措施,也是对设计单位设计质量的审查;加强设计管理,严格控制重大设计变更和不合理变更,把合理的设计变更控制在设计阶段,减少在施工过程中产生的变更可以减少经济损失;杜绝设计漏项或计算错误,使造价得到有效控制
5. 进行动态控制与管理	限额设计从本质上讲是对设计主动的进行投资控制,在按单项工程、单位工程和分部分项工程分配投资时,将静态投资和动态投资(价格、汇率、利率等)合理分配,并对预备费按

续表

控制内容	措施
5. 进行动态控制与管理	项目特点侧重分配或集中调剂分配,单项工程或单位工程之间分配投资有余缺时,亦可合理调剂,总之,使分配投资科学合理,达到避免和减少限额设计对设计功能提高的限制。限额设计的指标应以编制估算、概预算基期时所依据的同年份的价格,不包括开工以后的建设期内调整价格因素,以排除价格变化对限额设计的影响

标准设计是由国家、地区批准的建筑物、构筑物或零部件、构件等的标准技术文件图纸,专业设计院编制的标准设计图纸又称通用设计。标准设计是工程建设标准化的组成部分。

由于标准规范和标准设计具有技术先进、经济合理、安全适用、质量可靠、通用性强、有利于工业化生产,因此理应得到推广应用,设计标准规范一经颁发就是技术法规,必须依法遵守和在规定的范围内应用,标准设计一经颁发就应在适用范围内采用。采用优秀的标准规范有利于降低工程造价,缩短建设周期,有利于降低项目的全寿命费用,有利于安全生产,有利于控制建设标准,发挥综合经济效益。而标准设计可以重复使用,节约设计费用,缩短设计周期,有利于构件生产的标准化、系列化,促进施工准备阶段和施工速度的加快,提高技术水平,节约原材料,提高劳动生产率,确保工程质量和降低工程造价。

4.4 建设项目招标发包阶段的投资控制

4.4.1 基本建设项目投资包干责任制

国内基本建设管理体制改革的一个重要内容是对基本建设项目实行投资包干责任制,即由建设项目的主管部门与建设单位签订投资包干协议。这是为克服敞口花钱、"吃大锅饭",划清国家、项目主管部门和建设单位的关系，推行项目业主责任制，实行谁投资、谁决策、谁承担风险，形成责、权、利结合的投资主体，从而调动各方面积极性，对项目进行进度、质量和投资的三大控制，最终达到提高投资效益的目的。其投资包干总额即为项目的总承包价。

建设项目投资包干责任制，是指建设单位对国家计划确定的建设项目按建设规模、投资总额、建设工期、工程质量和材料消耗包干，实行责、权、利相结合的经营管理责任制。经核定的投资包干总额，即为建设项目总投资最高控制限额，又称投资包干基数。

实践证明，凡是在建设项目中认真推行投资包干责任制，对控制工程造价、节约投资、确保工程质量、缩短建设工期、按时或提前建成投产发挥了重要作用。如某工程推行投资包干责任制后，制订投资控制办法，把投资包干额分解落实到主项工程和单项工程，从组织、经济、技术、合同四个方面采取措施，从各单项工程节约的投资中调剂解决了若干项新增项目外，最终节约投资 4000 多万元，占总投资额的 6‰。

（1）投资包干的分类形式。按建设项目的特点和具体条件，可采取不同的包干形式，如表 4.27 所示。

投资包干主要形式 表 4.27

分　类	主　要　形　式
1. 按包干的主体层次不同分为	中央有关部或地方对国家在一定时期内实行投入和产出包干，下级主管部门对上级主管部门包干，建设单位或工程总承包公司受项目主管部门委托实行包干，承建单位受建设单位委托实行包干等
2. 按包干的对象不同分为	按投入和产出包干任务进行建设任务大包干，对建设项目总包干，对具体建设项目或单项工程包干，对具体建设项目或单项工程的建安工程包干，对年度投资计划额包干等
3. 按包干的办法不同分为	按总投资估算包干，按设计概算（或修正概算）包干，按核定的调整概算包干，按施工图预算包干，按施工图预算加系数包干，按新增生产能力造价包干，按房屋建筑平方米造价包干

4.4 建设项目招标发包阶段的投资控制

(2) 投资包干的主要内容如表 4.28 所示。

投资包干的主要内容 表 4.28

1. 项目承包单位	包投资、包工期、包质量、包主要材料用量、包按建设规模建成形成综合生产能力
2. 项目主管单位	保建设资金、保设备材料供应、保外部配套条件、保生产定员配备、保项目投料试车所需的原料、燃料供应

以上简称投资包干经济责任制的"五包","五保"内容。当包干指标确定后,一般不得变动,除因资源、水文地质、工程地质情况有重大变化,引起建设方案变动,不可抗拒的自然灾害造成重大损失,国家统一调整价格引起概算值重大变化,国家计划重大调整,设计有重大修改等特殊情况方可进行调整。

(3) 投资包干责任制的落实。为落实建设单位与项目主管部门签订的项目投资包干责任制,在建设实施阶段进行投资控制和管理,建设单位必须做到:

1) 对建设项目推行招标承包制。推行招标承包制是对用行政手段指定设计、施工单位,层层分配任务办法的一次重大改革。它有利于开展平等竞争、鼓励先进、鞭策后进;有利于招标单位通过招标承包,择优选择有关承包设计和施工的单位;有利于承包单位改善经营管理、推进技术进步、提高企业素质和社会信誉;最终达到缩短工期、提高质量、降低造价的目的。凡是有条件招标的建设项目都要实行招标承包制,对没有条件招标的建设项目,也要创造条件实行招标承包制。

2) 采用目标管理,对目标和责任层层分解落实。建设单位对经核定的投资包干总额作为总目标,采用目标管理,进行目标分解,组成若干个分目标、子目标,确定各包干单位的投资包干额和总包干单位的预留额,目标分解的制订要具有先进性、科学性、可操作性,又有经过努力能实现的可能性,要在建设单位与承建单位之间、总包单位与分包单位之间、建设单位内部与承建单位内部实行多种形式的经济承包责任制,使目标自上而下层层分解展开承包,使措施由下而上逐级制订保证控制,把目标和责任层层落实到基层。

3) 制订相应的控制措施和实施办法。对投资包干责任制制订控制措施和实施办法,建立检查与考核、分析与评比以及奖惩规定,赋予承包单位相应的责、权、利的经营管理责任制,建立目标和责任体系、措施保证体系、考核奖惩体系,抓好目标的进展和信息反馈,总结、改进和完善投资包干责任制。通过投资包干责任制的落实,经济责任制逐步深化,促进管理水平不断提高,做到工作有目标、考核有标准、分配有原则。如某工程推行投资包干责任制后,比按合理工期组织建设提前四个月建成投产,经考核工程质量优良,投料试车一次成功,投资控制在目标值之内。通过设计单位对该项目经济效益估算,试生产期间按设计能力 60% 计算,月利税近 4000 万元,提前四个月建成,可获利税 16000 万元,同时由于提前投产,节约了建设期贷款利息,加速归还贷款,提前投产效益显著。

投资包干责任制实施的基本流程如图 4.10 所示。

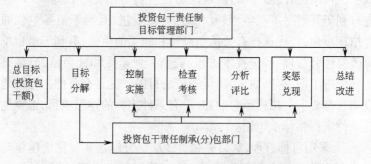

图 4.10 投资包干责任制实施的基本流程

4.4.2 建设项目招标发包阶段的投资控制措施

监理工程师在本阶段采取的投资控制措施如表 4.29 所示。

招标发包阶段的投资控制措施　　　表4.29

措　施	内　　　　容
组织措施	(1) 建立项目监理的组织保证体系，在项目监理班子中落实从投资控制方面参加招标、评标、合同谈判的人员，明确任务及职责，如参加招标文件及标底的编制或审核、准备或参予投标文件的评审和决标、参加合同谈判和合同条款的审核等 (2) 编制本阶段投资控制详细工作流程图
经济措施	(1) 审核概预算的工程量、定额基价及取费标准，材料价格的取定，概预算编制的依据等 (2) 编制或审核标的及其依据，标底和投资计划值进行比较分析 (3) 审核招标文件中投资部分，如工程量清单、单价、取费、价格等，与标的进行比较，有无错、漏、重 (4) 准备或参与评标，提出推荐意见
技术措施	审查为工程实施的施工组织设计或重大施工技术方案发生的施工技术措施费用、安全措施费用等，作技术经济分析
合同措施	(1) 参与合同谈判，准备采用的承包方式以决定合同价计算方法、合同价款的调整、付款和结算的时间、方式等，合同中有关工程变更、计量与支付、索赔等规定 (2) 控制合同价在投资控制计划目标值范围之内 (3) 从投资控制和财务管理方面注意合同条款内容的审查 (4) 合同条款中明确监理工程师在项目建设中的地位、任务和作用 (5) 参与签订承发包合同

4.4.3　建筑安装工程造价构成

1. 现行建筑安装工程造价构成

现行建筑安装工程造价构成如图4.11所示，其中：其他直接费、施工管理费、特定条件下的费用如图4.12～图4.14所示。

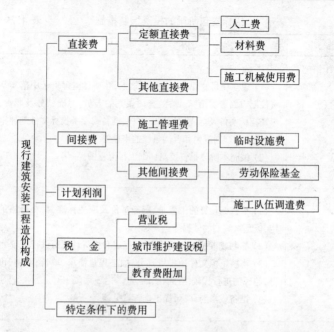

图 4.11 现行建筑安装工程造价构成

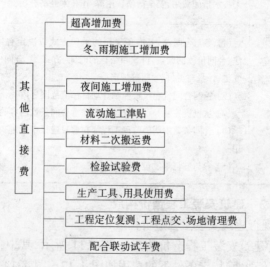

图 4.12 其他直接费构成

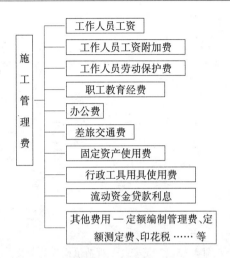

图 4.13 施工管理费构成

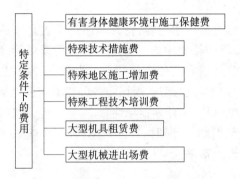

图 4.14 特定条件下的费用构成

2. 对现行建筑安装工程造价构成的调整

为适应社会主义市场经济体制的需要,规范建筑安装工程造价的费用构成,充分发挥市场竞争机制,参照《企业财务通则》及国际惯例,对建筑安装工程费用项目组成进行相应调整,有关主管部门提出的调整意见如图 4.15 所示。

(1) 建筑安装工程造价由直接工程费、企业经营费、利润和税金组成;

(2) 直接费中的人工、材料、机械台班等消耗量作为确定工程造价的消耗标准。其价格应随市场情况变化,由定额管理部门定期发布反映当期平均水平的价格信息及相关单项价格指数和各项

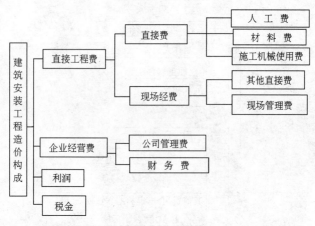

图 4.15 建筑安装工程造价构成的调整

工程造价指数;

(3) 为确切反映工程造价费用内容,将凡属生产工人开支的费用统归入人工费之内,将间接费中施工管理费分解为现场管理费和企业经营费。现场管理费和其他直接费合并为现场经费;公司管理费和财务费合并为企业经营费。现场经费可按不同工程类型、技术难易程度及工期长短制定计划指导性费率,企业经营费可依企业资质等级及承包范围制定计划指导性费率;施工企业依工程具体情况和自身条件确定费率,参与建筑市场竞争。

(4) 费用计算基础

1) 土建工程:现场经费以直接费为基础计算。其中单独承包装饰工程的现场经费和企业经营费均以人工费为基础计算。

2) 安装工程:现场经费和企业经营费均以人工费为基础计算;

(5) 原规定属其他直接费项下的特殊地区施工增加费,铁路、公路、市政道路施工行车干扰费,送电工程干扰费,通讯保护措施费,井巷工程辅助费等,由各地区、各部门根据工程情况,列入其他直接费定额内;

(6) 利润:在计划利润的基础上,依工程类别制定差别利润的指导性利率。施工企业在规定的计划利润范围内,可自行浮动确定本企业的利润水平,以增强竞争能力。

4.4.4 施工图预算的编制和审查

1. 施工图预算文件的组成及内容

施工图预算又称设计预算,是按施工图设计图纸及说明、施工组织设计或施工方案、按工程量计算规则、建筑和安装工程预算定额及取费标准、地区建筑安装材料预算价格、国家和地区规定的其他取费标准、计划利润和税金等的规定,进行计算和编制单位工程或单项工程施工图预算。单项工程施工图预算系由各单位工程施工图预算汇总而成,一个建设项目的建筑安装工程预算造价的文件系由各单项工程施工图预算汇总而成。

在编制施工图预算时,一般对通用的建筑安装工程,其预算定额及取费标准,按国家和当地区的现行规定执行;对专业性的安装工程,其预算定额及取费标准,按有关主管专业部规定的标准执行;建筑安装材料价格按当地区的现行规定执行。

单位工程施工图预算包括建筑工程预算和设备安装工程预算。建筑工程预算又分为一般建筑工程预算、给排水工程预算、采暖通风工程预算、电气照明工程预算、特殊构筑物工程预算及工业管道工程预算等;设备安装工程预算又分为机械设备安装工程预算、电气设备安装工程预算等。

单位工程施工图预算的编制内容,要反映组成该单位工程的各分部、分项工程的名称、定额编号或单位估价号、单位、工程量、单价及分项工程直接费合计、单位工程直接费、综合间接费及其他费用、税金、利润等,对于不能直接套用定额,又不能调整、换算的分项工程,应进行补充单价分析。

2. 施工图预算的作用

施工图预算是确定建筑安装工程造价的主要文件,其主要作用有:

(1) 是合理确定建筑安装工程造价的依据;

(2) 是实行预算包干、控制投资的依据;

(3) 是实行招标、投标、编制标底和报价的依据;

(4) 是签订工程承包合同的依据;

(5) 是编制项目投资计划和年度投资计划的依据;

(6) 是办理工程贷款、财务拨款、计量和支付、工程决算的依据;

(7) 是实行定额供料的依据;

(8) 是承建单位进行施工准备、编制施工计划、计算建筑安装工作量的依据;

(9) 是承建单位实行企业经济核算的依据;

(10) 是考核投资节约或超支进行对比的依据。

3．施工图预算编制的依据

(1) 施工图设计图纸及说明书;

(2) 现行建筑工程预算定额或地区建筑工程综合预算定额、现行的全国统一安装工程预算定额或其地区单位估价表、有关专业部编制的专业安装工程预算定额及其取费规定;

(3) 批准的施工组织设计或施工方案;

(4) 地区材料预算价格表;

(5) 地区单位估价表和单位估价汇总表;

(6) 地区综合间接费定额以及其他费用的取费标准,地区有关价格调整的办法和系数;

(7) 施工合同或协议;

(8) 工程量计算规则、预算工作手册及资料。

4．施工图预算编制单位及编制条件

当编制单位为设计单位时,应根据施工图设计的各单位工程设计图纸能满足编制施工图预算进度需要;当编制单位为承建单位时,应在施工图纸已经进行会审和设计交底、承建单位编制的施工组织设计或施工方案已经批准、在设备、材料和加工构件等方面承发包双方已作了明确分工的情况下,其编制条件最为理想。

5．施工图预算编制的方法和步骤

施工图预算编制的方法,常用的有单价法和实物法两种。

4.4 建设项目招标发包阶段的投资控制

(1) 应用单价法编制施工图预算的方法。按地区统一单位估价表中的各分项工程综合单价(即预算定额基价),乘以相应的各分项工程的工程量,相加汇总得单位工程的人工费、材料费、施工机械使用费之和,再和其他直接费、间接费、计划利润及税金相加,求得单位工程施工图预算造价。

用单价法编制施工图预算的主要公式为:

$$\substack{\text{单位工程}\\\text{预算直接费}} = \left[\sum\left(\substack{\text{分项工程}\\\text{工程量}} \times \substack{\text{预算综}\\\text{合单价}}\right)\right] \times \left(1 + \substack{\text{其他直接}\\\text{费费率}}\right)$$

其中:其他直接费 = (人工费 + 材料费 + 机械使用费)
　　　　　　× 其他直接费费率

间接费 = 直接费(或人工费) × 间接费费率
计划利润 = (直接费 + 间接费) × 计划利润率或人工费
　　　　× 计划利润率

税金,按有关文件规定计算,其内容为营业税、城市建设维护税和教育费附加。

将以上直接费、间接费、计划利润和税金相加即得单位工程预算造价。

应用单价法编制施工图预算的步骤为:

1) 收集准备资料、熟悉施工图纸及说明;

2) 了解现场施工条件、施工方法、施工设备、物资供应、"五通一平"、施工技术组织措施和劳动组织等;

3) 参加设计技术交底和图纸会审;

4) 熟悉预算定额、取费标准和施工组织设计及重大施工方案;

5) 列出编制的工程项目,计算分部分项工程量,工程项目应按预算定额的项目顺序编列;

6) 套用分部分项工程预算定额基价或单位估价表的单位价值;

7) 编制工程预算表和工料分析表;

8) 计算单位工程预算造价及单方造价指标;

9) 经复核后,填写编制说明及封面。

(2) 应用实物法编制施工图预算的方法。先计算出各分项工程的实物工程量,套预算定额后按类相加,求得单位工程需要的各种人工、材料、机械台班的消耗量,再分别乘以当时当地各种人工、材料、机械台班的实际单价,算出人工费、材料费和施工机械使用费,再汇总相加。对于其他直接费、间接费、计划利润和税金等的计算方法与单价法相同。将上列各项费用相加求得单位工程施工图预算造价。

用实物法编制施工图预算的主要公式为:

$$\begin{aligned}\text{单位工程预算直接费} = &\left[\sum\left(\text{分项工程实物工程量}\times\text{人工预算定额用量}\times\text{当时当地人工工资单价}\right)\right.\\ &+\sum\left(\text{分项工程实物工程量}\times\text{材料预算定额用量}\times\text{当时当地材料预算单价}\right)\\ &+\left.\sum\left(\text{分项工程实物工程量}\times\text{机械台班预算定额用量}\times\text{当时当地机械台班单价}\right)\right]\\ &\times\left(1+\text{其他直接费费率}\right)\end{aligned}$$

其他各项费用计算办法同单价法。

应用实物法编制施工图预算的步骤为:

1) 收集准备资料,熟悉施工图纸及说明,要全面收集当时当地的人工工资单价、材料价格、施工机械台班单价的实际价格;

2)~3) 同单价法;

4) 列出编制的工程项目,计算工程量;

5) 套用人工、材料、机械台班的预算定额用量,求得分项工程所需的各类人工、材料、机械台班的实物消耗量;

6) 将各分项工程汇总求得单位工程所需的各类人工、材料和机械台班的实物消耗量;

7) 单位工程所需的各类实物消耗量乘以相应的当时当地各类的实际单价,求出单位工程的人工费、材料费和机械使用费。即
工(料、机)费用 = 当时当地的工(料、机)费用 × 相应的工(料、机)消耗量;

4.4 建设项目招标发包阶段的投资控制

8) 编制工程预算表和工料分析表;
9) 计算单位工程预算造价及单方造价指标;
10) 经复核后,填写编制说明及封面。

(3) 施工图预算通用格式。表 4.30~表 4.36 为应用单价法编制施工图预算的通用格式。

施工图预算书 表 4.30

建设单位:————————
工程编号:————————
工程名称:————————
专业名称:————————
审核单位:_____ 负责人:_____ 审核:_____
编制单位:_____ 负责人:_____ 审核:_____
编制:_____
工程造价总计:_____元
编制日期: 年 月 日

编 制 说 明 表 4.31

一、预算所包括的工程范围
二、所依据的主要和附属的图纸号、设计变更文件号
三、承包企业的等级和承包方式
四、有关部门的调价文件号
五、其他需说明的问题

单项工程(综合)造价总表 表 4.32

序号	工程项目	预算造价	其		中	
			直接费	间接费	利润	其他费用
	总 计					
	土建工程					
	给排水工程					
	采暖工程					
	电气工程					
	通风工程					

单位工程造价总表

表 4.33

工程名称：_____
专业名称：_____

序号	工程费用项目	计算基础	费率(%)	金额(元)	其中		
					人工费	材料费	机械费
	总　计						
一	直接费						
1	基本直接费						
2	其他直接费						
二	间接费						
1	施工管理费						
2	其他间接费						
三	计划利润						
四	其他费用						
1	税　金						
2	预算包干费						

单位工程预算明细表

表 4.34

工程名称：专业

序号	单位估价表号	分项工程或费用名称	单位	工程数量	单　价			合　价		
					合计	其中工资	其中材料	合计	其中工资	其中材料
		分项工程或费用名称								
		分项工程或费用名称								
		工程直接费合计								

4.4 建设项目招标发包阶段的投资控制

单位安装工程预算明细表　　　　　表 4.35

工程名称:专业

序号	单位估价表号	分项工程或费用名称	单位	工程数量或主材数量	安装费					主材费	
					单价			合价			单价	合价
					合计	其中工资	其中材料	合计	其中工资	其中材料		
		分项工程或费用名称										
		分项工程或费用名称										
		安装费合计										
		主材费合计										
		工程直接费合计										

注:主材即估价表中未计价材料。

补充单位估价表　　　　　表 4.36

分项工程名称			计量单位		
工作内容					
工料机名称	规格	单位	单价	合	计
合　计	单位估价				
	其中:人工费				
	材料费				
	机械使用费				

(4) 单价法与实物法的比较。单价法编制施工图预算,应用的是各部门和地区编制的预算综合单价,便于计算,工作量也小,也便于造价部门管理,但由于预算综合单价反映的不是当时的实际价格,因此有一定的误差,编制部门往往定期公布调整价格系数进行弥补,此方法基本上适应计划经济管理。

实物法编制施工图预算,由于应用的人工、材料和机械台班的单价都是当时当地的实际价格,编制的预算就能比较正确的反映实际情况,误差较小,但由于需要统计计算人工、材料和机械台班消耗量,以及收集当时当地的相应的实际价格,显然工作量和计算量都较大。然而,随着市场经济的确立,建筑业竞争的激烈,与国际工程承包的接轨,以及计算机管理系统应用广泛普遍,实物法是一种与当前的统一"量"、指导"价"、竞争"费"的工程造价构成的改革相适应的编制方法。

6. 施工图预算审查的意义和内容

(1) 施工图预算审查的意义

1) 提高施工图预算的正确性,发挥施工图预算的作用;

2) 检验编制单位的编制质量,消除高估冒算和漏项错算,有利于控制投资,使预算确切反映工程造价和需用主要材料用量,节约建设资金;

3) 有利于发挥建设银行监督职能作用;

4) 有利于承发包双方加强经济核算,提高管理水平;

5) 有利于积累和分析各项技术经济指标,改进和提高设计工作的水平。

(2) 施工图预算审查的内容

1) 审查编制依据。审查项目的设计批准文件,施工图设计图纸及其说明书,现行的建筑安装工程预算定额或综合预算定额、材料预算价格、费用定额和其他费用的取费标准,施工合同或协议,其他有关设计、施工资料等。

2) 审查施工图设计是否是按批准的初步设计内容设计的,有否扩大建设规模、增加建设内容、提高建筑标准以及设计中存在的设计质量问题,有否有设计挖潜的可能。

3) 审查施工组织设计。施工组织设计是全面安排项目建设施工规划的技术经济文件,也是编制和审查施工图预算的依据。施工组织设计包括制订技术上先进、经济上合理的施工方案,切合实际的施工进度安排,施工总平面布置,施工资源估算和有效的技术组织管理措施,因此对工程造价有较大影响。

4) 审查工程量。工程量计算正确与否,直接影响到工程预算造价,因此,是审查施工图预算的重点。预算工程量是按各分部分项工程,按预算定额规定的项目和工程量计算规划,以施工图设计图纸和说明为依据进行计算的,工程量的计算单位要和预算定额规定的定额计量单位一致,计算时不能重算或漏项。如在砖石工程中,审查砖石基础与墙身的划分是否按定额规定计算,墙身的高度与厚度的设计尺寸与定额规定有否区别,内墙与外墙以及砌筑用的砂浆强度等级不同时是否分别计算,门窗洞口和应扣除埋入的钢筋混凝土梁、柱是否已经扣除等。

5) 审查预算定额单价。直接费由定额直接费和其他直接费构成,而定额直接费又由工程量和预算定额单价构成,因此,套用预算定额单价是确定定额直接费的主要依据,正确套用预算定额单价与否,直接影响到工程预算造价,因此,也是审查施工图预算的重点。预算中的各分项工程预算单价应和套用的预算定额单价一致,各分项工程的名称、规格和内容等应和单位估价表一致;对定额规定可以换算的分项工程单价,应按定额规定的范围、内容和方法进行换算,对定额规定不可以换算的单价则不得任意换算;对补充定额单价的编制原则要符合国家和地区规定,编制依据要可靠合理,必要时报经有关部门审批同意。

6) 审查其他有关费用。其他直接费计取要符合规定和定额要求,综合间接费取费项目要符合部门或地区规定,并与套用的预算定额配套使用,防止不按规定增加取费项目和取费率,取费的计算基础要正确,如预算外材料价差是不计取间接费的,直接费或人工费调整后,相应的有关费用是否作了调整。计划利润和税金的取费计算基础和费率要符合有关部门的规定,防止漏项或重算。

7) 审查设备费、工器具购置费用。设备、工器具购置的规格、型号、数量应与设计图纸要求和设备、工器具清单一致,对标准定型设备的价格应符合国家统一计价规定,非标准专用设备的定价应正确合理,可以通过收集与类似非标准专用设备价对比,还可以审查估价单与实际加工情况、耗用工料及价格与质量的比例关系,有关部门制订的估价指标,通过设备招标承包的报价和中标价的审查等,对比分析其价格的合理性。

8) 审查材料价格及材料价差费用。根据施工图预算编制的方法不同,是采用预算价格还是当时当地的材料实际价格。材料差价是由材料的市场价格和材料预算价格的差异额组成,材料价差则由材料耗用量和材料差价的乘积组成。因此,在审查材料价格时应同时审查合同条款中的有关规定,如承发包双方对供应材料的分工,套用的单位估价表中有关分项工程的预算单价中的材料预算价格,是否考虑了材料调价因素,套用的单位估价表的时效性等,如材料采用市场价格时,则应进行调查对比核实。

7. 施工图预算审查的方式和方法

(1) 施工图预算审查的方式

1) 单独审查。由建设单位、建设银行、承建单位或监理单位各自单独审查,然后互相交换意见,协商定案,一般用于中小型工程。

2) 联合审查。由建设单位或其主管部门组织建设银行、设计单位、承建单位和监理单位等有关部门共同组织审查小组进行会审核定,会审时充分讨论,解决审查中提出的有关问题,因而审查速度快、定案比较容易、质量也比较高,一般用于大中型工程。习惯上称为"几方核定"。

(2) 施工图预算审查的方法

1) 逐项详细全面审查法。按预算定额顺序或施工顺序对各分项工程逐项详细审查,这是常用的一种方法,准确性高、工作量大、审查时间长。适用于小型工程。

2) 应用标准预算审查法。对应用标准图纸或通用图纸的工程,先审核或编制其标准预算,对应用于工程项目的相同部分可套用标准预算的相应部分进行审查对照,对局部改变的部分——如地下工程等,可单独审查,此法适用于工程项目中应用标准图纸或通用图纸变化的工程内容较小时,其效果明显、大大减少审查时间。

3) 有关项目分组计算审查法。此法系把若干分部分项工程,按相近的有一定内在联系的项目编组,利用同组中各分项工程之间有相同或相近的计算基数的关系,审查了一个分项工程量就可以判断同组中其他几个分项工程量的准确性。如在一般建筑工程中,可将底层建筑面积、地(楼)面面层、地面垫层、楼面找平层、楼板体积、天棚抹灰、天棚刷浆、屋面面层等编为一组。此法审查速度快、工作量少、质量可靠。

4) 与同类工程对比审查法。应用已建成或在建的同类工程的预算,以及已经审查修正过的工程预算造价和工程量,审查拟建的同类工程预算,称为对比审查法。

a. 两个工程采用同一施工图,仅基础部分和现场施工条件不同,则对不同部分进行单独审查,相同部分采用对比审查;

b. 两个工程建筑、结构等设计标准和内容相同,仅建筑面积不同,则认为该两个工程的建筑面积之比与分部分项工程量之比基本是一致的。可按分部分项工程量的比例,审查拟建工程的分部分项工程的工程量。也可用两个工程的每平方米建筑面积造价或每平方米建筑面积的各分部分项工程的工程量进行对比审查;

c. 两个工程的建筑面积相同,设计不全相同,则可对相同的部分进行工程量对比审查,不相同的分部分项工程按施工图纸计算。此法应用于两个工程条件相同时。

5) 用"筛选法"审查。"筛选法"是统筹法的一种。建筑工程中的住宅工程虽有面积大小和高度的不同,但其各分部分项工程的单位建筑面积的数字变化小。从这些分部分项工程中汇集、优选,找出在每平方米建筑面积上的工程量、价格、用工料的基本数值,并注明其适用的建筑标准,编制工程概况表、工程造价分析表、工程量分析表、工料消耗指标表。将拟计算的分部分项工程进行"筛选",符合的就不审,对不符合的某部分的分部分项工程进行详细审查。对拟审预算的建筑标准与基本数值适用的建筑标准不同时,需作调整换算。

6) 重点抽查法。当预算审查工作量大、时间紧时,对建筑工程一般按属于何种结构,就重点审查以这种结构内容为主的、工程量大的、造价比例高的分部分项工程量、定额单价、取费标准及计取基础等。由于进行抽查时重点突出,对控制工程造价效果好,审查时间也缩短。

7) 利用预算手册审查。对一些列入标准图集的工程中的构件、配件等,如洗涤池、大便台、检查井、化粪池等,经计算工程量并套相应预算单价编制成预算手册,对拟建工程的相应采用的构件、配件对照审查,能大大缩短预算的编审时间。

8) 其他。如经验审查法等。

4.4.5 招标发包阶段的工程造价控制

建设项目招标发包阶段是建设项目实施阶段的重要阶段,也是对建设项目进行各项建设准备和施工准备的阶段。在此阶段中,由建设单位(或总承包单位)和上级主管部门签订投资包干协议,对建设项目实行总承包,明确对项目在规定的总承包价内组织建设和控制投资。

监理部门受建设单位的委托,在本阶段从控制投资的角度承担的主要任务是参与项目的招标发包和承包合同的签订。为完成此主要任务需要做很多具体工作,同时为下一步在施工阶段进行投资控制打下基础。如在招标发包工作方面,要参与招标文件的编制或审查,参与标底的编制和审查,将标底与投资计划值进行比较,参与评标、对投标文件进行评审和提出推荐意见,供建设单位最终决策,择优选择中标单位——承建施工、设备制造供应、材料采购供应等,因此要审定招投标文件中有关项目的工程量、编制施工图预算套用的定额、费用标准及取费规定等。再如在签订承包合同的工作方面,要参与合同的谈判,对合同条款的审查,承包的方式,合同价款的计算、调整及付款方式等,因此要掌握经济合同、合同管理、索赔方面的知识应用于合同的签订。

关于合同管理和招标投标方面的内容在本书"施工监理中的合同管理"和"施工监理中的进度控制"中已作了详细的阐述。现只着重对监理工程师从投资控制的角度,在招标发包阶段对工程造价有重要影响的有关标底的编制和审查,投标报价的审查,评标和定标工作以及合同价款的确定进行叙述。

1. 工程标底的编制与审查

招标投标的实质是把建筑产品作为商品的一种商品交换方式,买价称标底、卖价称标价。标底也是招标单位确定招标项目的预期价格。标底的计算在国内一般通过计算单位工程和分部分项工程量、确定单价后,再计算出直接费、其他直接费、综合间接费等后,求出总造价,作为编制标底的基础。因此,标底也是预期总造价。从投资的角度而言,标底是项目投资支出计划数,它是由招标单位或委托有资质编制标底的设计、监理、咨询等单位计算编制,并经当地建设银行和工程造价管理部门审定批准的发包造价;标价是投标单位确定投标项目的承包造价,从投资角度而言,是项目投资需要数,标价由承包单位根据招标单位编制的招标文件的要求计算的。随着市场经济的建立与发展,建设项目在招标投标过程中,将更充分体现控制"量"、指导"价"、竞争"费"的工程造价管理体制的作用,促进工程造价的降低。

(1) 工程标底的编制原则。标底除应满足招标文件对工程进度、工程质量等要求外,在对工程造价控制方面,标底编制一般遵循以下原则:如表 4.37 所示。

工程标底的编制原则　　　　　　表 4.37

编制分类	要　　求
编制依据	编制标的要以现行的概预算定额或指标、费用定额和国家有关规定为依据
编制单位	编制标底由招标单位或委托有资质编制标底的单位编制

续表

编制分类	要求
编制标的控制数	标底必须控制在批准的投资最高限额或投资包干总承包数的限额之内,并经当地造价管理部门审定批准
标的数	一个招标项目,只能编制一个标底
编制范围	招标工程范围明确,充分考虑施工现场实际条件
材料供应	承发包双方对材料供应分工明确,材料价格的变化及材料价差的计算应计入标价,并供报价时参考
建设工期	一般按国家规定的工期定额组织建设,如有提前工期要求,要在标底中考虑增加费用

(2) 工程标底编制的方法。建筑安装工程标的编制的主要方法有四种,如表 4.38 所示。

工程标底编制的主要方法　　　　　　　　表 4.38

方法分类	内容
1. 以设计概算为基础编制	以初步设计图纸和说明,按有关部门、地区颁布的概算定额或概算指标来计算工程量、套用定额单价及编制标的,并参照同规模、类型、结构的工程比较。此法通常适用于扩大初步设计阶段——编制设计概算,技术设计阶段——编制设计修正概算,当在施工图设计阶段招标时,按施工图计算工程量、套用概算定额和单价,称为施工图修正概算,则更可提高计算精度
2. 以施工图预算为基础编制	以施工图纸和说明,按预算定额的分部分项工程子目和施工顺序,计算出工程量,再套用预算定额单价或单位估价表单位价值,经汇总求得单位工程直接费,按规定计算其他税、费后,求得单位工程造价,汇总各单位工程造价后,即得单项工程预算造价,以此为基础编制标的,其计算结果准确、便于核对标价,适用于有施工图时

续表

方法分类	内容
3. 以平方米造价为基础编制	一般适用于采用标准图的住宅或车间，按当地多年实践、按不同结构型式，经综合测算分析制定的平方米造价，结合拟建项目情况，对局部工程进行调整后，确定的标底单价
4. 以综合预算定额为基础编制	综合预算定额是在预算定额基础上的综合扩大定额，即以预算定额的主体项目为主，综合合并有关分部分项工程项目进行编制的，并将间接费、利润、税金等费用并入扩大的分部分项单价内。此法比采用概算定额编制准确，并简化编制工作。但应注意投标单位所有制性质、等级和隶属关系的取费标准规定不同对单价的影响

标底的编制除采用以上有关方法外，尚应结合拟建项目的情况考虑有关因素，如：

1) 超高、超长、超重构件的安装，按施工组织设计或重大施工方案确定的工程技术措施费用和大型施工机械吊装费、运输及租赁费、进退场费；

2) 工期周期长的工程、应考虑建设期材料价格递增系数；

3) 施工现场的自然和地质条件、拟建工程的范围大小、技术难易等影响，对地下工程及"五通一平"应纳入标底；

4) 有提前工期要求时，需增加赶工措施费；

5) 由于提高工程质量等级或高于国家颁发的工程质量验收规范的质量要求，以及优质优价所需增加的费用；

6) 分析编制依据的定额、国内的施工水平，结合项目特点及对各有关投标单位的实际施工水平和建筑市场的形势，从而编制合理的标底。

以上因素应在工程费用及预备费中有一个综合的考虑。

(3) 工程标底的审查。对建筑安装工程标底的审查如表4.39所示。

工程标底的审查　　　　　　　　　表4.39

审查分类	内容
审查编制的方法	标底的审查与概预算审查方法相同,即审查工程范围和工程量、审查套用的定额单价、换算和补充单价的计算,审查取费标准和计费基础,审查价格调整办法及调整系数,审查其他有关费用和主要材料指标,审查各单位工程单方造价和单项工程总造价
审查编制的合规性	审查编制标底的依据及其合规性,即审查标底是否按国家有关规定进行计算,标底总价有否超出批准的概算,编制的标底有否泄密,有否经有关部门审查同意或备案,有否坚持对投标单位一视同仁、平等竞争,一个招标项目只能有一个标底,有否漏项或多算等

2. 工程投标报价的审查

(1) 工程投标标书的主要内容,如表4.40所示。

工程投标标书的主要内容　　　　　　　表4.40

编制依据	内容
标书内容应根据招标文件的内容和要求编制	标书内容一般应包括: (1) 综合说明 (2) 工程总报价和价格组成的分析 (3) 计划开竣工日期 (4) 施工组织设计和工程形象进度计划表——网络图 (5) 主要施工方案、施工方法和保证质量的措施 (6) 施工总平面布置和临时设施规划,占地数量 (7) 施工资源利用等

(2) 工程投标标书的审查,如表4.41所示。

工程投标标书的审查　　　　　　　　表4.41

审查分类	内容
1. 审查报价	审查投标标书中的报价有无重大计算错误,有否漏算或多算,计算依据是否可靠,是否超过了标的或总造价;对招标文件中提出的各项要求,在投标标书中是否作了答复和保证,有否开了活口或说明,分析对造价的影响

续表

审查分类	内容
2. 审查合规性	审查投标标书是否按招标文件规定的内容和要求拟定;投标标书的各种文件是否完整;投标标书的其他各方面是否符合有关规定;投标单位寄送的标书有下列情况之一者为废标: (1) 标书未密封 (2) 未加盖本单位或负责人的印鉴 (3) 标书寄达日期已经超过规定的开标时间

3. 工程的评标和定标

工程的评标、定标是招标决策阶段发包单位应用正确的评标、定标原则和科学的评标、定标方法,如采用多目标综合评价方法,对符合招标要求的各投标单位标书进行综合分析比较,择优选定中标单位进行承包的过程。国内外招标工程根据拟建项目的条件,一般可分别采取公开招标、邀请招标或议标的方式,参加投标的单位一般应在两家以上。定标确定中标单位的主要依据是,标价合理、保证质量、工期适当、符合招标单位要求、经济效益好、施工经验丰富、社会信誉高。评价标书的标准应和招标文件相符。

(1) 国内工程评标、定标的主要评定内容:

1) 评定投标书是否符合招标文件内容和要求;

2) 审核投标书在标价计算上有否错误;

3) 发现明显的问题或重大的计算错误,约见投标单位以书面形式澄清,但不得要求和不允许投标单位对其报价进行实质性修改;

4) 审核标价是否合理可靠,工程量的计算依据、计算规则、工程实物量的审核,套用的概预算定额、费用标准、取费规定及标价中下浮的有关费用取费率,材料价格的取定、价格调整系数的计算的审核等。一般标价在标底价上下5%幅度可视为合理标价;

5) 主要材料使用量;

6) 其他:如评价工程进度、工程质量和采取保证的措施,施工方案、施工措施、施工实力、施工资源及实施的可靠性,以及审查投标单位的资质和社会信誉等。

(2) 评标、定标的方法。应用系统工程原理对评标、定标使用多目标综合评价方法有利于正确、全面、科学的评定决策。其评定步骤是：

1) 确定评标、定标的目标。根据项目实际情况确定,一般为工程报价合理、工期适当、保证质量、企业信誉高、施工经验丰富。也可视项目实际情况增添若干目标。

2) 使评标、定标目标量化。对一些评标、定标的目标过于原则、不定量的,应用量化指标进行评定,如表 4.42 所示。

评标、定标目标量化指标及计算公式　　　　表 4.42

评标定标目标	量化指标	计 算 公 式
工程报价合理　O_1	相对报价　O_p	$\dfrac{报价}{标底} \times 100\%$
工期适当　O_2	工期缩短率　O_t	$\dfrac{招标工期 - 投标工期}{招标工期} \times 100\%$
企业信誉良好　O_3	优良工程率　O_n	$\dfrac{验收承包优良工程数(面积)}{同期承包工程数(面积)} \times 100\%$
施工经验丰富　O_4	近 5 年承包类似工程的经验率　O_j	$\dfrac{承包类似工程产值(面积)}{同期承包工程产值(面积)} \times 100\%$

3) 确定评标、定标目标的相对权重。按项目的性质和要求不同而异,如生产性项目重视缩短工期,可提前带来经济效益;非生产性项目则重视节约投资;重要的公共建筑重视质量。因此要按各目标对项目重要性的影响程度确定其相对权重。现举例假定给出各评标、定标目标的相对权重如表 4.43 所示。

各评标、定标目标的相对权重　　　　表 4.43

总相对权数	造价权数	工期权数	企业信誉权数	施工经验权数
$\Sigma K_i = 100$	$K_1 = 50$	$K_2 = 40$	$K_3 = 5$	$K_4 = 5$

4)用单个评标、定标目标对投标单位进行初选。首先确定某个评标、定标目标或指标的上下界限。投标单位超出某个目标或指标的界限时就被淘汰。

5)对投标单位进行多指标的综合评价。经初选后,对未被淘汰的投标单位进行多指标的综合评价。通过对多个投标单位的综合评定,全面分析各投标单位的各项指标,报价最低但其他指标不理想的投标单位不能中标。

(3)国际招标工程的评标、定标。在开标以后,进行评标、定标的一般程序是:由评标机构对各投标单位的报价资料,从行政性、技术、商务等各方面对报价书的费用进行全面的综合性的分析评定,在此基础上对全部投资进行比较,经过以上评标后,招标单位选择中标单位应该是全面综合评标后的最佳投标者,但不一定是"报价"最低的投标者。其一般程序如表4.44所示。

国际招标工程评标、定标程序　　　　　　　表4.44

程　序	内　　　　容
1.行政性评审	通过评审投标单位是否已经过资格预审,其投标文件印章齐全否,投标文件是否在截止投标时间之前交齐,投标保函是否符合要求等评审投标书的有效性;评审投标书是否包括招标文件规定提交的全部文件的完整性;评审投标书是否已对招标文件应诺;评审和招标文件的一致性,以及对分项报价和总价有否错误,评审报价计算的正确性等。对投标单位进行"筛选",合格者进入技术评审
2.技术评审	评审投标单位承担工程的技术能力,为实施项目建设的组织、计划、工期、质量控制以及为保证以上目的而采取的办法、措施、动用的人力、资源、资金,对满足招标文件和设计要求、满足工期和质量要求所采取的最佳施工方案的可靠性,评审投标书中提交的技术文件与招标文件中要求的一致性,合格者进入商务评审。
3.商务评审	通过从成本、财务和经济分析等方面评定投标单位报价的合理性、可靠性,评审对各投标单位中标后的不同经济效果,选择投标单位中最合理可靠的报价者。商务评审的主要内容是:报价数据计算正确与构成合理性,与标底价对比分析,支付条件,人工、材料、施工机械台班的单价,价格调整,保函、资质与信誉和财务实力等

续表

程　　序	内　　容
4. 澄清标书中的问题	约见潜在中标单位,以书面形式澄清标书中的问题,但不得要求或允许投标单位对其标书进行实质性修改
5. 评定推荐、定标授标	经过评审,提出评审报告和推荐意见,由招标单位决标,向中标单位发出授标意向书后商签合同

4. 设备、材料采购的招标

(1) 国内设备采购招标的程序。国内设备采购招标一般由建设单位自行组织或委托有资质的物资供应部门组织。其一般程序是:

1) 编制招标文件。包括招标书,投标须知,招标设备清单,主要技术要求和图纸,交货时间,主要合同条款(价格、付款时间和方式、交货条件、质量检验及售后服务、违约处理等)以及其他需要说明的问题;

2) 刊登广告公开招标或发出邀请书邀请招标;

3) 对投标单位进行资质审查;

4) 发出招标文件和有关图纸资料,进行交底和解答有关招标文件中的问题;

5) 投标单位报送投标书;

6) 编制标底;

7) 组成评标组织机构,制定评标原则、程序和方法等;

8) 开标。一般公开进行,并请公证处参加;

9) 评标和定标。以招标文件规定的内容公正平等的由评标组织评定,择优选择中标单位;

10) 发出中标通知,与中标单位商签合同。

(2) 国内材料的采购的程序。国内材料的采购一般通过对建筑材料市场或制造厂家、专业材料供应公司以"货比三家"的方式进行询价后,采取招标方式或由供需双方直接磋商得到都能接受的价格,然后对采购的材料由供方提供合格的质量检验合格保证单,商签订货合同,由供方按合同条款规定组织供应。

(3) 对世界银行贷款项目的设备与材料的采购招标程序。对世界银行贷款项目的设备与材料采购招标一般采用国际竞争性招标、有限国际招标和国内竞争性招标三种方法。其招标程序如表4.45所示。

世界银行贷款项目设备与材料招标程序　　　表4.45

招　标　程　序	招　标　分　类		
	国际竞争性招标	有限国际招标	国内竞争性招标
1. 编制招标文件	√	√	√
2. 公开指标(刊登广告)	√(国际)	×	√(国内)
邀请招标(3家以上)	×	√	×
3. 资格审查	√	√	√
4. 发售招标文件	√	√	√
5. 投标准备和投标	√	√	√
6. 开标	√	√	√
7. 评标、定标	√	√	√
8. 授标、签订合同	√	√	√

5. 合同价款的确定

按项目建设需要,通过招标承包,承发包双方签订多种类型的经济合同。如勘察设计、建筑安装施工、设备制造订货、材料加工、改制及供应、运输、劳务、总包与分包等合同。合同价款表现形式也多样化,如对建筑安装工程承包合同,一般分为总价合同(又可分为不可调值不变总价合同——固定合同总价不变,和可调值不变总价合同——固定合同总价不变、增加调值条款)、单价合同(又可分为估计工程量单价合同——工程量估算、单价不变或有条件的改变;纯单价合同——工程量按实结算、单价不变)、成本加酬金合同(又可分为成本加固定百分比酬金合同、成本加固定金额酬金合同、成本加奖罚合同、最高限额成本加固定最大酬金合同)、统包合同(又称交钥匙合同——按不同建设阶段采用不同承包方式计价,适用于在项目实施的全过程承包)。

以上合同表现形式,相应确定了工程合同价的固定不变价、半开口价、开口价和全包价。

合同价与中标价的关系是:中标价是中标单位的报价,合同价是与中标单位合同谈判结果的价格。两者的关系应是:

$$合同价 = 中标价 \pm \triangle$$

式中,△为招标文件资料不全,投标单位在投标书计算时做了一些假设和规定,当中标后与招标单位在进行合同谈判时,在中标价上作了加减调整。

在招标发包阶段投资控制的重要任务是签订的合同价应在投资控制目标—批准的概预算范围之内。

4.5 建设项目施工阶段的投资控制

4.5.1 施工阶段投资控制的基本原理和控制任务

在施工阶段,监理工程师依据承发包双方签订的施工合同的承包方法、合同规定的工期、质量和工程造价、按施工图设计图纸及说明、有关技术标准和技术规范,对工程建设施工全过程进行监督与控制。在施工阶段进行投资控制的基本原理是在项目施工的过程中,以控制循环理论为指导,把投资计划值作为工程项目投资控制的总目标值,把投资计划值分解作为单位工程和分部分项工程的分目标值,在建设过程的每一个阶段或环节中,将实际支出值和投资计划值进行比较,发现偏离,从组织、经济、技术和合同四个方面,及时采取有效的纠偏措施加以控制。因此,在施工阶段监理工程师受建设单位委托并在合同文件中明确其监督和控制的任务是：

1. 对工程进度、工程质量检查、材料检验的监督和控制

详见本书《施工监理中的进度控制》、《施工监理中的质量控制》。

2. 对工程造价的监督和控制

(1) 对实际完成的分部分项工程量进行计量和审核,对承建单位提交的工程进度付款申请进行审核并签发付款证明来控制合同价款;

(2) 严格控制工程变更,按合同规定的控制程序和计量方法确定工程变更价款,及时分析工程变更对控制投资的影响;

(3) 在施工进展过程中进行投资跟踪、动态控制,对投资支出做好分析和预测,即将收集的实际支出数据整理后与投资控制值比较,并预测尚需发生的投资支出值,及时提出报告;

(4) 做好施工监理记录和收集保存有关资料,依据合同条款,处理承建单位和建设单位提出的索赔事宜;

(5) 对项目的工程量和投资计划值,按进度要求和项目划分层层分解到各单位工程或分部分项工程;

(6) 对施工组织设计或施工方案进行认真审查和技术经济分析,积极推广应用新工艺和新材料;

(7) 促进承建单位推行项目法施工,形成项目经理对项目建设的工期、质量、成本的三大目标的全面负责制,协助承建单位改革施工工艺技术,优化施工组织;

(8) 进行主动监理,帮助承建单位加强成本管理,使工程实际成本控制在合同价款之内。

4.5.2 建设项目施工阶段的投资控制措施

建设项目施工阶段是项目在建设实施中的一个十分重要的阶段,本阶段的投资控制工作周期长、内容多、潜力大,需要采取多方面的控制措施,确保投资实际支出值小于计划目标值。监理工程师在本阶段采取的投资控制措施如表 4.46 所示。

建设项目施工阶段的投资控制措施　　　　表 4.46

措　施	内　　　　容
组织措施	（1）建立项目监理的组织保证体系，在项目监理班子中落实从投资控制方面进行投资跟踪、现场监督和控制的人员，明确任务及职责，如发布工程变更指令、对已完工程的计量、支付款复核、设计挖潜复查、处理索赔事宜，进行投资计划值和实际值比较，投资控制的分析与预测，报表的数据处理，资金筹措和编制资金使用计划等 （2）编制本阶段投资控制详细工作流程图
经济措施	（1）进行已完成的实物工程量的计量或复核，未完工程量的预测 （2）工程价款预付、工程进度付款、工程款结算、备料款和预付款的合理回扣等审核、签署 （3）在施工实施全过程中进行投资跟踪、动态控制和分析预测，对投资目标计划值按费用构成、工程构成、实施阶段、计划进度分解 （4）定期向监理负责人、建设单位提供投资控制报表，必要的投资支出分析对比 （5）编制施工阶段详细的费用支出计划，依据投资计划的进度要求编制，并控制其执行和复核付款帐单，进行资金筹措和分阶段到位 （6）及时办理和审核工程结算 （7）制订行之有效的节约投资的激励机制和约束机制
技术措施	（1）对设计变更严格把关，并对设计变更进行技术经济分析和审查认可 （2）进一步寻找通过设计、施工工艺、材料、设备、管理等多方面挖潜节约投资的可能，组织"三查四定"查出的问题整改，组织审核降低造价的技术措施 （3）加强设计交底和施工图会审工作，把问题解决在施工之前
合同措施	（1）参与处理索赔事宜时以合同为依据 （2）参与合同的修改、补充工作，并分析研究给投资控制的影响 （3）监督、控制、处理工程建设中的有关问题时以合同为依据

注：三查四定，即查漏项、查错项、查质量隐患、定人员、定措施、定完成时间、定质量验收。

4.5.3 工程变更控制

1. 工程变更的性质和内容

在建设项目实施过程中,工程变更是经常发生的,因此,在承包合同条款中往往对工程变更作出比较明确的规定,以制约承发包双方对工程变更按规定的程序办理。

工程变更实质上是指合同文件中有关条款的变更,一般包括设计变更、进度计划变更、施工条件变更、技术规范与标准变更、施工次序变更、工程数量变更、合同条款的修改补充以及招标文件、合同条款、工程量清单中没有包括的但又必须增加的工程项目。引起工程变更的原因是多方面的,如进度计划的变更由于建设单位要求提前或停建、缓建,也有因自然及社会原因引起的停工或工期拖延等,设计文件或招标文件、合同文件中预计的现场条件与实际现场条件有很大差异而引起工程量、工程费用、工期的变更等。在工程变更中,大量的是设计修改、设计漏项、设计量差等造成的设计变更,也有因建设单位或承建单位的要求而进行的设计变更,因此,对于选择素质好、经验丰富、社会信誉高的设计单位,可避免较多的设计变更,如有的行业主管部门明确主要生产性工程项目要由甲级专业设计院承担,以确保设计质量和对设计阶段的投资控制。

按照国际惯例,工程变更可由建设单位、监理单位或承建单位提出,但都必须经监理工程师批准同意,并由监理工程师以书面形式发出有关变更指令,变更指令的性质属于合同的修正、补充,具有法律作用。承发包双方必须执行监理工程师发出的变更指令,没有变更指令,承发包的任何一方均不能对任何部分工程做出更改,因此工程变更指令应具有充分的严密、公正和完整性。

2. 工程变更指令的内容

(1) 变更的原因和依据。如由于图纸的错误,应由设计单位提出图纸错误情况及相应变更的图纸和说明;如由于承建单位方便施工条件(如改变结构和建设内容),则由承建单位提出变更原因及相应变更的图纸和说明,应用的技术规范和技术标准;由于建设单位提出的变更(如施工进度计划变更),应附有要求变更的文件;对建设单位要求增加的工程项目,除说明原因外,还应附有关部门的文件或主管部门批准文件;涉及合同条款的变更,应附有承发包双方对有关变更部分的协议书;对设计技术规范和技术标准变更时,要予以说明及附相应的技术文件;监理工程师发现设计不足或错误时,也可提出工程变更。

(2) 变更的内容和范围。对原有工程项目变更,指出变更的内容和范围,其数量的增减情况,列出变更工程的工程量清单;对新增工程项目,指出新增的内容和范围,列出增加的详细工程量清单及其计量方法的规定。

(3) 变更价格的确定。工程变更价款的计算一般是:对原有工程项目的变更部分,一般采用原合同单价和监理工程师经计量变更后的工程数量为依据;对新增工程项目,采用原合同单价或新的单价和新增的工程数量为依据;再求得变更后和新增后的估价与原相应的合同价款进行增减后,求得变更后的合同价款。

对工程变更价格的确定,目前在国内项目发生工程变更时,一般在变更通知单中只确定变更项目的内容、范围、数量,而不确定变更项目的费用,因此,当变更数量很大,已直接影响到总造价时,在不同阶段不能及时反映出变更后的合同价款,直至办理工程结算时才反映出来。所以按 FIDIC 合同条件执行,对工程变更后的合同价变化可以及时的反映出来,就有利于在施工实施全过程中进行投资跟踪、动态控制和分析预测。

3. 工程变更程序

工程变更一般要影响造价、增加费用,为了控制投资在预定的目标值内,要求监理工程师在项目实施过程中严格控制和审查工程变更,严禁通过设计变更扩大建设规模、增加建设内容、提高建筑标准,对必须变更的应严格变更程序,要由变更单位提出工程变更申请,提出变更的工程量清单和价款分析,说明变更的原因和依据,由监理工程师审查,报经建设单位同意(对重大设计变更要报上级主管部门批准),送设计单位审查并取得相应的图纸和说明

4.5 建设项目施工阶段的投资控制

后,由监理工程师发出变更通知或指令,调整原合同的工程价款。工程变更费用一般在项目的预备费中支出,如需追加投资或单项工程超过原批准概预算值、在项目的总投资值内不能调剂解决时,应报原审批部门批准后,方可发出变更通知或指令。

对因工程变更和新增项目确定相应的单价和费率进行估价时,监理工程师要同承建单位协商,对工程变更的审批根据变更项目的性质或按变更项目费用大小,由相应的监理组织机构审批。在十分必要时,为避免影响工作,也可以在达成一致意见之前,在没有规定价格和费用时,指示承建单位继续工作,再通过进一步协商之后,确定适当的价格和费率,或对承建单位提出的变更价格由总监理工程师暂定,事后如意见不一致,可提请工程造价管理部门裁定,直至调解、仲裁、起诉。

双方经洽商后,承建单位应按监理工程师提出的工程变更指令内容和要求,进行下列变更:

(1) 增减合同中约定的工程数量;

(2) 更改有关工程的性质、质量、规格,有关设备材料的型号、规格、质量、数量;

(3) 更改有关部分的标高、基线、位置、尺寸;

(4) 增加因工程变更需要的附加工作;

(5) 改变有关工程施工时间和施工顺序等。

承建单位提出设计变更的控制程序如图 4.16 所示。

建设单位提出工程变更的控制程序是:建设单位向监理单位提出工程变更要求→监理单位与设计单位研究变更的合理性和可能性→监理单位与承建单位商讨对进度与费用相应变化的建议→建设单位确认变更要求引起进度与费用的变化→监理单位起草变更通知→承发包双方签字认可→调整合同价和计划进度。

设计单位提出设计变更的控制程序是:设计单位提出设计变更要求→监理单位讨论变更的可能性并征求咨询→监理单位与承建单位研究对进度和费用相应变化的建议→监理单位向建设单位详述各方意见及对进度和费用变化的建议→建设单位确认进度及

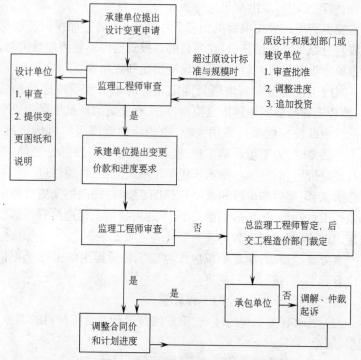

图 4.16 承建单位提出设计变更的控制程序

费用变化→设计单位签发变更设计文件→监理单位起草变更通知→承发包双方签字认可→调整合同价和计划进度。

4．工程变更内容的审查

由于工程变更均应经监理工程师审查,因此监理工程师对工程变更内容、范围、数量的审查原则一般是：

（1）工程变更应在保证生产能力或使用功能的前提下,适用、经济、安全、方便生活、有利生产、不降低使用标准和从"三大控制"角度出发审查；

（2）工程变更应进行技术经济分析,在技术上可行、施工工艺上可靠、经济上合理,不增加项目投产后的经常性维护费用；

（3）凡属于重大设计变更,如改变工艺流程、资源、水文地质、工程地质有重大变化引起建设方案的变动,设计方案的改变,增加单项工程、追加投资等,均应经建设单位或由建设单位报原主管审批部门批准后,方可办理变更;

(4) 工程变更应力求在施工前进行,以避免和减少不必要的损失,并认真审核工程数量;

(5) 对工程变更要严肃、公正、完整,对必须变更的才予以办理,同时要考虑由此影响工期和对承建单位造成的损失,以达到控制投资的目的;

(6) 工程变更要按程序进行,手续要齐全,有关变更的申请、变更的依据、变更的内容及图纸、资料、文件等清楚完整和符合规定;

(7) 严禁通过工程变更扩大建设规模、增加建设内容、提高建筑标准。

5. 工程变更价款的审查

通过对工程变更内容的审查,同时审查其变更的费用,监理工程师要审查承建单位提出的变更价格,合理确定变更部分的单价和价款,把投资控制在投资目标值内。

工程变更的项目并不是全部需要重新确定新的单价,一般按合同条款中规定处理。如规定当变更数量增减不超过工程量清单中的该项目数量的规定范围之内时(如规定为$\leqslant 25\%$),其变更项目的价格仍按原合同单价计算,并可不需办理工程变更,这是因为合同中工程量清单的工程数量一般是个估算的数量,当实际完成的数量是要通过计量的;当变更数量增减已超过工程量清单中的该项目数量的规定范围时(如规定为$>25\%$),其单价的确定是:在增减25%范围之内的部分,仍按原合同单价计算,超出25%的部分,其单价计算可分为采用原合同单价或重新确定新的单价。

承建单位一般可按下列方法提出变更价格的申请,报监理工程师审查同意后调整合同价款。

(1) 合同中已有单价适用于变更工程的单价,按合同已有的单价计算,变更合同价款;

(2) 合同中已有单价只有类似于变更情况的单价,应合理的使用合同中已有单价作为基础,确定变更单价,变更合同价款;

(3) 合同中没有类似和适用的单价,由承建单位提出适当的变更单价,与监理工程师协商,最后由监理工程师批准执行;

(4) 当监理工程师与承建单位经协商,对变更单价的意见仍不一致时,报总监理工程师暂定认为合适的单价,并通知承建单位,事后意见仍有分歧时,则提请工程造价管理部门裁定,直至调解、仲裁、起诉。

一般在实际工作中,通常由承建单位按当地区规定的预算定额和取费率,按编制预算的方法来确定变更项目的价款和合同工期日数的增加,报请监理工程师审查,这种办法可以减少协商时间和争议。

对于由于工程变更,使工期延误和造成承建单位的损失,则通过费用索赔解决,详见"施工监理中的合同管理"的费用索赔部分。

4.5.4 工程计量与支付的控制

工程计量系指监理工程师对承建单位按合同中规定的建设项目、按施工进度计划及施工图设计要求,在建设实施时对实际完成的工程量的确认,因为,合同中的工程数量一般是个计划预测量,不是最终的工程数量。

工程支付系建设单位对承建单位任何款项的支付,都必须由监理工程师出具证明,作为建设单位对承建单位支付工程款项的依据。因此,监理工程师在项目建设监理过程中,利用计量支付的经济手段,对工程造价、进度和质量进行"三大"控制和全面管理,也是监理工程师对项目采用 FIDIC 土木工程通用合同的合同管理的核心。

1. 工程计量的内容

(1) 对照合同的工程量清单(含清单序言、分项工程量清单表、清单汇总表)中的项目,根据工序或部位将对应项目编号已完成的工程量进行计量,并与工程量清单做增减对比表,计算出已完成的工程量及其工程价款,如表 4.47 和表 4.48 所示。

分项工程量清单表 表 4.47

序号	项目编号	项目名称	单位	工程数量	单价(元)	金额(元)	备注
1	301	垫层	m³	150	15.66	2349	
2	302	砖基础	m³	250	48.36	12090	
⋮	⋮	⋮					
15	315	软土处理(暂估金额)	项	1		3500	

工程量清单汇总表 表 4.48

序号	项目编号	项目名称	金额(元)	备注
1	100	总则		
2	200	土方工程		
3	300	基础工程		

清单序言是规定清单中各项目的计量方法及工作范围的文件。序言中规定了项目的工程和费用的计量方法和依据、价格制定应包括合同条款对价格影响的因素、未经承建单位定价的清单项目应认为包括在合同价内、单价包括的费用内容、暂估金额和暂估数量的使用规定、项目包括的工作范围和内容、支付款方式和条件等。

(2) 工程计量时,由于监理工程师发出的工程变更指令是属于合同文件的组成部分,因此,工程变更项目亦属合同规定的项目,当变更项目完成时需及时计量,并填写工程量清单增减表,如表 4.49 所示。当变更项目清单中的项目与合同中工程量清单项目相同时,可采用清单序言规定的方法计量,如变更项目清单中的项目与合同清单项目不同时,则按变更指令中规定的计量方法计算。

工程量清单增减表 表4.49

序号	项目编号	项目名称	单位	工程数量		单价		金额(元)		差额(元)	
				原有	现在	原有	现在	原有	现在	增(+)	减(-)
1	2	3	4	5	6	7	8	9=5×7	10=6×8	11=10-9	12=10-9
2	301	垫层	m³	150	200	15.66	15.66	2349	3132	783	
3	302	砖基础	m³								
⋮	⋮	⋮									

(3) 工程计量的必要条件是已完成的工程必须在质量上达到合同规定的技术标准、各种试验检测数据齐全,并经过质量监理工程师验收合格,颁发工程检验认可书后方可进行计量。

2. 工程计量的方法

工程计量的方法应按合同条款规定的方法处理。一般有如下几种计量方法,如表4.50所示。

工程计量的方法 表4.50

方法种类	内容及适用场合
1. 均摊法	对工程量清单中的项目,在合同期内每月都发生费用,根据费用发生特点,分为平衡均摊法(每月发生的费用平均分摊)和不平衡均摊法(每月发生的费用按进度不平均分摊),此法适用于工程量清单—总则中的项目费用
2. 凭据法	按合同条件规定,由承建单位提供凭据进行计量支付。如承建单位需提供银行保单或履约保证金的凭据,办理时按分期银行保单或保证金的金额比例进行计量支付
3. 估价法	适用于购置多种仪器设备和交通工具等项目,且购置时需要多次才能购齐,则按合同工程量清单中的数量和金额,对照市场价格进行估价,在计量和支付时,对实际购进的仪器设备等不按实际采购价支付,只按估算价支付,但最终仍按合同工程量清单的金额支付
4. 综合法	适用于当工程量清单中的项目,其费用既含设备购置费项目,又有每月发生的维护保养费项目,则需采用估价法和均摊法分别计量支付

续表

方法种类	内容及适用场合
5. 图纸计算法	在工程计量中常采用的方法,通过对施工图纸计算数量,如对砖石工程、混凝土工程等按体积计算,但需要检查施工实施时与图纸及说明是否相同
6. 断面法	对一些地下工程、基础工程或填方路基等,由于实际施工时往往与施工图纸在数量上有出入,则采用此法计量
7. 分解计量法	适用于某个单项工程或单位工程工期较长、采用中间计量支付时,即将此工程按工序分解为若干个分部分项工程计量,如房屋建筑分解为土方工程、基础工程、砖石工程、混凝土工程等,其中的混凝土工程又可进一步分解为柱、梁、板等,并按工序分层计量。项目分解后费用总和应等于分解前总费用,即等于项目的合同价款,此法应用十分普遍

3. 工程计量的程序

工程计量的方式一般由监理工程师和承建单位共同对实际完成数量进行计量,也可由监理方或承建方各自单独计量后交对方认可,由于后者为单独计量,增加了复核的工序和时间;也易产生错误,因此,采用共同计量方式为佳。对于各自单独计量的程序,如计量后未经对方认可,均不符合程序,可认为无效,但提交对方后,对方在规定的时间内未予复核确认,即认为已被确认。

工程计量的程序是:承建单位在规定的时间内,将实际完成的工程数量及金额,向建设单位和监理工程师提交经质量验收合格的已完工程计量申请报告,监理工程师接到报告,在规定的时间内,按施工图纸核实确认已完工程数量(简称计量),并在计量前事先通知承建单位,承建单位派人参加共同计量签字确认,承建单位无故不参加计量,监理工程师自行进行计量结果视为有效,但监理工程师事先不按规定时间通知承建单位,使承建单位不能参加计量,则计量结果无效。对承建单位要求计量的报告,如监理工程师未在规定的时间内共同计量,则承建单位报告中开列的工程量即视为已被确认。

对承建单位超出施工图纸要求增加工程量和因其自身原因造成返工的工程量,不予计量。

双方确认后的工程数量,承建单位填写中间计量核验单,经监理工程师复核、审定后,签发中间支付证书或工程付款证书,作为工程价款支付的依据。

已完工程的分部分项工程量的工程计量程序如图 4.17 所示。中间支付证书或工程付款证书应包含审核已完成的分项工程项数及编号名称,核定的工程款额减合同规定扣除预付款额后的应付款额。并附已完工程检验认可书、已完工程标价工程量、表、分部分项工程验收单。

4. 价格调整的依据和计算方法

项目在建设实施前编制的设计概预算,是以编制时执行的概预算文

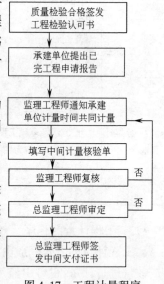

图 4.17 工程计量程序

件和人工、材料、机械台班的预算价格为依据,因此,无论是工、料、机以及设备、费用的价格均为建设基期的水平,由于建设项目一般具有规模大、工期长、市场价格变化因素多等特点,故无法预测建设期间的价格实际变化的情况,一般在编制的概预算中的预备费内按主管部门或地方的规定,以价格递增系数计算预估一笔价差预备费(国际上采用风险费)。在建设实施中,按承包方式不同,在有的合同条款中规定了对项目价格调整的方法,通过价格调整进行动态结算,使合同价格增加或减少。价格的调整不是对合同清单中单价的调整,而且依据合同条款规定,随着市场价格的变化对合同价格进行调整。

国内建设项目,价格调整一般采用两种方法:

(1) 按调价文件结算。即均以当地工程造价管理部门定期颁发的调价文件中的调价办法和调价指数为依据进行结算。

(2) 对影响投资较大的主要材料,采用按实际价格进行结算,对材料价差进行补差,此法一般较少采用,原因是票据不易管理,调动不了承包单位去"货比三家"的积极性。

在国际工程承包中,按国际惯例,通常也采用类似国内的做法,即:

(1) 按主要材料(包括人工、设备)实际价格进行结算,对价差进行补差,根据对承建单位提供的采购票证的价格与合同的主要材料价格之差进行价格调整。

(2) 按调值公式计算。一般合同中规定,用外币支付采购费用时,按国外的价格调值公式计算外币金额,在国内用人民币支付采购费用时,按国内的价格调值公式计算人民币金额。在合同条款中明确价格调整的调值公式,其基本方法是:

1) 确定合同中不予调整部分的固定价格系数,一般取 10%～15%;

2) 确定对投资影响大的主要材料比重系数;

3) 确定材料的基价指数或价格,一般取在投标书截止日期前 28 天的基期价格指数或价格;

4) 现价指数:国外部分采用购入国外材料设备日期前 28 天内来源国发布的指数,国内部分采用国家公布的现行价格指数或价格。

价格调整的调值表达公式如下:

a. 用外币支付费用的调价公式

$$ADJ = FCP \times \Big(C + K_i \frac{M_{1-1}}{M_{1-0}} + K_2 \cdot \frac{M_{2-1}}{M_{2-0}} + K_3 \cdot \frac{M_{3-1}}{M_{3-0}} + \cdots + K_n \cdot \frac{M_{n-1}}{M_{n-0}} - 1 \Big)$$

式中　　ADJ——用外币支付的调值金额;

　　　　FCP——支付证书中的外币金额;

C——固定价格系数,即合同中不能调整部分;

$K_1 \cdots K_n$——进口材料(含外籍人员工资、进口设备及备件、海运费等)比重系数;

$M_{1-0} \cdots M_{n-0}$——进口材料基期价格指数或价格;

$M_{1-1} \cdots M_{n-1}$——进口材料现行价格指数或价格。

b. 用人民币支付费用的调值公式

$$ADJ = MVW \times \left(C_0 + K_{01} \cdot \frac{M_{01-1}}{M_{01-0}} + K_{02} \cdot \frac{M_{02-1}}{M_{02-0}} + K_{03} \cdot \frac{M_{03-1}}{M_{03-0}} \right.$$

$$\left. + \cdots + K_{0n} \cdot \frac{M_{n-1}}{M_{n-0}} - 1 \right)$$

式中　　ADJ——用人民币支付的调值金额;

MVW——支付证书中的人民币金额;

C_0——固定价格系数,即合同中不能调整部分;

$K_{01} \cdots K_{0n}$——国内材料比重系数;

$M_{01-0} \cdots M_{0n-0}$——国内材料基期价格指数或价格;

$M_{01-1} \cdots M_{0n-1}$——国内材料现行价格指数或价格。

【例】　利用世界银行贷款支付土建工程价格调整公式为:

$$ADJ_1 = FCP \times \left(0.15 + 0.15 \frac{EL_1}{EL_0} + 0.30 \frac{PL_1}{PL_0} \right.$$

$$+ 0.10 \frac{BL_1}{BL_0} + 0.08 + \frac{CE_1}{CE_0} + 0.10 \frac{ST_1}{ST_0}$$

$$\left. + 0.06 \frac{TI_1}{TI_0} + 0.06 \frac{MT_1}{MT_0} - 1 \right)$$

式中　ADJ_1——对现有付款证书的外币调整值;

FCP——付款证书的外币支付部分;

EL——外汇劳力;

PL——设备供应和维修;

BL——沥青;

CE——水泥;

TI——木材;

ST——钢材；
MT——海上运输；
'0'——基价指数；
'1'——现价指数。

设该合同于 1993 年 5 月采购的钢材、水泥、木材、沥青，按采购所在国公布的现价指数，钢材比基价上涨 20%，沥青上涨 15%，水泥上涨 10%，木材上涨 10%，海上运输费下降 5‰，1993 年 5 月支付工程款 1000 万元，合同规定的外汇比例为 40%，汇率 5.78，求价格调值系数和调值金额。

【解】 应用表格计算外币部分的价格调值系数，如表 4.51 所示。

外币部分的价格调值系数　　　　　　表 4.51

代号	名称	现价 M_1	基价 M_0	比重系数 K	调价系数 $\mu_1 = K \cdot (M_1/M_0)$
C	固定系数				0.15
EL	劳力	1.0	1.0	0.15	0.15
PL	设备供应维修	1.0	1.0	0.30	0.30
BL	沥青	1.15	1.0	0.10	0.115
CE	水泥	1.10	1.0	0.08	0.088
TI	木材	1.10	1.0	0.06	0.066
ST	钢材	1.20	1.0	0.10	0.12
MT	海运	0.95	1.0	0.06	0.057
					−1.00
总计					0.046

$$ADJ = ADJ_1 + ADJ_2$$
$$ADJ_1 = FCP \times \mu_1, \quad ADJ_2 = MVW \times \mu_2$$

式中　$ADJ_1(ADJ_2)$——外币（人民币）部分调值金额；

$\mu_1(\mu_2)$——外币(人民币)部分采购调价系数。

在本例中外汇比例为40%,则支付外币金额:
$$FCP = 1000 \times 40\% = 400 \text{ 万元}$$
$$ADJ_1 = FCP \times \mu_1 = 400 \times 0.046 = 184000 \text{ 元}$$
$$ADJ_1 = 184000 \div 5.78 = 31834 \text{ 美元}$$

同理计算人民币部分的调价公式来计算人民币部分的支付调价金额 ADJ_2(计算从略),ADJ_1 与 ADJ_2 之和即为总的调价金额 ADJ。

5. 工程支付

(1) 工程支付的范围。一般包括两个部分、三种费用和九项明细,如图4.18所示。

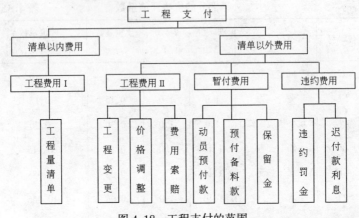

图4.18 工程支付的范围

(2) 工程支付的条件

1) 对已完工程按工程量清单项目对照施工图,经过计量确认;

2) 质量符合技术标准要求,并经监理人员确认,开具质量检验认可书;

3) 工程变更项目必须有监理工程师签发的变更指令;

4) 对劳力、材料、施工机械等价格的调整,按合同条款规定和

计算方法进行计算;

5) 费用的索赔与反索赔按合同条款规定,经监理工程师批准确认;

6) 对动员预付款、预付备料款和保留金的暂付费用,按合同条款支付和归还;

7) 违约费用按合同条款规定,根据实际发生情况,对违约一方的处理。

(3) 建筑安装工程价款的结算支付

1) 备料款的预付。根据合同条款规定支付工程价款,一般在开工前预付一定数额的预付工程备料款。对国内项目,其数额大小根据项目的承包方式、总工期及当年工程进度计划、材料供应方式及不同工程类型中主要材料所占比例不同而异,通常为当年建筑工作量的 20%～30%,安装工作量的 10%～15%,其计算公式为:

$$\frac{\text{年度预付备}}{\text{料款限额}} = \frac{\text{全年建安工作量} \times \text{主要材料及构件所占比重}}{\text{年度施工日历天数}} \times \frac{\text{材料储}}{\text{备天数}}$$

在约定的时间、完成一定的工程形象进度和建安工作量时起扣,其备料款起扣点公式为:

$$T = P - \frac{M}{N}$$

式中 T——起扣点;

M——预付备料款限额;

N——主要材料及构件占建安工作量比重;

P——合同工程款总金额。

到达起扣点后,备料款按比例逐次以冲抵工程进度款方式扣回。同时按实际完成的工程数量经计量后进行支付工程进度款,(即某月实际预付工程价款 = 当月完成建安工作量 - 应扣还的预付备料款);在国际工程承包中,根据合同条款规定,有一部分费用在工程量清单以外的应由建设单位预支给承建单位的暂付费用,主要有动员预付款、材料预付款以及从完成的工程价款中扣除并暂留于建设单位的保留金,此外尚可能发生由于建设单位的资金不到位,不能按时支付给承建单位的已完成的工程价款,由此而应付给承建单位的迟付款利息,以及由于双方中任何一方违约原因,引起的违约罚金。

中国人民建设银行在改革承建单位备料款供应办法(试行)中提出,由建设银行集中运用备料资金。即建设单位不以预付款方式拨给承建单位,改为交建设银行集中,承建单位所需备料资金,按施工生产的合理需要,由建设银行以贷款方式统一供应,发生的流动资金贷款利息按规定向建设单位收取,以克服承建单位无偿使用资金和盲目扩大铺摊子的弊病。

2) 工程价款的结算支付。工程价款结算支付方式通常有:竣工前分次结算的按月结算和分段结算、竣工后一次结算和年终结算三种。

a. 按月结算。实行月中预支、月终结算、竣工后清算的办法,对跨年度工程在年终进行工程盘点、办理年度结算。按合同规定将实际完成的分部分项工程施工图内容、工程数量,经验收合格和计量后,由承建单位提出中间计量核验单或"工程价款结算帐单"申请,再由监理工程师签发中间支付证书,作为办理中间结算的依据。因此,监理工程师应按合同规定对已完工程价款、工程变更、价格调整、索赔等内容进行审查,当符合合同规定相应项目的单价和取费标准计算的才予以签证。当承建单位完成合同规定的全部工程内容、办理交工验收后,向建设单位办理最终工程价款结算。其计算公式为:

$$\begin{matrix} 单位工程竣工 \\ 结算工程价款 \end{matrix} = \begin{matrix} 合同价款 \\ 或概预算价 \end{matrix} + \begin{matrix} 施工过程中合同价款 \\ 或概预算价调整数额 \end{matrix} - \begin{matrix} 预付和已结算 \\ 的工程价款 \end{matrix}$$

b. 分段结算。对当年开工、当年不能完工的单项工程或单位工程,依工程形象进度划分不同阶段进行结算,(分段结算的划分标准,专业项目由各专业部门规定,一般项目由当地建设主管部门规定),并应办理分段验工计价手续,因此,它是一种不定期的结算方法。对当年结算的工程款尽可能与年度完成工作量大体一致,实行分段结算的工程可以用"工程价款预支帐单"按程序批准按月预支工程款。

c. 竣工后一次结算。建设项目或单项工程全部建筑安装工程的建设期在12个月之内,或工程承包合同价值在100万元以下的,可实行每月月中预支,竣工后一次结算。

承包单位通常填制"工程款结算帐单",经监理工程师审查、建设单位审定签证后,通过建设银行办理结算。竣工决算的工程价款预留5%给建设单位,用于质量保证金,在保修期满后,归还给承建单位。

按规定格式的"工程价款预支帐单"、"工程价款结算帐单"及"已完工程月报表"、"工程款结算帐单"如表4.52~表4.55所示。

工程价款预支帐单　　　　　　　　　　　　表4.52

建设单位名称：　　　年　　月　　日　　　　单位:元

单项工程项目名称	合同预算价值	本旬(或半月)完成数	本旬(或半月)预支工程款	本月预支工程款	应扣预收款项	实支款项	说明
1	2	3	4	5	6	7	8

承建单位　　　　　　财务负责人

说明：1. 本帐单由承建单位在预支工程款时编制,送建设单位和经办行各一份。

　　　2. 承建单位在旬末或月中预支款项时,应将预支数额填入第4栏内,实行分月或分次预支,竣工后一次结算的,应将每次预支数额填入第5栏内。

　　　3. 第6栏"应扣预收款项"包括备料款等。

工程价款结算帐单　　　　　　　　　　　表 4.53

建设单位名称：　　　年　　月　　日　　　　　单位：元

单项工程项目名称	合同预算价值	本期应收工程款	应抵扣款项					本期实收数	备料款余额	本期止已收工程价款累计	说明
			合计	预支工程款	备料款	建设单位供给材料款	各种往来款				
1	2	3	4	5	6	7	8	9	10	11	12

承建单位　　　　　财务负责人

说明：1.本帐单由承建单位在月终和竣工结算工程价款时填列，送建设单位和经办行各一份。

2.第3栏"应收工程款"应根据已完工程月报数填列。

已完工程月报表　　　　　　　　　　　　表 4.54

建设单位名称：　　　年　　月　　日　　　　　单位：元

单位工程项目名称	施工图预算（或计划投资额）	建筑面积或工程规模	开竣工日期		实际完成数		说明
			开工日期	竣工日期	至上月止已完工程累计	本月份已完工程	
1	2	3	4	5	6	7	8

承建单位　　　编制日期　　年　　月　　日

说明：本表作为月份结算工程价款的依据，送建设单位和经办行各一份。

3) 合同价款的调整。按规定，合同价款在合同条款内约定后，任何一方不得擅自改变。除合同条款另有约定或发生下列情况之一的可作调整。

4.5 建设项目施工阶段的投资控制

工程款结算帐单　　　　　　　　　　　表 4.55

19　年　月　日　　合同编号

建设项目(或单项工程)名称　　　单位　元

单项或分段工程名称	合同预算价值	结算方式	实际开工日期	实际竣工日期	本次结算工程款	累计结算工程款	累计结算工程款占合同预算价值(%)	备注
1	2	3	4	5	6	7	8＝7/2	9
合 计								

对结算帐单的意见：　　　　　　　　承建单位　　　　(签章)
　　　建设单位(签章)
(此栏由建设单位填)19　年　月　日　　财务负责人　　(签章)

说明：1. 本帐单由承建单位根据合同规定,经过工程竣工验收,或者分段验工以后填制。
2. 实行建设项目竣工后一次结算的,按建设项目填制；其余按单项工程填制。
3. 第3栏按建设项目竣工、单项工程竣工、分段验工结算分别填列。
4. 第5栏按单项工程实际竣工日期填列,没有竣工工程不填。
5. 第7栏包括本次结算的工程款。
6. 本帐单1式3份,由建设单位签证后,一份留给建设单位,一份连同支票和验收、验工报告送开户建设银行办理结算,一份由承包单位留存。

a. 监理工程师计量后确认的工程量增加；

b. 监理工程师确认的设计变更或工程洽商；

c. 当地工程造价管理部门公布的价格调整；

d. 一周内因非承建单位原因造成停水、停电、停气累计超过8h；

e. 合同约定的其他增减或调整。

(4) 建筑安装材料的结算支付

1) 供应材料的方式

a. 包工包料。一种形式是建设单位负责钢材、水泥、木材的供应,其余地方材料由承建单位负责采购供应,建设单位供应的材料数量应按预算定额消耗量、按工程进度和材料质量要求供应到施工现场指定堆放点或承建单位加工厂、工地仓库。包工包料的另一种形式是全部工程用料由承建单位负责采购供应，建设单位不再承担供应责任，则可根据合同条款商定的价格或按市场价格进行计算。

b. 包工不包料。全部工程用料由建设单位采购供应到施工现场指定地点或承建单位加工厂、工地仓库。承建单位只负责提供劳动力、施工用周转性材料、施工机具等。建设单位按预算定额消耗量，发放限额领料卡供应。

在以上供应方式中，对建设单位供应的"三大材料"，当超过预算定额消耗量或消耗总量时，应分析超支原因，属于建设单位原因，由建设单位负责，属于承建单位原因，应按市场价格向承建单位结算；对施工用周转性材料，其性质上属于为完成建筑产品的必要手段，工程在合理工期组织建设时，应由承建单位负责筹集，当承建单位需用建设单位供应的"三大材料"制作周转性材料（如模板、脚手架等）时，应经建设单位同意，并按市场价格向承建单位结算；特殊施工技术措施用料按批准的施工组织设计中的施工技术措施费列入概算后，由承建单位供应。

2) 建设单位供应材料的结算方法。由于建设单位材料供应来源多渠道、多批采购，相同型号规格的材料价格也不同，在结算时一般要按合同条款规定，按概预算定额编制采用的地区或专业部材料预算价格向承建单位办理材料结算。其计算公式如下：

$$\text{建设单位供应的材料结算价格} = \text{预算价格} - \text{工地保管费} - (\text{代办运输费}) - (\text{加工改制费}) + (\text{包装费回收值})$$

其中：当由承建单位代办市内运输或从建设单位仓库提运时，需支付代办运输费和二次搬运费；当由承建单位代办材料加工改制时，需支付加工改制费和相应的代办运输费；当由承建单位回收包装残值时，应计入材料预算单价。

材料预算价格的组成如下：

$$\text{材料预算价格} = \text{原价} + \text{供销部门手续费} + \text{包装费} + \text{运输费} + \text{采购及保管费}$$

或 材料预算价格=(原价+供销部门手续费+包装费
　　　　　　　+运输费)×(1+采购保管费率)

式中 运输费——指由材料生产厂到发货车站或码头运输费、铁路或水运运输费、装卸费、到货车站或码头到施工现场的运输费。

在材料结算时,要注意审查。当建筑工程材料采用地区材料预算价格,而安装工程采用专业部的材料预算价格又未换算到地区材料预算价格时,则同一种型号规格的材料,其材料预算单价是不同的,因此,要分别建筑工程用料和安装工程用料进行材料结算。

(5) 国内设备、工器具和工程建设其他费用的支付。建设项目国内设备、工器具的费用支付,一般按订货合同条款规定及时办理结算手续,在订购时一般不预付定金,只有对制造周期长、造价高的大型设备可按合同规定分期付款,如预先付部分备料款约20%,在设备制造进度达60%时再付40%,交货时再付35%,余5%留作质量保证金。在设备制造招标时,承包厂方还可根据自身实力,在降低报价的同时提出分期付款的时间和额度的优惠条件取得中标资格。

建设单位对设备、工器具的购置,要强化时间观念,效益观念,即要按照工程进度的需要购置,避免提前订货而多支付货款利息和影响建设资金的合理周转,甚至于由于订货过早过多而拖延付款受到罚款赔偿。

工程建设其他费用的项目支出内容较多,占工程总投资比例也较大,在建设过程中又不断发生,因此,在建设单位内部应建立相适应的组织和人员进行管理,要按有关规定严格控制使用,使实际支出控制在限额值之内。

(6) 引进设备、材料费用的支付。建设项目为引进成套设备及国外设计、单机引进或购买专利取得生产产品的技术时,按通过国际贸易和经济技术合作的途径不同,其采购费用的支付方式也不同。当利用出口信贷形式时,根据借款对象不同,又分为卖方信贷和买方信贷。

卖方信贷是卖方将产品赊销给买方,买方在规定的时间内,将贷款一次付款或分期付本息款。一般在协议签订后,买方先付15%定金,交货验收合格和保证期满后,再分期付15%,其余70%在规定的期限内分期付清。卖方为填补占用资金,向其本国银行申请出口信贷。

买方信贷分为两种形式,一种形式是一般在协议签订后,买方先付15%定金,其余由产品出口国银行把出口信贷直接贷给买方,买方按现汇付款条件支付给卖方,以后由买方分期向卖方银行偿还贷款本息;另一种形式是由出口国银行把出口信贷贷给进口国银行,再由进口国银行转贷给买方,买方用现汇支付给卖方。进口国银行分期向出口国银行偿还贷款本息,买方又分期向本国银行偿还贷款本息。以上信贷均有附加费用发生,如承诺费、手续费、管理费、保险费、印花税等。

引进设备、材料结算价由于受汇率、贷款利息调整和物价变化等影响,因此,往往与确定的合同价有所不同,在结算时要应用动态结算方式,并在合同中明确计算的条件和方法。

4.5.5 加强对项目投资支出的分析和预测

1. 投资计划值与实际值比较关系

投资控制的方法之一是进行动态控制,以控制循环理论为指导,对计划值与实际值进行比较,发现偏离目标,及时采取纠偏措施,再发现偏离,再采取纠偏措施,最终确保工程造价总目标的实现。图4.19为计划值与实际值比较关系图,图中连线表示计划值与实际值的比较关系,计划值与实际值是相对的,在左上者为计划值,在右下者为实际值。

2. 投资支出的分析对比和预测调整

如前所述,施工阶段投资控制的方法之一是在项目实施全过程中,进行投资跟踪、动态控制,定期对工程已完成的实际投资支出进行分析,对工程未完成部分尚需的投资进行重新预测,对实际投资支出值和项目投资控制计划目标值进行对比,发现偏差采取纠偏措施。

通过对项目各单位工程、分部分项工程完成的实物工程量、实

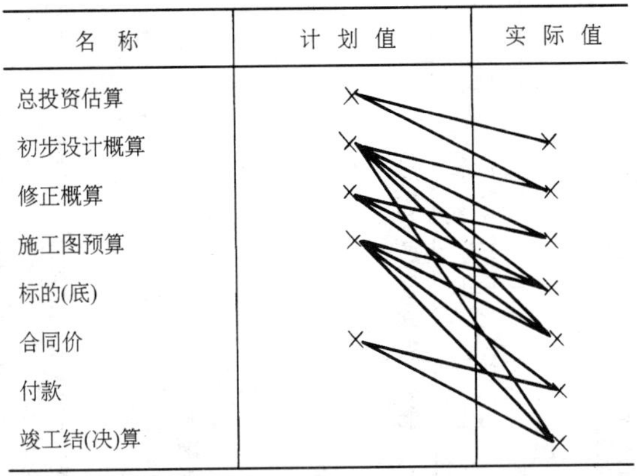

名称	计划值	实际值
总投资估算		
初步设计概算		
修正概算		
施工图预算		
标的(底)		
合同价		
付款		
竣工结(决)算		

图 4.19 计划值与实际值比较关系

际完成的工程预算值和已完工程实际投资支出的统计汇总,定期提出工程进度表和财务支付汇总表,应用"项目投资差异分析法"对投资进行分析和预测。通过差异分析找出工程预算值和实际投资支出值之间的偏差,从已完工程实际投资支出来预测未完工程竣工验收时尚需投资支出,找出原因采取纠偏措施。同时可编制项目投资、预算、进度计划综合图表,使整个工程进度和项目投资的现状和趋势明白地表示出来。项目投资差异分析表如表 4.56 所示。

4.5.6 工程决(结)算的编制和审查

1. 工程决(结)算的作用和编制依据

(1) 工程决(结)算的主要作用。工程决(结)算系指一个单位工程,通过施工实施后与原设计图纸产生差异,将有因差异而增减的工程内容,按施工图预算编制方法,对原施工预算的量、价、费进行修正后,作为承发包双方办理工程费用结算的依据,又称工程竣工决(结)算。

工程决(结)算又是确定实际工程造价、考核分析投资效果的依据,是竣工验收的基础资料,也是承建单位考核工程成本、进行经济核算的依据。

(2) 工程决(结)算编制的依据

表 4.56 项目投资差异分析 （单位：元）

月末	计划完成工程预算值	实际完成工程预算值	待完成工程预算值	按计划工程总预算值	差异					预算执行情况	其中：		总投资复核
					已完成工程实际投资支出	到竣工时尚需投资支出最新估算	完成项目的投资总支出最新估算	修正值			工作量	效率	
	1	2	3	4=1+3	5	6	7=5+6	8=7-4		9=2-1	10=5-1	11=2-5	12=7-4
0	...	...	100,000	100,000									
1	10,000	8,000	90,000	100,000	9,000	93,000	102,000	2,000		-2,000	-1,000	-1,000	2,000
2	...	...	...	...	...	...	...	初始估算		...	...	...	...

注：1. 计划投资完成工程预算值是指按计划所要完成的工作量以价值表示＝计划完成的工作量×预算的计划综合单价；
2. 实际完成工程预算值＝实际完成的工程量×预算的计划综合单价；
3. 待完成工程预算值＝待完成的工程量×预算的计划综合单价；
4. 按计划工程总预算值＝对工程项目的支出预算＋定期对其支出预算的调整；在项目刚开始时，按计划工程总预算值＝初始估算的项目投资控制目标；
5. 已完成工程实际投资支出＝已完成工程的实际建设成本；
6. 到竣工验收时尚需投资支出最新估算＝尚需完成工程量×预算的计划综合单价；
7. 完成项目的投资支出最新估算＝已完成工程实际投资支出＋到竣工验收时尚需支出预算；
8. 修正值＝完成项目的投资支出最新估算－初始估算，用以衡量项目最终投资支出比预算值超出或节余；
9. 预算执行情况差异＝实际完成工程预算值－计划完成工程预算值，工作量差异，用以衡量工程预算落后，如本表预算值为少完成工程预算值2000元；
10. 工作量差异＝已完成工程实际投资支出－已完成工程预算值，用以衡量工程进展程度，如本表为超出工作量1000元；
11. 效率差异＝实际完成工程预算值－已完成工程实际投资支出，用以衡量实际投资支出比预算值超支或节约，如本表支出减少，如本表为超出1000元；
12. 总投资复核＝完成项目的投资支出最新估算－按计划工程总预算值，用以衡量项目最终投资支出比最初投资控制计划值超出或减少，如本表为超出2000元。

1) 施工图纸、说明和施工图预算;
2) 施工合同和协议;
3) 现行预算定额、材料预算价格、费用定额及取费基础、调价方法或调价系数的规定;
4) 图纸会审纪要;
5) 设计变更通知、现场施工签证;
6) 工程停工报告;
7) 材料代用产生的价差。

2. 工程决(结)算编制的方法和步骤

(1) 工程决(结)算编制的方法。工程决(结)算编制的方法因合同或协议条款确定的承包形式不同而有不同的结算方法。如实行概算切块包干,是以设计概算为基础;实行施工图预算加系数包干,是以施工图预算为基础,在包干范围以内增加的工作量就不再计算;实行平方米造价包干,是以平方米造价为基础;实行新增单位生产能力造价包干的,以新增单位生产能力造价为基础;实行决标造价包干的,以决标造价为基础等。

施工图预算加签证(即增减变更因素)的形式编制工程决(结)算的主要方法如表 4.57 所示。

施工预算加签证的工程决(结)算编制方法 表 4.57

方　法	内　　　容
1. 施工图预算与增减变更之和法	在原有施工图预算的基础上,加上因变更因素而增减的价值。在计算时只需计算因变更而增减的部分,按施工图预算编制方法计算,因此,不需重新编制施工图预算。此法适用于变更项目不多的单位工程
2. 分部分项工程重新计算法	当单位工程变更项目较多,使大部分的分部分项工程的工程量和单价有较多的变化,则按施工图预算编制方法,对原施工图预算的各分部分项工程重新计算,编制工程决(结)算

(2) 工程决(结)算编制的步骤

1) 收集整理原始资料,做好调查、核对工作。对施工图预算的量、价、费进行核对,实际完成的分部分项工程内容与施工图预算是否一致等;

2) 调整增减工程量。按工程变更通知、验收记录、现场签证、材料代用等资料,计算应调整增减的工程量;

3) 按施工图预算编制方法,将调整增减的工程量套预算定额单价,计算增减部分的工程造价;

4) 调整后的单位工程决(结)算总造价 = 原单位工程预算总造价 + 调增(减)部分的工程造价;或单位工程决(结)算总造价 = 单位工程决(结)算总直接费 + 间接费 + 材料价格调整的价差 + 计划利润 + 税金。

3. 工程决(结)算的审查

对施工图预算加签证(即增减变更因素)的形式编制的工程决(结)算的审查内容为:

(1) 核对施工图预算和增减变更因素的工程量、定额单价、取费标准、材料价差、计划利润和税金是否按规定计算,防止错漏;

(2) 审查工程决(结)算编制的依据;

(3) 审查实际完成工作量与工程决(结)算内容是否相一致;

(4) 审查材料使用量和材料结算价格;

(5) 审查工程决(结)算的编制是否符合合同条款的要求;

(6) 审查工程决(结)算编制的内容是否完整齐全。

4.5.7 建设项目竣工决算的编制和审查

1. 竣工决算的编制

建设项目竣工决算,是建设单位执行国家基本建设项目竣工验收制度中向国家提交竣工验收报告的重要组成内容,是综合反映建设成果和向国家交待建设投资使用情况的文件,又是全面考核建设项目的超支或节余、历年投资计划执行情况、试生产情况、分析投资效果、正确核定新增固定资产价值和向使用单位办理交付使用财产价值的依据。所有大中型建设项目,按批准的设计内容建完,都应及时办理竣工决算,经过试生产期生产合格产品后,作为竣工投产项目由国家及时组织竣工验收。

为了做好竣工决算工作,必须做好以下有关工作:

(1) 及时办理各单项工程结算和承建单位向建设单位的交工验收,以保证建成项目及时交付使用和编制竣工决算;

(2) 认真做好各项帐务、物资及债权债务清理,结余资金清理后应用于归还贷款或上交;

(3) 按资金来源渠道与经办建设银行核对基建拨款和借款总额,正确计算建设成本;

(4) 认真核实各项支出,对不应列入建设成本的支出应予以剔除,在交工验收前应请审计部门进行自审和复审;

(5) 对建设项目的建设内容未完成部分,按批准概算预留,在竣工验收后按规定的期限内完成;对待摊投资的分摊要按会计制度规定,严格划清交付使用财产的固定资产、流动资产、无形资产和递延资产的界限,正确计算建设成本;

(6) 对工期长的大中型项目,要编好年度竣工财务决算,按年度主管部门批复的财务决算调整,年度竣工财务决算是竣工决算的基础,竣工决算实质上是年度竣工财务决算的综合。一般在编制竣工决算前,先编制建设期内的财务决算,并将在竣工验收时需要解决的有关财务问题列入财务决算,经主管部门和建设银行总行审批后才能列入竣工决算。

竣工决算按每一建设项目编报,分期建设的项目,应分期办理竣工决算。

竣工决算编制内容由竣工决算报表和竣工财务情况说明书两部分组成,均由项目主管部门根据国家统一的要求及格式下达给建设单位编制,其组成和主要内容如表 4.58 所示。

2. 竣工决算审查的意义

(1) 通过审查可以全面考核竣工项目的概预算和投资计划执行情况,分析、考核投资效果。

竣工决算编制的组成和内容　　　　表 4.58

组　成	主　要　内　容
竣工财务情况说明书	(1) 基本建设概预算、基本建设计划执行情况 (2) 基本建设拨款和借款的来源和使用情况 (3) 建设成本和投资效果分析 (4) 未完收尾工程和结余资金情况分析 (5) 基本建设投资包干执行情况和超支、节余分析 (6) 各项基建收入和上交情况 (7) 主要经验、存在问题和处理意见 (8) 其他需要说明的事项
竣工决算报表	(1) 竣工工程概况表 (2) 竣工财务决算总表 (3) 基建投资借款余额明细表 (4) 建设成本表 (5) 交付使用财产总表 (6) 未完收尾工程明细表 (7) 库存结余材料明细表 (8) 投资包干执行情况表 (9) 引进装置成本汇总分析表

竣工决算反映竣工项目的概预算或投资包干数和实际建设成本、完成的主要实物工程量、主要原材料消耗、设计与实际的生产能力、计划和实际建设时间、项目的设备购置费、建筑安装工程费和其他费用的比例、生产性和辅助生产，公用工程以及生活福利的投资比例、占地面积和主要技术经济指标等。为建设类似工程的投资决策提供依据。

(2) 是全面了解项目的基本建设财务情况，总结财务管理工作的主要依据和手段。竣工决算反映了竣工项目从建设以来的各项资金来源和资金运用、取得的财务成果，检查建设单位投资计划和财务计划的执行情况，财经制度的执行情况，资金运用的合规性等。

(3) 为向使用单位办理新增固定资产、流动资产、无形资产和递延资产的交付使用提供依据。建设单位编制向使用单位办理交付使用财产清册,经双方签字后交付,由使用单位在项目投产后计算固定资产折旧费、计算生产成本、为加速还贷创造条件。

(4) 积累资料。提供经验,有利于概算编制部门修订概算定额、降低建设成本。

(5) 有利于加强投资控制和投资管理工作,提高投资效益和社会效益。

3．竣工决算审查的主要内容

(1) 审查各种报表和文字说明书是否齐全、准确;

(2) 审查报表中的概预算数和批准概预算数是否相符;

(3) 审查报表中的拨款和贷款数、交付使用财产等和历年批准的财务决算及报表中的各项费用的总数是否相符;

(4) 审查资金来源的拨款和贷款数和建设银行帐目数是否相符;

(5) 审查竣工决算数和历年批准的财务决算的合计数是否相符;

(6) 审查基建物资中的库存情况、结余资金情况,有否降价、报废物资,有否坏帐损失等;

(7) 审查文字说明是否全面系统、实事求是。

4．竣工决算中有关问题的审查

(1) 建设成本的审查。是竣工决算审查的重点,审查建设成本的真实性、可靠性和合规性,防止不应由基本建设支出的费用挤入建设成本。如有无计划外工程、扩大建设规模、提高建筑标准、增加建设内容,增加项目和内容有否上级批准手续,工程结算是否合规,设计变更是否经设计部门审查签发由监理工程师通知变更,有无违反财经纪律和建设成本超支、节约的情况分析等。

(2) 交付使用财产的审查。审查交付使用财产的真实、完整和合规性,审查其价格、数量、交付手续、帐表、交付条件等情况,按新会计制度审查计入交付使用财产成本的待摊投资分摊的合理性。

(3) 结余资金的审查。对库存设备材料及应收应付款的审查,结余资金的真实性和结余资金处理的合规性。

(4) 基建包干节余的审查。有否按与上级主管部门签订的协议要求提取,有否计算错误和多提多分的情况,有否将分成部分归还贷款,审查包干节余额的真实性、正确性。

(5) 基本建设收入的审查。审查入帐是否及时,有否重复计算或漏算,有否乱挤生产成本,对试生产收入分成和提前投产效益分成是否符合规定。

通过以上对竣工决算的审查,对建设项目从筹建到竣工验收,将实际建设成本与批准的建设项目总概算比较后,可以评价该建设项目在控制投资方面的效果。

5 施工监理中的进度控制

5.1 招标阶段的进度控制

施工招标阶段的工作项目包括:提出招标申请;编制招标文件;制定标底;组织投标;组织开标、评标、定标工作;与中标承建单位商签承包合同等。项目总监理工程师根据工作项目和每项工作内容及工作量的多少,编制招标阶段的进度控制计划。计划可以用横道图显示,亦可以用日历网络图显示,以便能形象地表示出招标阶段各项工作的起始与结束时间。为便于估算各项工作的工作量和工作延续时间,可参考如下主要工作内容。

5.1.1 提出招标申请

工程施工招标投标是在工程的施工阶段,由建设单位通过招标选择承建单位。按照《中华人民共和国招标投标法》规定:大型基础设施、公用事业等关系社会公共利益、公众安全的项目;全部或者部分使用国有资金投资或者国家融资的项目;使用国际组织或者外国政府贷款、援助资金的项目,其勘察、设计、施工、监理、重要设备材料等采购必须进行招标。施工招标投标是国内工程建设领域推广面最大的一种招标形式。承建单位根据国家《建筑市场管理规定》的要求,在企业资质等级允许的范围内参加投标。施工招标投标作为一种市场交易行为,交易双方正常的经济活动,受国家的法律保护和约束。在建设单位对施工项目招标之前,项目总监理工程师应协助建设单位向省(市)主管招标投标管理机构提出招标申请,申请表的式样见表5.1。经主管部门批准各方可开始招标。项目总监理工程师在协助建设单位提出招标申请前,应要

求建设单位落实下列有关招标文件:

建设工程施工招标申请书	表 5.1

招标申请单位＿＿＿＿＿＿＿＿＿＿(盖章)

单位负责人＿＿＿＿＿＿＿＿＿＿(盖章)

申请日期: 年 月 日

5.1 招标阶段的进度控制

续表

招标工程项目名称				建设地点			
批准投资计划单位				批准日期			
项目性质				资金来源			
设计单位				结构层次			
批准面积				设计面积			
批准投资总额中建安投资数				设计概算数			
1. 列入本年度计划的批准单位,文号及年度工作量	固定资产投资项目开工报告批准文号					单位工程开工报告批准单位	
2. 施工图设计完成概况							
3. 征地、拆迁、三通一平完成情况	征地	拆迁	电源	水源	通讯	道路	平整
4. 建筑施工执照申领情况	执照发给日期						
	执照字号						
5. 资金落实情况							
6. 主要材料设备落实情况	钢材		水泥		木材		
	需要量	落实数	需要量	落实数	需要量	落实数	
7. 标底编制单位落实情况							

续表

招标范围及简介,要求(详细附招标文件)			
采用何种招标方式		要求投标单位资质等级	
拟邀投标单位名称			
计划开、竣工日期			
招标日程计划安排			
招标单位工程负责人		联系地址及电话号码	
资金落实情况、开户银行签证	年 月 日(盖章)	监理单位	
招标单位主管部门意见		招、投标办审核意见	
备 注			

招标工程一览表

序号	工程项目名称	建筑面积	结构	层数	交图日期	计划开、竣工日期	附注

说明：1. 本申请书一式三份，招标办、招标单位主管部门、招标单位各存留一份。
2. 招标工程如有多幢单位工程，应详填附表"招标工程一览表"。
3. 关于资金、材料、设备落实情况如本表不够填写，应另附明细表说明情况。
4. 计划批准文件、建筑施工执照均需附复印件。

(1) 概算已经批准；

(2) 建设项目已正式列入国家、部门或地方的年度固定资产投资计划；

(3) 建设用地的征用工作已经完成；

(4) 有能够满足施工需要的施工图纸及技术资料；

(5) 建设资金和主要建筑材料、设备和来源已经落实；

(6) 已经建设项目所在地规划部门批准，施工现场的"三通一平"已经完成或一并列入施工指标范围。

在提出报批招标申请的同时,应报批成立招标工作小组,报批表见表 5.2,后由该组负责招标工作。

建设工程施工招标工作小组资格审批表　　　表 5.2

招标单位						
招标工程名称						
	姓　名	职　称	职　务	专　业	工作年限	备　注

招标工作小组名单

招标单位 　　　　　　(盖章) 法人代表 　　　　　　(盖章) 　　　　年　月　日	招、投标办审核意见: 　　　　　　　　　(章) 　　　　　　年　月　日

注:本表一式三份,招投标办审核后返回两份。

5.1.2 编制招标文件和标底

1. 编制招标文件

招标文件是建设单位对自己所需建筑产品提出的要求,是承建单位编制投标书的依据。招标文件一般应包括以下内容:

(1) 工程综合说明。包括:工程名称、地址、招标项目,占地范围、建筑面积和技术要求,质量标准及现场条件,招标方式,要求开工和竣工时间,对投标企业的资质要求等;

(2) 必要的设计图纸和技术资料;

(3) 工程量清单;

(4) 由银行出具的建设资金证明和工程款的支付方式及预付款的百分比;

(5) 主要材料(钢材、木材、水泥等)与设备的供应方式,加工定货情况及材料、设备价差的处理方法;

(6) 特殊工程的施工要求以及采用的技术规范;

(7) 投标书的编制要求;

(8) 投标、开标、评标、定标等活动的日程安排;

(9)《建设工程施工合同条件》及调整要求;

(10) 要求交纳的投标保证金额度。其数额视工程投资的大小确定,最高不得超过 1000 元;

(11) 其他需要说明的事项。

招标文件的式样见表 5.3。

建设工程施工招标文件 表 5.3

招标单位:＿＿＿＿＿＿＿＿(盖章)

法人代表:＿＿＿＿＿＿＿＿(盖章)

年 月 日

续表

一、工程综合说明

1. 工程项目名称:
2. 工程项目地点:
3. 工程项目批准单位及文号:
4. 资金来源及落实情况:
5. 工程项目规模及结构类型:
6. 本次招标范围:
7. 工程量:
8. 材料供应:
9. 施工图纸及有关技术资料提供:
10. 现场踏勘及答疑时间:
11. 其他说明:

二、文件规定

1. 工程合理标价要求浮动范围(在规定范围内):
2. 工期(日历天数)要求及奖罚条件:
3. 工程质量要求及奖罚条件:
4. 投标标书送达时间及地点:
5. 开标时间及地点:

三、预算编制要求

1. 编制预算定额范围及取费标准规定:
2. 其他费用编制要求(包括赶工费、技术措施费、不可预见费等):
3. 提交下列材料:
(1) 工程量计算书 1 份:
(2) 工程预算书 2 份:
(3) 钢筋翻样数量表 1 份:
(4) 主要材料汇总表 1 份:

续表

四、施工组织设计要求

1. 施工方法(选用施工技术)：
2. 质量保证措施：
3. 安全措施：
4. 现场管理人员配备及组织机构：
5. 使用机械设备：
6. 劳动力安排：
7. 主要材料、构配件进场计划：
8. 工程进度计划：
9. 施工现场平面图布置：
10. 其他：

五、主要合同条款(附件)

1. 双方一般责任：
(1) 甲方负责事宜：
(2) 乙方负责事宜：
2. 工程质量验收：
3. 材料设备供应：
4. 合同价款与支付：
5. 设备调试：
6. 工程保修与期限：
7. 工程奖罚规定：
8. 工程竣工与结算：
9. 其他：

六、其他要求

建设单位主管部门意见： (盖章)

招标投标办公室审核意见： (盖章)

注：本表填不下时可另附页。

2．制定标底

根据我国投资管理体制、工程建设管理体制以及建设产品定价制度的现状,国内施工招标要编制标底。建设单位如果没有能力编制标底,须委托具有相应能力的单位代为编制。

标底的作用:为建设单位预先明确对拟建工程应承担的财务责任;提供上级主管部门,作为核实建设规模的依据;作为衡量投标单位标价的准绳,是评标的主要尺度之一。

编制标底应遵循下列原则:

(1) 根据设计图纸及有关资料,招标文件,参照国家规定的技术、经济标准定额及规范,确定工程量和编制标底;

(2) 标底价格应由成本、利润、税金组成,一般应控制在批准的总概算(或修正概算)及投资包干的限额内;

(3) 标底价格作为建设单位的期望计划价,应力求与市场的实际变化吻合,要有利于竞争和保证工程质量;

(4) 标底价格应考虑人工、材料、机械台班等价格变动因素,还包括施工不可预见费、包干费和措施费等。工程要求优良的,还应增加相应费用;

(5) 一个工程只能编制一个标底。

当监理合同规定由监理单位负责标底编制时,则项目总监理工程师应组织有关专业监理工程师进行具体的编制工作,标底须经监理公司主管经济师审核后送交建设单位认可。项目总监理工程师并应协助建设单位,将已认可的标底报送建设银行预算审查处审查,后报主管招标部门核准。招标标底核准申报表见表5.4。在开标前,标的应严格保密,如有泄漏,对责任者要严肃处理,直至法律制裁。

5.1.3 组织投标、开标、评标、定标

1．组织投标

项目总监理工程师应会同建设单位,根据下列内容,做好投标的组织工作:

5.1 招标阶段的进度控制

建设工程施工招标标底核准申报表

表 5.4

招标项目名称								项目地址						
单位项目个数								建筑总面积						
单位工程名称	概算		报 审 标 底						最 终 合 理 标 底					
	工程量 (m³)	造价 (万元)	工期 (d)	钢材 (t)	水泥 (t)	木材 (m³)	其他	工程量 (m³)	造价 (万元)	工期 (d)	钢材 (t)	水泥 (t)	木材 (m³)	其他
合 计														

招标单位: (盖章)　　　　　　　　　　　　　核准人员签字:

法人代表:　　　　　　　　　　　　　　　核准单位: (盖章)

　　　　　　　　　年 月 日　　　　　　　　　　　　　　年 月 日

注: 1. 本表填不下时可另接续表。
　　2. 本表一式两份,核准后密封返回申报单位一份,并投入标箱。
　　3. 核准人员证号一并填上。

(1) 根据招标方式组织发布招标通告或邀请投标函,组织承建单位报名投标。

当采用公开招标方式时,应发布招标通告,招标通告内容包括:招标单位和招标工程名称;招标工程内容简介;承包方式;投标单位资格;领取招标文件的地点、时间和应缴费用。

当采用邀请招标方式时,应向预先选定的建筑施工企业(一般不少于4个)发出邀请投标函(即建设工程邀请招标征询书,见表5.5),承建单位见到招标通告或收到邀请投标函以后,应立即到当地招标办领取报名书,见表5.6,填写后送招标单位。

建设工程邀请招标征询书　　　　表 5.5

　　　　　　　　　　　:

　　经　　　　批准,　　　　项目已全部完成各项前期准备工作,具备开工条件。

　　经　　　　建设工程招标投标办公室审核,同意招标。现发给邀请招标征询书,并介绍工程建设简况及要求,贵单位如有投标意愿,请于一九　　年　　月　　日前填写建设工程投标报名书一式两份送交我处(报名书到当地招投标办领取)。我们将会同有关部门组织资质审查,如审查同意,则另发通知邀请贵单位参加招标会议。

招标单位:

　地　　址:

　电　　话:

　联系人:

　　　　　　　　　　　　　　　　　　　　年　月　日

5.1 招标阶段的进度控制

续表

工 程 概 况 及 要 求

工程项目名称		建设地点	
建 设 面 积		结构层次	
招标工程范围			
质 量 要 求			
工 期 要 求			
材 料 供 应			
其 他 说 明			

建设工程施工投标报名书   表 5.6

投标报名单位：   （盖章）

企业法人代表：   （盖章）

报名日期：   年 月 日

续表

企业地址		电 话	
所有制性质		注册资金	
资质等级		证书编号	
营业执照		开户银行及帐号	

施工技术力量	高级工程师	名	质量检测能力	高级工程师	名
	工 程 师	名		工 程 师	名
	助理工程师	名		助工、技术员	名
	技 术 工 人	名		其 他 人 员	名
	职 工 总 数	名		主 要 仪 器	

用于本工程的主要施工机械	名称(规格、能力)	台 数	名称(规格、能力)	台 数
机械化程度:				千瓦/人

近三年施工简历	年 份	承担过主要工程项目名称	总造价(万元)	质量等级
受过何种奖罚:				

续表

现有施工完成情况	在建工程项目(个)	在建工程量(m²)	在建工程造价(万元)	本季计划竣工面积(m²)

对本投标工程施工力量安排及管理机构组成	

其他需要说明的问题					
投标单位主管部门意见		招标单位初审意见		招投标办意见	

外 地 施 工 企 业 补 充 情 况

进省(市)时间		许可证号	
驻省(市)地址		电话	
开户行及帐号		核定进省(市)人数	

进省(市)管理班子构成	姓 名	性别	年龄	职务	职称	姓 名	性别	年龄	职务	职 称

注：1. 本报名书一式两份；

2. 外地进省(市)施工企业按有关规定办理手续；

3. 外地进省(市)施工企业在施工技术力量,质量检测能力,主要施工机械,施工简历和现有施工完成情况等栏内填进省(市)的实有数字；

4. 附最近三年内获市级以上质量等级证书，区、县级以上重合同守信誉证书及获省级以上先进企业证书等复印件。

(2) 对投标单位进行资格审查。当采用公开招标时,资格审查工作应在发售招标文件之前进行;当采用邀请招标时,则可与评标同时进行。对投标单位资格审查的主要内容应包括:企业注册证明和技术等级;主要施工经历;技术力量情况;施工机械设备的情况;正在施工的承建项目;资金或财务状况。对资审合格的投标单位,应发给招标通知书,见表5.7。

建设工程招标通知书　　　　　　　　表5.7

＿＿＿＿＿＿＿＿＿＿＿＿＿＿＿＿＿＿＿＿:

经资质审查,同意你单位参加投标,请委派代表(持介绍信)于　　年　　月　　日时到＿＿＿＿＿＿＿＿参加招标会议,领取有关资料,过时不受理。不在建设银行开户的单位,须带交开户银行出具的投标保证金证书。

带图纸押金＿＿＿＿＿＿＿＿＿＿＿＿＿＿＿。

特此通知

招标单位　　　　　　　(盖章)

年　月　日

5.1 招标阶段的进度控制

(3) 向通过资格审查的投标单位发售招标文件。

(4) 组织招标工程交底、现场踏勘及答疑工作。其内容包括：在工程交底方面，组织投标单位踏勘建设现场，介绍工程概况，明确质量要求，验收标准及工期要求，说明建设单位供料情况，材料款的支付办法以及投标注意事项等；在向投标单位所提疑问的答复方面，应以书面记录方式印发给各投标单位，作为招标文件的补充。

(5) 承建单位经研究招标文件后，编制投标书，并填写投标标书汇总表，见表 5.8，后送招标单位。

投标书应包括下列内容：综合说明；按照工程量清单计算的标价及钢材、木材、水泥等主要材料用量。投标单位可依据统一的工程量计算规则，自主报价；施工方案和选用的主要施工机械；保证工程质量、进度、施工安全的主要技术组织措施；计划开工、竣工日期，工程总进度；对合同主要条款的确认。

2. 组织开标、评标、定标

评标、定标是招标工作的关键环节。公正、科学的评标、定标是市场公平竞争的要求。因此，建设单位必须组织与工程规模、技术复杂程度相适应的评标委员会或工作小组，并报招投标办批准，其申报表见表 5.9。以科学、公正、合理的评标方法，选择理想的、符合要求的中标单位。做好这项工作的主要内容有：

(1) 项目总监理工程师协助建设单位在规定时间进行开标。开标应由招标单位主持，并邀请各投标单位和当地公证机构及有关部门代表（如建设银行预算处，市建委招标投标处等单位）参加，在开标现场招标单位主持人宣布评审原则和标准，并记入开标纪录。

评审原则：保护竞争，对所有投标单位一视同仁。如对某些单位实行优惠政策，应在招标通告或在投标单位须知中事先说明。

评审标准：拥有足够胜任招标工程的技术和财务实力，信誉良好，报价合理。

表 5.8 投标标书汇总表

年　月　日

序号	内容	工程量		预算造价（万元）			投标标价（万元）		
		土建	安装（装饰）	土建	安装（装饰）	预算总造价	第一次报价	第二次报价	第三次报价
		工程量　单位	工程量　单位	直接费　总价	直接费　总价	总价			
1	工程量及造价								
2	主要材料（设备）用量	钢材（t）规格型号　用量　总用量		水泥（t）规格　用量　总用量			木材（m³）规格　用量　总用量	设备及其他材料	
3	工期（日历天数）						奖罚条件		
4	质量等级						奖罚条件		
5	编制说明								

填表人：_____（章）　　　法人代表：_____（章）　　　投标单位：_____（章）

招标工程评标工作小组资格审批表　　表 5.9

招标单位					
招标工程名称					

	姓　名	工作单位	职　称	职　务	备　注
评标工作小组名单					

招标单位 （盖章） 法人代表 （盖章） 　年　月　日	招投标办审核意见： （章） 　年　月　日

注：本表一式三份，招投标办审核后返回两份。

(2) 指定专人做好开标结果登记，见表 5.10。由读标人，登记人和公证人签名。

建设工程施工投标标书开标汇总表									表 5.10	

建设项目名称				建筑面积					
投标单位	报价(万元)			施工日历天	开工日期	竣工日期	三大材料使用量			备 注
	总计	土建	安装				钢材(t)	木材(m^3)	水泥(t)	

招标单位： 开标日期 年 月 日

评标小组代表： 公证机关代表：

(3) 开标后应先排除无效标书(指有下列情况之一,投标书无效;未密封;无单位和法定代表人或法定代表人委托的代理人的印鉴;未按规定格式填写,内容不全或字迹模糊,辨认不清,逾期送达;投标单位未参加开标会议),并经公证人检查确认,然后由评标小组(一般可由建设单位、鉴理单位、建设银行、市建委参加组成,也可邀请有关部门的代表和专家参加)从工程技术和财务的角度审查评议有效标书。

(4) 评议后按标价从低到高的顺序列出清单,写出评标报告,见表 5.11。推荐若干名候选的中标单位,送交招标单位决策人作出最终抉择。并报招投标办核准。核准后填写定标情况汇总表,见表 5.12。

5.1 招标阶段的进度控制

决 标 报 表　　　　　　　　表 5.11

招标工程名称：　　　　　　　　　　　　　　　　决标日期：　年　月　日

单　位	工程量 (m³)	总造价 (万元)	直接费 (万元)	材差 (万元)	钢材 (t)	水泥 (t)	木材 (m³)	设备 (万元)	工期 (日历天)	质量等级	计分法总得分	备注
招标工程标底												
投标单位名称及企业性质	报　价											
	与标底比 (+)或(−)%											
	报　价											
	与标底比 (+)或(−)%											
	报　价											
	与标底比 (+)或(−)%											
	报　价											
	与标底比 (+)或(−)%											
	报　价											
	与标底比 (+)或(−)%											
中标单位	中标理由								招投标办审核意见			

注：本表一式四份，招投标办核准后返回三份。

招投标办（章）

招标单位（章）：　　　　　　　　　　　　　　　　报送日期：　年　月　日

建设工程施工定标情况汇总表

工程地点:　　　　　　　　　　　　　　　　　　　　　　　　表 5.12

工程名称				建筑面积		m^2		
标的造价		万元	其中:土建　万元,安装		万元	标的工期		天
核准造价		万元	其中:土建　万元,安装		万元	核准工期		天
投标单位	总造价(万元)	其中		总施工日历工	开工日期	竣工日期	三大材料使用量		
		土建	安装				钢材(t)	木材(m^3)	水泥(t)
中标单位					定标日期		年　月　日		
评标情况及中标理由									

招标单位:　　　　　　　　　　法人代表:

　　　　　　　　　　　　　　　　年　月　日

对简单工程可在开标现场决定中标单位,但对规模较大、内容复杂的工程,则应由招标单位与评标小组就推荐的候选中标单位,分别从技术力量、施工方案、机械设备、材料供应、以及标价等因素进行调查研究,全面衡量后,由招标单位决策人择优定标。

(5) 定标后,项目总监理工程师协助建设单位向中标单位发出中标通知书,见表 5.13。同时通知未中标单位退还招标文件,领回押金的时间和地点。

中 标 通 知 书　　　　　　　　　　表 5.13

_____：

你单位在　　　　工程招标中,经评标议标确定该工程由你单位中标。

请于　　年　月　日前来签订工程施工承包合同(协议),经招投标办认证后约期同去公证处或工商行政管理部门办理公证或鉴证手续,在限期内不来签定施工合同(协议)作自动放弃。

签发：　　　　　　(招标单位章)

年　　月　　日

核准：　　　　　　(招投标办章)

年　　月　　日

续表

招标工程项目及范围			
工程量		结构、层次	
	中标条件	标 的 要 求	
造价(万元)			
工程质量			
工期(日历天数)			
材料用量	钢材(t)		
	水泥(t)		
	木材(m³)		
	其 他		
说 明			

注：1. 本通知书一式六份，招标办、投标单位主管、中标单位、建行、公证处或工商行政管理部门、招标单位各一份。

2. 通知书未经招投标办核准盖章无效。

5.1.4 与中标单位商签承包合同

与中标单位商签合同的过程中，项目总监理工程师应做的工作：

（1）协助建设单位按照约定时间签订合同并与中标单位进行具体磋商，最后双方就合同条款达成协议，由建设单位和中标单位签订合同；

（2）就建设单位与中标单位达成协议的合同条款是否正确反映主要施工监理权限和内容进行审查提出意见；

（3）若中标单位需要将工程的某部分委托分包单位施工时，应协助建设单位对分包单位进行资格审查和认可。

工程结束以后，承建单位应对中标工程实际执行情况作出总结，并填入表 5.14 内存档，作为评定施工企业资信等级的依据。

中标工程实际执行情况表 表 5.14

中标单位：　　　　工程负责人：　　　　技术负责人：

招 标 单 位		招 标 方 式	
工程项目名称		结 构 层 次	
		工 程 量	

工期执行情况	定额工期(天)		中标工期(天)	
	合同开竣工日期		合同工期(天)	
	实际开竣工日期		实际工期(天)	
	提前或延误日期		占合同工期%	
	主要原因责任分析			

造价执行情况		土建(万元)	安装(万元)	总价(万元)
	标 底 价			
	中价造价			
	实际决算价			
	增 或 减			
	占中标价(%)			
	增减原因分析			

质量情况	承诺质量等级		实际评定等级	

续表

合同奖罚条款执行情况	
工程效益	
施工单位对本工程的评价	年　月　日(盖章)
建设单位对本工程的意见和评价	年　月　日(盖章)
其他说明	
招投标办结论意见	年　月　日(盖章)

　　　　　　　　　　　　　　　　　填表人：
　　　　　　　　　　　　　　　　　　年　月　日

注：1. 此表作为评定施工企业资信等级的依据。
　　2. 本表一式四份,招投标办、施工单位、施工企业主管部门、招投标办各一份。

5.2 施工进度计划的审定

《建设工程施工合同》示范文本规定承包人应按专用条款约定的日期,将施工组织设计和进度计划提交工程师。工程师应按专用条款约定的时间予以确认或提出修改意见,逾期不确认也不提出书面意见的,视为同意。在监理合同示范文本的监理人权利中,亦明文规定对建设工期的控制。由此可见,项目总监理工程师有责任从本身监理业务出发,协助建设单位有权审定由承建单位提出的施工进度计划。经审定认可以后,承建单位方可执行。

对项目施工进度计划审定的主要内容:

(1) 检查进度的安排在时间上是否符合合同中规定的工期要求;

(2) 检查进度安排的合理性,以防止承建单位利用进度计划的安排造成建设单位违约,并以此向建设单位索赔;

(3) 审查承建单位的劳动力、材料、机具设备供应计划,以确认进度计划能否实现;

(4) 检查进度计划在顺序安排上是否符合逻辑,是否符合施工程序的要求;

(5) 检查施工进度计划是否与其他实施性计划协调;

(6) 检查进度计划是否满足材料与设备供应的均衡性要求。

若在审定过程中发现问题,应认真向承建单位指出,并协助其调整计划。若对其他子项目产生影响,则需与其他单位共同协商,综合进行调整。

由于项目施工进度计划是项目施工组织设计的一部分,监理工作不仅审定施工进度计划,同时还需审定施工组织设计,其审定的主要内容如图5.1所示。

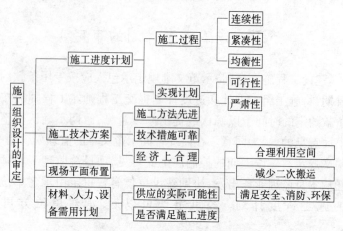

图 5.1 施工组织设计审定内容

上述内容经监理单位审定认可后,需填写审定签证书,其格式如表 5.15 所示。

施工组织设计审定签证　　　　　表 5.15

工程项目名称			
项 目 编 号			
表 编 号		本表号	

建设单位,监理单位已对施工承包单位于　年　月　日提交的施工组织设计进行了审定,基本同意施工承包单位在该施工组织设计中提出的进度计划、施工技术方案、现场平面布置及材料、人力、设备需用计划,并对其中认为不恰当的地方,已向施工承包单位提出,详见　年　月　日的施工组织设计审定会议纪要。为使各方遵照执行,特发此审核签证。

建设单位:　　　　　　　　监理单位:

　　　代表签名:　　　　　　　代表签名:

　　　　　年 月 日　　　　　　　年 月 日

主送:
抄送:

5.3 网络计划技术

网络计划是用网络图表示的进度计划。它与横道图相比较，具有以下特点：

(1) 它能明确表示出工作之间的逻辑关系；

(2) 它能确定每一个工作最早可能开始时间，最早可能完成时间，最迟必须开始时间和最迟必须完成时间；

(3) 它能确定每一个工作的总时差和自由时差；

(4) 它能确定网络进度计划中的关键线路；

(5) 它能进行工期、费用、资源等目标的优化。

学会使用网络计划控制施工进度，应掌握网络计划技术、即掌握网络图的绘制，时间参数的计算等基础知识。

由于网络图的表示方法有双代号和单代号两种，目前国内常用的是双代号编制网络计划，所以，本节以双代号网络图为例。读者学会双代号网络计划技术后，也不难掌握单代号网络。

5.3.1 双代号网络图的绘制

双代号网络图的绘制，应根据国家建设部1992年7月1日开始施行的《工程网络计划技术规程》JGJ/T 121—99 的规定和绘图规则进行，详见附件5.2。

双代号网络图的绘制顺序如表5.16所示。

双代号网络图的绘制顺序　　　　　表5.16

顺序	工 作 内 容	图 例
1	明确各工作之间的逻辑关系	见表5.17
2	列出各工作关系分析表	见表5.18
3	找出无紧前工作的各工作	见图5.2中工作 A、B、C
4	从起点节点开始，自左至右绘制网络图，直至绘到终点节点	见图5.2
5	对节点编号，自左至右进行，可用水平或垂直方向编号，号码顺序可以间断	图5.2采用垂直方向编号

各工作间的逻辑关系　表 5.17

工　作	*A*	*B*	*C*	*D*	*E*	*F*	*G*	*H*
紧前工作	—	—	—	*A*、*B*	*C*、*D*	*B*	*D*	*F*

各工作关系分析表　表 5.18

工　作	*A*	*B*	*C*	*D*	*E*	*F*	*G*	*H*
紧前工作	—	—	—	*A*、*B*	*C*、*D*	*B*	*D*	*F*
紧后工作	*D*	*D*、*F*	*E*	*E*、*G*	—	*H*	—	—
工作持续时间	2	2	3	2	4	5	3	2

5.3.2　双代号网络图的时间参数计算

双代号网络图的时间参数计算，应根据《工程网络计划技术规程》JGJ/T 121—99 的一般规定和计算方法进行，详见附件 5.2。计算方法可按工作计算法或节点计算法进行。表 5.19 是按节点计算法计算时使用的计算公式。

双代号网络图的时间参数计算公式（按节点计算法）　表 5.19

位　置	名称	代号	计 算 公 式
节点上的时间参数 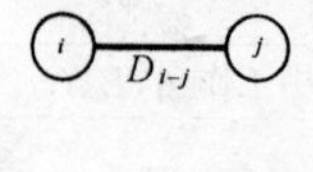 T_i^E T_i^L L_j^E T_j^L i j D_{i-j}	最早时间	T^E	起点节点最早时间（如无规定时）假定为零 即：$T_i^E=0$ 其他节点最早时间为： $T_j^E=\max\{T_j^E+D_{i-j}\}$（公式 5.1）
	最迟时间	T^L	终点节点最迟时间： $T_n^L=T_n^E$ 或为工程计划工期 T_P 其他节点最迟时间： $T_i^L=\min\{T_j^L-D_{i-j}\}$（公式 5.2）

5.3 网络计划技术

续表

位置	名称	代号	计算公式
工作上的时间参数 $\begin{array}{cc}T_{i-j}^{ES} & T_{i-j}^{EF} \\ T_{i-j}^{LS} & T_{i-j}^{LF}\end{array}\bigg|\begin{array}{c}F_{i-j}^{T}\\F_{i-j}^{F}\end{array}$ ⓘ——ⓙ	最早开始时间	T_{i-j}^{ES}	$T_{i-j}^{ES} = T_i^{E}$ （公式5.3）
	最早完成时间	T_{i-j}^{EF}	$T_{i-j}^{EF} = T_i^{E} + D_{i-j}$ （公式5.4）
	最迟完成时间	T_{i-j}^{LF}	$T_{i-j}^{LF} = T_j^{L}$ （公式5.5）
	最迟开始时间	T_{i-j}^{LS}	$T_{i-j}^{LS} = T_j^{L} - D_{i-j}$ （公式5.6）
	总时差	F_{i-j}^{T}	$F_{i-j}^{T} = T_j^{L} - F_i^{E} - D_{i-j}$ （公式5.7）
	自由时差	F_{i-j}^{F}	$F_{i-j}^{F} = T_j^{E} - T_i^{E} - D_{i-j}$ （公式5.8）
网络图上	关键线路	双线表示	$F_{i-j}^{T} \not= 0$ $F_{i-j}^{F} \not= 0$ 线路上各工作时间和最大（即 $\max \Sigma D_{i-j}$）
	非关键线路	单线表示	$F_{i-j}^{T} \not= 0$,若 $F_{i-j}^{F} = 0$,说明工作无机动时间 $F_{i-j}^{T} \not= 0$,若 $F_{i-j}^{F} \not= 0$,说明工作有机动时间

【例5.1】 用节点计算法计算图5.2各节点上的 T^E、T^L 和各工作上的 F_{i-j}^{T}、F_{i-j}^{T},并指出关键线路及工期。

5.3.3 双代号时标网络计划的绘制

双代号时标网络计划(以下简称时标网络计划),它与横道图一样采用时标显示其进度,具有直观性,便于按日历进行施工。它集中反映出网络图和横道图的优点,是目前普遍受欢迎的一种计划进度表示方法。

时标网络计划的绘制,应根据国家行业标准《工程网络计划技术规程》JGT/T 121—99 的规定进行,详见附件 5.2。

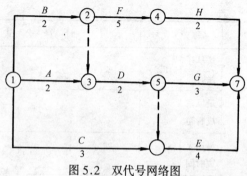

图 5.2 双代号网络图

图 5.3 为不带时标的网络图。工作时间写在箭杆之下,箭线长度与时间无关。

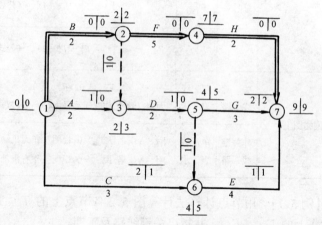

图 5.3 用节点计算法计算网络图的时间参数

注:1. 图中双线表示关键线路;
2. 图中计算工期为 9d;
3. 图中各时间参数的表示位置。$\dfrac{T_i^E \mid T_i^L}{}$, $\dfrac{F_{i-j}^T \mid F_{i-j}^F}{}$ 。

时标网络图的表示方法可按工作日排列,也可去掉工休日直接用日历排列,写在图的上方或下方,并用竖直线分格表明工作日或日历。

横轴代表时间,所以最好把图线绘成水平线(不占用时间的虚工作绘成垂直线)。若图线用斜线表示时,则它的水平投影长度代表时间的长短。

时标网络图中工作的自由时差值,应为其波形线在坐标轴上水平投影长度。

时标网络计划的绘制方法有两种:

1. 间接法绘制时标网络计划

间接法绘制时标网络计划的方法与步骤见表 5.20。

间接法绘制时标网络计划的方法与步骤　　　表 5.20

方法	步　　骤
按最早时间绘制	(1) 计算网络计划各节点和工作的时间参数如图 5.3 (2) 按节点的最早时间或工作的最早时间确定各节点在时间坐标上的位置 (3) 从各节点出发,用水平实线绘制各工作的作业时间,其长度应严格等于作业时间 (4) 用水平波形线将作业实线与该工作的尾节点连接,这段波形线即为该工作的自由时差 (5) 不占用时间的虚工作,绘成垂直线;占用时间的虚工作,绘成水平波形线,即为该虚工作的自由时差 (6) 无波形线的线路即为关键线路,绘成粗实线或双线,如图 5.4
按最迟时间绘制	(1) 计算网络计划各节点和工作的时间参数,如图 5.3 (2) 按节点的最迟时间确定各节点在时间坐标上的位置 (3) 用水平实线在时间坐标上表示工作的作业时间,但要从该工作的尾节点向前计时间长短 (4) 用水平波形线将实箭线与该工作的首节点连结,这部分波形线即为该工作的自由时差 (5) 不占用时间的虚工作,绘成垂直线;占用时间的虚工作,绘成水平波形线,即为该虚工作的自由时差 (6) 无波形线的线路即为关键线路,绘成实线或双线,如图 5.5

【例 5.2】 将图 5.3 用时标网络计划表示。

图 5.4 按最早时间绘制的时标网络计划,在图上只能表示出工作的自由时差,表示不出线路上或工作上的总时差。总时差需

从图中计算而得。即每条线路上的自由时差之和等于该线路的总时差。如图中线路①—③—⑤—⑥—⑦,总时差 = 0 + 0 + 0 + 1 = 1。而工作上的总时差,因某些工作是与几条线路相重叠,该工作上的总时差值应等于较小总时差线路的时差值。如图中工作 E,为线路①—③—⑤—⑥—⑦与线路①—⑥—⑦相重叠,前者线路的总时差为 1,后者线路的总时差为 2,则工作 E 的总时差为两者中总时差较小值,即等于 1。

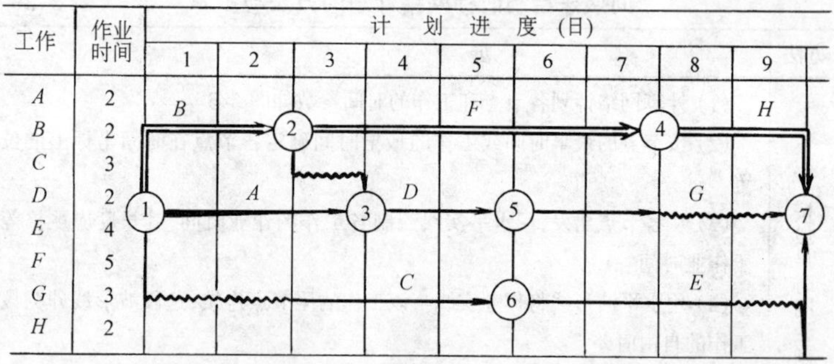

图 5.4 按最早时间绘制时标网络图计划

图 5.5 按最迟时间绘制的时标网络计划,只能表示出工作上的总时差。且所表示的结果与图 5.3 计算的数值不完全一致,这是由于工作总时差之和应等于线路总时差。先行工作可优先使用线路总时差。不使用或不完全使用可往后传递。线路上的总时差

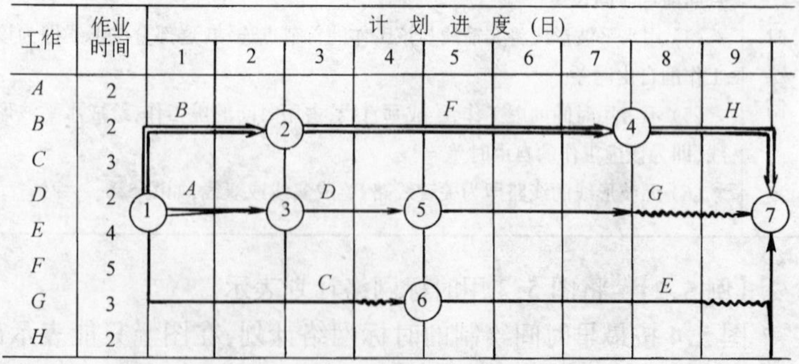

图 5.5 按最迟时间绘制时标网络图

的图 5.5 相一致。

再用表 5.21 判定各工作的总时差和自由时差。

图 5.6 中各工作的自由时差:凡工作箭线上有波形线者,波形线所占有的时间即为该工作的自由时差值;凡工作上无波形线者,说明该工作的自由时差为零。

图 5.6 中各工作的总时差:按表 5.21 中的判定方法与计算公式得结果见表 5.22。

图 5.6 中各工序时差的计算结果　　　　　表 5.22

工　作	判定方法及计算公式	总　时　差
4—7(H) 5—7(G) 6—7(E)	应用线路上总时差可以传递的原则,除扣除先行工序已用去总时差值外,余下传递到线路的最后一个工序上,其余下的总时差值,即等于该工序上的自由时差	$F^T_{4-7} = F^F_{4-7} = 0$ $F^T_{5-7} = F^F_{5-7} = 2$ $F^T_{6-6} = F^F_{6-7} = 1$
2—4(F) 1—6(C) 5—6(虚) 3—5(D) 1—3(A) 2—3(虚) 1—2(B)	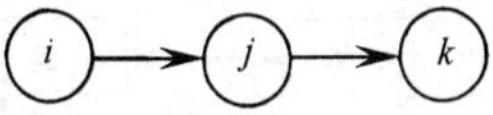 $i \rightarrow j \rightarrow k$ $F^T_{i-j} = \min(F^T_{j-k} + F^F_{i-j})$ 当工作 $i-j$ 为数条线路重	0 2 1 1(取最小值) 1 1 0(取最小值)

由于工作 1—2,2—4,4—7 的总时差和自由时差均等于 0,所以,这三个工作为关键工作,由关键工作组成的线路①→②→④→⑦即为关键线路。

该时标网络图的工期为终点节点位置 9d 减去起点节点位置零,其差值等于 9d。

图 5.7 为用时标网络表示的上海太阳广场大厦施工总进度。

5.4 施工阶段的进度控制

监理工程师在工程施工阶段对进度的控制,其目的在于随时弄清楚整个工程已经进行到什么程度,以便采取调整措施,保证预计目标的实现。

由于工程进度计划在实施过程中受人、材料、设备、机具、地基、资金、环境等因素的影响,致使工程实际进度与计划进度不相符。因此,监理人员在工程计划实施过程中要定期地对工程进度计划的执行情况进行控制。其控制方法有:监督,即深入现场了解工程进度计划中各分部(或分项)实际进度情况,收集有关数据;比较;即对数据进行整理和统计,将计划进度与实际进度进行对比评价;调整,即根据评估结果,提出可行的变更措施,决定对工程目标,工程计划,或工程实施活动进行调整,如图5.8所示。图中方案Ⅰ为原计划范围内的调整;方案Ⅱ为要求修改计划或重新制订计划;方案Ⅲ则要求修改或调整项目目标(即预定工期)。

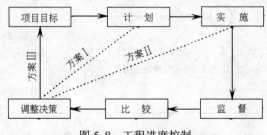

图 5.8 工程进度控制

工程进度控制是具有周期性的循环控制。每经过一次循环得到一个调整后的新的施工进度计划,工程可推进一步。所以,整个施工进度控制过程,是一个循序渐进的过程,是一个动态控制的管理过程,如图5.9所示,直至施工结束。

5.4.1 施工实际进度的数据收集

监理工程师对工程施工进度实行监控的最根本的方法就是通

5.4 施工阶段的进度控制

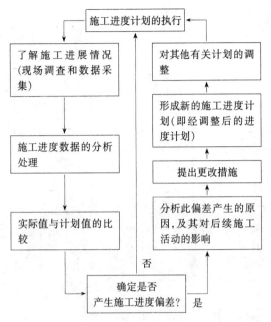

图 5.9 施工进度动态控制循环图

过各种机会定期取得工程的实际进展情况。这些机会包括：

（1）定期地、经常地、完整地收集由承建单位提供的有关报表资料；

（2）参加承建单位（或建设单位）定期召开的有关工程进度协调会，听取工程施工进度的汇报和讨论；

（3）深入现场，具体检查进度的实际执行情况。根据工程规模的大小，每半月或一个月进行一次工程进度盘点。在工程进度盘点时，可采用不同的统计报表。如表 5.23 实际工程进度表，表 5.24 进度报告，表 5.25 形象进度报告等。

5.4.2 施工实际进度的数据分析

监理工程师在对施工中的实际进度的数据进行分析时，为达到监控进度的目的，必须对工程实际进度与计划进度作出比较，从中发现问题，以便采取必要的措施。

表 5.23 实际工程进度表

工程项目名称：_____ 项目编号：_____

施工过程编号	施工过程名称	工程量			工作量		累计进展时间 (d)	开始时间 (月/日/年)	结束时间 (月/日/年)	备注
		单位	数量	已完数量	单位	数量				

填表人：_____ 填表日期：_____年_____月_____日

复核人：_____ 复核日期：_____年_____月_____日

5.4 施工阶段的进度控制

表 5.24

进度报告(用日历表示时间)

工程项目名称：_____ 项目编号：_____

施工过程编号	施工过程名称	工程量		完成率(%)	工作量		工作班次(班/d)	延续时间(d)	进度参数(T)(表示实际进度)				总时差(d)	自由时差(d)	备注
		单位	数量		单位	数量			最早开始	最迟开始	最早结束	最迟结束			

填表人：_____ 填表日期：____年____月____日

复核人：_____ 复核日期：____年____月____日

表 5.25 形象进度报告

工程项目名称: _____ 项目编号: _____

施工过程编号	施工过程名称	工程量		本月形象进度	下月形象进度	备注
		单位	数量			

填表人: _____ 填表日期: _____ 年 _____ 月 _____ 日

复核人: _____ 复核日期: _____ 年 _____ 月 _____ 日

5.4 施工阶段的进度控制

为了能形象直观地表示出实际进度与计划进度之间的"滑动",通常采用的方法有:

1. 横道图

即在用横道图表示的进度表中,除表示计划进度外,还留有表示实际进度的"空格"。施工过程中的工程实际进度可及时画入表的空格内,以示工程实际进展情况。对照计划进度与实际进度两者间的时间差,即为"滑动时间"。如表 5.26 中,由于基础挖土的实际进度比计划进度滞后一周,砌砖基础的实际进度比计划进度滞后 0.5 周,因此,基础工程的施工进度向后"滑动"(拖延)1.5 周。

用横道图表示"滑动"的方法　　　　表 5.26

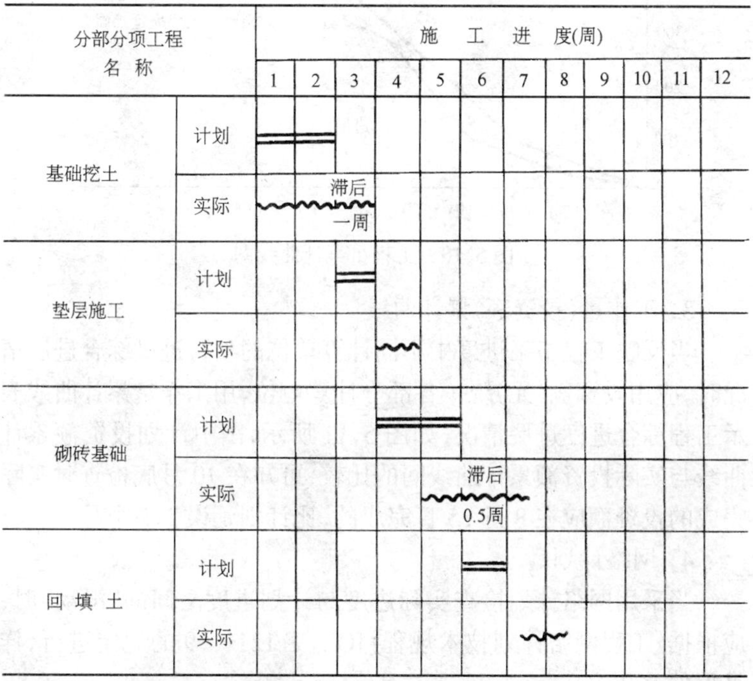

分部分项工程名称		施工进度(周)										
		1	2	3	4	5	6	7	8	9	10	11	12
基础挖土	计划	══	══										
	实际	∼∼	∼∼	∼∼	滞后一周								
垫层施工	计划			══									
	实际				∼∼								
砌砖基础	计划				══	══	══						
	实际						∼∼	滞后 0.5 周					
回填土	计划							══					
	实际								∼∼				

2. 工程量累计曲线

图 5.9 工程量累计曲线中,其中一为按计划进度计算的工程

量累计曲线,另一为按工程实际施工进度计算的工程量累计曲线。对照二条曲线的时间差异,就能获得"滑动"时间值。如图5.10中实际进度比计划进度滞后两周。此法适用于相同计算单位的分项工程中。

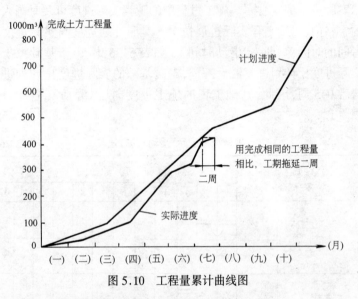

图 5.10 工程量累计曲线图

3．工作量(投资额)累计曲线

当反映工程施工进度中不同计算单位的项目进度综合进展情况时,应用投资额(元)统一各部分计算单位,用工作量累计曲线表示工程综合进度进展情况,如图5.11所示,图中计划投资额累计曲线与实际投资额累计曲线间的比较,可知在10月底检查时实际完成的投资额应在8月15日完成的,比计划延误2.5个月。

4．网络计划

当采用网络计划检查实际进度与计划进度之间的"滑动"时,应根据《工程网络计划技术规程》JGT/T 121—99 的规定进行,详见附件5.2。

当采用时标网络计划时,可采用实际进度前锋线(简称前锋线)记录计划执行情况。前锋线应自上而下地,从计划检查时的时

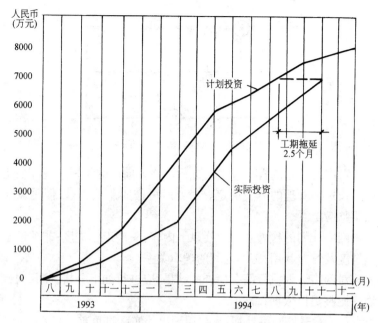

图 5.11 工作量(元)累计曲线

间刻度线出发,用直线段依次连接各项工作的实际进度前锋,最后到达计划检查时刻的时间刻度线为止,如图 5.12 所示。前锋线可用彩色标画,相邻的前锋线可采用不同颜色。

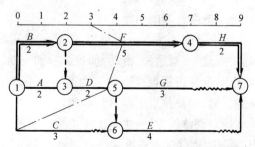

图 5.12 用前锋线检查网络计划(第三天实际进度)

当采用无时标网络计划时,可采用直接在图上用文字或适当符号记录,如图 5.13 所示。或列表记录等记录方式。

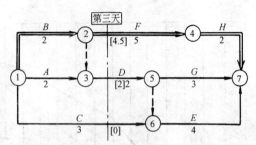

图 5.13 用前锋线检查无坐标网络计划(第三天的实际进度)

对网络计划的检查应定期进行。检查周期的长短应视计划工期的长短和管理的需要决定。必要时可作应急检查,以便采取应急调整措施。

网络计划的检查必须包括以下内容:关键工作进度;非关键工作进度及时差利用;工作之间的逻辑关系。

对网络计划执行情况检查的结果,应进行如下分析判断,为计划的调整提供依据;

(1) 对时标网络计划,宜利用画出的实际进度前锋线,分析计划的执行情况及其发展趋势,对未来的进度情况作出预测判断,找出偏离计划目标的原因及可供挖掘的潜力所在。

(2) 对无时标网络计划,宜按列表(见附件5.2)记录的情况对计划中的未完工作进行分析判断。

5.4.3 施工进度计划的调整

根据对实际进度中的数据分析结果,能显示出实际进度与计划进度之间的"滑动"。对这种"滑动"如果影响到工期的按时完成时,应及时对施工进度进行调整。以实现通过对进度的检查达到对进度控制的目的,保证预定工期目标的实现。

施工进度计划调整的方法,决定于施工进度表的编制方法。

1. 采用横道图编制施工进度表

由于该种计划中各分部分项之间的关系,是按流水作业理论编制的,其空间参数、时间参数和工艺参数已确定。如因某种原因使其中某个分部(或分项)拖延了作业时间,这就打破了原计划流

水作业的平衡,必须重新按流水作业的理论对进度计划作调整,并保证预定工期目标的实现。其调控的方法有:

(1) 当实际进度与计划进度相比,工期滞后时间不长。可不打破整个施工进度计划流水作业的平衡,只在某个分部(或分项)上作局部调整。在进行局部调整时,如果工作面容许,可采用增加劳动力的办法以缩短工期;如果工作面较小,在同一工作班内增加劳动力后工作面拥挤,影响生产效率时,应考虑在同一工作日内增加工作班次,以保证工期的缩短,追回滞后的工期。

(2) 当实际进度与计划进度相比,工期滞后时间较长,采用局部调整的办法不能将滞后时间调整完。此时需要对进度计划动大手术,在保持流水作业和预定工期的前提下,通过调整流水段,重新安排施工过程(分部或分项)和专业队数,增减专业队人数等办法对进度计划进行调整。必要时,上述调整过程要反复多次,直到调整后的工期满足预定工期。在计划的调整过程中,亦应与原计划进度一样,尽可能使劳动力、材料、资金、机具的供应均衡。

2. 采用网络计划编制施工进度表

网络计划的调整应根据《工程网络计划技术规程》JGJ/T 1001—91的规定进行,详见附件5.2。网络计划的调整包括下列内容:关键线路长度的调整;非关键工作时差的调整;增、减工作项目;调整逻辑关系;重新估计某些工作的持续时间;对资源的投入作局部调整。

当定期对网络计划进行检查时,若发现某项工作尚需作业的天数与按计划最迟完成该项工作尚有的天数之差等于或小于自由时差时,则无需调整;当大于自由时差但等于或小于总时差时,则需调整其紧后工作,甚至后续工作;当大于总时差时,用压缩关键线路持续时间的方法进行调整,见表5.27。

【例5.4】 用平均值压缩法计算图5.14中各工作持续时间的压缩值。计算结果见表5.28。

【例5.5】 用选择压缩法计算图5.13各工作持续时间的压缩值。

压缩关键线路持续时间的方法　　　　　表 5.27

方法	步　　骤
平均压缩法	按线路上各工作作业时间长短分配压缩的持续时间,其值为: $$\Delta D_{i-j} = \frac{D_{i-j}}{T}(F^T_{i-j}) \qquad (公式5.12)$$ 式中　ΔD_{i-j}——工作 $i-j$ 应压缩的时间 　　　　T——该线路原工期 　　　　D_{i-j}——工作 $i-j$ 原有的持续时间 　　　　F^T_{i-j}大于原有的总时差的总时差值 此法当需要压缩的时间,不超过各工作可能压缩时间限额值的情况下可采用,见[例5.4]
选择压缩法	即有选择的压缩某些工作,它的作业时间的缩短对多条线路工期的缩短都有效,起到事半功倍的作用,如图 5.13 的工作 1—2(即 B),它的作业时间缩短对关键线路①—②—④—⑦和非关键线路①—②—③—⑤—⑦及非关键线路①—②—③—⑤—⑥—⑦的工期压缩都有效。这种工作称为"瓶颈工作",它往往是关键线路与其他也有负值时差线路的重叠部分(凡在调整网络工期的计算中,若某些工作出现负值总时差,其所组成的线路工期都应压缩,其压缩值即为该线路上各工作中的最大负时差值) 　　[例5.5]
增费最小法	压缩时间,需增人、增设备、使工程费用增加。单位时间内的费用增加值称为工作增费率,以 K 表示,单位为元/d $$K = \frac{C_b - C_a}{t_a - t_b} \qquad (公式5.13)$$ 式中　t_a——正常作业时间 　　　　t_b——最短作业时间 　　　　C_a——正常作业时间的相应直接费 　　　　C_b——最短作业时间的相应直接费 不同的工作(或施工过程)增费率是不同的 按施工增费率为最小的方法压缩工期,其步骤为: 　(1) 比较关键线路上各工作增费率,选择 K 值最低的先压缩,达到该工作最短作业时间后,再选择第二个 K 值最低的工作压缩。每个工作能压缩的天数是正常作业时间减去最短作业时间;增费值为压缩天数乘以增费率 　(2) 若关键线路压缩的天数达到某条非关键线路的总时差值时,这条非关键线路也将上升为关键线路。若需进一步压缩,则增费值为这二条关键线路压缩增费值之和 　　[例5.6]

5.4 施工阶段的进度控制

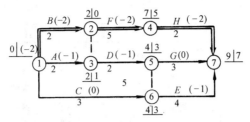

图 5.14 将图 5.3 中的网络工期 9d 改为合同工期 7d 后重新计算各工作的总时差值,(表示在工作箭杆上的括号内)

用平均压缩法计算各工作持续时间的压缩值　　　　表 5.28

工 作	计 算 公 式	压 缩 值
1—2(B)		-0.44
2—4(F)	用公式(5.12)	-1.11
4—7(H)	$\Delta D_{i-j} = \dfrac{D_{i-j}}{T}(F_{i-j}^T)$	-0.44
1—3(A)		-0.22
3—5(D)	例:计算工作 1—2	-0.22
1—7(G)	$\Delta D_{1-2} = \dfrac{D_{1-2}}{T}(F_{1-2}^T)$	0
1—6(C)		0
6—7(E)	$= \dfrac{2}{9}(-2) = -0.44$	-0.44
2—3(虚)	依此类推,计算出各工作的压缩值如右列	0
5—6(虚)		0

按选择法原则,选择工作 1—2 作为"瓶颈工作",它的压缩值对关键线路①—②—④—⑦和非关键线路①—②—③—⑤—⑥—⑦均有影响。现假定选择工作 1—2 的压缩值为 1,则其余各工作的压缩值亦会有改变,见表 5.29。

用选择法计算各工作持续时间的压缩值　　　　表 5.29

工 作	压 缩 值	备 注
1—2(B)	-1	当作"瓶颈工作"假定的压缩值
2—4(F)	-1	参照表 5.28 值
4—7(H)	0	受影响而改变

续表

工 作	压 缩 值	备 注
1—3(A)	0.2	参照表 5.28 值
3—5(D)	0.2	参照表 5.28 值
5—7(G)	0	参照表 5.28 值
1—6(C)	0	参照表 5.28 值
6—7(E)	0	受影响而改变
2—3(虚)	0	参照表 5.28 值
5—6(虚)	0	参照表 5.28 值

【例 5.6】 某工程网络计划工期为 210d,到第 95d 时检查,已完成节点⑤以前的各工作,按原网络计划工作 5—6 最早开工时间 $F_{i-j}^{ES}=80d$,已延误工期 15d。问应如何压缩工期,使增费为最小。

各工作的增费率(K)及最短作业时间(D'_{i-j})按图例注在网络图上,D_{i-j} 为工作正常作业时间。原网络图节点⑤以后部分的时间参数按图例注在网络图上,见图 5.15。

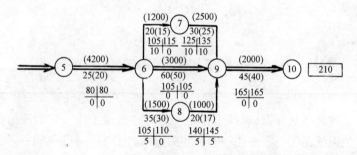

图 5.15 用增费最小法调整网络计划

【解】 (1) 该网络图的关键线路为⑤—⑥—⑨—⑩
首先比较关键线路上各工作的增费率,以工作 9—10 为最低,

可压缩天数为 45 - 40 = 5d,增费为:
$$\Delta C = \Delta D \cdot K = 5 \times 2000 = 10000 \text{ 元}$$
该工作已到达最短作业时间,不能再压缩。

(2) 关键线路上各工作中第二个 K 值最低者为工作 6—9,可压缩天数为 60 - 50 = 10d,但与之平行的线路段⑥—⑧—⑨的总时差为 5d,所以工作 6—9 只能先压缩 5d,增费为:
$$\Delta C = 5 \times 3000 = 15000 \text{ 元}$$
这时线路段⑥—⑧—⑨的总时差变为零,也成为关键线路。

(3) 上述累计已压缩 10d,还有 5d 需进一步选择压缩方案:

1) 同时压缩工作 6—9 与 8—9,增费率为:
$$1000 + 3000 = 4000 \text{ 元/d}$$

2) 同时压缩工作 6—9 与 6—8,增费率为:
$$3000 + 1500 = 4500 \text{ 元/d}$$

3) 压缩工作 5—6,增费率为:4200 元/d

上述三个方案中比较,以第 1)种方案增费率为最小,但工作 8—9 可供压缩的天数为:20 - 17 = 3d,所以只能压缩 3d,增费为:
$$\Delta C = 3 \times 4000 = 12000 \text{ 元}$$

(4) 上述累计已压缩 13 天,尚余 2 天,还需进一步选择压缩方案:

1) 同时压缩工作 6—9 与 6—8,增费率为:
$$3000 + 1500 = 4500 \text{ 元/d}$$

2) 压缩工作 5—6,增费率为:4200 元/d。

比较上述两个方案,以方案 2)增费率最小,工作 5—6 可供压缩的天数为 5d,实际只需压缩 2d,增费为:
$$\Delta C = 2 \times 4200 = 8400 \text{ 元}$$

总计压缩 15d,总增费为:
$$10000 + 15000 + 12000 + 8400 = 45400 \text{ 元}$$

是压缩工期 15d 的最低费用。

压缩工期后的网络时间参数及关键线路,见图 5.16。

必须指出:施工阶段总进度计划的控制应以计算机作为运算

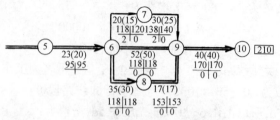

图 5.16 调整工期后的网络图

工具。这是由于监理人员一旦作出网络计划调整方案,就应迅速地将调整的具体措施反映到总进度计划上。显然,如果靠手工计算和调整网络计划,工作量繁重,且容易出差错;同时,由于手工计算速度慢,而使总进度计划的修改方案不能及时作出,影响进度变更通知及早分发给各子项目的承包单位,从而不能起到对进度的控制作用。或者由于通知的时间太晚而失去其调整的意义(因为此时又可能出现新的变动,又需要作调整),只有计算机的计算速度才能保证及时调整计划。目前,国内外均有网络计划进度控制的计算机软件可供使用。

5.5 施工总进度计划的控制与优化

施工总进度计划是施工组织总设计的重要组成部分,是施工总体方案在时间序列上的反映,用以合理确定各主要工程项目施工的先后顺序、施工期限、开工和竣工日期,以及各项目之间搭接关系和搭接时间,综合平衡各施工阶段(或施工年度)建筑安装工程的工作量、不同时期的资源量以及投资分配。特别是对于大型工业建设项目,正确合理地编制施工总进度计划,不仅是保证各施工项目得以成套交付使用的重要条件,而且在很大程度上也决定着项目投资的经济效益。

5.5.1 施工总进度计划的控制

施工总进度计划失控的原因主要有:施工周期长;土建施工与各专业工程施工进度不协调;土建施工与材料、物资供应进度不协

5.5 施工总进度计划的控制与优化

调;受外界自然条件影响大;受资金影响。为了防止进度的失控,必须建立明确的进度目标,并按项目的分解建立各分解层次的进度分目标,从而保证局部进度的控制而实现总进度的控制。

施工阶段进度目标分解的类型见表 5.30。

施工阶段进度目标分解的类型   表 5.30

类型	说明
按施工阶段分解,突出控制点	将整个施工分成几个施工阶段,如土建、安装、调试等,然后将这些阶段的起止日期作为控制点,明确提出阶段目标。监理工程师应根据所确定的各阶段目标,来检查和控制进度计划的实施
按施工单位分解,明确分部目标	以总进度计划为依据,确定各施工单位的分包目标,通过分包合同落实分包责任,以分头实现分部目标来确保项目总目标的实现
按专业工种分解,确定交接日期	在同专业或同工种的任务之间,要进行综合平衡;在不同专业或不同工种的任务之间,要强调相互之间的衔接配合,要确定相互之间交接日期
按建设工期及进度目标,将施工总进度计划分解成逐年、逐季、逐月进度计划	根据各阶段确定的目标或工程量,监理工程师可以逐月、逐季地向施工单位提出工程形象进度要求,并监督其实施,检查其完成情况。若有进度滞后,可督促施工单位采取有效措施赶上进度

由于施工总进度计划在实施过程中有许多干扰因素,如能在编制施工进度计划时事先周密考虑,排除这些因素,就能达到主动控制的目的。因此,在编制施工总进度计划时,应考虑表 5.31 中提出的问题。

编制施工总进度计划时应考虑的问题   表 5.31

项目	具体内容
工期	(1) 工期是否充裕 (2) 除整个工期外,在部分工程的工期上有何问题 (3) 施工中,有哪些卡脖子问题

续表

项　目	具　体　内　容
解决占用土地问题和开工手续	(1) 建设单位向有关部门办理的手续是否已全部办好 (2) 尚未解决的问题,预计何时能得到解决 (3) 土地方面未解决的问题对整个工程的影响如何
现场条件	(1) 去现场的道路是否还有问题 (2) 现场施工用道路有无问题 (3) 对当地居民是否存在公害、噪声等方面的影响 (4) 作业时间是否受到限制 (5) 交通是否受到限制 (6) 施工是否受到水文、气象、海洋气象条件的限制 (7) 供电和上下水方面有无问题
地质和地基	(1) 事先是否进行过全面调查 (2) 除建设单位提供的资料外,是否还需要进行补充调查 (3) 设计图纸和说明书上有无未注明的地基处理和排水方面的问题
施工方法	(1) 除了设计图上提出的施工方法和设备,能否找到更有利的方案 (2) 施工方法是否受到专利上的限制
施工机械和物资准备	(1) 在选择和准备施工机械方面有无特殊的问题 (2) 能否采用新机械,这是否更有利 (3) 能否租赁到规格、性能符合要求的施工机械 (4) 特殊材料的供应是否受到限制
施工组织	(1) 施工现场管理人员的资格、经验和人数等是否已不存在问题 (2) 是否采用分包形式 (3) 分包单位在技术、经验和人员等方面是否能满足要求

续表

项　目	具 体 内 容
合同和风险承担	(1) 设计图纸说明书是否完备,晚交图纸是否影响施工 (2) 补偿自然灾害和其他不可抗力造成的损失的规定条款怎样 (3) 关于工程地质、水文地质和地基的异常现象,现场实际情况与图纸、说明书不符时,合同规定的解决条款怎样 (4) 对设计变更、停工、窝工及变更工期等,在费用由谁担负上做何规定
其　他	工程是否存在固有的特殊情况和问题

5.5.2 施工总进度计划的优化

施工总进度计划的优化,主要包括工期优化,工期—费用优化和工期—资源优化等形式,网络计划的优化方法,详见附件 5.2。

在对施工总进度计划进行优化时,要求综合考虑以下几方面内容:

(1) 满足项目总进度计划或施工总承包合同对总工期以及起止时间的要求;

(2) 年度投资分配的合理性;

(3) 各施工项目之间的合理搭接;

(4) 项目新增生产能力或工程投资效益的需要与施工总进度计划安排的竣工日期间的平衡;

(5) 不同时间各子项目规模与可供资金、设备、材料、施工力量之间的平衡;

(6) 主体工程与辅助工程、配套工程之间的平衡;

(7) 生产性工程与非生产性工程之间的平衡;

(8) 进口设备与国内配套工程之间平衡。

附件 5.1

中华人民共和国招标投标法

中华人民共和国第九届全国人民代表大会常务委员会第十一次会议于 1999 年 8 月 30 日通过。

第一章 总 则

第一条 为了规范招标投标活动,保护国家利益、社会公共利益和招标投标活动当事人的合法权益,提高经济效益,保证项目质量,制定本法。

第二条 在中华人民共和国境内进行招标投标活动,适用本法。

第三条 在中华人民共和国境内进行下列工程建设项目包括项目的勘察、设计、施工、监理以及与工程建设有关的重要设备、材料等的采购,必须进行招标。

(一)大型基础设施、公用事业等关系社会公共利益、公众安全的项目;

(二)全部或者部分使用国有资金投资或者国家融资的项目;

(三)使用国际组织或者外国政府贷款、援助资金的项目。

前款所列项目的具体范围和规模标准,由国务院发展计划部门会同国务院有关部门制订,报国务院批准。

法律或者国务院对必须进行招标的其他项目的范围有规定的,依照其规定。

第四条 任何单位和个人不得将依法必须进行招标的项目化整为零或者以其他任何方式规避招标。

第五条 招标投标活动应当遵循公开、公平、公正和诚实信用的原则。

第六条 依法必须进行招标的项目,其招标投标活动不受地区或者部门的限制。任何单位和个人不得违法限制或者排斥本地区、本系统以外的法人或者其他组织参加投标、不得以任何方式非法干涉招标投标活动。

第七条 招标投标活动及其当事人应当接受依法实施的监督。

有关行政监督部门依法对招标投标活动实施监督,依法查处招标投标活动中的违法行为。

对招标投标活动的行政监督及有关部门的具体职权划分,由国务院规定。

第二章 招　　标

第八条 招标人是依照本法规定提出招标项目、进行招标的法人或者其他组织。

第九条 招标项目按照国家有关规定需要履行项目审批手续的,应当先履行审批手续,取得批准。

招标人应当有进行招标项目的相应资金或者资金来源已经落实,并应当在招标文件中如实载明。

第十条 招标分为公开招标和邀请招标。

公开招标,是指招标人以招标公告的方式邀请不特定的法人或者其他组织投标。

邀请招标,是指招标人以投标邀请书的方式邀请特定的法人或者其他组织投标。

第十一条 国务院发展计划部门确定的国家重点项目和省、自治区、直辖市人民政府确定的地方重点项目不适宜公开招标的,经国务院发展计划部门或者省、自治区、直辖市人民政府批准,可以进行邀请招标。

第十二条 招标人有权自行选择招标代理机构、委托其办理招标事宜。任何单位和个人不得以任何方式为招标人指定招标代理机构。

招标人具有编制招标文件和组织评标能力的,可以自行办理招标事宜,任何单位和个人不得强制其委托招标代理机构办理招标事宜。

依法必须进行招标的项目,招标人自行办理招标事宜的,应当向有关行政监督部门备案。

第十三条 招标代理机构是依法设立、从事招标代理业务并提供相关服务的社会中介组织。

招标代理机构应当具备下列条件:

(一) 有从事招标代理业务的营业场所和相应资金;

(二) 有能够编制招标文件和组织评标的相应专业力量;

(三) 有符合本法第三十七条第三款规定条件、可以作为评标委员会成员人选的技术、经济等方面的专家库。

第十四条 从事工程建设项目招标代理业务的招标代理机构,其资格由国务院或者省、自治区、直辖市人民政府的建设行政主管部门认定。具体办法由国务院建设行政主管部门会同国务院有关部门制定。从事其他招标代理业务的招标代理机构,其资格认定的主管部门由国务院规定。

招标代理机构与行政机关和其他国家机关不得存在隶属关系或者其他利益关系。

第十五条 招标代理机构应当在招标人委托的范围内办理招标事宜,并遵守本法关于招标人的规定。

第十六条 招标人采用公开招标方式的,应当发布招标公告。依法必须进行招标的项目的招标公告,应当通过国家指定的报刊、信息网络或者其他媒介发布。

招标公告应当载明招标人的名称和地址、招标项目的性质、数量、实施地点和时间以及获取招标文件的办法等事项。

第十七条 招标人采用邀请招标方式的,应当向三个以上具备承担招标项目的能力、资信良好的特定的法人或者其他组织发出投标邀请书。

投标邀请书应当载明本法第十六条第二款规定的事项。

第十八条 招标人可以根据招标项目本身的要求,在招标公告或者投标邀请书中,要求潜在投标人提供有关资质证明文件和业绩情况,并对潜在投标人进行资格审查;国家对投标人的资格条件有规定的,依照其规定。

招标人不得以不合理的条件限制或者排斥潜在投标人,不得对潜在投标人实行歧视待遇。

第十九条 招标人应当根据招标项目的特点和需要编制招标文件。招标文件应当包括招标项目的技术要求、对投标人资格审查的标准、投标报价要求和评标标准等所有实质性要求和条件以及拟签订合同的主要条款。

国家对招标项目的技术、标准有规定的,招标人应当按照其规定在招标文件中提出相应要求。

招标项目需要划分标段、确定工期的,招标人应当合理划分标段、确定工期,并在招标文件中载明。

第二十条 招标文件不得要求或者标明特定的生产供应者以及含有倾向或者排斥潜在投标人的其他内容。

第二十一条 招标人根据招标项目的具体情况,可以组织潜在投标人踏勘项目现场。

第二十二条 招标人不得向他人透露已获取招标文件的潜在投标人的名称、数量以及可能影响公平竞争的有关招标投标的其他情况。

招标人设有标底的,标底必须保密。

第二十三条 招标人对已发出的招标文件进行必要的澄清或者修改的,应当在招标文件要求提交投标文件截止时间至少十五日前,以书面形式通知所有招标文件收受人。该澄清或者修改的内容为招标文件的组成部分。

第二十四条 招标人应当确定投标人编制投标文件所需要的合理时间;但是,依法必须进行招标的项目,自招标文件开始发出之日起至投标人提交投标文件截止之日止,最短不得少于二十日。

第三章 投 标

第二十五条 投标人是响应招标、参加投标竞争的法人或者其他组织。

依法招标的科研项目允许个人参加投标的,投标的个人适用本法有关投标人的规定。

第二十六条 投标人应当具备承担招标项目的能力;国家有关规定对投标人资格条件或者招标文件对投标人资格条件有规定的,投标人应当具备规定的资格条件。

第二十七条 投标人应当按照招标文件的要求编制投标文件。投标文件应当对招标文件提出的实质性要求和条件作出响应。

招标项目属于建设施工的,投标文件的内容应当包括拟派出的项目负责人与主要技术人员的简历、业绩和拟用于完成招标项目的机械设备等。

第二十八条 投标人应当在招标文件要求提交投标文件的截止时间前,将投标文件送达投标地点。招标人收到投标文件后,应当签收保存,不得开启。投标人少于三个的,招标人应当依照本法重新招标。

在招标文件要求提交投标文件的截止时间后送达到招标文件,招标人应当拒收。

第二十九条 投标人在招标文件要求提交投标文件的截止时间前,可以补充、修改或者撤回已提交的投标文件,并书面通知招标人。补充、修改的内容为投标文件的组织部分。

第三十条 投标人根据招标文件载明的项目实际情况,拟在中标后将中标项目的部分非主体、非关键性工作进行分包的,应当在投标文件中载明。

第三十一条 两个以上法人或者其他组织可以组成一个联合体,以一个投标人的身份共同投标。

联合体各方均应当具备承担招标项目的相应能力;国家有关规定或者招标文件对投标人资格条件有规定的,联合体各方均应当具备规定的相应资格条件。由同一专业的单位组成的联合体,按照资质等级较低的单位确定资质等级。

联合体各方应当签订共同投标协议,明确约定各方拟承担的工作和责任,并将共同投标协议连同投标文件一并提交招标人。联合体中标的,联合体各方应当共同与招标人签订合同,就中标项目向招标人承担连带责任。

招标人不得强制投标人组成联合体共同投标,不得限制投标人之间的竞争。

第三十二条 投标人不得相互串通投标报价,不得排挤其他投标人的公平竞争,损害招标人或者其他投标人的合法权益。

投标人不得与招标人串通投标,损害国家利益、社会公共利益或者他人的合法权益。

禁止投标人以向招标人或者评标委员会成员行贿的手段谋取中标。

第三十三条 投标人不得以低于成本的报价竞标,也不得以他人名义投标或者以其他方式弄虚作假,骗取中标。

第四章 开标、评标和中标

第三十四条 开标应当在招标文件确定的提交投标文件截止时间的同一时间公开进行;开标地点应当为招标文件中预先确定的地点。

第三十五条 开标由招标人主持,邀请所有投标人参加。

第三十六条 开标时,由投标人或者其推选的代表检查投标文件的密封情况,也可以由招标人委托的公证机构检查并公证;经确认无误后,由工作人员当众拆封,宣读投标人名称、投标价格和投标文件的其他主要内容。

招标人在招标文件要求提交投标文件的截止时间前收到的所有投标文件,开标时都应当当众予以拆封、宣读。

开标过程应当记录,并存档备查。

第三十七条 评标由招标人依法组建的评标委员会负责。

依法必须进行招标的项目,其评标委员会由招标人的代表和有关技术、经济等方面的专家组成,成员人数为五人以上单数,其中技术、经济等方面的专家不得少于成员总数的三分之二。

前款专家应当从事相关领域工作满八年并具有高级职称或者具有同等专业水平,由招标人从国务院有关部门或者省、自治区、直辖市人民政府有关部门提供的专家名册或者招标代理机构的专家库内的相关专业的专家名单中确定;一般招标项目可以采取随机抽取方式,特殊招标项目可以由招标人直接确定。

与投标人有利害关系的人不得进入相关项目的评标委员会;已经进入的应当更换。

评标委员会成员的名单在中标结果确定前应当保密。

第三十八条 招标人应当采取必要的措施,保证评标在严格保密的情况下进行。

任何单位和个人不得非法干预、影响评标的过程和结果。

第三十九条 评标委员会可以要求投标人对投标文件中含义不明确的内容作必要的澄清或者说明,但是澄清或者说明不得超出投标文件的范围或者改变投标文件的实质性内容。

第四十条 评标委员会应当按照招标文件确定的评标标准和方法,对投标文件进行评审和比较;设有标底的,应当参考标底。评标委员会完成评标后,应当向招标人提出书面评标报告,并推荐合格的中标候选人。

招标人根据评标委员会提出的书面评标报告和推荐的中标候选人确定中标人。招标人也可以授权评标委员会直接确定中标人。

国务院对特定招标项目的评标有特别规定的,从其规定。

第四十一条 中标人的投标应当符合下列条件之一:

(一)能够最大限度地满足招标文件中规定的各项综合评价标准;

(二)能够满足招标文件的实质性要求,并且经评审的投标价格最低;但是投标价格低于成本的除外。

第四十二条 评标委员会经评审,认为所有投标都不符合招标文件要求的,可以否决所有投标。

依法必须进行招标的项目的所有投标被否决的,招标人应当依照本法重新招标。

第四十三条 在确定中标人前,招标人不得与投标人就投标价格、投标方案等实质性内容进行谈判。

第四十四条 评标委员会成员应当客观、公正地履行职务,遵守职业道德,对所提出的评审意见承担个人责任。

评标委员会成员不得私下接触投标人,不得收受投标人的财物或者其他好处。

评标委员会成员和参与评标的有关工作人员不得透露对投标文件的评审和比较、中标候选人的推荐情况以及与评标有关的其他情况。

第四十五条 中标人确定后,招标人应当向中标人发出中标通知书,并同时将中标结果通知所有未中标的投标人。

中标通知书对招标人和中标人具有法律效力。中标通知书发出后,招标人改变中标结果的,或者中标人放弃中标项目的,应当依法承担法律责任。

第四十六条 招标人和中标人应当自中标通知书发出之日起三十日内,按照招标文件和中标人的投标文件订立书面合同。招标人和中标人不得再行订立背离合同实质性内容的其他协议。

招标文件要求中标人提交履约保证金的,中标人应当提交。

第四十七条 依法必须进行招标的项目,招标人应当自确定中标之日起十五日内,向有关行政监督部门提交招标投标情况的书面报告。

第四十八条 中标人应当按照合同约定履行义务,完成中标项目。中标人不得向他人转让中标项目,也不得将中标项目肢解后分别向他人转让。

中标人按照合同约定或者经招标人同意,可以将中标项目的部分非主体、非关键性工作分包给他人完成。接受分包的人应当具备相应的资格条件,并不得再次分包。

中标人应当就分包项目向招标人负责,接受分包的人就分包项目承担连带责任。

第五章 法律责任

第四十九条 违反本法规定，必须进行招标的项目而不招标的，将必须进行招标的项目化整为零或者以其他任何方式规避招标的，责令限期改正，可以处项目合同金额千分之五以上千分之十以下的罚款；对全部或者部分使用国有资金的项目，可以暂停项目执行或者暂停资金拨付；对单位直接负责的主管人员和其他直接责任人员依法给予处分。

第五十条 招标代理机构违反本法规定，泄露应当保密的与招标投标活动有关的情况和资料的，或者与招标人、投标人串通损害国家利益、社会公共利益或者他人合法权益的，处五万元以上二十五万元以下的罚款，对单位直接负责的主管人员和其他直接责任人员处单位罚款数额百分之五以上百分之十以下的罚款；有违法所得的，并处没收违法所得；情节严重的，暂停直至取消招标代理资格；构成犯罪的，依法追究刑事责任。给他人造成损失的，依法承担赔偿责任。

前款所列行为影响中标结果的，中标无效。

第五十一条 招标人以不合理的条件限制或者排斥潜在投标人的，对潜在投标人实行歧视待遇的，强制要求投标人组成联合体共同投标的，或者限制投标人之间竞争的，责令改正，可以处一万元以上五万元以下的罚款。

第五十二条 依法必须进行招标的项目的招标人向他人透露已获取招标文件的潜在投标人的名称、数量或者可能影响公平竞争的有关招标投标的其他情况的，或者泄露标底的，给予警告，可以并处一万元以上十万元以下的罚款；对单位直接负责的主管人员和其他直接责任人员依法给予处分；构成犯罪的，依法追究刑事责任。

前款所列行为影响中标结果的，中标无效。

第五十三条 投标人相互串通投标或者与招标人串通投标

的,投标人以向招标人或者评标委员会成员行贿的手段谋取中标的、中标无效,处中标项目金额千分之五以上千分之十以下的罚款;有违法所得的,并处没收违法所得;情节严重的,取消其一年至二年内参加依法必须进行招标的项目的投标资格并予以公告,直至由工商行政管理机关吊销营业执照;构成犯罪的,依法追究刑事责任。给他人造成损失的,依法承担赔偿责任。

第五十四条 投标人以他人名义投标或者以其他方式弄虚作假,骗取中标的,中标无效,给招标人造成损失的,依法承担赔偿责任;构成犯罪的,依法追究刑事责任。

依法必须进行招标的项目的投标人有前款所列行为尚未构成犯罪的,处中标项目金额千分之五以上千分之十以下的罚款,对单位直接负责的主管人员和其他直接责任人员处单位罚款数额百分之五以上百分之十以下的罚款;有违法所得的,并处没收违法所得,情节严重的,取消其一年至三年内参加依法必须进行招标的项目的投标资格并予以公告,直至由工商行政管理机关吊销营业执照。

第五十五条 依法必须进行招标的项目,招标人违反本法规定,与投标人就投标价格,投标方案等实质性内容进行谈判的,给予警告,对单位直接负责的主管人员和其他直接责任人员依法给予处分。

前款所列行为影响中标结果的,中标无效。

第五十六条 评标委员会成员收受投标人的财物或者其他好处的,评标委员会成员或者参加评标的有关工作人员向他人透露对投标文件的评审和比较、中标候选人的推荐以及与评标有关的其他情况的,给予警告,没收收受的财物,可以并处三千元以上五万元以下的罚款,对有所列违法行为的评标委员会成员取消担任评标委员会成员的资格,不得再参加任何依法进行招标的项目的评标;构成犯罪的,依法追究刑事责任。

第五十七条 招标人在评标委员会依法推荐的中标候选人以外确定中标人的,依法必须进行招标的项目在所有投标被评标委员会否决后自行确定中标人的，中标无效。责令改正，可以处中标项目金额千分之五以上千分之十以下的罚款；对单位直接负责的主管人员和其他直接责任人员依法给予处分。

第五十八条　中标人将中标项目转让给他人的，将中标项目肢解后分别转让给他人的，违反本法规定将中标项目的部分主体、关键性工作分包给他人的，或者分包人再次分包的，转让、分包无效，处转让、分包项目金额千分之五以上千分之十以下的罚款；有违法所得的，并处没收违法所得；可以责令其停业整顿；情节严重的，由工商行政管理机关吊销营业执照。

第五十九条　招标人与中标人不按照招标文件和中标人的投标文件订立合同的，或者招标人，中标人订立背离合同实质性内容的协议的，责令改正；可以处中标项目金额千分之五以上千分之十以下的罚款。

第六十条　中标人不履行与招标人订立的合同的，履约保证金不予退还，给招标人造成的损失超过履约保证金数额的，还应当对超过部分予以赔偿；没有提交履约保证金的，应当对招标人的损失承担赔偿责任。

中标人不按照与招标人订立的合同履行义务、情节严重的，取消其二年至五年内参加依法必须进行招标的项目的投标资格并予以公告，直至由工商行政管理机关吊销营业执照。

因不可抗力不能履行合同的，不适用前两款规定。

第六十一条　本章规定的行政处罚，由国务院规定的有关行政监督部门决定。本法已对实施行政处罚的机关作出规定的除外。

第六十二条　任何单位违反本法规定，限制或者排斥本地区、本系统以外的法人或者其他组织参加投标的，为招标人指定招标代理机构的，强制招标人委托招标代理机构办理招标事宜的，强制招标人委托招标代理机构办理招标事宜的，或者以其他方式干涉招标投标活动的，责令改正；对单位直接负责的主管人员和其他直接责任人员依法给予警告、记过、记大过的处分，情节较重的，依法给予降级、撤职、开除的处分。

个人利用职权进行前款违法行为的,依照前款规定追究责任。

第六十三条 对招标投标活动依法负有行政监督职责的国家机关工作人员徇私舞弊、滥用职权或者玩忽职守,构成犯罪的,依法追究刑事责任;不构成犯罪的,依法给予行政处分。

第六十四条 依法必须进行招标的项目违反本法规定,中标无效的,应当依照本法规定的中标条件从其余投标人中重新确定中标人或者依照本法重新进行招标。

第六章 附 则

第六十五条 投标人和其他利害关系人认为招标投标活动不符合本法有关规定的,有权向招标人提出异议或者依法向有关行政监督部门投诉。

第六十六条 涉及国家安全、国家秘密、抢险救灾或者利用扶贫资金实行以工代赈、需要使用农民工等特殊情况,不适宜进行招标的项目,按照国家有关规定可以不进行招标。

第六十七条 使用国际组织或者外国政府贷款、援助资金的项目进行招标,贷款方、资金提供方对招标投标的具体条件和程序有不同规定的,可以适用其规定,但违背中华人民共和国的社会公共利益的除外。

第六十八条 本法自2000年1月1日起施行。

附件 5.2

中华人民共和国行业标准

工程网络计划技术规程

Technical specification of engineering network planning

JGJ/T 121—99

主编单位:中国建筑学会建筑统筹管理分会
批准部门:中华人民共和国建设部
施行日期:2000 年 2 月 1 日

1 总 则

1.0.1 为使工程网络计划技术在工程计划编制与控制的实际应用中遵循统一的技术规定，做到概念正确、计算原则一致和表达方式统一，以保证计划管理的科学性，制定本规程。

1.0.2 本规程适用于工程建设的规划、设计、施工以及相关工作的计划中，计划子项目（工作）、工作之间逻辑关系及各工作的持续时间都肯定的情况下，进度计划的编制与控制。也适用于国民经济各部门生产、科研、技术开发、设备维修及其他工作的进度计划的编制与控制。

1.0.3 网络计划应在确定技术方案与组织方案、按需要粗细划分工作、确定工作之间的逻辑关系及各工作的持续时间的基础上进行编制。

编制成的网络计划应满足预定的目标，否则应修改原技术方案与组织方案，对计划作出调整。经反复修改方案和调整计划均不能达到原定目标时，应对原定目标重新审定。

1.0.4 应用网络计划技术除应符合本规程外，尚应符合国家现行有关强制性标准的规定。

2 术语与符号、代号

2.1 术　语

2.1.1 网络图 network diagram
由箭线和节点组成的、用来表示工作流程的有向、有序网状图形。

2.1.2 双代号网络图 activity-on-arrow network
以箭线及其两端节点的编号表示工作的网络图。

2.1.3 单代号网络图 activity-on-node network
以节点及其编号表示工作,以箭线表示工作之间逻辑关系的网络图。

2.1.4 网络计划 network planning
用网络图表达任务构成、工作顺序并加注工作时间参数的进度计划。

2.1.5 网络计划控制 network planning control
网络计划执行中的记录、检查、分析与调整。它应贯穿于网络计划执行的全过程。

2.1.6 搭接网络计划 multi-dependency network
前后工作之间有多种逻辑关系的肯定型网络计划。

2.1.7 时间坐标 time-coordinate
按一定时间单位表示工作进度时间的坐标轴。

2.1.8 时标网络计划 time-coordinate network
以时间坐标为尺度编制的网络计划。

2.1.9 实际进度前锋线 practical progress vanguard line
在时标网络计划图上,将计划检查时刻各项工作的实际进度所达到的前锋点连接而成的折线。

2.1.10 工作 activity

计划任务按需要粗细程度划分而成的、消耗时间或同时也消耗资源的一个子项目或子任务。

2.1.11 虚工作　dummy activity

双代号网络计划中,只表示前后相邻工作之间的逻辑关系,既不占用时间、也不耗用资源的虚拟工作。

2.1.12 关键工作　critical activity

网络计划中总时差最小的工作。

2.1.13 紧前工作　front closely activity

紧排在本工作之前的工作。

2.1.14 紧后工作　back closely activity

紧排在本工作之后的工作。

2.1.15 箭线　arrow

网络图中一端带箭头的实线。在双代号网络图中,它与其两端节点表示一项工作;在单代号网络图中,它表示工作之间的逻辑关系。

2.1.16 虚箭线　dummy arrow

一端带箭头的虚线。在双代号网络图中表示一项虚拟的工作,以使逻辑关系得到正确表达。

2.1.17 内向前线　inter arrow

指向某个节点的箭线。

2.1.18 外向箭线　outer arrow

从某个节点引出的箭线。

2.1.19 节点　node

网络图中箭线端部的圆圈或其他形状的封闭图形。在双代号网络图中,它表示工作之间的逻辑关系;在单代号网络图中,它表示一项工作。

2.1.20 虚拟节点　dummy node

在单代号网络图中,当有多个无内向箭线的节点或有多个无外向箭线的节点时,为便于计算,虚设的起点节点或终点节点的统称。该节点的持续时间为零,不占用资源。虚拟起点节点与无内向箭线的节点相连,虚拟终点节点与无外向箭线的节点相连。

2.1.21 起点节点　start node

网络图的第一个节点,表示一项任务的开始。

2.1.22 终点节点　end node

网络图的最后一个节点,表示一项任务的完成。

2.1.23 线路　path

网络图中从起点节点开始,沿箭头方向顺序通过一系列箭线与节点,最后达到终点节点的通路。

2.1.24 关键线路　critical path

自始至终全部由关键工作组成的线路或线路上总的工作持续时间最长的线路。

2.1.25 循环回路　logical loop

从一个节点出发,沿箭头方向前进,又返回到原出发点的线路。

2.1.26 逻辑关系　logical relation

工作之间相互制约或依赖的关系。

2.1.27 母线法　generatrix method

网络图中,经一条共用的垂直线段,将多条箭线引入或引出同一个节点,使图形简洁的绘图方法。

2.1.28 过桥法　pass-bridge method

用过桥符号表示箭线交叉,避免引起混乱的绘图方法。

2.1.29 指向法　directional method

在箭线交叉较多处截断箭线、添加虚线指向圈以指示箭线方向的绘图方法。

2.1.30 工作计算法　calculation method on activities

在双代号网络计划中直接计算各项工作的时间参数的方法。

2.1.31 节点计算法　calculation method on node

在双代号网络计划中先计算节点时间参数,再据以计算各项工作的时间参数的方法。

2.1.32 时间参数　time parameter

工作或节点所具有的各种时间值。

2.1.33 工作持续时间 duration
一项工作从开始到完成的时间。

2.1.34 最早开始时间 earliest start time
各紧前工作全部完成后,本工作有可能开始的最早时刻。

2.1.35 最早完成时间 earliest finish time
各紧前工作全部完成后,本工作有可能完成的最早时刻。

2.1.36 最迟开始时间 latest start time
在不影响整个任务按期完成的前提下,工作必须开始的最迟时刻。

2.1.37 最迟完成时间 latest finish time
在不影响整个任务按期完成的前提下,工作必须完成的最迟时刻。

2.1.38 节点最早时间 earliest event time
双代号网络计划中,以该节点为开始节点的各项工作的最早开始时间。

2.1.39 节点最迟时间 latest event time
双代号网络计划中,以该节点为完成节点的各项工作的最迟完成时间。

2.1.40 时距 time difference
搭接网络图中相邻工作之间的时间差值。

2.1.41 计算工期 calculated project duration
根据时间参数计算所得到的工期。

2.1.42 要求工期 required project duration
任务委托人所提出的指令性工期。

2.1.43 计划工期 planned project duration
根据要求工期和计算工期所确定的作为实施目标的工期。

2.1.44 自由时差 free float
在不影响其紧后工作最早开始时间的前提下,本工作可以利用的机动时间。

2.1.45 总时差 total float
在不影响总工期的前提下,本工作可以利用的机动时间。

2.1.46 资源 resource
完成任务所需的人力、材料、机械设备和资金等的统称。

2.1.47 资源需用量 resource requirement
网络计划中各项工作在某一单位时间内所需某种资源总的数量。

2.1.48 资源限量 resource availability
单位时间内可供使用的某种资源的最大数量。

2.1.49 费用率 cost slope
为缩短每一单位工作持续时间所需增加的直接费。

2.2 符号、代号

2.2.1 通用部分

C_i——第 i 次工期缩短增加的总费用

R_t——第 t 个时间单位资源需用量

R_a——资源限量

T_p——网络计划的计划工期

T_c——网络计划的计算工期

T_r——网络计划的要求工期

T_h——资源需用量高峰期的最后时刻

2.2.2 双代号网络计划

CC_{i-j}——工作 $i-j$ 的持续时间缩短为最短持续时间后,完成该工作所需的直接费用

CN_{i-j}——在正常条件下,完成工作 $i-j$ 所需直接费用

D_{i-j}——工作 $i-j$ 的持续时间

DC_{i-j}——工作 $i-j$ 的最短持续时间

DN_{i-j}——工作 $i-j$ 的正常持续时间

EF_{i-j}——工作 $i-j$ 的最早完成时间

ES_{i-j}——工作 $i-j$ 的最早开始时间

ET_i——节点 i 的最早时间

FF_{i-j}——工作 $i-j$ 的自由时差

LF_{i-j}——在总工期已经确定的情况下,工作 $i-j$ 的最迟完成时间

LS_{i-j}——在总工期已经确定的情况下,工作 $i-j$ 的最迟开始时间

LT_i——节点 i 的最迟时间

TF_{i-j}——工作 $i-j$ 的总时差

ΔC_{i-j}——工作 $i-j$ 的费用率

$\Delta D_{m-n,i-j}$——工作 $i-j$ 安排在工作 $m-n$ 之后进行,工期所延长的时间

$\Delta D_{m'-n',i'-j'}$——最佳工作顺序安排所对应的工期延长时间的最小值

ΔT_{i-j}——工作 $i-j$ 的时间差值

2.2.3 单代号网络计划

CC_i——工作 i 的持续时间缩短为最短持续时间后,完成该工作所需直接费用

CN_i——在正常条件下完成工作 i 所需直接费用

D_i——工作 i 的持续时间

DC_i——工作 i 的最短持续时间

DN_i——工作 i 的正常持续时间

EF_i——工作 i 的最早完成时间

ES_i——工作 i 的最早开始时间

$LAG_{i,j}$——工作 i 和工作 j 之间的时间间隔

LF_i——在总工期已确定的情况下,工作 i 的最迟完成时间

LS_i——在总工期已确定的情况下,工作 i 的最迟开始时

　　　　　间
　　FF_i——工作 i 的自由时差
　　TF_i——工作 i 的总时差
$FTF_{i,j}$——从工作 i 完成到工作 j 完成的时距
$FTS_{i,j}$——从工作 i 完成到工作 j 开始的时距
$STF_{i,j}$——从工作 i 开始到工作 j 完成的时距
$STS_{i,j}$——从工作 i 开始到工作 j 开始的时距
　ΔC_i——工作 i 的费用率
$\Delta T_{m,i}$——工作 i 安排在工作 m 之后进行,工期所延长的时
　　　　　间
$\Delta T_{m',i}$——最佳工作顺序安排所对应的工期延长时间的最
　　　　　小值
　ΔT_i——工作 i 的时间差值

3 双代号网络计划

3.1 一般规定

3.1.1 双代号网络图中,每一条箭线应表示一项工作(图 3.1.1)。箭线的箭尾节点表示该工作的开始,箭线的箭头节点表示该工作的结束。在非时标网络图中,箭线的长度不直接反映该工作所占用的时间长短。箭线宜画成水平直线,也可画成折线或斜线。水平直线投影的方向应自左向右,表示工作的进行方向。

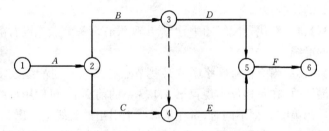

图 3.1.1 双代号网络图

3.1.2 双代号网络图的节点应用圆圈表示,并在圆圈内编号。节点编号顺序应从小到大,可不连续,但严禁重复。

3.1.3 双代号网络图中,一项工作应只有唯一的一条箭线和相应的一对节点编号,箭尾的节点编号应小于箭头的节点编号。

3.1.4 双代号网络图中的虚箭线,表示一项虚工作,其表示形式可垂直方向向上或向下,也可水平方向向右。

3.1.5 双代号网络计划中一项工作的基本表示方法应以箭线表示工作,以节点 i 表示开始节点,以节点 j 表示结束节点,工作名称应标注在箭线之上,持续时间应标注在箭线之下(图 3.1.5)。

3.1.6 工作之间的逻辑关系可包括工艺关系和组织关系,在网络图中均应表现为工作之间的先后顺序。

3.1.7 双代号网络图中,各条线路的名称可用该线路上节点的编号自小到大依次记述。

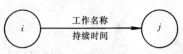

图 3.1.5 双代号网络图工作的表示方法

3.2 绘图规则

3.2.1 双代号网络图必须正确表达已定的逻辑关系。

3.2.2 双代号网络图中,严禁出现循环回路。

3.2.3 双代号网络图中,在节点之间严禁出现带双向箭头或无箭头的连线。

3.2.4 双代号网络图中,严禁出现没有箭头节点或没有箭尾节点的箭线。

3.2.5 当双代号网络图的某些节点有多条外向箭线或多条内向箭线时,在不违反本规程第 3.1.3 条的前提下,可使用母线法绘图。当箭线线型不同时,可在从母线上引出的支线上标出。

3.2.6 绘制网络图时,箭线不宜交叉;当交叉不可避免时,可用过桥法或指向法。

3.2.7 双代号网络图中应只有一个起点节点;在不分期完成任务的网络图中,应只有一个终点节点;而其他所有节点均应是中间节点。

3.3 按工作计算法计算时间参数

3.3.1 按工作计算法计算时间参数应在确定各项工作的持续时间之后进行。虚工作必须视同工作进行计算,其持续时间为零。

3.3.2 按工作计算法计算时间参数,其计算结果应标注在箭线之上(图 3.3.2)。

3.3.3 工作最早开始时间的计算应符合下列规定:

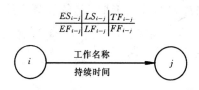

图 3.3.2 按工作计算法的标注内容
注:当为虚工作时,图中的箭线为虚箭线

1 工作 $i-j$ 的最早开始时间 ES_{i-j} 应从网络计划的起点节点开始顺着箭线方向依次逐项计算;

2 以起点节点 i 为箭尾节点的工作 $i-j$,当未规定其最早开始时间 ES_{i-j} 时,其值应等于零,即:

$$ES_{i-j} = 0 \quad (i = 1) \qquad (3.3.3-1)$$

3 当工作 $i-j$ 只有一项紧前工作 $h-i$ 时,其最早开始时间 ES_{i-j} 应为:

$$ES_{i-j} = ES_{h-i} + D_{h-i} \qquad (3.3.3-2)$$

4 当工作 $i-j$ 有多个紧前工作时,其最早开始时间 ES_{i-j} 应为:

$$ES_{i-j} = \max\{ES_{h-i} + D_{h-i}\} \qquad (3.3.3-3)$$

式中 ES_{h-i}——工作 $i-j$ 的各项紧前工作 $h-i$ 的最早开始时间;

D_{h-i}——工作 $i-j$ 的各项紧前工作 $h-i$ 的持续时间。

3.3.4 工作 $i-j$ 的最早完成时间 EF_{i-j} 应按下式计算:

$$EF_{i-j} = ES_{i-j} + D_{i-j} \qquad (3.3.4)$$

3.3.5 网络计划的计算工期 T_c 应按下式计算:

$$T_c = \max\{EF_{i-n}\} \qquad (3.3.5)$$

式中 EF_{i-n}——以终点节点 $(j=n)$ 为箭头节点的工作 $i-n$ 的最早完成时间。

3.3.6 网络计划的计划工期 T_p 的计算应按下列情况分别确定：

1 当已规定了要求工期 T_r 时，
$$T_p \leqslant T_r \quad (3.3.6\text{-}1)$$

2 当未规定要求工期时，
$$T_p = T_c \quad (3.3.6\text{-}2)$$

3.3.7 工作最迟完成时间的计算应符合下列规定：

1 工作 $i-j$ 的最迟完成时间 LF_{i-j} 应从网络计划的终点节点开始，逆着箭线方向依次逐项计算。

2 以终点节点 ($j=n$) 为箭头节点的工作的最迟完成时间 LF_{i-n}，应按网络计划的计划工期 T_p 确定，即：
$$LF_{i-n} = T_p \quad (3.3.7\text{-}1)$$

3 其他工作 $i-j$ 的最迟完成时间 LF_{i-j} 应为：
$$LF_{i-j} = \min\{LF_{j-k} - D_{j-k}\} \quad (3.3.7\text{-}2)$$

式中 LF_{j-k}——工作 $i-j$ 的各项紧后工作 $j-k$ 的最迟完成时间；

D_{j-k}——工作 $i-j$ 的各项紧后工作 $j-k$ 的持续时间。

3.3.8 工作 $i-j$ 的最迟开始时间应按下式计算：
$$LS_{i-j} = LF_{i-j} - D_{i-j} \quad (3.3.8)$$

3.3.9 工作 $i-j$ 的总时差 TF_{i-j} 应按下式计算：
$$TF_{i-j} = LS_{i-j} - ES_{i-j} \quad (3.3.9\text{-}1)$$

或
$$TF_{i-j} = LF_{i-j} - EF_{i-j} \quad (3.3.9\text{-}2)$$

3.3.10 工作 $i-j$ 的自由时差 FF_{i-j} 的计算应符合下列规定：

1 当工作 $i-j$ 有紧后工作 $j-k$ 时，其自由时差应为：
$$FF_{i-j} = ES_{j-k} - ES_{i-j} - D_{i-j} \quad (3.3.10\text{-}1)$$

或
$$FF_{i-j} = ES_{j-k} - EF_{i-j} \quad (3.3.10\text{-}2)$$

式中 ES_{j-k}——工作 $i-j$ 的紧后工作 $j-k$ 的最早开始时间。

2 以终点节点 ($j=n$) 为箭头节点的工作，其自由时差 FF_{i-j} 应按网络计划的计划工期 T_p 确定，即：

$$FF_{i-n} = T_p - ES_{i-n} - D_{i-n} \quad (3.3.10\text{-}3)$$

或
$$FF_{i-n} = T_p - EF_{i-n} \quad (3.3.10\text{-}4)$$

3.4 按节点计算法计算时间参数

3.4.1 按节点计算法计算时间参数应符合本规程第 3.3.1 条的规定。

3.4.2 按节点计算法计算时间参数,其计算结果应标注在节点之上(图 3.4.2)。

图 3.4.2 按节点计算法的标注内容

3.4.3 节点最早时间的计算应符合下列规定:

1. 节点 i 的最早时间 ET_i 应从网络计划的起点节点开始,顺着箭线方向依次逐项计算;

2. 起点节点 i 如未规定最早时间 ET_i 时,其值应等于零,即:
$$ET_i = 0 \quad (i = 1) \quad (3.4.3\text{-}1)$$

3. 当节点 j 只有一条内向箭线时,最早时间 ET_j 应为:
$$ET_j = ET_i + D_{i-j} \quad (3.4.3\text{-}2)$$

4. 当节点 j 有多条内向箭线时,其最早时间 ET_j 应为:
$$ET_j = \max\{ET_i + D_{i-j}\} \quad (3.4.3\text{-}3)$$

式中 D_{i-j}——工作 $i-j$ 的持续时间。

3.4.4 网络计划的计算工期 T_c 应按下式计算:
$$T_c = ET_n \quad (3.4.4)$$

式中 ET_n——终点节点 n 的最早时间。

3.4.5 计划工期 T_p 的确定应符合本规程第 3.3.6 条的规定。

3.4.6 节点最迟时间的计算应符合下列规定:

1 节点 i 的最迟时间 LT_i 应从网络计划的终点节点开始,逆

着箭线的方向依次逐项计算。当部分工作分期完成时,有关节点的最迟时间必须从分期完成节点开始逆向逐项计算;

2 终点节点 n 的最迟时间 LT_n 应按网络计划的计划工期 T_p 确定,即:

$$LT_n = T_p \quad (3.4.6\text{-}1)$$

分期完成节点的最迟时间应等于该节点规定的分期完成的时间;

3 其他节点的最迟时间 LT_i 应为:

$$LT_i = \min\{LT_j - D_{i-j}\} \quad (3.4.6\text{-}2)$$

式中 LT_j——工作 $i-j$ 的箭头节点 j 的最迟时间。

3.4.7 工作 $i-j$ 的最早开始时间 ES_{i-j} 应按下式计算:

$$ES_{i-j} = ET_i \quad (3.4.7)$$

3.4.8 工作 $i-j$ 的最早完成时间 EF_{i-j} 应按下式计算:

$$EF_{i-j} = ET_i + D_{i-j} \quad (3.4.8)$$

3.4.9 工作 $i-j$ 的最迟完成时间 LF_{i-j} 应按下式计算:

$$LF_{i-j} = LT_j \quad (3.4.9)$$

3.4.10 工作 $i-j$ 的最迟开始时间 LS_{i-j} 应按下式计算:

$$LS_{i-j} = LT_j - D_{i-j} \quad (3.4.10)$$

3.4.11 工作 $i-j$ 的总时差 TF_{i-j} 应按下式计算:

$$TF_{i-j} = LT_j - ET_i - D_{i-j} \quad (3.4.11)$$

3.4.12 工作 $i-j$ 的自由时差 FF_{i-j} 应按下式的计算:

$$FF_{i-j} = ET_j - ET_i - D_{i-j} \quad (3.4.12)$$

3.5 关键工作和关键线路的确定

3.5.1 总时差为最小的工作应为关键工作。

3.5.2 自始至终全部由关键工作组成的线路或线路上总的工作持续时间最长的线路应为关键线路。该线路在网络图上应用粗线、双线或彩色线标注。

4 单代号网络计划

4.1 一般规定

4.1.1 单代号网络图中,箭线表示紧邻工作之间的逻辑关系(图4.1.1)。箭线应画成水平直线、折线或斜线。箭线水平投影的方向应自左向右,表示工作的进行方向。

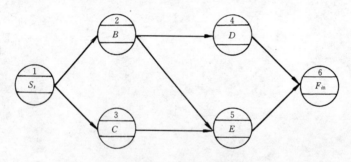

图 4.1.1 单代号网络图

4.1.2 单代号网络图中每一个节点表示一项工作,宜用圆圈或矩形表示。节点所表示的工作名称、持续时间和工作代号等应标注在节点内。

4.1.3 单代号网络图中的节点必须编号。编号标注在节点内,其号码可间断,但严禁重复。箭线的箭尾节点编号应小于箭头节点编号。一项工作必须有唯一的一个节点及相应的一个编号。

4.1.4 单代号网络计划中的一项工作,最基本的表示方法应符合图4.1.4的规定。

4.1.5 工作之间的逻辑关系包括工艺关系和组织关系,在网络图中均表现为工作之间的先后顺序。

4.1.6 单代号网络图中,各条线路应用该线路上的节点编号自小到大依次表述。

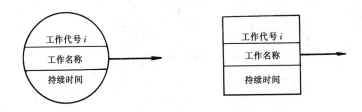

图 4.1.4 单代号网络图工作的表示方法

4.2 绘 图 规 则

4.2.1 单代号网络图必须正确表述已定的逻辑关系。

4.2.2 单代号网络图中,严禁出现循环回路。

4.2.3 单代号网络图中,严禁出现双向箭头或无箭头的连线。

4.2.4 单代号网络图中,严禁出现没有箭尾节点的箭线和没有箭头节点的箭线。

4.2.5 绘制网络图时,箭线不宜交叉。当交叉不可避免时,可采用过桥法和指向法绘制。

4.2.6 单代号网络图只应有一个起点节点和一个终点节点;当网络图中有多项起点节点或多项终点节点时,应在网络图的两端分别设置一项虚工作,作为该网络图的起点节点(S_t)和终点节点(F_{in})。

4.3 时间参数的计算

4.3.1 单代号网络计划的时间参数计算应在确定各项工作持续时间之后进行。

4.3.2 单代号网络计划的时间参数基本内容和形式应按图4.3.2(a)或(b)所示的方式标注。

4.3.3 工作最早开始时间的计算应符合下列规定:

1 工作i的最早开始时间ES_i应从网络图的起点节点开始,顺着箭线方向依次逐项计算;

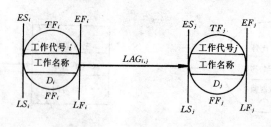

图 4.3.2 时间参数的标注形式

2 当起点节点 i 的最早开始时间 ES_i 无规定时,其值应等于零,即:

$$ES_i = 0 \quad (i = 1) \quad (4.3.3-1)$$

3 其他工作的最早开始时间 ES_i 应为:

$$ES_i = \max\{EF_h\} \quad (4.3.3-2)$$

或

$$ES_i = \max\{ES_h + D_h\} \quad (4.3.3-3)$$

式中 ES_h——工作 i 的各项紧前工作 h 的最早开始时间;

D_h——工作 i 的各项紧前工作 h 的持续时间。

4.3.4 工作 i 的最早完成时间 EF_i 应按下式计算:

$$EF_i = ES_i + D_i \quad (4.3.4)$$

4.3.5 网络计划计算工期 T_c 应按下式计算:

$$T_c = EF_n \quad (4.3.5)$$

式中 EF_n——终点节点 n 的最早完成时间。

4.3.6 网络计划的计划工期 T_p 的计算应符合本规程第 3.3.6 条的规定。

4.3.7 相邻两项工作 i 和 j 之间的时间间隔 $LAG_{i,j}$ 的计算应符合下列规定：

1 当终点节点为虚拟节点时，其时间间隔应为：
$$LAG_{i,n} = T_p - EF_i \quad (4.3.7-1)$$

2 其他节点之间的时间间隔应为：
$$LAG_{i,j} = ES_j - EF_i \quad (4.3.7-2)$$

4.3.8 工作总时差的计算应符合下列规定：

1 工作 i 的总时差 TF_i 应从网络计划的终点节点开始，逆着箭线方向依次逐项计算。当部分工作分期完成时，有关工作的总时差必须从分期完成的节点开始逆向逐项计算；

2 终点节点所代表工作 n 的总时差 TF_n 值应为：
$$TF_n = T_p - EF_n \quad (4.3.8-1)$$

3 其他工作 i 的总时差 TF_i 应为：
$$TF_i = \min\{TF_j + LAG_{i,j}\} \quad (4.3.8-2)$$

4.3.9 工作 i 的自由时差 FF_i 的计算应符合下列规定：

1 终点节点所代表工作 n 的自由时差 FF_n 应为：
$$FF_n = T_p - EF_n \quad (4.3.9-1)$$

2 其他工作 i 的自由时差 FF_i 应为：
$$FF_i = \min\{LAG_{i,j}\} \quad (4.3.9-2)$$

4.3.10 工作最迟完成时间的计算应符合下列规定：

1 工作 i 的最迟完成时间 LF_i 应从网络计划的终点节点开始，逆着箭线方向依次逐项计算。当部分工作分期完成时，有关工作的最迟完成时间应从分期完成的节点开始逆向逐项计算；

2 终点节点所代表的工作 n 的最迟完成时间 LF_n，应按网络计划的计划工期 T_p 确定，即：
$$LF_n = T_p \quad (4.3.10-1)$$

3 其他工作 i 的最迟完成时间 LF_i 应为：
$$LF_i = \min\{LS_j\} \quad (4.3.10-2)$$

或
$$LF_i = EF_i + TF_i \quad (4.3.10-3)$$

式中 LS_j——工作 i 的各项紧后工作 j 的最迟开始时间。

4.3.11 工作 i 的最迟开始时间 LS_i 应按下式计算：

$$LS_i = LF_i - D_i \qquad (4.3.11\text{-}1)$$

或

$$LS_i = ES_i + TF_i \qquad (4.3.11\text{-}2)$$

4.4 关键工作和关键线路的确定

4.4.1 确定关键工作应符合本规程第 3.5.1 条的规定。

4.4.2 从起点节点开始到终点节点均为关键工作，且所有工作的时间间隔均为零的线路应为关键线路。该线路在网络图上应用粗线、双线或彩色线标注。

5 双代号时标网络计划

5.1 一般规定

5.1.1 双代号时标网络计划必须以水平时间坐标为尺度表示工作时间。时标的时间单位应根据需要在编制网络计划之前确定，可为时、天、周、月或季。

5.1.2 时标网络计划应以实箭线表示工作，以虚箭线表示虚工作，以波形线表示工作的自由时差。

5.1.3 时标网络计划中所有符号在时间坐标上的水平投影位置，都必须与其时间参数相对应。节点中心必须对准相应的时标位置。虚工作必须以垂直方向的虚箭线表示，有自由时差时加波形线表示。

5.2 时标网络计划的编制

5.2.1 时标网络计划宜按最早时间编制。

5.2.2 编制时标网络计划之前，应先按已确定的时间单位绘出时标计划表。时标可标注在时标计划表的顶部或底部。时标的长度单位必须注明。必要时，可在顶部时标之上或底部时标之下加注日历的对应时间。时标计划表格式宜符合表 5.2.2 的规定。

表 5.2.2 时标计划表

日　历																	
(时间单位)	1	2	3	4	5	6	7	8	9	10	11	12	13	14	15	16	17
网络计划																	
(时间单位)	1	2	3	4	5	6	7	8	9	10	11	12	13	14	15	16	17

时标计划表中部的刻度线宜为细线。为使图面清楚,此线也可以不画或少画。

5.2.3 编制时标网络计划应先绘制无时标网络计划草图,然后按以下两种方法之一进行:

1 先计算网络计划的时间参数,再根据时间参数按草图在时标计划表上进行绘制;

2 不计算网络计划的时间参数,直接按草图在时标计划表上绘制。

5.2.4 用先计算后绘制的方法时,应先将所有节点按其最早时间定位在时标计划表上,再用规定线型绘出工作及其自由时差,形成时标网络计划图。

5.2.5 不经计算直接按草图绘制时标网络计划,应按下列方法逐步进行:

1 将起点节点定位在时标计划表的起始刻度线上;

2 按工作持续时间在时标计划表上绘制起点节点的外向箭线;

3 除起点节点以外的其他节点必须在其所有内向箭线绘出以后,定位在这些内向箭线中最早完成时间最迟的箭线末端。其他内向箭线长度不足以到达该节点时,用波形线补足;

4 用上述方法自左至右依次确定其他节点位置,直至终点节点定位绘完。

5.3 关键线路和时间参数的确定

5.3.1 时标网络计划关键线路的确定,应自终点节点逆箭线方向朝起点节点观察,自始至终不出现波形线的线路为关键线路。

5.3.2 时标网络计划的计算工期,应是其终点节点与起点节点所在位置的时标值之差。

5.3.3 按最早时间绘制的时标网络计划,每条箭线箭尾和箭头所对应的时标值应为该工作的最早开始时间和最早完成时间。

5.3.4 时标网络计划中工作的自由时差值应为表示该工作

的箭线中波形线部分在坐标轴上的水平投影长度。

5.3.5 时标网络计划中工作的总时差的计算应自右向左进行,且符合下列规定:

1 以终点节点($j=n$)为箭头节点的工作的总时差 TF_{i-j} 应按网络计划的计划工期 T_p 计算确定,即:

$$TF_{i-n} = T_p - EF_{i-n} \qquad (5.3.5\text{-}1)$$

2 其他工作的总时差应为:

$$TF_{i-j} = \min\{TF_{j-k} + FF_{i-j}\} \qquad (5.3.5\text{-}2)$$

5.3.6 时标网络计划中工作的最迟开始时间和最迟完成时间应按下式计算:

$$LS_{i-j} = ES_{i-j} + TF_{i-j} \qquad (5.3.6\text{-}1)$$

$$LF_{i-j} = EF_{i-j} + TF_{i-j} \qquad (5.3.6\text{-}2)$$

6 单代号搭接网络计划

6.1 一般规定

6.1.1 单代号搭接网络计划中,箭线上面的符号仅表示相关工作之间的时距(图 6.1.1)。其中起点节点 S_t 和终点节点 F_{in} 为虚拟节点。节点的标注应与单代号网络图相同(图 4.1.4)。

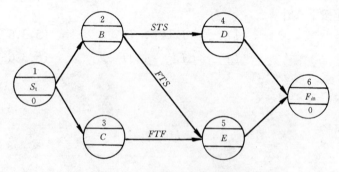

图 6.1.1 单代号搭接网络计划

6.1.2 单代号搭接网络图的绘制应符合本规程第 4.1 节和第 4.2 节的规定,同时应以时距表示搭接顺序关系。

6.2 时间参数的计算

6.2.1 单代号搭接网络计划时间参数计算,应在确定各工作持续时间和各项工作之间时距关系之后进行。

6.2.2 单代号搭接网络计划中的时间参数基本内容和形式应按图 6.2.2 所示方式标注。

6.2.3 工作最早时间的计算应符合下列规定:

1 计算最早时间参数必须从起点节点开始依次进行,只有紧前工作计算完毕,才能计算本工作;

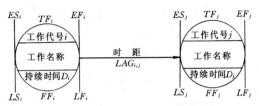

图 6.2.2 单代号搭接网络计划时间参数标注形式

2 计算工作最早开始时间应按下列步骤进行：

1) 凡与起点节点相联的工作最早开始时间都应为零，即：

$$ES_i = 0 \qquad (6.2.3\text{-}1)$$

2) 其他工作 j 的最早开始时间根据时距应按下列公式计算：
相邻时距为 $STS_{i,j}$ 时，

$$ES_j = ES_i + STS_{i,j} \qquad (6.2.3\text{-}2)$$

相邻时距为 $FTF_{i,j}$ 时，

$$ES_j = ES_i + D_i + FTF_{i,j} - D_j \qquad (6.2.3\text{-}3)$$

相邻时距为 $STF_{i,j}$ 时，

$$ES_j = ES_i + STF_{i,j} - D_j \qquad (6.2.3\text{-}4)$$

相邻时距为 $FTS_{i,j}$ 时，

$$ES_j = ES_i + D_i + FTS_{i,j} \qquad (6.2.3\text{-}5)$$

式中 ES_j——工作 i 的紧后工作的最早开始时间；
D_i、D_j——相邻的两项工作的持续时间；
$STS_{i,j}$——i、j 两项工作开始到开始的时距；
$FTF_{i,j}$——i、j 两项工作完成到完成的时距；
$STF_{i,j}$——i、j 两项工作开始到完成的时距；
$FTS_{i,j}$——i、j 两项工作完成到开始的时距。

3 计算工作最早时间，当出现最早开始时间为负值时，应将该工作与起点节点用虚箭线相连接，并确定其时距为：

$$STS = 0 \qquad (6.2.3\text{-}6)$$

4 工作 j 的最早完成时间 EF_j 应按下式计算：

$$EF_j = ES_j + D_j \qquad (6.2.3\text{-}7)$$

6.2.4 当有两种以上的时距(有两项工作或两项以上紧前工作)限制工作间的逻辑关系时，应按本规程第 6.2.3 条分别进行计算其最早时间，取其最大值。

6.2.5 有最早完成时间的最大值的中间工作应与终点节点用虚箭线相连接，并确定其时距为：

$$FTF = 0 \qquad (6.2.5)$$

6.2.6 搭接网络计划计算工期 T_c 由与终点相联系的工作的最早完成时间的最大值决定。

6.2.7 搭接网络计划的计划工期 T_p 应符合本规程第 3.3.6 条的规定。

6.2.8 相邻两项工作 i 和 j 之间在满足时距之外，还有多余的时间间隔 $LAG_{i,j}$，应按下式计算：

$$LAG_{i,j} = \min \begin{bmatrix} ES_j - EF_i - FTS_{i,j} \\ ES_j - ES_i - STS_{i,j} \\ EF_j - EF_i - FTF_{i,j} \\ EF_j - ES_i - STF_{i,j} \end{bmatrix} \qquad (6.2.8)$$

6.2.9 工作 i 的总时差 TF_i 的计算应符合本规程第 4.3.8 条的规定。

6.2.10 工作 i 的自由时差 FF_i 的计算应符合本规程第 4.3.9 条的规定。

6.2.11 工作 i 的最迟完成时间 LF_i 的计算应符合本规程公式(4.3.10-3)的规定。

6.2.12 工作 i 的最迟开始时间 LS_i 的计算应符合本规程第 4.3.11 条的规定。

6.3 关键工作和关键线路的确定

6.3.1 确定关键工作应符合本规程第 3.5.1 条的规定。

6.3.2 确定关键线路应符合本规程第 4.4.2 条的规定。

7 网络计划优化

7.1 一般规定

7.1.1 网络计划的优化,应在满足既定约束条件下,按选定目标,通过不断改进网络计划寻求满意方案。

7.1.2 网络计划的优化目标,应按计划任务的需要和条件选定。包括工期目标、费用目标、资源目标。

7.2 工期优化

7.2.1 当计算工期不满足要求工期时,可通过压缩关键工作的持续时间满足工期要求。

7.2.2 工期优化的计算,应按下述步骤进行:

1 计算并找出初始网络计划的计算工期、关键线路及关键工作;

2 按要求工期计算应缩短的时间;

3 确定各关键工作能缩短的持续时间;

4 按本规程第 7.2.3 条选择关键工作,压缩其持续时间,并重新计算网络计划的计算工期;

5 当计算工期仍超过要求工期时,则重复以上 1~4 款的步骤,直到满足工期要求或工期已不能再缩短为止;

6 当所有关键工作的持续时间都已达到其能缩短的极限而工期仍不能满足要求时,应遵照本规程第 1.0.3 条的规定对计划的原技术方案、组织方案进行调整或对要求工期重新审定。

7.2.3 选择应缩短持续时间的关键工作宜考虑下列因素:

1 缩短持续时间对质量和安全影响不大的工作;

2 有充足备用资源的工作;

3 缩短持续时间所需增加的费用最少的工作。

7.3 资源优化

7.3.1 "资源有限——工期最短"的优化,宜逐"时间单位"作资源检查,当出现第 t 个"时间单位"资源需用量 R_t 大于资源限量 R_a 时,应进行计划调整。

调整计划时,应对资源冲突的诸工作作新的顺序安排。顺序安排的选择标准是工期延长时间最短,其值应按下列公式计算:

1) 对双代号网络计划:

$$\Delta D_{m'-n', i'-j'} = \min\{\Delta D_{m-n, i-j}\} \quad (7.3.1-1)$$

$$\Delta D_{m-n, i-j} = EF_{m-n} - LS_{i-j} \quad (7.3.1-2)$$

式中 $\Delta D_{m'-n', i'-j'}$——在各种顺序安排中,最佳顺序安排所对应的工期延长时间的最小值;

$\Delta D_{m-n, i-j}$——在资源冲突的诸工作中,工作 $i-j$ 安排在工作 $m-n$ 之后进行,工期所延长的时间。

2) 对单代号网络计划:

$$\Delta D_{m', i'} = \min\{\Delta D_{m, i}\} \quad (7.3.1-3)$$

$$\Delta D_{m, i} = EF_m - LS_i \quad (7.3.1-4)$$

式中 $\Delta D_{m', i'}$——在各种顺序安排中,最佳顺序安排所对应的工期延长时间的最小值;

$\Delta D_{m, i}$——在资源冲突的诸工作中,工作 i 安排在工作 m 之后进行,工期所延长的时间。

7.3.2 "资源有限——工期最短"优化的计划调整,应按下列步骤调整工作的最早开始时间:

1 计算网络计划每"时间单位"的资源需用量;

2 从计划开始日期起,逐个检查每个"时间单位"资源需用量是否超过资源限量,如果在整个工期内每个"时间单位"均能满足资源限量的要求,可行优化方案就编制完成。否则必须进行计划调整;

3 分析超过资源限量的时段(每"时间单位"资源需用量相同的时间区段),按式 7.3.1-1 计算 $\Delta D_{m'-n',i'-j'}$,或按式 7.3.1-3 计算 $\Delta D_{m',i'}$ 值,依据它确定新的安排顺序;

4 当最早完成时间 $EF_{m'-n'}$ 或 $EF_{m'}$ 最小值和最迟开始时间 $LS_{i'-j'}$ 或 $LS_{i'}$ 最大值同属一个工作时,应找出最早完成时间 $EF_{m'-n'}$ 或 $EF_{m'}$ 值为次小,最迟开始时间 $LS_{i'-j'}$ 或 $LS_{i'}$ 为次大的工作,分别组成两个顺序方案,再从中选取较小者进行调整;

5 绘制调整后的网络计划,重复本条 1~4 款的步骤,直到满足要求。

7.3.3 "工期固定——资源均衡"优化,可用削高峰法(利用时差降低资源高峰值),获得资源消耗量尽可能均衡的优化方案。

7.3.4 削高峰法应按下列步骤进行:

1 计算网络计划每"时间单位"资源需用量;

2 确定削峰目标,其值等于每"时间单位"资源需用量的最大值减一个单位量;

3 找出高峰时段的最后时间 T_h 及有关工作的最早开始时间 ES_{i-j}(或 ES_i)和总时差 TF_{i-j}(或 TF_i);

4 按下列公式计算有关工作的时间差值 ΔT_{i-j} 或 ΔT_i:

1)对双代号网络计划:

$$\Delta T_{i-j} = TF_{i-j} - (T_h - ES_{i-j}) \quad (7.3.4-1)$$

2)对单代号网络计划:

$$\Delta T_i = TF_i - (T_h - ES_i) \quad (7.3.4-2)$$

优先以时间差值最大的工作 $i'-j'$ 或工作 i' 为调整对象,令

$$ES_{i'-j'} = T_h \quad (7.3.4-3)$$

或

$$ES_{i'} = T_h; \quad (7.3.4-4)$$

5 当峰值不能再减少时,即得到优化方案。否则,重复以上步骤。

7.4 费 用 优 化

7.4.1 进行费用优化,应首先求出不同工期下最低直接费

用，然后考虑相应的间接费的影响和工期变化带来的其他损益，包括效益增量和资金的时间价值等，最后再通过迭加求出最低工程总成本。

7.4.2 费用优化应按下列步骤进行：

1 按工作正常持续时间找出关键工作及关键线路；
2 按下列公式计算各项工作的费用率
1) 对双代号网络计划：

$$\Delta C_{i-j} = \frac{CC_{i-j} - CN_{i-j}}{DN_{i-j} - DC_{i-j}} \qquad (7.4.2-1)$$

式中 ΔC_{i-j}——工作 $i-j$ 的费用率；
CC_{i-j}——将工作 $i-j$ 持续时间缩短为最短持续时间后，完成该工作所需的直接费用；
CN_{i-j}——在正常条件下完成工作 $i-j$ 所需的直接费用；
DN_{i-j}——工作 $i-j$ 的正常持续时间；
DC_{i-j}——工作 $i-j$ 的最短持续时间。

2) 对单代号网络计划：

$$\Delta C_i = \frac{CC_i - CN_i}{DN_i - DC_i} \qquad (7.4.2-2)$$

式中 ΔC_i——工作 i 的费用率；
CC_i——将工作 i 持续时间缩短为最短持续时间后，完成该工作所需的直接费用；
CN_i——在正常条件下完成工作 i 所需的直接费用；
DN_i——工作 i 的正常持续时间；
DC_i——工作 i 的最短持续时间。

3 在网络计划中找出费用率（或组合费用率）最低的一项关键工作或一组关键工作，作为缩短持续时间的对象；

4 缩短找出的关键工作或一组关键工作的持续时间，其缩短值必须符合不能压缩成非关键工作和缩短后其持续时间不小于最短持续时间的原则；

5 计算相应增加的总费用 C_i;

6 考虑工期变化带来的间接费及其他损益,在此基础上计算总费用;

7 重复本条3~6款的步骤,一直计算到总费用最低为止。

8 网络计划控制

8.1 网络计划的检查

8.1.1 检查网络计划首先必须收集网络计划的实际执行情况,并进行记录。

当采用时标网络计划时,应绘制实际进度前锋线记录计划实际执行情况。前锋线应自上而下地从计划检查的时间刻度出发,用直线段依次连接各项工作的实际进度前锋点,最后到达计划检查的时间刻度为止,形成折线。前锋线可用彩色线标画;不同检查时刻绘制的相邻前锋线可采用不同颜色标画。

当采用无时标网络计划时,可在图上直接用文字、数字、适当符号,或列表记录计划实际执行情况。

8.1.2 对网络计划的检查应定期进行。检查周期的长短应根据计划工期的长短和管理的需要确定。必要时,可作应急检查,以便采取应急调整措施。

8.1.3 网络计划的检查必须包括以下内容:
1 关键工作进度;
2 非关键工作进度及尚可利用的时差;
3 实际进度对各项工作之间逻辑关系的影响;
4 费用资料分析。

8.1.4 对网络计划执行情况的检查结果,应进行以下分析判断:

1 对时标网络计划,宜利用已画出的实际进度前锋线,分析计划的执行情况及其发展趋势,对未来的进度情况作出预测判断,找出偏离计划目标的原因及可供挖掘的潜力所在;

2 对无时标网络计划,宜按表 8.1.4 记录的情况对计划中的未完成工作进行分析判断。

表 8.1.4 网络计划检查结果分析表

工作编号	工作名称	检查时尚需作业天数	按计划最迟完成前尚有天数	总时差(d)		自由时差(d)		情况分析
				原有	目前尚有	原有	目前尚有	

8.2 网络计划的调整

8.2.1 网络计划的调整可包括下列内容：
1 关键线路长度的调整；
2 非关键工作时差的调整；
3 增减工作项目；
4 调整逻辑关系；
5 重新估计某些工作的持续时间；
6 对资源的投入作相应调整。

8.2.2 调整关键线路的长度，可针对不同情况选用下列不同的方法：

1 对关键线路的实际进度比计划进度提前的情况，当不拟提前工期时，应选择资源占用量大或直接费用高的后续关键工作，适当延长其持续时间，以降低其资源强度或费用；当要提前完成计划时，应将计划的未完成部分作为一个新计划，重新确定关键工作的持续时间，按新计划实施；

2 对关键线路的实际进度比计划进度延误的情况，应在未完成的关键工作中，选择资源强度小或费用低的，缩短其持续时间，并把计划的未完成部分作为一个新计划，按工期优化方法进行调整。

8.2.3 非关键工作时差的调整应在其时差的范围内进行。每次调整均必须重新计算时间参数,观察该调整对计划全局的影响。调整方法可采用下列方法之一:

1 将工作在其最早开始时间与其最迟完成时间范围内移动;
2 延长工作持续时间;
3 缩短工作持续时间。

8.2.4 增、减工作项目时,应符合下列规定:

1 不打乱原网络计划的逻辑关系,只对局部逻辑关系进行调整;
2 重新计算时间参数,分析对原网络计划的影响。当对工期有影响时,应采取措施,保证计划工期不变。

8.2.5 逻辑关系的调整只有当实际情况要求改变施工方法或组织方法时才可进行。调整时应避免影响原定计划工期和其他工作顺利进行。

8.2.6 当发现某些工作的原持续时间有误或实现条件不充分时,应重新估算其持续时间,并重新计算时间参数。

8.2.7 当资源供应发生异常时,应采用资源优化方法对计划进行调整或采取应急措施,使其对工期的影响最小。

8.2.8 网络计划的调整,可定期或根据计划检查结果在必要时进行。

附件 5.3

建筑安装工程工期定额

(一) 说明

1. 根据国家城乡建设环境保护部1985年颁布的建筑安装工程工期定额,选录有代表性的工程工期。

2. 将全国划分为Ⅰ、Ⅱ、Ⅲ类地区,分别制定工期定额。

Ⅰ类地区:上海、江苏、浙江、安徽、福建、江西、湖北、湖南、广东、广西、四川、贵州、云南;

Ⅱ类地区:北京、天津、河北、山西、山东、河南、陕西、甘肃、宁夏;

Ⅲ类地区:内蒙、辽宁、吉林、黑龙江、西藏、青海、新疆。

3. 工期均以日历天为单位。

4. 因不可抗力的自然灾害造成工程停工,经当地建设主管部门核准,可按实际停工和处理的天数顺延工期。

5. 因重大设计变更或建设单位的物资、设备、动力等影响造成工程主导工序连续停工,经建设单位签证后,可按实际停工天数顺延工期。

6. 实行冬期施工的地区,由于施工技术不允许或经济不合理,不能继续施工的,经建设单位同意,可按实际停工天数顺延工期。但顺延天数,Ⅱ类地区不得超过采暖期的40%;Ⅲ类地区不得超过50%。

7. 由于各地工业发展水平和施工条件不同,工期定额给予广西、宁夏、内蒙、西藏、新疆、贵州、云南、青海、黑龙江等九省、自治区城乡建设主管部门15%以内的定额水平调整权;给予其他省、直辖市城乡建设主管部门10%以内的定额水平调整权。

8. 各种具体条件下的工期计算,根据工期定额详细说明条例核算。

(二) 单位工程工期定额(选录)

1. 住宅工程工期定额

(1) 混合结构

层 数	建筑面积 (m^2)	工期天数 I	工期天数 II	工期天数 III	备 注
1	500 以内	95	100	115	
2	500 以内	110	115	130	
2	1000 以内	120	130	145	
2	2000 以内	135	145	160	
3	1000 以内	135	145	160	
3	2000 以内	150	160	180	
3	3000 以内	165	175	200	
4	1000 以内	150	160	180	
4	2000 以内	165	175	200	
4	3000 以内	185	195	220	
4	5000 以内	205	215	240	
5	2000 以内	185	195	225	
5	3000 以内	205	215	245	
5	5000 以内	185	235	265	
5	7000 以内	245	255	290	
6	2000 以内	205	215	250	
6	3000 以内	225	235	270	
6	5000 以内	245	255	295	
6	7000 以内	265	275	320	
7	3000 以内	255	265	300	
7	5000 以内	275	285	325	
7	7000 以内	295	305	350	
7	10000 以内	320	330	375	
8	3000 以内	285	295	330	包括电梯
8	5000 以内	305	315	355	包括电梯
8	7000 以内	325	335	380	包括电梯
8	10000 以内	350	360	405	包括电梯

(2) 砌块结构

层数	建筑面积 (m²)	工期天数			备注
		I	II	III	
4	2000 以内	160	170	195	
4	3000 以内	180	190	215	
4	5000 以内	200	210	235	
5	2000 以内	180	190	215	
5	3000 以内	200	210	235	
5	5000 以内	220	230	255	
5	7000 以内	240	250	280	
6	2000 以内	200	210	240	
6	3000 以内	220	230	260	
6	5000 以内	240	250	280	
6	7000 以内	260	270	305	

(3) 内浇外砌结构

层数	建筑面积 (m²)	工期天数			备注
		I	II	III	
4	1000 以内	140	155	170	
4	2000 以内	150	165	185	
4	3000 以内	165	180	205	
4	5000 以内	185	200	225	
5	2000 以内	170	185	205	
5	3000 以内	185	200	225	
5	5000 以内	205	220	245	
5	7000 以内	225	240	265	
6	2000 以内	190	205	230	
6	3000 以内	205	220	250	
6	5000 以内	225	240	270	
6	7000 以内	245	260	290	
7	5000 以内	250	265	295	
7	7000 以内	270	285	315	
7	10000 以内	290	305	340	

续表

层 数	建筑面积 (m²)	工期天数 I	II	III	备 注
8	5000 以内	275	290	325	包括电梯
8	7000 以内	295	310	345	包括电梯
8	10000 以内	315	330	370	包括电梯
9	5000 以内	300	315	355	包括电梯
9	7000 以内	320	335	375	包括电梯
9	10000 以内	340	355	400	包括电梯
9	15000 以内	370	385	430	包括电梯

(4) 内浇外挂结构

层 数	建筑面积 (m²)	工期天数 I	II	III	备 注
5	2000 以内	160	170	190	
5	3000 以内	175	185	210	
5	5000 以内	190	200	230	
5	7000 以内	210	220	250	
6	2000 以内	175	185	210	
6	3000 以内	190	200	230	
6	5000 以内	210	220	250	
6	7000 以内	230	240	270	
8 以下	5000 以内	260	275	310	包括电梯
8 以下	7000 以内	260	295	330	包括电梯
8 以下	10000 以内	300	315	350	包括电梯
8 以下	15000 以内	320	335	370	包括电梯
10 以下	7000 以内	300	315	350	包括电梯
10 以下	10000 以内	320	335	370	包括电梯
10 以下	15000 以内	340	360	395	包括电梯
10 以下	20000 以内	365	385	420	包括电梯
12 以下	10000 以内	345	360	395	包括电梯
12 以下	15000 以内	365	385	420	包括电梯
12 以下	20000 以内	390	410	445	包括电梯
14 以下	10000 以内	370	385	420	包括电梯
14 以下	15000 以内	390	410	455	包括电梯
14 以下	20000 以内	415	435	470	包括电梯

续表

层 数	建筑面积 (m²)	工期天数 I	II	III	备 注
14以下	25000以内	440	460	500	包括电梯
16以下	10000以内	395	410	445	包括电梯
16以下	15000以内	415	435	470	包括电梯
16以下	20000以内	440	460	500	包括电梯
16以下	25000以内	465	485	530	包括电梯
18以下	15000以内	440	460	500	包括电梯
18以下	20000以内	465	485	530	包括电梯
18以下	25000以内	490	510	560	包括电梯
18以下	30000以内	515	535	590	包括电梯
20以下	15000以内	465	485	530	包括电梯
20以下	20000以内	490	510	560	包括电梯
20以下	25000以内	515	535	590	包括电梯
20以下	30000以内	540	560	620	包括电梯

(5) 内板外砌结构

层 数	建筑面积 (m²)	工期天数 I	II	III	备 注
4以下	1000以内	125	135	150	
4以下	2000以内	140	150	165	
4以下	3000以内	155	165	185	
4以下	5000以内	170	180	205	
5以下	2000以内	155	165	185	
5以下	3000以内	170	180	205	
5以下	5000以内	185	195	225	
5以下	7000以内	200	215	245	
6以下	2000以内	175	185	205	
6以下	3000以内	190	200	225	
6以下	5000以内	205	215	245	
6以下	7000以内	220	235	265	
7以下	3000以内	215	225	255	
7以下	5000以内	230	240	275	
7以下	7000以内	245	260	295	
7以下	10000以内	270	280	315	

(6) 内外模全现浇结构

层 数	建筑面积 (m^2)	工期天数			备 注
		Ⅰ	Ⅱ	Ⅲ	
6 以下	2000 以内	190	205	235	
6 以下	3000 以内	205	220	255	
6 以下	5000 以内	225	240	275	
6 以下	7000 以内	245	260	295	
8 以下	5000 以内	280	295	330	包括电梯
8 以下	7000 以内	300	315	350	包括电梯
8 以下	10000 以内	320	335	375	包括电梯
8 以下	15000 以内	345	360	400	包括电梯
10 以下	10000 以内	345	360	400	包括电梯
10 以下	15000 以内	370	385	425	包括电梯
10 以下	20000 以内	395	410	450	包括电梯
12 以下	10000 以内	370	385	425	包括电梯
12 以下	15000 以内	395	410	450	包括电梯
12 以下	20000 以内	420	435	475	包括电梯
14 以下	10000 以内	395	410	450	包括电梯
14 以下	15000 以内	420	435	475	包括电梯
14 以下	20000 以内	445	460	500	包括电梯
14 以下	25000 以内	470	485	525	包括电梯
16 以下	10000 以内	420	435	475	包括电梯
16 以下	15000 以内	445	460	500	包括电梯
16 以下	20000 以内	470	485	525	包括电梯
16 以下	25000 以内	495	510	550	包括电梯
18 以下	15000 以内	470	490	530	包括电梯
18 以下	20000 以内	495	515	555	包括电梯
18 以下	25000 以内	520	540	580	包括电梯
18 以下	30000 以内	550	570	620	包括电梯
20 以下	15000 以内	500	520	560	包括电梯
20 以下	20000 以内	525	545	585	包括电梯
20 以下	25000 以内	550	570	610	包括电梯
20 以下	30000 以内	580	600	650	包括电梯

(7) 壁板全装配结构

层 数	建筑面积 (m²)	工期天数 I	II	III	备 注
5 以下	2000 以内	135	145	165	
5 以下	3000 以内	150	160	180	
5 以下	5000 以内	165	175	195	
5 以下	7000 以内	180	190	210	
6 以下	2000 以内	150	160	185	
6 以下	3000 以内	165	175	200	
6 以下	5000 以内	180	190	215	
6 以下	7000 以内	195	205	230	
8 以下	5000 以内	225	235	265	包括电梯
8 以下	7000 以内	240	250	280	包括电梯
8 以下	10000 以内	255	265	300	包括电梯
8 以下	15000 以内	275	285	320	包括电梯
10 以下	700 以内	260	270	300	包括电梯
10 以下	10000 以内	275	285	320	包括电梯
10 以下	15000 以内	295	305	340	包括电梯
10 以下	20000 以内	315	325	360	包括电梯
12 以下	10000 以内	295	305	340	包括电梯
12 以下	15000 以内	315	325	360	包括电梯
12 以下	20000 以内	335	345	380	包括电梯
14 以下	10000 以内	315	325	360	包括电梯
14 以下	15000 以内	335	345	380	包括电梯
14 以下	20000 以内	355	365	400	包括电梯
16 以下	10000 以内	335	350	385	包括电梯
16 以下	15000 以内	355	370	405	包括电梯
16 以下	20000 以内	375	390	425	包括电梯
16 以下	25000 以内	395	415	450	包括电梯

(8) 预制框架结构

层 数	建筑面积 (m^2)	工期天数 I	II	III	备 注
6以下	2000	220	235	265	
6以下	3000以内	240	255	290	
6以下	5000以内	260	275	315	
6以下	7000以内	280	300	340	
8以下	5000以内	320	335	380	
8以下	7000以内	340	360	405	包括电梯
8以下	10000以内	365	385	430	包括电梯
8以下	15000以内	390	415	455	包括电梯
10以下	7000以内	370	390	435	包括电梯
10以下	10000以内	395	415	460	包括电梯
10以下	15000以内	420	445	485	包括电梯
10以下	20000以内	450	475	515	包括电梯
12以下	10000以内	425	445	490	包括电梯
12以下	15000以内	450	475	515	包括电梯
12以下	20000以内	480	505	545	包括电梯
14以下	10000以内	455	475	520	包括电梯
14以下	15000以内	480	505	545	包括电梯
14以下	20000以内	510	535	575	包括电梯
16以下	10000以内	485	505	560	包括电梯
16以下	15000以内	510	535	585	包括电梯
16以下	20000以内	540	565	615	包括电梯
16以下	25000以内	570	595	655	包括电梯
18以下	15000以内	540	565	625	包括电梯
18以下	20000以内	570	595	655	包括电梯
18以下	25000以内	600	625	695	包括电梯
20以下	15000以内	570	605	665	包括电梯
20以下	20000以内	600	635	695	包括电梯
20以下	25000以内	630	665	735	包括电梯
20以下	30000以内	660	695	775	包括电梯

(9) 现浇框架结构

层 数	建筑面积 (m²)	工期天数 I	工期天数 II	工期天数 III	备 注
6 以下	2000 以内	240	255	290	
6 以下	3000 以内	260	275	315	
6 以下	5000 以内	285	300	340	
6 以下	7000 以内	310	325	370	
8 以下	5000 以内	355	370	415	包括电梯
8 以下	7000 以内	380	395	445	包括电梯
8 以下	10000 以内	405	420	475	包括电梯
8 以下	15000 以内	430	450	505	包括电梯
10 以下	7000 以内	405	425	480	包括电梯
10 以下	10000 以内	430	450	510	包括电梯
10 以下	15000 以内	455	480	540	包括电梯
10 以下	20000 以内	485	510	570	包括电梯
12 以下	10000 以内	460	485	545	包括电梯
12 以下	15000 以内	485	515	575	包括电梯
12 以下	20000 以内	515	545	605	包括电梯
14 以下	10000 以内	495	520	580	包括电梯
14 以下	15000 以内	520	550	610	包括电梯
14 以下	20000 以内	550	580	645	包括电梯
16 以下	10000 以内	530	555	615	包括电梯
16 以下	15000 以内	555	585	645	包括电梯
16 以下	20000 以内	585	615	680	包括电梯
18 以下	15000 以内	590	620	680	包括电梯
18 以下	20000 以内	620	650	715	包括电梯
18 以下	25000 以内	655	685	750	包括电梯
20 以下	15000 以内	630	660	720	包括电梯
20 以下	20000 以内	660	690	755	包括电梯
20 以下	25000 以内	695	725	790	包括电梯
20 以下	30000 以内	730	765	825	包括电梯

(10) 滑模工艺

层 数	建筑面积 (m²)	工期天数 I	II	III	备 注
8以下	5000以内	270	280	315	包括电梯
8以下	7000以内	290	300	335	包括电梯
8以下	10000以内	310	320	360	包括电梯
8以下	15000以内	330	345	385	包括电梯
10以下	7000以内	310	325	360	包括电梯
10以下	10000以内	330	345	385	包括电梯
10以下	15000以内	350	370	410	包括电梯
10以下	20000以内	370	395	435	包括电梯
12以下	10000以内	355	370	480	包括电梯
12以下	15000以内	375	395	435	包括电梯
12以下	20000以内	395	420	460	包括电梯
14以下	10000以内	380	395	435	包括电梯
14以下	15000以内	400	420	460	包括电梯
14以下	20000以内	420	445	485	包括电梯
16以下	10000以内	405	420	460	包括电梯
16以下	15000以内	425	445	485	包括电梯
16以下	20000以内	445	470	510	包括电梯
18以下	15000以内	450	470	515	包括电梯
18以下	20000以内	470	495	540	包括电梯
18以下	25000以内	500	525	575	包括电梯
20以下	15000以内	480	500	540	包括电梯
20以下	20000以内	500	525	570	包括电梯
20以下	25000以内	530	555	605	包括电梯
20以下	30000以内	560	585	640	包括电梯

2. 办公用房工程工期定额

（1）混 合 结 构

层 数	建筑面积 (m²)	工期天数 I	II	III	备 注
2 以下	500 以内	105	110	125	
2 以下	1000 以内	115	125	140	
2 以下	2000 以内	130	140	155	
3 以下	1000 以内	130	140	155	
3 以下	2000 以内	145	155	175	
3 以下	3000 以内	160	170	195	
4 以下	1000 以内	145	155	175	
4 以下	2000 以内	160	170	195	
4 以下	3000 以内	180	190	215	
4 以下	5000 以内	200	210	235	
5 以下	2000 以内	180	190	220	
5 以下	3000 以内	200	210	240	
5 以下	5000 以内	220	230	260	
5 以下	7000 以内	240	250	285	
6 以下	2000 以内	200	210	245	
6 以下	3000 以内	220	230	265	
6 以下	5000 以内	240	250	290	
6 以下	7000 以内	260	270	315	
7 以下	3000 以内	250	260	295	包括电梯
7 以下	5000 以内	270	280	320	包括电梯
7 以下	7000 以内	290	300	345	包括电梯
8 以下	3000 以内	280	290	325	包括电梯
8 以下	5000 以内	300	310	350	包括电梯
8 以下	7000 以内	320	330	375	包括电梯
8 以下	10000 以内	345	355	400	包括电梯

(2) 预制框架结构

层 数	建筑面积 (m²)	工期天数 I	工期天数 II	工期天数 III	备 注
4以下	2000以内	190	200	225	局部磨石地面、木地板、吊顶
4以下	3000以内	210	220	245	局部磨石地面、木地板、吊顶
4以下	5000以内	230	245	270	局部磨石地面、木地板、吊顶
5以下	3000以内	230	245	275	局部磨石地面、木地板、吊顶
5以下	5000以内	250	270	300	局部磨石地面、木地板、吊顶
5以下	7000以内	275	290	330	局部磨石地面、木地板、吊顶
6以下	3000以内	255	270	305	局部磨石地面、木地板、吊顶
6以下	5000以内	275	295	330	局部磨石地面、木地板、吊顶
6以下	7000以内	300	320	360	局部磨石地面、木地板、吊顶
8以下	5000以内	340	365	400	包括电梯、局部磨石地面、木地板、吊顶
8以下	7000以内	365	390	430	包括电梯、局部磨石地面、木地板、吊顶
8以下	10000以内	390	415	460	包括电梯、局部磨石地面、木地板、吊顶
8以下	15000以内	420	445	490	包括电梯、局部磨石地面、木地板、吊顶
10以下	7000以内	390	415	460	包括电梯、局部磨石地面、木地板、吊顶
10以下	10000以内	415	440	490	包括电梯、局部磨石地面、木地板、吊顶
10以下	15000以内	445	470	520	包括电梯、局部磨石地面、木地板、吊顶
10以下	20000以内	475	500	550	包括电梯、局部磨石地面、木地板、吊顶
12以下	10000以内	445	470	520	包括电梯、局部磨石地面、木地板、吊顶
12以下	15000以内	475	500	550	包括电梯、局部磨石地面、木地板、吊顶
12以下	20000以内	505	530	580	包括电梯、局部磨石地面、木地板、吊顶
12以下	25000以内	535	560	615	包括电梯、局部磨石地面、木地板、吊顶

续表

层 数	建筑面积 (m²)	工期天数 I	II	III	备 注
14以下	15000以内	505	535	585	包括电梯、局部磨石地面、木地板、吊顶
14以下	20000以内	535	565	615	包括电梯、局部磨石地面、木地板、吊顶
14以下	25000以内	565	595	650	包括电梯、局部磨石地面、木地板、吊顶
16以下	15000以内	535	570	620	包括电梯、局部磨石地面、木地板、吊顶
16以下	20000以内	565	650	650	包括电梯、局部磨石地面、木地板、吊顶
16以下	25000以内	595	630	685	包括电梯、局部磨石地面、木地板、吊顶
16以下	30000以内	625	660	720	包括电梯、局部磨石地面、木地板、吊顶
18以下	15000以内	570	605	660	包括电梯、局部磨石地面、木地板、吊顶
18以下	20000以内	600	635	690	包括电梯、局部磨石地面、木地板、吊顶
18以下	25000以内	630	665	725	包括电梯、局部磨石地面、木地板、吊顶
18以下	30000以内	660	695	760	包括电梯、局部磨石地面、木地板、吊顶
20以下	20000以内	635	675	730	包括电梯、局部磨石地面、木地板、吊顶
20以下	25000以内	665	705	765	包括电梯、局部磨石地面、木地板、吊顶
20以下	30000以内	695	735	800	包括电梯、局部磨石地面、木地板、吊顶
20以下	35000以内	725	765	835	包括电梯、局部磨石地面、木地板、吊顶
22以下	20000以内	675	715	770	包括电梯、局部磨石地面、木地板、吊顶
22以下	25000以内	709	745	805	包括电梯、局部磨石地面、木地板、吊顶
22以下	30000以内	735	775	840	包括电梯、局部磨石地面、木地板、吊顶
22以下	35000以内	765	805	875	包括电梯、局部磨石地面、木地板、吊顶
24以下	25000以内	745	785	845	包括电梯、局部磨石地面、木地板、吊顶
24以下	30000以内	775	815	880	包括电梯、局部磨石地面、木地板、吊顶
24以下	35000以内	805	845	915	包括电梯、局部磨石地面、木地板、吊顶
24以下	40000以内	835	875	950	包括电梯、局部磨石地面、木地板、吊顶

(3) 现浇框架结构

层 数	建筑面积 (m²)	工期天数 I	工期天数 II	工期天数 III	备 注
4以下	2000以内	205	220	245	局部磨石地面、木地板、吊顶
4以下	3000以内	230	245	270	局部磨石地面、木地板、吊顶
4以下	5000以内	255	270	300	局部磨石地面、木地板、吊顶
5以下	3000以内	255	270	300	局部磨石地面、木地板、吊顶
5以下	5000以内	280	295	330	局部磨石地面、木地板、吊顶
5以下	7000以内	305	320	360	局部磨石地面、木地板、吊顶
6以下	3000以内	280	295	330	局部磨石地面、木地板、吊顶
6以下	5000以内	305	320	360	局部磨石地面、木地板、吊顶
6以下	7000以内	330	345	390	局部磨石地面、木地板、吊顶
8以下	5000以内	375	395	440	包括电梯、局部磨石地面、木地板、吊顶
8以下	7000以内	400	420	470	包括电梯、局部磨石地面、木地板、吊顶
8以下	10000以内	425	450	500	包括电梯、局部磨石地面、木地板、吊顶
8以下	15000以内	455	480	535	包括电梯、局部磨石地面、木地板、吊顶
10以下	7000以内	425	450	500	包括电梯、局部磨石地面、木地板、吊顶
10以下	10000以内	450	480	530	包括电梯、局部磨石地面、木地板、吊顶
10以下	15000以内	480	510	565	包括电梯、局部磨石地面、木地板、吊顶
10以下	20000以内	510	545	600	包括电梯、局部磨石地面、木地板、吊顶
12以下	10000以内	480	515	565	包括电梯、局部磨石地面、木地板、吊顶
12以下	15000以内	510	545	600	包括电梯、局部磨石地面、木地板、吊顶
12以下	20000以内	540	580	635	包括电梯、局部磨石地面、木地板、吊顶
12以下	25000以内	575	615	670	包括电梯、局部磨石地面、木地板、吊顶
14以下	15000以内	545	580	635	包括电梯、局部磨石地面、木地板、吊顶

续表

层 数	建筑面积 (m²)	工期天数 I	II	III	备 注
14以下	20000以内	575	615	670	包括电梯、局部磨石地面、木地板、吊顶
14以下	25000以内	610	650	705	包括电梯、局部磨石地面、木地板、吊顶
16以下	15000以内	580	615	675	包括电梯、局部磨石地面、木地板、吊顶
16以下	20000以内	610	650	710	包括电梯、局部磨石地面、木地板、吊顶
16以下	25000以内	645	685	745	包括电梯、局部磨石地面、木地板、吊顶
16以下	30000以内	680	720	785	包括电梯、局部磨石地面、木地板、吊顶
18以下	15000以内	615	655	715	包括电梯、局部磨石地面、木地板、吊顶
18以下	20000以内	645	690	750	包括电梯、局部磨石地面、木地板、吊顶
18以下	25000以内	680	725	785	包括电梯、局部磨石地面、木地板、吊顶
18以下	30000以内	715	760	825	包括电梯、局部磨石地面、木地板、吊顶
20以下	20000以内	685	730	795	包括电梯、局部磨石地面、木地板、吊顶
20以下	25000以内	720	765	830	包括电梯、局部磨石地面、木地板、吊顶
20以下	30000以内	755	800	870	包括电梯、局部磨石地面、木地板、吊顶
20以下	35000以内	790	835	910	包括电梯、局部磨石地面、木地板、吊顶
22以下	20000以内	725	770	840	包括电梯、局部磨石地面、木地板、吊顶
22以下	25000以内	760	805	875	包括电梯、局部磨石地面、木地板、吊顶
22以下	30000以内	795	840	915	包括电梯、局部磨石地面、木地板、吊顶
22以下	35000以内	830	875	955	包括电梯、局部磨石地面、木地板、吊顶
24以下	25000以内	800	845	920	包括电梯、局部磨石地面、木地板、吊顶
24以下	30000以内	835	880	960	包括电梯、局部磨石地面、木地板、吊顶
24以下	35000以内	870	915	1000	包括电梯、局部磨石地面、木地板、吊顶
24以下	40000以内	905	950	1040	包括电梯、局部磨石地面、木地板、吊顶

3. 旅馆工程工期定额

(1) 混合结构

层 数	建筑面积 (m^2)	工期天数 I	工期天数 II	工期天数 III	备 注
1	500 以内	100	105	120	
1	1000 以内	110	115	130	
2	1000 以内	125	135	150	
2	2000 以内	140	150	165	
3	1000 以内	140	150	165	
3	2000 以内	155	165	185	
3	3000 以内	170	180	205	
4	2000 以内	170	180	205	
4	3000 以内	190	200	225	
5	3000 以内	210	220	250	
5	5000 以内	230	240	270	
5	7000 以内	250	260	295	
6	3000 以内	230	240	275	
6	5000 以内	250	260	300	
6	7000 以内	270	280	325	

(2) 内浇外砌结构

层 数	建筑面积 (m^2)	工期天数 I	工期天数 II	工期天数 III	备 注
4 以下	1000 以内	145	160	175	
4 以下	2000 以内	155	170	190	
4 以下	3000 以内	170	185	210	
5 以下	2000 以内	175	190	210	
5 以下	3000 以内	190	205	230	
5 以下	5000 以内	210	225	250	
6 以下	3000 以内	210	225	255	
6 以下	5000 以内	230	245	275	
6 以下	7000 以内	250	265	295	
7 以下	5000 以内	255	270	305	包括电梯
7 以下	7000 以内	275	290	325	包括电梯
7 以下	10000 以内	300	315	350	包括电梯
8 以下	500 以内	280	295	335	包括电梯
8 以下	700 以内	300	315	355	包括电梯
8 以下	10000 以内	325	340	380	包括电梯

(3) 内浇外挂结构

层 数	建筑面积 (m²)	工期天数 Ⅰ	工期天数 Ⅱ	工期天数 Ⅲ	备 注
10 以下	7000 以内	305	320	355	包括电梯
10 以下	10000 以内	325	340	375	包括电梯
10 以下	15000 以内	345	365	400	包括电梯
10 以下	20000 以内	370	390	425	包括电梯
10 以下	25000 以内	395	415	450	包括电梯
12 以下	10000 以内	350	365	400	包括电梯
12 以下	15000 以内	370	390	425	包括电梯
12 以下	20000 以内	395	415	450	包括电梯
12 以下	25000 以内	420	440	475	包括电梯
14 以下	15000 以内	395	415	450	包括电梯
14 以下	20000 以内	420	440	475	包括电梯
14 以下	25000 以内	445	465	500	包括电梯
16 以下	15000 以内	420	440	480	包括电梯
16 以下	20000 以内	445	465	505	包括电梯
16 以下	25000 以内	470	490	530	包括电梯
18 以下	15000 以内	445	470	510	包括电梯
18 以下	20000 以内	470	495	535	包括电梯
18 以下	25000 以内	495	520	560	包括电梯
18 以下	30000 以内	520	545	590	包括电梯
20 以下	15000 以内	475	500	540	包括电梯
20 以下	20000 以内	550	525	565	包括电梯
20 以下	25000 以内	525	550	590	包括电梯
20 以下	30000 以内	550	575	625	包括电梯

(4) 预制框架结构

层 数	建筑面积 (m^2)	工期天数			备 注
		I	II	III	
6以下	3000以内	245	260	295	
6以下	5000以内	265	280	320	
6以下	7000以内	290	305	345	
8以下	5000以内	325	340	390	包括电梯
8以下	7000以内	350	365	415	包括电梯
8以下	10000以内	375	395	440	包括电梯
8以下	15000以内	400	425	470	包括电梯
10以下	7000以内	380	395	445	包括电梯
10以下	10000以内	405	425	470	包括电梯
10以下	15000以内	430	455	500	包括电梯
12以下	10000以内	435	455	500	包括电梯
12以下	15000以内	460	485	530	包括电梯
14以下	10000以内	465	485	530	包括电梯
14以下	15000以内	490	515	560	包括电梯
14以下	20000以内	520	550	595	包括电梯
16以下	10000以内	495	515	560	包括电梯
16以下	15000以内	520	545	590	包括电梯
16以下	20000以内	550	580	625	包括电梯
18以下	15000以内	555	580	625	包括电梯
18以下	20000以内	585	615	660	包括电梯
18以下	25000以内	615	650	700	包括电梯
20以下	15000以内	590	615	665	包括电梯
20以下	20000以内	620	650	700	包括电梯
20以下	25000以内	650	685	740	包括电梯

(5) 现浇框架结构

层 数	建筑面积 (m²)	工期天数 Ⅰ	工期天数 Ⅱ	工期天数 Ⅲ	备 注
6 以下	3000 以内	270	285	320	
6 以下	5000 以内	290	305	350	
6 以下	7000 以内	315	330	380	
8 以下	5000 以内	365	380	425	包括电梯
8 以下	7000 以内	390	405	455	包括电梯
8 以下	10000 以内	415	435	485	包括电梯
8 以下	15000 以内	440	465	515	包括电梯
10 以下	7000 以内	415	435	485	包括电梯
10 以下	10000 以内	440	465	515	包括电梯
10 以下	15000 以内	470	495	545	包括电梯
12 以下	10000 以内	470	495	545	包括电梯
12 以下	15000 以内	500	525	575	包括电梯
14 以下	10000 以内	505	530	580	包括电梯
14 以下	15000 以内	535	560	610	包括电梯
14 以下	20000 以内	570	595	645	包括电梯
16 以下	10000 以内	540	565	615	包括电梯
16 以下	15000 以内	570	595	645	包括电梯
16 以下	20000 以内	605	630	680	包括电梯
18 以下	15000 以内	605	630	685	包括电梯
18 以下	20000 以内	640	665	720	包括电梯
18 以下	25000 以内	675	700	765	包括电梯
20 以下	15000 以内	640	670	730	包括电梯
20 以下	20000 以内	675	705	765	包括电梯
20 以下	25000 以内	710	740	810	包括电梯

(6) 滑模工艺

层 数	建筑面积 （m²）	工期天数 I	工期天数 II	工期天数 III	备 注
10 以下	7000 以内	310	330	360	包括电梯
10 以下	10000 以内	330	350	385	包括电梯
10 以下	15000 以内	355	375	410	包括电梯
12 以下	10000 以内	355	375	410	包括电梯
12 以下	15000 以内	380	400	435	包括电梯
12 以下	20000 以内	405	425	460	包括电梯
14 以下	10000 以内	380	400	435	包括电梯
14 以下	15000 以内	405	425	460	包括电梯
14 以下	20000 以内	430	450	485	包括电梯
16 以下	10000 以内	405	425	465	包括电梯
16 以下	15000 以内	430	450	490	包括电梯
16 以下	20000 以内	455	475	515	包括电梯
18 以下	15000 以内	455	475	520	包括电梯
18 以下	20000 以内	480	500	545	包括电梯
18 以下	25000 以内	505	530	575	包括电梯
20 以下	15000 以内	480	505	550	包括电梯
20 以下	20000 以内	505	530	575	包括电梯
20 以下	25000 以内	530	560	605	包括电梯
22 以下	15000 以内	505	535	580	包括电梯
22 以下	20000 以内	530	560	610	包括电梯
22 以下	25000 以内	555	590	640	包括电梯
24 以下	20000 以内	560	590	645	包括电梯
24 以下	25000 以内	585	620	675	包括电梯
24 以下	30000 以内	615	650	710	包括电梯
26 以下	20000 以内	590	620	680	包括电梯
26 以下	25000 以内	615	650	710	包括电梯
26 以下	30000 以内	645	680	745	包括电梯
28 以下	25000 以内	645	680	745	包括电梯
28 以下	30000 以内	675	710	780	包括电梯

续表

层 数	建筑面积 (m^2)	工期天数 I	II	III	备 注
28 以下	35000 以内	705	740	820	包括电梯
30 以下	25000 以内	675	710	785	包括电梯
30 以下	30000 以内	705	740	820	包括电梯
30 以下	35000 以内	735	770	860	包括电梯
32 以下	25000 以内	705	745	825	包括电梯
32 以下	30000 以内	735	775	860	包括电梯
32 以下	35000 以内	765	805	900	包括电梯
34 以下	30000 以内	765	810	900	包括电梯
34 以下	35000 以内	795	840	940	包括电梯
34 以下	40000 以内	825	870	980	包括电梯
36 以下	30000 以内	795	845	940	包括电梯
36 以下	35000 以内	825	875	980	包括电梯
36 以下	40000 以内	855	905	1020	包括电梯

4. 教学用房工程工期定额

(1) 混 合 结 构

层 数	建筑面积 (m^2)	工期天数 I	II	III	备 注
1	300 以内	95	100	115	
1	500 以内	105	110	125	
1	1000 以内	115	125	140	
2	500 以内	120	125	140	
2	1000 以内	130	140	155	
2	2000 以内	145	155	170	
3	1000 以内	145	155	175	
3	2000 以内	160	170	190	
3	3000 以内	175	185	210	
4	2000 以内	180	190	210	
4	3000 以内	195	205	230	
4	5000 以内	215	225	250	

续表

层 数	建筑面积（m²）	工期天数 I	工期天数 II	工期天数 III	备 注
5	3000 以内	215	225	255	
5	5000 以内	235	245	275	
5	7000 以内	255	265	295	
6	3000 以内	235	250	285	
6	5000 以内	255	270	305	
6	7000 以内	275	290	325	

(2) 预制框架结构

层 数	建筑面积（m²）	工期天数 I	工期天数 II	工期天数 III	备 注
5 以下	2000 以内	225	240	265	局部动力、变电、通风
5 以下	3000 以内	245	265	290	局部动力、变电、通风
5 以下	5000 以内	270	290	315	局部动力、变电、通风
6 以下	3000 以内	270	290	315	局部动力、变电、通风
6 以下	5000 以内	295	315	340	局部动力、变电、通风
6 以下	7000 以内	320	340	370	局部动力、变电、通风
8 以下	5000 以内	370	390	425	包括电梯、局部动力、变电、通风
8 以下	7000 以内	395	415	455	包括电梯、局部动力、变电、通风
8 以下	10000 以内	420	445	485	包括电梯、局部动力、变电、通风
8 以下	15000 以内	450	475	515	包括电梯、局部动力、变电、通风
10 以下	7000 以内	425	445	485	包括电梯、局部动力、变电、通风
10 以下	10000 以内	450	475	515	包括电梯、局部动力、变电、通风
10 以下	15000 以内	480	505	545	包括电梯、局部动力、变电、通风
10 以下	20000 以内	515	540	585	包括电梯、局部动力、变电、通风
12 以下	15000 以内	515	540	585	包括电梯、局部动力、变电、通风
12 以下	20000 以内	550	575	625	包括电梯、局部动力、变电、通风
12 以下	25000 以内	585	615	665	包括电梯、局部动力、变电、通风

续表

层 数	建筑面积 (m²)	工期天数 I	II	III	备 注
14以下	15000以内	550	580	630	包括电梯、局部动力、变电、通风
14以下	20000以内	585	615	670	包括电梯、局部动力、变电、通风
14以下	25000以内	620	655	710	包括电梯、局部动力、变电、通风

(3) 现浇框架结构

层 数	建筑面积 (m²)	工期天数 I	II	III	备 注
5以下	2000以内	245	260	285	局部动力、变电、通风
5以下	3000以内	265	285	310	局部动力、变电、通风
5以下	5000以内	290	310	340	局部动力、变电、通风
6以下	3000以内	295	315	345	局部动力、变电、通风
6以下	5000以内	320	340	375	局部动力、变电、通风
6以下	7000以内	350	370	410	局部动力、变电、通风
8以下	5000以内	400	425	465	包括电梯、局部动力、变电、通风
8以下	7000以内	430	455	500	包括电梯、局部动力、变电、通风
8以下	10000以内	460	485	535	包括电梯、局部动力、变电、通风
8以下	15000以内	490	515	575	包括电梯、局部动力、变电、通风
10以下	7000以内	460	485	535	包括电梯、局部动力、变电、通风
10以下	10000以内	490	515	570	包括电梯、局部动力、变电、通风
10以下	15000以内	520	545	605	包括电梯、局部动力、变电、通风
10以下	20000以内	555	585	645	包括电梯、局部动力、变电、通风
12以下	15000以内	555	585	645	包括电梯、局部动力、变电、通风
12以下	20000以内	590	625	685	包括电梯、局部动力、变电、通风
12以下	25000以内	630	665	725	包括电梯、局部动力、变电、通风
14以下	15000以内	595	625	685	包括电梯、局部动力、变电、通风
14以下	20000以内	630	665	725	包括电梯、局部动力、变电、通风
14以下	25000以内	670	705	765	包括电梯、局部动力、变电、通风

5. 图书馆工程工期定额

(1) 混合结构

层数	建筑面积 (m²)	工期天数			备注
		Ⅰ	Ⅱ	Ⅲ	
1	300 以内	120	130	145	
1	500 以内	130	140	155	
1	1000 以内	150	160	175	
2	500 以内	150	160	175	
2	1000 以内	170	180	195	
2	2000 以内	190	200	215	
3	1000 以内	190	200	220	
3	2000 以内	210	220	240	
3	3000 以内	230	240	265	
4	2000 以内	230	245	270	
4	3000 以内	250	265	295	
4	5000 以内	275	295	325	
5	3000 以内	280	295	325	
5	5000 以内	305	325	355	
5	7000 以内	335	355	390	
6	3000 以内	310	325	360	
6	5000 以内	335	355	390	
6	7000 以内	365	385	425	

(2) 预制框架结构

层数	建筑面积 (m²)	工期天数			备注
		Ⅰ	Ⅱ	Ⅲ	
书库 6 以下	3000 以内	330	345	390	包括电梯
书库 6 以下	5000 以内	355	370	420	包括电梯
书库 6 以下	7000 以内	385	400	455	包括电梯
书库 8 以下	5000 以内	445	465	520	包括电梯
书库 8 以下	7000 以内	475	495	555	包括电梯

续表

层　　数	建筑面积（m²）	工期天数 I	II	III	备　　注
书库8以下	10000以内	505	525	590	包括电梯
书库8以下	15000以内	535	560	625	包括电梯
书库10以下	5000以内	480	505	560	包括电梯
书库10以下	7000以内	510	535	595	包括电梯
书库10以下	10000以内	540	565	630	包括电梯
书库10以下	15000以内	570	600	665	包括电梯
书库12以下	10000以内	580	610	680	包括电梯
书库12以下	15000以内	610	645	715	包括电梯
书库12以下	20000以内	645	680	750	包括电梯

(3) 现浇框架结构

层　　数	建筑面积（m²）	工期天数 I	II	III	备　　注
书库6以下	3000以内	355	375	425	包括电梯
书库6以下	5000以内	380	405	460	包括电梯
书库6以下	7000以内	410	440	500	包括电梯
书库8以下	5000以内	480	510	565	包括电梯
书库8以下	7000以内	510	545	605	包括电梯
书库8以下	10000以内	545	580	645	包括电梯
书库8以下	15000以内	585	620	685	包括电梯
书库10以下	5000以内	520	555	610	包括电梯
书库10以下	7000以内	550	590	650	包括电梯
书库10以下	10000以内	585	625	690	包括电梯
书库10以下	15000以内	625	665	730	包括电梯
书库12以下	10000以内	635	675	740	包括电梯
书库12以下	15000以内	675	715	780	包括电梯
书库12以下	20000以内	720	765	830	包括电梯

(4) 升板工艺

层 数	建筑面积 (m²)	工期天数 Ⅰ	Ⅱ	Ⅲ	备 注
书库 6 以下	3000 以内	350	370	415	包括电梯
书库 6 以下	5000 以内	380	400	450	包括电梯
书库 6 以下	7000 以内	410	430	485	包括电梯
书库 8 以下	5000 以内	470	495	550	包括电梯
书库 8 以下	7000 以内	500	525	585	包括电梯
书库 8 以下	10000 以内	540	565	625	包括电梯
书库 8 以下	15000 以内	580	605	665	包括电梯
书库 10 以下	5000 以内	510	535	590	包括电梯
书库 10 以下	7000 以内	540	565	625	包括电梯
书库 10 以下	10000 以内	580	605	665	包括电梯
书库 10 以下	15000 以内	620	645	705	包括电梯
书库 12 以下	10000 以内	620	650	710	包括电梯
书库 12 以下	15000 以内	660	690	750	包括电梯
书库 12 以下	2000 以内	705	740	800	包括电梯

(5) 滑模工艺

层 数	建筑面积 (m²)	工期天数 Ⅰ	Ⅱ	Ⅲ	备 注
书库 6 以下	3000 以内	270	285	315	包括电梯
书库 6 以下	5000 以内	295	310	345	包括电梯
书库 6 以下	7000 以内	320	335	375	包括电梯
书库 8 以下	5000 以内	365	385	425	包括电梯
书库 8 以下	7000 以内	390	410	455	包括电梯
书库 8 以下	10000 以内	415	440	485	包括电梯
书库 8 以下	15000 以内	445	470	515	包括电梯
书库 10 以下	5000 以内	390	415	455	包括电梯
书库 10 以下	7000 以内	415	440	485	包括电梯
书库 10 以下	10000 以内	440	470	515	包括电梯
书库 10 以下	15000 以内	470	500	545	包括电梯
书库 12 以下	10000 以内	470	505	555	包括电梯
书库 12 以下	15000 以内	500	535	585	包括电梯
书库 12 以下	20000 以内	530	565	615	包括电梯
书库 14 以下	15000 以内	535	570	625	包括电梯
书库 14 以下	20000 以内	565	600	655	包括电梯

续表

层 数	建筑面积 (m²)	工期天数 I	II	III	备 注
书库14以下	25000以内	595	630	685	包括电梯
书库16以下	15000以内	575	610	665	包括电梯
书库16以下	20000以内	605	640	695	包括电梯
书库16以下	25000以内	635	670	725	包括电梯

6. 医院、疗养用房工程工期定额

(1) 混 合 结 构

层 数	建筑面积 (m²)	工期天数 I	II	III	备 注
1	500以内	135	145	160	
1	1000以内	155	165	180	
1	2000以内	175	185	200	
2	500以内	155	165	180	
2	1000以内	175	185	200	
2	2000以内	195	205	220	
2	3000以内	215	225	245	
3	1000以内	195	205	225	包括电梯(食梯)
3	2000以内	215	225	245	包括电梯(食梯)
3	3000以内	235	245	270	包括电梯(食梯)
3	5000以内	360	275	300	包括电梯(食梯)
4	2000以内	235	250	275	包括电梯(食梯)
4	3000以内	255	270	300	包括电梯(食梯)
4	5000以内	280	300	330	包括电梯(食梯)
4	7000以内	310	330	365	包括电梯(食梯)
4	10000以内	340	360	400	包括电梯(食梯)
5	3000以内	285	300	330	包括电梯(食梯)
5	5000以内	310	330	360	包括电梯(食梯)
5	7000以内	340	360	395	包括电梯(食梯)
5	10000以内	370	390	430	包括电梯(食梯)
5	15000以内	410	430	470	包括电梯(食梯)
6	5000以内	345	370	400	包括电梯(食梯)
6	7000以内	375	400	435	包括电梯(食梯)
6	10000以内	405	430	470	包括电梯(食梯)
6	15000以内	445	470	510	包括电梯(食梯)

(2) 预制框架结构

层 数	建筑面积 (m^2)	工期天数 I	工期天数 II	工期天数 III	备 注
4 以下	1000 以内	225	240	265	包括电梯(食梯)
4 以下	2000 以内	250	265	295	包括电梯(食梯)
4 以下	3000 以内	275	295	325	包括电梯(食梯)
4 以下	5000 以内	305	325	360	包括电梯(食梯)
5 以下	3000 以内	305	325	360	包括电梯(食梯)
5 以下	5000 以内	335	355	395	包括电梯(食梯)
5 以下	7000 以内	365	385	430	包括电梯(食梯)
6 以下	3000 以内	335	355	395	包括电梯(食梯)
6 以下	5000 以内	365	385	430	包括电梯(食梯)
6 以下	7000 以内	395	415	465	包括电梯(食梯)
6 以下	10000 以内	425	455	505	包括电梯(食梯)
6 以下	15000 以内	460	495	545	包括电梯(食梯)
8 以下	5000 以内	455	475	525	包括电梯(食梯)
8 以下	7000 以内	485	505	560	包括电梯(食梯)
8 以下	10000 以内	515	545	600	包括电梯(食梯)
8 以下	15000 以内	550	585	640	包括电梯(食梯)
10 以下	7000 以内	520	545	600	包括电梯(食梯)
10 以下	10000 以内	550	585	640	包括电梯(食梯)
10 以下	15000 以内	585	625	680	包括电梯(食梯)
12 以下	10000 以内	590	625	685	包括电梯(食梯)
12 以下	15000 以内	625	665	725	包括电梯(食梯)
12 以下	20000 以内	695	705	765	包括电梯(食梯)
14 以下	15000 以内	665	710	770	包括电梯(食梯)
14 以下	20000 以内	705	750	810	包括电梯(食梯)
14 以下	25000 以内	745	795	860	包括电梯(食梯)
16 以下	20000 以内	745	795	860	包括电梯(食梯)
16 以下	25000 以内	785	840	910	包括电梯(食梯)
16 以下	30000 以内	825	885	960	包括电梯(食梯)

(3) 现浇框架结构

层 数	建筑面积 (m²)	工期天数 Ⅰ	工期天数 Ⅱ	工期天数 Ⅲ	备 注
4 以下	1000 以内	245	265	295	包括电梯(食梯)
4 以下	2000 以内	270	290	325	包括电梯(食梯)
4 以下	3000 以内	300	320	355	包括电梯(食梯)
4 以下	5000 以内	330	350	390	包括电梯(食梯)
5 以下	3000 以内	330	350	390	包括电梯(食梯)
5 以下	5000 以内	360	380	425	包括电梯(食梯)
5 以下	7000 以内	390	415	465	包括电梯(食梯)
6 以下	3000 以内	365	385	425	包括电梯(食梯)
6 以下	5000 以内	395	415	460	包括电梯(食梯)
6 以下	7000 以内	425	450	500	包括电梯(食梯)
6 以下	10000 以内	460	490	540	包括电梯(食梯)
6 以下	15000 以内	500	530	585	包括电梯(食梯)
8 以下	5000 以内	490	515	565	包括电梯(食梯)
8 以下	7000 以内	520	550	605	包括电梯(食梯)
8 以下	10000 以内	555	590	645	包括电梯(食梯)
8 以下	15000 以内	595	630	690	包括电梯(食梯)
10 以下	7000 以内	560	590	650	包括电梯(食梯)
10 以下	10000 以内	595	630	690	包括电梯(食梯)
10 以下	15000 以内	635	670	735	包括电梯(食梯)
12 以下	10000 以内	635	675	740	包括电梯(食梯)
12 以下	15000 以内	675	715	785	包括电梯(食梯)
12 以下	20000 以内	720	765	835	包括电梯(食梯)
14 以下	15000 以内	720	765	835	包括电梯(食梯)
14 以下	20000 以内	765	815	885	包括电梯(食梯)
14 以下	25000 以内	815	865	940	包括电梯(食梯)
16 以下	20000 以内	815	865	940	包括电梯(食梯)
16 以下	25000 以内	865	915	995	包括电梯(食梯)
16 以下	30000 以内	915	965	1050	包括电梯(食梯)

7. 单层厂房工程工期定额

预制排架结构

建筑面积	工期天数			备 注
(m²)	Ⅰ	Ⅱ	Ⅲ	
3000 以内	235	245	270	包括附房3层、动力、通风、天车
5000 以内	250	265	290	包括附房3层、动力、通风、天车
7000 以内	270	285	310	包括附房3层、动力、通风、天车
10000 以内	290	305	335	包括附房3层、动力、通风、天车
15000 以内	320	335	365	包括附房3层、动力、通风、天车

8. 多层厂房工程工期定额

(1) 预制框架结构

层数	建筑面积	工期天数			备 注
	(m²)	Ⅰ	Ⅱ	Ⅲ	
5	10000 以内	425	445	485	包括电梯、动力、通风、天车
5	15000 以内	455	475	515	包括电梯、动力、通风、天车
5	20000 以内	485	510	550	包括电梯、动力、通风、天车
6	5000 以内	405	430	470	包括电梯、动力、通风、天车
6	7000 以内	430	455	495	包括电梯、动力、通风、天车
6	10000 以内	455	480	525	包括电梯、动力、通风、天车
6	15000 以内	485	510	555	包括电梯、动力、通风、天车

(2) 现浇框架结构

层数	建筑面积	工期天数			备 注
	(m²)	Ⅰ	Ⅱ	Ⅲ	
5	10000 以内	455	485	530	包括货梯、动力、通风、天车
5	15000 以内	485	515	565	包括货梯、动力、通风、天车
5	20000 以内	520	550	605	包括货梯、动力、通风、天车
6	5000 以内	440	465	510	包括货梯、动力、通风、天车
6	7000 以内	465	490	535	包括货梯、动力、通风、天车
6	10000 以内	490	520	565	包括货梯、动力、通风、天车
6	15000 以内	520	550	600	包括货梯、动力、通风、天车

9. 构筑物工程工期定额

名　称	规　格	工期天数 Ⅰ	Ⅱ	Ⅲ	备　注
砖烟囱	高30m以内	55	55	60	
砖烟囱	高45m以内	75	75	80	
砖烟囱	高60m以内	100	100	110	
钢筋混凝土烟囱	高30m以内	75	75	85	
钢筋混凝土烟囱	高45m以内	90	90	100	
钢筋混凝土烟囱	高60m以内	110	110	120	
钢筋混凝土烟囱	高80m以内	140	140	155	
钢筋混凝土烟囱	高100m以内	175	175	190	
钢筋混凝土烟囱	高120m以内	210	210	230	
钢筋混凝土烟囱	高150m以内	250	250	270	
钢筋混凝土烟囱	高180m以内	290	290	315	
钢筋混凝土烟囱	高210m以内	330	330	360	
钢筋混凝土烟囱	高240m以内	380	380	415	
砖混水塔	高16m以下,30t以内	55	55	60	砖混水塔如有保温另增工期10d
砖混水塔	高16m以下,50t以内	70	70	75	
砖混水塔	高20m以下,80t以内	80	80	90	
砖混水塔	高20m以下,100t以内	90	90	100	
砖混水塔	高20m以下,150t以内	105	105	115	
砖混水塔	高20m以下,200t以内	120	120	130	
砖混水塔	高24m以下,80t以内	85	85	95	
砖混水塔	高24m以下,100t以内	95	95	105	
砖混水塔	高24m以下,150t以内	110	110	120	
砖混水塔	高24m以下,200t以内	125	125	135	
砖混水塔	高28m以下,80t以内	90	90	100	

续表

名　称	规　格	工期天数			备　注
		Ⅰ	Ⅱ	Ⅲ	
砖混水塔	高28m以下,100t以内	100	100	110	⎫
砖混水塔	高28m以下,150t以内	115	115	125	⎬ P170备注
砖混水塔	高28m以下,200t以内	130	130	145	⎭
钢筋混凝土水塔	高24m以下,50t以内	90	90	100	保温
钢筋混凝土水塔	高24m以下,100t以内	115	115	125	保温
钢筋混凝土水塔	高24m以下,200t以内	135	135	145	保温
钢筋混凝土水塔	高24m以下,300t以内	155	155	170	保温
钢筋混凝土水塔	高24m以下,400t以内	175	175	200	保温
钢筋混凝土水塔	高28m以下,50t以内	95	95	105	保温
钢筋混凝土水塔	高28m以下,100t以内	120	120	130	保温
钢筋混凝土水塔	高28m以下,200t以内	140	140	150	保温
钢筋混凝土水塔	高28m以下,300t以内	160	160	175	保温
钢筋混凝土水塔	高28m以下,400t以内	180	180	205	保温
钢筋混凝土水塔	高32m以下,50t以内	100	100	110	保温
钢筋混凝土水塔	高32m以下,100t以内	125	125	135	保温
钢筋混凝土水塔	高32m以下,200t以内	145	145	155	保温
钢筋混凝土水塔	高32m以下,300t以内	165	165	180	保温
钢筋混凝土水塔	高32m以下,400t以内	185	185	210	保温
钢筋混凝土水塔	高16m以下,30t以内	50	50	55	不保温
钢筋混凝土水塔	高16m以下,50t以内	55	55	60	不保温
钢筋混凝土水塔	高20m以下,30t以内	60	60	70	不保温
钢筋混凝土水塔	高20m以下,50t以内	65	65	75	不保温
钢筋混凝土水塔	高20m以下,80t以内	75	75	85	不保温
钢筋混凝土水塔	高20m以下,100t以内	90	90	100	不保温
钢筋混凝土水塔	高20m以下,150t以内	100	100	110	不保温
钢筋混凝土水塔	高20m以下,200t以内	110	110	120	不保温
钢筋混凝土水塔	高24m以下,80t以内	85	85	90	不保温
钢筋混凝土水塔	高24m以下,100t以内	100	100	110	不保温
钢筋混凝土水塔	高24m以下,150t以内	110	110	120	不保温
钢筋混凝土水塔	高24m以下,200t以内	120	120	130	不保温

续表

名称	规格	工期天数 I	工期天数 II	工期天数 III	备注
钢筋混凝土水塔	高28m以下,80t以内	85	85	95	不保温
钢筋混凝土水塔	100t以下,100t以内	105	105	115	不保温
钢筋混凝土水塔	150t以下,150t以内	115	115	125	不保温
钢筋混凝土水塔	200t以下,200t以内	125	125	135	不保温
钢筋混凝土烟囱带水塔	高35m以下,30t以内	105	105	115	不保温
钢筋混凝土烟囱带水塔	高45m以下,30t以内	115	115	130	不保温
钢筋混凝土烟囱带水塔	高60m以下,30t以内	130	130	145	不保温
钢筋混凝土烟囱带水塔	高80m以下,30t以内	150	150	170	不保温
钢筋混凝土烟囱带水塔	高100m以下,30t以内	185	185	205	不保温
钢筋混凝土贮水池	400t以内	90	90	100	封闭式,刚性防水
钢筋混凝土贮水池	600t以内	110	110	120	封闭式,刚性防水
钢筋混凝土贮水池	800t以内	130	130	140	封闭式,刚性防水
钢筋混凝土贮水池	1000t以内	150	150	165	封闭式,刚性防水
钢筋混凝土贮水池	1200t以内	170	170	190	封闭式,刚性防水
钢筋混凝土贮水池	1400t以内	195	195	215	封闭式,刚性防水
钢筋混凝土贮水池	1600t以内	220	220	240	封闭式,刚性防水
钢筋混凝土贮水池	1800t以内	250	250	270	封闭式,刚性防水
钢筋混凝土贮水池	2000t以内	280	280	305	封闭式,刚性防水
钢筋混凝土污水池	500t以内	115	115	125	封闭式刚性防水,内镶面砖
钢筋混凝土污水池	1000t以内	170	170	185	封闭式刚性防水,内镶面砖
钢筋混凝土污水池	1500t以内	230	230	250	封闭式刚性防水,内镶面砖
钢筋混凝土污水池	2000t以内	290	290	320	封闭式刚性防水,内镶面砖
钢筋混凝土污水池	2500t以内	360	360	390	封闭式刚性防水,内镶面砖
钢筋混凝土污水池	3000t以内	430	430	465	封闭式刚性防水,内镶面砖

构筑物工程工期定额

名　称	个　数	直径(m)	高度(m)	工期天数 I	工期天数 II	工期天数 III	备　注
滑模筒仓	2 个以下	10 以下	20 以内	130	130	145	
滑模筒仓	2 个以下	10 以下	30 以内	140	140	155	
滑模筒仓	2 个以下	15 以下	20 以内	140	140	155	
滑模筒仓	2 个以下	15 以下	30 以内	150	150	165	
滑模筒仓	2 个以下	15 以下	40 以内	160	160	175	
滑模筒仓	2 个以下	20 以下	20 以内	150	150	165	
滑模筒仓	2 个以下	20 以下	30 以内	160	160	175	
滑模筒仓	2 个以下	20 以下	40 以内	170	170	185	
滑模筒仓	4 个以下	10 以下	20 以内	180	180	200	
滑模筒仓	4 个以下	10 以下	30 以内	190	190	210	
滑模筒仓	4 个以下	15 以下	20 以内	190	190	210	
滑模筒仓	4 个以下	15 以下	30 以内	200	200	220	
滑模筒仓	4 个以下	15 以下	40 以内	210	210	230	
滑模筒仓	4 个以下	20 以下	20 以内	200	200	220	
滑模筒仓	4 个以下	20 以下	30 以内	210	210	230	
滑模筒仓	4 个以下	20 以下	40 以内	220	220	240	
滑模筒仓	8 个以下	10 以下	20 以内	250	250	275	
滑模筒仓	8 个以下	10 以下	30 以内	260	260	285	
滑模筒仓	8 个以下	10 以下	40 以内	270	270	295	
滑模筒仓	8 个以下	15 以下	20 以内	260	260	285	
滑模筒仓	8 个以下	15 以下	30 以内	270	270	295	
滑模筒仓	8 个以下	15 以下	40 以内	280	280	305	
滑模筒仓	8 个以下	20 以下	20 以内	270	270	295	

续表

名称	个数	直径(m)	高度(m)	工期天数 I	工期天数 II	工期天数 III	备注
滑模筒仓	8个以下	20以下	30以内	280	280	305	
滑模筒仓	8个以下	20以下	40以内	290	290	315	
滑模筒仓	12个以下	10以下	20以内	320	320	350	
滑模筒仓	12个以下	10以下	30以内	330	330	360	
滑模筒仓	12个以下	10以下	40以内	340	340	370	
滑模筒仓	12个以下	15以下	20以内	330	330	360	
滑模筒仓	12个以下	15以下	30以内	340	340	370	
滑模筒仓	12个以下	15以下	40以内	350	350	380	
滑模筒仓	12个以下	20以下	20以内	340	340	370	
滑模筒仓	12个以下	20以下	30以内	350	350	380	
滑模筒仓	12个以下	20以下	40以内	360	360	390	

(三) 群体住宅工期定额

1. 多层群体住宅工期定额

(1) 混 合 结 构

栋数	建筑面积 (m^2)	工期天数 I	工期天数 II	工期天数 III	备注
3以内	5000以内	340	350	390	
3以内	10000以内	365	375	420	
3以内	15000以内	390	405	455	
5以内	10000以内	415	430	485	
5以内	15000以内	445	460	515	
5以内	25000以内	475	490	555	
7以内	10000以内	490	505	570	
7以内	20000以内	525	540	605	
7以内	30000以内	560	580	655	

(2) 砌块结构

栋数	建筑面积 (m²)	工期天数 I	工期天数 II	工期天数 III	备注
3 以内	5000 以内	255	270	305	
3 以内	10000 以内	280	295	330	
3 以内	15000 以内	305	325	360	
5 以内	10000 以内	310	330	375	
5 以内	15000 以内	340	360	405	
5 以内	25000 以内	375	390	435	
7 以内	10000 以内	370	385	440	
7 以内	20000 以内	405	420	475	
7 以内	30000 以内	440	460	515	

(3) 内浇外砌结构

栋数	建筑面积 (m²)	工期天数 I	工期天数 II	工期天数 III	备注
3 以内	5000 以内	305	325	365	
3 以内	10000 以内	325	345	390	
3 以内	15000 以内	350	370	415	
5 以内	10000 以内	375	395	445	
5 以内	15000 以内	400	420	475	
5 以内	25000 以内	430	450	505	
7 以内	10000 以内	440	470	525	
7 以内	20000 以内	470	500	560	
7 以内	30000 以内	505	535	600	

(4) 内浇外挂结构

栋数	建筑面积 (m²)	工期天数 I	工期天数 II	工期天数 III	备注
3 以内	5000 以内	285	300	335	
3 以内	10000 以内	305	520	360	
3 以内	15000 以内	335	550	395	
5 以内	10000 以内	350	565	405	

续表

栋 数	建筑面积 (m^2)	工期天数			备 注
		I	II	III	
5 以内	15000 以内	375	590	435	
5 以内	25000 以内	405	430	485	
7 以内	10000 以内	415	430	480	
7 以内	20000 以内	440	460	515	
7 以内	30000 以内	475	505	570	

(5) 壁板全装配结构

栋 数	建筑面积 (m^2)	工期天数			备 注
		I	II	III	
3 以内	5000 以内	245	255	295	
3 以内	10000 以内	265	275	315	
3 以内	150000 以内	290	300	340	
5 以内	10000 以内	295	310	360	
5 以内	15000 以内	325	340	390	
5 以内	25000 以内	350	370	420	
7 以内	10000 以内	350	370	420	
7 以内	20000 以内	380	400	455	
7 以内	30000 以内	415	435	490	

(6) 预制框架结构

栋 数	建筑面积 (m^2)	工期天数			备 注
		I	II	III	
3 以内	5000 以内	360	380	425	
3 以内	10000 以内	385	405	455	
3 以内	15000 以内	410	340	485	
5 以内	10000 以内	435	460	515	
5 以内	15000 以内	465	490	555	
5 以内	25000 以内	500	525	595	

续表

栋 数	建筑面积 (m^2)	工期天数			备 注
		Ⅰ	Ⅱ	Ⅲ	
7以内	10000 以内	515	545	605	
7以内	20000 以内	550	580	650	
7以内	30000 以内	590	615	700	

(7) 现浇框架结构

栋 数	建筑面积 (m^2)	工期天数			备 注
		Ⅰ	Ⅱ	Ⅲ	
3以内	5000 以内	395	415	465	
3以内	10000 以内	420	440	495	
3以内	15000 以内	455	475	530	
5以内	10000 以内	485	505	570	
5以内	15000 以内	515	535	605	
5以内	25000 以内	555	575	645	
7以内	10000 以内	570	600	670	
7以内	20000 以内	605	635	715	
7以内	30000 以内	650	680	765	

(8) 内板外砌结构

栋 数	建筑面积 (m^2)	工期天数			备 注
		Ⅰ	Ⅱ	Ⅲ	
3以内	5000 以内	250	250	300	
3以内	10000 以内	270	285	325	
3以内	15000 以内	295	310	350	
5以内	10000 以内	305	320	365	
5以内	15000 以内	330	345	395	
5以内	25000 以内	360	375	430	
7以内	10000 以内	360	375	430	
7以内	20000 以内	390	410	465	
7以内	30000 以内	425	445	505	

(9) 内外模全现浇结构

栋 数	建筑面积 (m²)	工期天数			备 注
		Ⅰ	Ⅱ	Ⅲ	
3以内	5000以内	315	335	370	
3以内	10000以内	330	350	395	
3以内	15000以内	355	375	420	
5以内	10000以内	380	405	450	
5以内	15000以内	405	430	485	
5以内	25000以内	435	460	515	
7以内	10000以内	450	480	535	
7以内	20000以内	475	505	570	
7以内	30000以内	515	545	610	

2．高层群体住宅工期定额

(1) 内浇外挂结构

层 数	栋 数	建筑面积 (m²)	工期(月)			备 注
			Ⅰ	Ⅱ	Ⅲ	
10以下	2	10000以内	11.5	12	13.5	
10以下	2	20000以内	12.5	13	14.5	
10以下	2	30000以内	13.5	14	15.5	
10以下	3	15000以内	14	14.5	16	
10以下	3	30000以内	15	15.5	17	
10以下	3	45000以内	16	16.5	18.5	
10以下	5以内	25000以内	17	17.5	20	
10以下	5以内	45000以内	19	20.5	22	
10以下	5以内	60000以内	20.5	21.5	23.5	
12以下	2	20000以内	13.5	14.5	15.5	
12以下	2	30000以内	14.5	15.5	16.5	
12以下	2	40000以内	15.5	16.5	18	
12以下	3	30000以内	16	17	18.5	
12以下	3	45000以内	17	18	19.5	
12以下	3	60000以内	18	19	20.5	

续表

层 数	栋 数	建筑面积（m²）	工期（月）			备 注
			I	II	III	
12以下	5以内	45000以内	20.5	21.5	23.5	
12以下	5以内	60000以内	22	23	25	
14以下	2	20000以内	14.5	15.5	16.5	
14以下	2	30000以内	15.5	16.5	17.5	
14以下	2	40000以内	16.5	17.5	19	
14以下	3	30000以内	17	18	19.5	
14以下	3	45000以内	18	19	20.5	
14以下	3	60000以内	19.5	20.5	22	
14以下	5以内	45000以内	22	23	25	
14以下	5以内	60000以内	23.5	24.5	26.5	
16以下	2	20000以内	15.5	16.5	17.5	
16以下	2	30000以内	16.5	17.5	18.5	
16以下	2	40000以内	17.5	18.5	20	
16以下	3	30000以内	18.5	19	20.5	
16以下	3	45000以内	19.5	20.5	22	
16以下	3	60000以内	20.5	21.5	23.5	
16以下	5以内	45000以内	23.5	24.5	26.5	
16以下	5以内	60000以内	25	26	28	
18以下	2	30000以内	17.5	18.5	20	
18以下	2	40000以内	18.5	19.5	21	
18以下	2	50000以内	19.5	20.5	22.5	
18以下	3	450000以内	20.5	21.5	23.5	
18以下	3	60000以内	21.5	22.5	24.5	
20以下	2	30000以内	18.5	19.5	21.5	
20以下	2	40000以内	19.5	20.5	22.5	
20以下	2	50000以内	20.5	21.5	23.5	
20以下	3	450000以内	21.5	22.5	24.5	
20以下	3	60000以内	23	24	26	

(2) 内外模全现浇结构

层 数	栋 数	建筑面积 (m²)	工期(月) I	工期(月) II	工期(月) III	备 注
10以下	2	10000以内	12.5	13	15	
10以下	2	20000以内	12.5	14	16	
10以下	2	30000以内	14.5	15	17	
10以下	3	15000以内	15	15.5	17.5	
10以下	3	30000以内	16	16.5	18.5	
10以下	3	45000以内	17.5	18	20	
10以下	5以内	25000以内	18	19	21	
10以下	5以内	45000以内	20.5	21.5	24	
10以下	5以内	60000以内	22	23	25.5	
12以下	2	20000以内	14.5	15.5	17	
12以下	2	30000以内	15.5	16.5	18	
12以下	2	40000以内	16.5	17.5	19	
12以下	3	30000以内	17.5	18	20	
12以下	3	45000以内	18.5	19	21	
12以下	3	60000以内	19.5	20.5	22	
12以下	5以内	45000以内	22	23	25.5	
12以下	5以内	60000以内	23.5	24.5	27	
14以下	2	20000以内	15.5	15.5	18	
14以下	2	30000以内	16.5	17.5	19	
14以下	2	40000以内	17.5	18.5	20	
14以下	3	30000以内	18.5	19.5	21	
14以下	3	45000以内	19.5	20.5	22	
14以下	3	60000以内	20.5	21.5	23.5	
14以下	5以内	45000以内	23.5	24.5	27	
14以下	5以内	60000以内	25	26	28.5	
16以下	2	20000以内	16.5	17.5	19	

续表

层 数	栋 数	建筑面积 (m^2)	工期(月) I	工期(月) II	工期(月) III	备 注
16 以下	2	30000 以内	17.5	18.5	20	
16 以下	2	40000 以内	18.5	19.5	21	
16 以下	3	30000 以内	19.5	20.5	22	
16 以下	3	45000 以内	20.5	21.5	23.5	
16 以下	3	60000 以内	22	22.5	24.5	
16 以下	5 以内	45000 以内	25	26	28.5	
16 以下	5 以内	60000 以内	26.5	27.5	30	
18 以下	2	30000 以内	18.5	19.5	21	
18 以下	2	40000 以内	19.5	20.5	22	
18 以下	2	50000 以内	20.5	21.5	23.5	
18 以下	3	45000 以内	22	23	24.5	
18 以下	3	60000 以内	23	24	26	
20 以下	2	30000 以内	20	21	22.5	
20 以下	2	40000 以内	21	22	23.5	
20 以下	2	50000 以内	22	23	24.5	
20 以下	3	45000 以内	23	24	26	
20 以下	3	60000 以内	24.5	25.5	27.5	

(3) 壁板全装配结构

层 数	栋 数	建筑面积 (m^2)	工期(月) I	工期(月) II	工期(月) III	备 注
10 以下	2	10000 以内	9.5	10	11.5	
10 以下	2	20000 以内	10.5	11	12.5	
10 以下	2	30000 以内	11.5	12	13.5	
10 以下	3	15000 以内	11.5	12.5	14	
10 以下	3	30000 以内	12.5	13.5	15	
10 以下	3	45000 以内	13.5	14.5	16	

续表

层　数	栋　数	建筑面积 (m²)	工期(月) Ⅰ	Ⅱ	Ⅲ	备　注
10以下	5以内	25000以内	14.5	15.5	17	
10以下	5以内	45000以内	16.5	17.5	19	
10以下	5以内	60000以内	17.5	18.5	20.5	
12以下	2	20000以内	11.5	12	13.5	
12以下	2	30000以内	12.5	13	14.5	
12以下	2	40000以内	13.5	14	15.5	
12以下	3	30000以内	13.5	14	15.5	
12以下	3	45000以内	14.5	15	16.5	
12以下	3	60000以内	15.5	16	17.5	
12以下	5以内	45000以内	17.5	18	20.5	
12以下	5以内	60000以内	19	19.5	21.5	
14以下	2	20000以内	12.5	13	14.5	
14以下	2	30000以内	13.5	14	15.5	
14以下	2	40000以内	14.5	15	16.5	
14以下	3	30000以内	14.5	15	16.5	
14以下	3	45000以内	15.5	16	17.5	
14以下	3	60000以内	16.5	17	18.5	
14以下	5以内	45000以内	19	19.5	21.5	
14以下	5以内	60000以内	20	20.5	22.5	
16以下	2	20000以内	13	13.5	15	
16以下	2	30000以内	14	14.5	16	
16以下	2	40000以内	15	15.5	17	
16以下	3	30000以内	15.5	16.5	18	
16以下	3	45000以内	16.5	17.5	19	
16以下	3	60000以内	17.5	18	20	
16以下	5以内	45000以内	20	21	23	
16以下	5以内	60000以内	21	22	24	

(4) 滑模工艺

层 数	栋 数	建筑面积 (m²)	工期(月) Ⅰ	Ⅱ	Ⅲ	备 注
10以下	2	10000以内	12	12.5	14	
10以下	2	20000以内	13	13.5	15	
10以下	2	30000以内	14	14.5	16	
10以下	3	15000以内	14.5	15	17	
10以下	3	30000以内	15.5	16	18	
10以下	3	45000以内	16.5	17.5	19	
10以下	5以内	25000以内	17.5	18.5	20.5	
10以下	5以内	45000以内	19.5	20.5	22.5	
10以下	5以内	60000以内	21	22	24.5	
12以下	2	20000以内	14	15	16.5	
12以下	2	30000以内	15	16	17.5	
12以下	2	40000以内	16	17	18.5	
12以下	3	30000以内	16.5	17.5	19.5	
12以下	3	45000以内	17.5	18.5	20.5	
12以下	3	60000以内	18.5	19.5	21.5	
12以下	5以内	45000以内	21	22	24.5	
12以下	5以内	60000以内	22.5	23.5	26	
14以下	2	20000以内	15	16	17.5	
14以下	2	30000以内	16	17	18.5	
14以下	2	40000以内	17	18	19.5	
14以下	3	30000以内	17.5	18.5	20.5	
14以下	3	45000以内	18.5	19.5	21.5	
14以下	3	60000以内	20	21	22.5	
14以下	5以内	45000以内	22.5	23.5	26	
14以下	5以内	60000以内	24	25	27.5	
16以下	2	20000以内	16	17	18.5	
16以下	2	30000以内	17	18	19.5	

续表

层 数	栋 数	建筑面积 (m²)	工期(月) I	工期(月) II	工期(月) III	备 注
16以下	2	40000以内	18	19	20.5	
16以下	3	30000以内	18	19.5	21.5	
16以下	3	45000以内	20	21	22.5	
16以下	3	60000以内	21	22	24	
16以下	5以内	45000以内	24	25	27.5	
16以下	5以内	60000以内	25.5	26.5	29	
18以下	2	30000以内	18	19	20.5	
18以下	2	40000以内	19	20	21.5	
18以下	2	50000以内	20	21	23	
18以下	3	45000以内	21	22	24	
18以下	3	60000以内	22	23	25.5	
20以下	2	30000以内	19	20	22	
20以下	2	40000以内	20	21	23	
20以下	2	50000以内	21	22	24	
20以下	3	45000以内	22	23	25	
20以下	3	60000以内	23	24.5	26.5	

(四) 住宅小区工期定额

(1) 混 合 结 构

层 数	建筑面积 (m²)	工期(月) I	工期(月) II	工期(月) III	备 注
8以下	30000以下	19.5	20.5	23	
8以下	60000以下	21.5	22.5	25	
8以下	90000以下	23.5	24.5	27	
8以下	120000以下	25.5	26.5	29	
8以下	150000以下	27.5	28.5	31	

(2) 砌 块 结 构

层 数	建筑面积 (m²)	工期(月)			备 注
		Ⅰ	Ⅱ	Ⅲ	
6以下	30000 以内	15.5	16.5	18.5	
6以下	60000 以内	17.5	18.5	20.5	
6以下	90000 以内	19.5	20.5	22.5	
6以下	120000 以内	21.5	22.5	24.5	
6以下	150000 以内	23.5	24.5	26.5	

(3) 内 浇 外 砌 结 构

层 数	建筑面积 (m²)	工期(月)			备 注
		Ⅰ	Ⅱ	Ⅲ	
8以下	30000 以内	17.5	18.5	21	
8以下	60000 以内	19.5	20.5	23	
8以下	90000 以内	21.5	22.5	25	
8以下	120000 以内	23.5	24.5	27	
8以下	150000 以内	25.5	26.5	29	

(4) 内 浇 外 挂 结 构

层 数	建筑面积 (m²)	工期(月)			备 注
		Ⅰ	Ⅱ	Ⅲ	
8以下	30000 以内	17	18	20	
8以下	60000 以内	19	20	22	
8以下	90000 以内	21	22	24	
8以下	120000 以内	23	24	26	
8以下	150000 以内	25	26	28	
10以下	30000 以内	19.5	20.5	23.5	
10以下	60000 以内	21.5	22.5	25.5	
10以下	90000 以内	23.5	24.5	27.5	
10以下	120000 以内	25.5	26.5	29.5	

续表

层 数	建筑面积 (m²)	工期(月)			备 注
		Ⅰ	Ⅱ	Ⅲ	
10以下	150000以内	27.5	28.5	31.5	
12以下	30000以内	21	22	24.5	
12以下	60000以内	23	24	26.5	
12以下	90000以内	25	26	28.5	
12以下	120000以内	27	28	30.5	
12以下	150000以内	29	30	32.5	
14以下	30000以内	22	23.5	26	
14以下	60000以内	24	25.5	28	
14以下	90000以内	26	27.5	30	
14以下	120000以内	28	29.5	32	
14以下	150000以内	20	31.5	34	
16以下	30000以内	23	24.5	27	
16以下	60000以内	25	26.5	29	
16以下	90000以内	27	28.5	31	
16以下	120000以内	29	30.5	33	
16以下	150000以内	31	32.5	35	
18以下	30000以内	24	26	28.5	
18以下	60000以内	26	28	30.5	
18以下	90000以内	28	30	32.5	
18以下	120000以内	30	32	34.5	
18以下	150000以内	32	34	36.5	
20以下	30000以内	25	27	30	
20以下	60000以内	27	29	32	
20以下	90000以内	29	31	34	
20以下	120000以内	31	33	36	
20以下	150000以内	33	35	38	

(5) 内板外砌结构

层 数	建筑面积 (m^2)	工期(月) I	II	III	备 注
7以下	30000以内	15	16	18	
7以下	60000以内	17	18	20	
7以下	90000以内	19	20	22	
7以下	120000以内	21	22	24	
7以下	150000以内	23	24	26	
8以下	30000以内	14.5	15.5	17.5	
8以下	60000以内	16.5	17.5	19.5	
8以下	90000以内	18.5	19.5	21.5	
8以下	120000以内	20.5	21.5	23.5	
8以下	150000以内	22.5	23.5	25.5	
10以下	30000以内	16.5	17.5	19.5	
10以下	60000以内	18.5	19.5	21.5	
10以下	90000以内	20.5	21.5	23.5	
10以下	120000以内	22.5	23.5	25.5	
10以下	150000以内	24.5	25.5	27.5	
12以下	30000以内	17.5	18.5	20.5	
12以下	60000以内	19.5	20.5	22.5	
12以下	90000以内	21.5	22.5	24.5	
12以下	120000以内	23.5	24.5	26.5	
12以下	150000以内	25.5	26.5	28.5	
14以下	30000以内	18.5	19.5	21.5	
14以下	60000以内	20.5	21.5	23.5	
14以下	90000以内	22.5	23.5	25.5	
14以下	120000以内	24.5	25.5	27.5	
14以下	150000以内	26.5	27.5	29.5	
16以下	30000以内	20	21	23	
16以下	60000以内	22	23	25	
16以下	90000以内	24	25	27	
16以下	120000以内	26	27	29	
16以下	150000以内	28	29	31	

(6) 滑 模 工 艺

层 数	建筑面积 (m²)	工期(月) I	II	III	备 注
10 以下	30000 以内	20	21	24	
10 以下	60000 以内	22	23	26	
10 以下	90000 以内	24	25	28	
10 以下	120000 以内	26	27	30	
10 以下	150000 以内	28	29	32	
12 以下	30000 以内	22	23	25.5	
12 以下	60000 以内	24	25	27.5	
12 以下	90000 以内	26	27	29.5	
12 以下	120000 以内	28	29	31.5	
12 以下	150000 以内	30	31	33.5	
14 以下	30000 以内	23	24	27	
14 以下	60000 以内	25	26	29	
14 以下	90000 以内	27	28	31	
14 以下	120000 以内	29	30	33	
14 以下	150000 以内	31	32	35	
16 以下	30000 以内	24	25.5	28.5	
16 以下	60000 以内	26	27.5	30.5	
16 以下	90000 以内	28	29.5	32.5	
16 以下	120000 以内	30	31.5	34.5	
16 以下	150000 以内	32	33.5	36.5	
18 以下	30000 以内	25	27	30	
18 以下	60000 以内	27	29	32	
18 以下	90000 以内	29	31	34	
18 以下	120000 以内	31	33	36	
18 以下	150000 以内	33	35	38	
20 以下	30000 以内	26	28.5	31.5	
20 以下	60000 以内	28	30.5	33.5	
20 以下	90000 以内	30	32.5	35.5	
20 以下	120000 以内	32	34.5	37.5	
20 以下	150000 以内	34	36.5	39.5	

编者注：全国统一建筑工程基础定额(1997年)公布后，有些省、市对建筑安装工程工期定额作出相应调整，如南京市在1985年国家工期定额的基础上缩短标准为：

住宅及混合结构工程、其他工程(包括构筑物、影剧院和分包的设备安装、机械施工工程等)20%；高层建筑30%；框架结构及各种工业厂房(包括地下室、车库、仓库、锅炉房、变电室、降压站、冷冻机库、冷库等)25%。编者注供读者研究工期时参考。

6 施工监理中的质量控制

6.1 质量和工程质量

6.1.1 质量和工程质量

质量的概念是随着社会的前进,人们认识水平的不断深化,也不断的处于发展之中。

根据国内外有关质量的标准,对质量一词定义为:反映产品或服务满足明确或隐含需要能力的特征和特性的总和。

定义中所说的"产品"或"服务"既可以是结果,又可以是过程。也就是说,这里所说的产品或服务包括了它们的形成过程和使用过程在内的一个整体。所说的"需要"分作两类,一类是"明确需要",是指在合同、标准、规范、图纸、技术要求及其他文件中已经做出规定的需要;另一类是"隐含需要",是指顾客或社会对产品、服务的期望,同时指那些人们公认的又不言而喻的不必作出规定的需要。显然,在合同情况下是订立明确条款的,而在非合同情况下应该对隐含需要双方明确商定。值得注意的是,无论是"明确需要"还是"隐含需要"都会随着时间推移、内外环境的变化而变化,因此,反映这些"需要"的各种文件也必须随之修订。所说的"特性"是指事物特有的性质,是指事物特点的象征或标志,在质量管理和质量控制中,常把质量特征称为外观质量特性,因此,可以把"特征"和"特性"统称为特性,即理解为质量特性。

"需要"与"特性"之间的关系,"需要"应转化为质量特性。所谓满足"需要"就是满足反映产品或服务需要能力的特性总和。对于产品质量来讲,不论是简单脚手架扣件,还是一幢复杂的办公大楼,都具有同样的属性。对质量的评价常可归纳为六个特性:即功能性、可靠性、适用性、安全性、经济性和时间性。产品或服务的质量特性要有"过程"或"活动"来保证。以上所说的六个质量特性是在科研、设计、制造、销售、维修或服务的前期、中期、后期的全过程中实现并得到保证的。因而过程中各项活动的质量控制就决定了其质量特性,从而决定了产品质量和服务质量。以上所述是对"质量"一词的广义概括,它有四个特点。

(1) 质量不仅包括结果,也包括质量的形成和实现过程。

(2) 质量不仅包括产品质量和服务质量,也包括其形成和实现过程中的工作质量。

(3) 质量不仅要满足顾客的需要,还要满足社会需要,并使顾客、业主、职工、供应方和社会均受益。

(4) 质量不但存在于工业、建筑业,还存在于物质生产和社会服务各个领域。

工程质量,从广义上说,既具有质量定义中的共性,也存在自己的个性,它是指通过工程建设全过程所形成的工程产品(如房屋、桥梁等),以满足用户或社会的生产、生活所需要的功能及使用价值,应符合国家质量标准、设计要求和合同条款;从系统观点来看,工程的质量是多层次、多方面的,是一个体系,在任何工程项目中,都是由分项工程、分部工程和单位工程组成,在建设过程中是经过一道道工序完成的,因此说工程质量是工序质量、分项质量、分部质量和单位工程质量的统称。

工程质量或工程产品质量的形成过程有以下几个阶段:

(1) 可行性研究质量。是研究质量目标和质量控制程度的依据。

(2) 工程决策质量。是确定质量目标和质量控制水平的基本依据。

(3) 勘察设计质量。是体现质量目标的主体文件,是制定质量控制计划的具体依据。

(4) 工程施工质量。是实现质量目标的重要过程,从具体工艺逐一的控制和保证工程质量。

(5) 工程产品质量。是控制质量目标通过全过程的控制与实施,形成最终产品的质量,也包含工程交付使用后的回访保修质量。

工程质量特点。工程产品(含建筑产品,以下同)质量与工业产品质量的形成有显著的不同,工程产品位置固定,施工安装工艺流动,结构类型复杂,质量要求不同,操作方法不一,体形大,整体性强,特别是露天生产,受气象等自然条件制约因素大,建设周期比较长。所有这些特点,导致了工程质量控制难度较大,具体表现在:

(1) 制约工程质量的因素多;
(2) 产生工程质量波动性大;
(3) 产生工程质量变异性强;
(4) 核定判断工程质量的难度大;
(5) 技术检测手段尚不完善;
(6) 产品检查很难拆卸解体。

所以,对工程质量应加倍重视、一丝不苟、严加控制,使质量控制贯彻于建设的全过程,特别是施工过程量大面广尤为重要。

6.1.2 工程质量和工程施工质量

工程施工质量是工程质量体系中的一个重要组成部分,是实现工程产品功能和使用价值的关键阶段,施工阶段质量(图 6.1)的好坏,直接决定着工程产品的优劣。

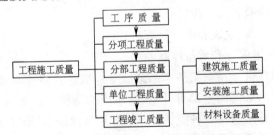

图 6.1 工程施工质量系统

体现施工阶段质量的主要内涵有:
(1) 分(部)项检测评定的偏差程度;
(2) 功能和使用价值的实现程度;

(3) 工程可靠性和安全性的达到程度;
(4) 与周围环境的和谐程度;
(5) 使用的设备、材料的保证程度;
(6) 工程进度的效率程度;
(7) 工程造价的合理程度。

这些也是我们监理工作控制施工质量立足点和着眼点。

6.1.3 几个重要的质量术语

1. 质量方针和质量目标

质量方针是指由组织的最高管理者正式颁布的该组织总的质量宗旨和质量方向。而质量目标则是指为实施该组织的质量方针,管理者应规定与性能、适应性、安全性、可靠性等关键质量要素有关的目标。

2. 质量管理和质量体系

质量管理是指制定和实施质量方针的全部管理职能。而质量体系则是为实施质量管理的组织结构、职责、程序、过程和资源。人们常说的质量保证体系和质量管理体系按规范化的提法应该是质量体系。在质量体系中提到的"资源"一词是指:

(1) 人才资源和专业技能;
(2) 科研和设计工器具;
(3) 制造或施工设备;
(4) 检验和试验设备;
(5) 仪器、仪表和电子计算机软件。

3. 质量保证和质量控制

质量保证是指对某一产品或服务能满足规定质量要求,提供适当信任所必需的全部有计划、有系统的活动。是指企业在产品质量方面给用户的一种担保,一般以"质量保证书"形式出现,为了使这种保证落到实处,企业建立完善的质量保证体系,对产品或服务实行全过程的质量管理活动。而质量控制是指为达到质量要求所采取的作业技术和活动。它的目的在于,在质量形成过程中控制各个过程和工序,实现以"预防为主"的方针,采取行之有效的技术工具和技术措施,达到规定要求,提高经济效益。

4. 质量检验和质量监督

质量检验是指对产品或服务的一种或多种特性进行测量、检查、试验、度量，并将这些特性与规定的要求进行比较以确定其符合性活动。而质量监督是指为确保满足规定的质量要求，按有关规定对程序、方法、条件、过程、产品和服务以记录分析的状态所进行的连续监视和验证。检验为监督提供了依据，监督又促进了检验手段和检验活动的发展。就工程产品而言，检验与监督存在着两个方面，三个体系。两个方面是指：企业内部的质量检验和监督，以及企业外部的质量检验和监督，即政府的工程质量监督站和建设单位或建设单位委托的工程建设监理公司。三个体系是指：承建单位质量保证体系；政府的质量监督体系；社会建设监理体系。

上述几个重要的质量术语概念之间的相互关系如图6.2所示。

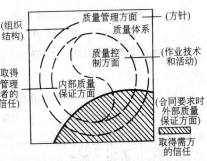

图 6.2 质量管理的有关关系

6.2 施工质量保证体系

所谓体系，是指若干要素的有机联系、互相作用而构成的一个具有特定功能的整体。

施工质量保证体系，是为保证工程产品能满足技术设计和有关规范规定的质量要求，由组织、机构、职责、程序、活动、能力和资源等构成的有机整体。这个整体包含着两大系统：一是承包单位的质量保证系统，二是监理单位的质量控制系统，两者相辅相成，以保证工程产品质量。

6.2.1 施工质量保证体系的原则

1. 计划性

工程产品的质量形成过程是十分复杂的又是受多种因素制约

的,它自身规律就要求有严格的计划性,作为监理工程师不但要有静态的控制,而且要有动态的质量控制计划,使质量形成始终处于计划控制状态,处于 PDCA 的正常循环,如图 6.3 所示。

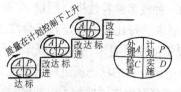

图 6.3 质量在计划控制下上升

2. 科学性

建筑产品特性就是要求美观、适用、安全、可靠、经济、更新一个科学的统一体,因此,质量控制系统,不仅要审定技术设计图纸、施工组织设计是否科学可行,而且要有一整套科学管理方法和高新技术的检测工具。各种数理统计方法和监理专用表格以及"质量控制手册"的标准化、规范化。

3. 系统性

质量保证体系从纵的方面看,有工程前期的质量控制阶段,它包含可行性研究质量评估,工程决策质量论证;又有实施质量控制阶段,它包含勘察设计质量控制,施工准备期质量控制,施工过程质量控制;还有竣工质量控制阶段,它包含竣工验收质量认证,工程保修期质量监测,总称为三个阶段,七个分段,这是工程产品形成的全过程,是一项系统工程。从横的方面看:有质量保证体系的两大系统的机构设置、工作职责、工作程序、活动方法、主要资源等等,凡此都具备事物系统性的特征。

4. 权威性

质量保证体系是实施"质量第一"的方针的权力中心,特别是监理工程师在质量监理控制过程中具有对产品认证权和否决权,这也是国家有关法规所认定它具有权威性。

6.2.2 施工质量保证体系的结构和程序

施工质量保证体系的组织结构,一般来说承担着五项功能:策划、检验、控制、改进、协调和保证。

承包单位的工程质量保证系统和运行模式如图 6.4 所示。

施工技术质量保证和设备材料质量保证流程分别见图 6.5 和图 6.6。

建设监理单位对承包单位的合作和监理程序见表 6.1。

6.2 施工质量保证体系

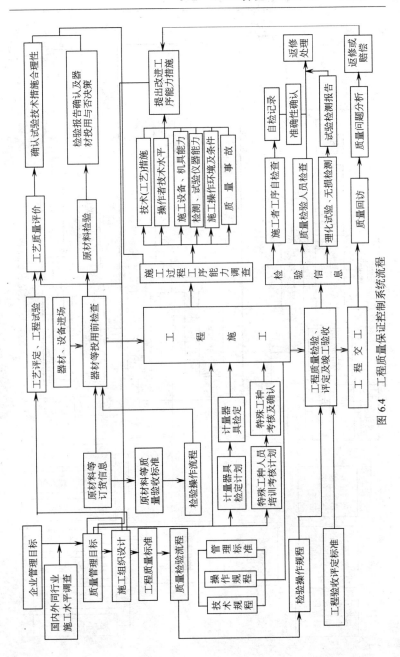

图 6.4 工程质量保证控制系统流程

6 施工监理中的质量控制

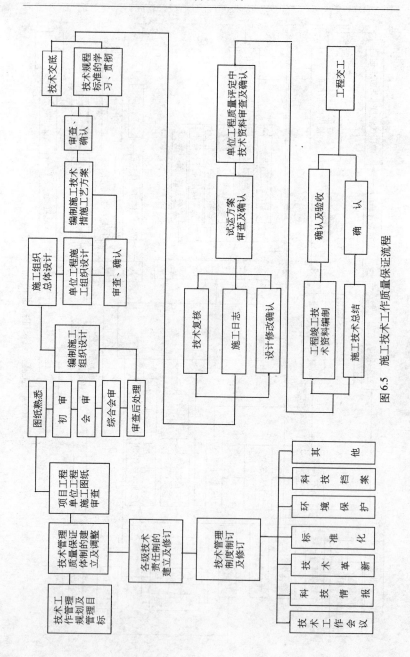

图 6.5 施工技术工作质量保证流程

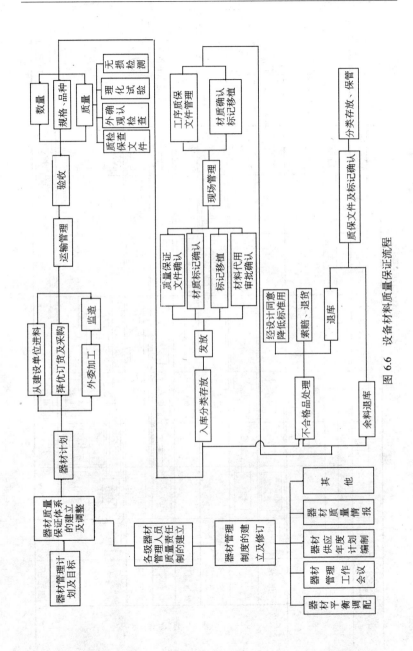

图 6.6 设备材料质量保证流程

表 6.1 质量保证体系质量控制程序

管理项目	质量保证内容	业务部门	设计部门	技术部门	设备材料部门	建	质量检验部门	设	计量部门	单	施工管理部门	位	档案部门	监理单位	建设单位
施工准备阶段	质量保证体系					建	质量保证确认	保		证		体			
	图纸审核	提出要求	设计修改	组织审查并记录		立	监理质量保证计划							认证	备案
	施工组织设计			编制			审查	质					存档	复审	认证
	特殊工种人员资格						审查		提出人员名单	量			存档	审批 考核审查	备案
	计量器具						资格确认		组织检定		组织考核			认证	
	技术交底			组织交底			审查	参加		保			存档	认证	备案
	工艺评定			制定方案及委托			审查 评定				执行		存档	认证	备案
	设备材料供应				器材采购计划 器材进场 质量证明文件		审查 检验			证				认证	备案
	工程开工报告			工号技术负责人保管			审查				提出开工报告		批准后存档	批准	备案

6.2 施工质量保证体系

续表

质量保证项目管理内容	业务部门	设计部门	技术部门	设备材料部门	承建单位质量保证部门	质量检验部门	计量部门	施工管理部门	档案部门	监理单位	建设单位
施工阶段	器材代用	认可	代用申请	器材代用品		检验			存档	备案	
	工序检验		标准要求		审查	检验报告			存档	确认	
	现场器材管理			器材标记移置 / 器材使用 / 器材退库	审查	检查确认					
	质量责任印记管理		重要性要求		确认	检查		责任印记标注		备案	
	不合格内容管理			确认 / 防止再发生的对策	处理决定 / 处理	检查 / 安排 / 检查	不合格内容原因分析	不合格报告书	存档	会商 / 批发	认证

466　6　施工监理中的质量控制

续表

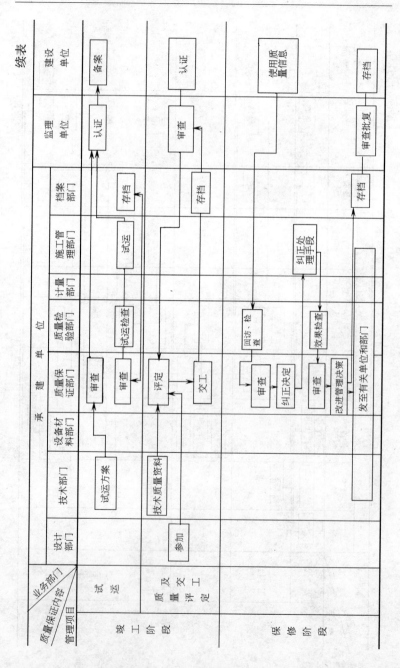

6.3 施工准备阶段的质量控制

6.3.1 施工图的质量控制

施工图是工程施工的直接依据,监理工程师对施工图的审核是一个关键的举措,不但自身要对施工图作全面认真审核,而且也要组织推动承包单位对施工图认真熟悉审阅,找出问题,提出合理化建议。其工作步骤有二:一是逐项审核;二是指导会审。

1. 施工图审核的重点

(1) 各专业图纸是否齐全完备,如:建筑图、结构图、给排水图、电气图、暖通图等,各类图纸之间是否有相互碰车或缺遗。

(2) 是否符合现行设计和施工规范,有无抵触,图纸和施工说明是否相辅相成,有无不符。

(3) 检查图纸是否有漏笔和设计常见病。

以建筑结构设计而言常见病有:

(1) 结构方案方面。如钢屋架上弦支撑布置不当,山墙抗风柱顶支点传力欠可靠,车间内行车与柱和托架相碰,高层住宅水箱预埋套管设置不当,楼梯平台梁碰头,底层框架砌体结构刚柔突变,大挑檐和大雨篷抗倾及抗扭处理不当等等。

(2) 结构计算方面。如楼板漏算荷载和多层房屋活载折减不当,基础底上漏算或多算土重。连续梁(板)的弯矩计算不当以及连续双向板弯矩计算差错,受压悬臂柱设计疏忽,预制长桩、长柱漏做吊装计算,误用或不作分析的利用计算机的计算结果等。

(3) 构造处理方面。如板中漏放分布筋或构造筋,确定现浇板后未考虑埋管需要,墙洞、过梁和预埋件,局部被遗忘,少放梁内纵向构造钢筋,各工种管道碰撞犯界等等。

(4) 地基基础方面。如十字形基础计算不准确,持力层的下卧层选用不当,上下部结构重心严重不协调,片筏基础底板悬挑过大,新厂房打桩未考虑周围设备位移,天然地基和桩基混用细节处理不当,水池地坑以及管架基础抗浮验算不当,高低建筑单元相邻部位忽视沉降计算等。

2. 图纸会审

图纸会审是解决施工图质量的一个有效措施,也是保证施工质量控制的一个重要手段,要把施工图的质量隐患消灭于萌芽状态,也是监理工程师协调建设单位、设计承包单位、施工承包单位一种有效的组织形式,根据会审结果,写出会议纪要。

图纸会审内容为:

(1) 是否无证设计或越级设计;图纸是否加盖设计证号印、经正式签署;

(2) 工程地质勘探报告内容是否齐全;

(3) 施工图与说明是否齐全,混凝土结构图如用"平面整体表示方法制图",其内容是否完整、准确,图面是否清晰、明确;

(4) 设计地震烈度是否符合《中国地震烈度区划图》(国家地震局 1990 年)规定;

(5) 几个设计单位共同设计的图纸有无相互矛盾,专业图纸之间、平立剖面图之间有无矛盾,标注有无遗漏;

(6) 总平面与施工图的几何尺寸、平面位置、标高等是否一致;

(7) 是否满足防火、卫生、环保专业规范的要求;

(8) 建筑结构与各专业图本身是否有差错及矛盾,结构图与建筑图的平面尺寸及标高是否一致,建筑图与结构图的表示方法是否清楚,是否符合制图标准,预留孔、预埋件是否表达清楚,有无钢筋明细表或钢筋的构造要求在图中是否表示清楚;

(9) 施工图中所列各种标准图册承包单位是否具备;

(10) 材料来源有无保证,能否代换,图中所要求的条件能否满足,新材料、新技术标注的要求是否明确,特别质量指标是否确切;

(11) 地基处理方法是否合理,建筑与结构构造是否存在不方便于施工的技术问题,或容易导致质量、安全、工程费用增加等方面的问题;

(12) 工艺管道、电气线路、设备装置、运输道路与建筑物之间或相互间有无矛盾,处置是否合理;

(13) 施工安全、环境卫生有无保证;

(14) 图纸是否能满足监理大纲的要求。

6.3.2 施工组织设计的质量控制

施工组织设计,它包括两个层次,一是建设项目比较复杂,单位工程众多时,就需要编制施工组织总设计,就质量控制而言,它是提出本项目的质量目标、质量措施、重点单位工程的保证质量的方法与手段等;二是单位工程施工组织设计,这是目前施工企业比较普遍编制的,也是建设单位委托监理单位进行监理业务的主体,因此本节主要是叙述单位工程施工组织设计的施工质量控制。

监理工程师在对单位工程施工组织设计审核中主要抓住以下内容:

(1) 单位工程项目经理部班子是否健全、真实、可靠。项目经理、项目技术负责人是否具备有合法资格和上岗证书,是否兼职或挂名,项目质量检查组长是谁,质检员有几名,素质怎样,主要工种的工长素质怎样,特殊工种是否都经过有关部门考核(试)并发给了上岗证。

(2) 施工总平面图是否合理,是否有利于质量控制和质量检测,特别是场区道路、场区防洪排水、场区器材库、场区给水供电、混凝土搅拌站、主要垂直运输机械等的设置位置。

(3) 对工程地质特征和场区环境状况要认真审查地质勘察报告的数据指标是否齐全可靠,施工中深基坑支护技术方案如何,房屋建成后是否会出现不均匀沉降,影响建筑物的综合质量。场地环境因素是否考虑周全,是否有应急方案,如:距离邻近房屋较近;附近有化工易爆、有毒气体工厂;场区位于市区中心地带,人和车的流量均很大,类似特定因素均要有针对性的保证质量措施。

(4) 主要组织技术措施是否得力,针对性是否很强。保证工程质量措施中对地基基础、主体结构、装饰装璜、设备安装工程的主要分部、分项的质量是否都有预控方法和针对性措施。保证安全技术措施是否确切得力,能否体现"安全第一"的方针。冬期施工和雨期施工对质量和安全是否有可靠的技术措施。

6.3.3 工程测量的质量控制

工程测量是建筑或其他工程产品由设计转为实物的第一道工序,施工测量的精度(质量)高低,直接决定工程产品的综合质量,它的质量也制约着施工过程中各道工序的质量,因此,施工测量的控制也是施工准备阶段的一项基础工作。在施工监理过程中必须有测量专业监理工程师从事施工测量的复测控制工作。测量监理工程师的工作有以下内容:

1. 复测工程测量控制网

在工程总平面图上,房屋等的平面位置系用施工坐标系统的坐标来表示。工程控制网起始坐标和起始方向,一般根据测量控制点来测定的,当测定好建筑物的长方向主轴线后,作为施工平面控制网的起始方向,在控制网加密或建筑物定位时,不再利用控制点来定向,否则将会使建筑物产生不同位移和偏转,影响工程质量。在复测工程测量坐标控制网时,应抽测建筑方格网;高程控制水准网点;标桩埋设位置。

2. 民用建筑测量的复核

复核要点:房屋定位测量、基础施工测量、对墙体皮数杆检测、楼层轴线投测、楼层之间高程传递检测。

3. 工业建筑测量的复核

复核要点:厂房控制网测量、柱基施工测量、柱网立模轴线与高程检测、厂房结构安装原位检测、动力设备基础与预埋地脚螺栓抽测。

4. 高层建筑测量的复核

复核要点,建筑场地控制测量、基础以上的平面和高程控制、高耸建(构)筑物中垂准检测、高层建筑施工中沉降变形观测。

5. 管线工程测量的复核

复核要点:场区管网与输配电线路定位测量、地下管线施工检测、架空管线施工检测、多种管线交汇点高程抽测。

工程测量既是施工准备阶段重要内容,又是贯彻在设计、施工、竣工交付使用的全过程,监理工程师必须把它当作保证工程质量一种重要的监控手段。

6.3.4 施工人员的质量控制

人是施工的主体,是工程产品形成的直接创造者,人的素质高低,直接影响产品的优劣。监理工程师重要任务之一就是推动承建单位对参加施工的各层次人员特别是特殊专业工种的培训,在分配上公正合理,并运用各种激励措施,调动广大职工的积极性,才能不断提高人的素质,才能使质量控制系统有效的运用。在施工人员质量控制方面,主要抓住三个环节:

1. 人员培训

人员培训的层次有领导者、工程技术人员、工长、操作者特别是特殊工种。在培训重点上是关键施工工艺和新技术、新工艺的实施、新的施工规范、施工技术操作规程的贯彻。

2. 资质审查

审核承包该工程项目的施工队伍与人员的资质等级、上岗证件、综合技术条件是否符合要求,监理工程师审核确认后,方可进场施工,特别是对分包单位和特殊工种要严格把关,对于不合格的人员,监理工程师有权要求承包单位予以撤换,乃至建议建设单位另行选择施工单位。

3. 调动积极性

健全岗位责任制、改善劳动条件,公平合理的分配制度,人尽其才、扬长避短的原则以充分发挥人的积极性和创造性。

6.3.5 施工机具的质量控制

施工机具设备是实现施工机械化的重要物质基础,是现代化工程建设中必不可少的设施,对工程项目的施工进度和质量均有直接影响。为此,在施工阶段,监理工程师必须综合考虑施工现场条件、建筑结构型式、机具设备性能、施工工艺和方法、施工组织与管理、建筑技术经济等各种因素,参与承包单位机械化施工方案的制定和评审,使之装备合理、配套使用、有机联系,以充分发挥建筑机具的效能,力求获得较好的综合经济效益。从保证项目施工质量角度出发,监理工程师应着重从机具设备的选型、机具设备的主要性能参数和机具设备的使用操作要求等三个方面予以控制。

1. 机具设备的选型

机具设备的选择,应本着因地制宜、因工程制宜,按照技术上先进、经济上合理、施工上适用、性能上可靠、使用上安全、操作方便和维修方便等原则,贯彻执行机械化、半机械化与改良工具相结合的方针,突出机具与施工相结合的特色,使其具有工程的适用性,具有保证工程质量的可靠性,具有使用操作的方便性和安全性。

2. 机具设备的主要性能参数

机具设备的主要性能参数是选择机具设备的依据,要能满足施工需要和保证质量的要求。

3. 机具设备使用、操作要求

合理使用机具设备,正确地进行操作,是保证项目施工质量的重要环节,应贯彻"人机固定"的原则,实行定机、定人、定岗位责任的"三定"制度。操作人员必须认真执行各种规章制度,严格遵守操作规程,防止出现安全质量事故。

6.3.6 开工报告的控制

审批开工报告是监理工程师的一项重要工作,也是施工准备阶段结束的总结。承建单位向项目监理部申报开工报告时必须已经具备下列条件:

(1) 施工组织设计已经编妥,并被监理工程师审核,建设单位认定;

(2) 建筑场地已做好"四通一平",场地工程测量控制网已经建立并经检测认定;

(3) 现场的监理单位和承建单位的项目管理班子人员配备齐全,职责明确、制度完善;

(4) 进场的设备、材料已经检测合格;

(5) 工程按合同条款的资金到位,财务手续齐全;

(6) 建设单位与承建单位需要与有关机关、企事业单位必需解决的事项已签订合同(或协议)。

监理单位根据申报的开工报告,及时做出批复,并报建设单位备案。

6.4 施工过程的质量控制

6.4.1 施工过程的质量控制要领

1. 质量控制的要求

(1) 施工过程质量控制的要求

1) 坚持以预防为主,重点进行事前控制,防患于未然。

2) 根据施工规范要求,坚持质量标准,严格进行检查。

3) 施工过程质量控制的工作范围、深度、采用何种工作方式,应结合工程特点事先制定监理规划和监理实施细则。

4) 在处理质量问题时,应调查研究,尊重事实,尊重科学,公正、公平,以理服人。

(2) 工序质量控制的要求

1) 符合有关建筑安装作业的操作规程。

2) 符合有关施工工艺规程及验收规范。

3) 凡属采用新工艺、新技术、新材料、新结构工程,事前应进行试验,并制定其施工工艺规程。

2. 质量控制的内容与方法

主要是通过审核有关技术文件、报告和直接进行现场检查或必要的试验等方式。

(1) 审核有关技术文件、报告或报表

对质量文件、报告、报表的审核,是对工程质量进行全面控制的重要手段,其具体内容有:

1) 审核进入施工现场各分包单位的技术资质证明文件。

2) 审核承建单位的正式开工报告,并经现场核实后,下达开工指令。

3) 审核承建单位提交的施工方案和施工组织设计,以确保工程质量有可靠的技术措施。

4) 审核承建单位提交的有关材料、半成品的质量检验报告。

5) 审核承建单位提交的反映工序质量动态的统计资料或管理图表。

6) 审核设计变更、修改图纸和技术核定书。

7) 审核有关工程质量事故处理报告。

8) 审核有关应用新技术、新工艺、新材料、新结构的技术鉴定书。

9) 审核承建单位提交的关于工序交接检查,分项、分部工程质量检验报告。

10) 审核并签署现场有关质量技术签证、文件等。

监理工程师应按施工顺序、进度和监理计划及时审核签署有关质量文件、报表。

(2) 现场检查的主要内容

1) 开工前检查。目的是检查是否具备开工条件,开工后能否保证工程质量,能否连续地进行正常施工。

2) 工序交接检查。对于重要的工序或工程质量有重大影响的工序,在自检、互检的基础上,进行交接检。

3) 隐蔽工程检查。隐蔽工程必须在承建单位自检的基础上,还须经监理人员检查签证认可,方能掩蔽。

4) 停工后复工前的检查。停工后,经承建单位整改合格,报监理检查签证认可后,方能签发复工令。

5) 分项、分部工程完工后,经承建单位自检合格,后报总监理工程师组织验收,验收合格,办理签证,记录归档案。

6) 随班跟踪检查。对于施工难度较大的工程结构或容易产生质量问题的部位,监理人员应进行随班跟踪,甚至全天候旁站监理。

(3) 现场进行质量检查的方法

1) 目测法

6.4 施工过程的质量控制

目测法检查的手段,可归纳为看、摸、敲、照四个字。看,就是根据质量标准进行外观目测;摸,就是手感检查;敲,就是应用工具进行音感检查;照,就是对于难以看到或光线较暗的部位,采用镜子反射或灯光照射的方法进行检查。

2) 实测法

实测检查法,就是通过实测数据与施工规范及质量标准所规定的允许偏差对照,来判别质量是否合格。实测检查的手段,也可归纳为靠、吊、量、套四个字。靠,是用直尺、塞尺检查结构的平整度;吊,是用托线板以线锤吊线检查结构的垂直度;量,是用测量工具或计量仪表等检测结构断面尺寸、轴线、标高或温度、湿度等的偏差;套,是以方尺套方,辅以塞尺检查。

3) 试验检查

是指必须通过试验手段,方能对质量进行判断的检查方法。如对原材料进行物理、力学性能试验,对地基进行静载试验,对结构进行受力状态测试等。

3. 质量控制监理制度

质量控制必须建立有效的监理制度给予保证,总监理工程师要全面把握好下列质量控制制度的运作:图纸会审制度;技术交底制度;原材料、半成品的检验制度;隐蔽工程验收制度;工程质量整改制度;设计变更审核制度;工序自检、互检、交接检制度;工程测量验收制度;分部分项工程验收制度;竣工预验收制度;会议协调制度等。

6.4.2 施工过程的质量预控

1. 施工过程的质量预控内容

(1) 督促承建单位做好施工作业条件的准备工作。

(2) 严格检查原材料、构件、半成品、机具设备的质量。

(3) 检查承建单位在施工承包合同中有关质量条款的承诺履行情况。

(4) 对工程变更必须履行签证制度。

(5) 严格复查每层轴线、标高的传递,将误差控制在规范允许的范围内。

(6) 深入现场,督促承建单位按质量标准、图纸、质量目标,加强对工序的控制,按工艺标准及操作规程进行操作。及时对工程进行隐蔽验收、中间验收、竣工预验收,做好原始记录,进行质量分析并签证。凡未经监理签证不得进入下一道工序或分项、分部工程。

(7) 审定、处理重大的技术问题,检查安全防护措施,核定施工试验报告和施工纪录。

(8) 参与水、暖、卫工程系统试压、试验、试运转、无负荷试车,电气、照明、动力的试运行等的审查、认证。

(9) 配合政府质检部门对工程质量的检查,并督促承建单位对质检意见及时进行整改。

2. 工程验收的质量预控内容

(1) 督促承建单位提出阶段验收申请报告,并参加阶段质量验收、认证。

(2) 提出工程竣工验收申请报告,参加建设单位组织的工程竣工验收。

(3) 审查承建单位提出的竣工图、竣工结算和竣工技术资料,经承建单位整改后移交建设单位存档。

(4) 对工程质量等级评定提出意见,供政府质检部门审定。

6.4.3 材料、构配件的质量控制

材料、构配件的质量是控制工程质量的关键。工程监理人员中应设专人负责该项工作的抽样检验。该人员应经政府质检部门专门培训,并持有培训合格证,持证上岗。严格按国家现行材料标准和规范检验。有些地区还专门编辑"×××市建设工程质量检测见证取样送检人员实用手册",将材料、构配件的检测方法、标准、规范等均编辑在内,方便使用。

在施工现场,工程监理对原材料的质量控制,主要是指对水泥、砂、石、外加剂、混凝土、砖、钢筋、钢筋焊接、贴面装饰材料、胶粘剂、铝材、结构胶、密封胶、铝窗的气密性和水密性试验、保温材

料试验、防火材料试验等等的抽样检测。每项、每次检测以后,监理人员应核查其检测结果,并可设计专用表格通过计算机统计处理后上墙公布,此举措可让有关单位和人员对原材料和构配件质量的好坏一目了然,让原材料和构配件的质量处于大家的监督之下,以达到确保工程质量的目的。

1. 常用建筑材料试验

常用建筑材料试验内容及试验设备见表6.2。

常用建筑材料试验内容及方法　　　　表6.2

项目名称		试验项目	主要试验设备
水泥		Ⅰ类:抗压强度、抗折强度、安定性 Ⅱ类:细度、凝结时间	胶砂搅拌机、净浆搅拌机、抗压(折)试验机、沸煮箱等
钢材	热轧钢筋、冷拉钢筋、型钢、异型钢、扁钢、钢板	Ⅰ类:拉力、冷弯 Ⅱ类:冲击、硬度、焊接体(焊缝金属、焊接接头)	材料试验机、反复弯曲机等
	冷拔低碳钢丝、碳素钢丝、刻痕钢丝	Ⅰ类:拉力、反复弯曲 Ⅱ类:冲击、硬度、焊接件	
木材		Ⅰ类:含水率 Ⅱ类:顺纹抗压、抗拉、抗弯、抗剪等强度	烘箱、试验机、称量设备、锯、尺等
砖		Ⅰ类:抗压、抗折、外观 Ⅱ类:抗冻	材料压力机、抗折机等
天然石材		Ⅰ类:表观密度、抗压强度、孔隙率 Ⅱ类:抗冻	切石机、钻石机、天平、烘箱、压力机等
混凝土用砂、石		Ⅰ类:级配、含水率、含泥量等 Ⅱ类:表观密度、有机物含量、针片状颗粒(石)等	标准筛、托盘天平、烘箱、温度计、容量筒、有关试剂等

续表

项目名称	试验项目	主要试验设备
混凝土(砂浆)	Ⅰ类:抗压强度、坍落度(工作度) Ⅱ类:表观密度、抗折(弯)、抗渗、抗冻	压力试验机、坍落度筒(维勃稠度仪)、振动台等
石油沥青	Ⅰ类:针入度、延度、软化点 Ⅱ类:溶解度、脆点、密度	针入度仪、标准针、秒表、延伸仪、软化点仪等
沥青防水卷材	不透水性、吸水性、耐热度、拉力、柔度	不透水试验器、分析天平、干燥箱、秤量瓶、电炉等
沥青胶	耐热度、柔韧性、粘结力	烘箱、坡度板、烧杯、瓷板、圆棒、温度计等
保温材料	Ⅰ类:表观密度、含水率、导热系数 Ⅱ类:抗压(折)强度	导热系数测定仪等
耐火材料	Ⅰ类:表观密度、耐火度、抗压强度 Ⅱ类:吸水率、荷载软化温度等	
塑料	Ⅰ类:马丁耐热性、低温对折、导热系数、透水性、抗拉强度、相对伸长率等 Ⅱ类:线膨胀系数、静弯曲强度、压缩强度	材料试验机、游标卡尺、恒温箱、导热系数测定仪、低电势直流电位差计、光电检流计等
石膏	标准稠度、凝结时间、抗压、抗拉、细度	稠度筒、标准稠度测定仪、压力机、水泥抗折(拉)机、干燥箱等
石灰	Ⅰ类:产浆量、活性氧化钙和活性氧化镁含量 Ⅱ类:细度、未消化颗粒含量	产浆量箱、筛烘箱、天平等

6.4 施工过程的质量控制

续表

项目名称		试验项目	主要试验设备
涂料	内墙	Ⅰ类:容器中的状态、固体含量、遮盖力、涂层颜色及外观耐洗性 Ⅱ类:低温稳定性、干燥时间、耐碱性、耐水性	
	外墙	Ⅰ类:耐碱性、其余同内墙 Ⅱ类:低温稳定性、干燥时间、耐水性、耐冻融循环性、耐人工老化、耐沾污性	
	复层	Ⅰ类:粘结强度、初期干燥抗裂性 Ⅱ类:耐冷热循环性、耐碱性、耐冲击性、耐候性	
石膏板	装饰	外观、尺寸偏差、不平度、直角偏离度、单位面积质量、含水率、断裂荷载、吸水率(防潮板)、受潮挠度(防潮板)	钢尺、卷尺、平尺、角尺、有关试剂、烘箱、天平等
	普通纸面	外观、尺寸偏差、单位面积质量、含水率、断裂荷载、护墙纸与石膏芯的粘结	
陶瓷锦砖		Ⅰ类:外观、尺寸偏差、吸水率 Ⅱ类:化学稳定性、热稳定性、脱纸时间	尺、天平、沸煮箱等
釉面砖		Ⅰ类:外观、尺寸偏差、吸水率 Ⅱ类:耐急冷急热性	尺、天平、沸煮箱等
卫生陶瓷		外观质量、尺寸偏差、变形、冲洗功能、吸水率、抗裂性	自测、尺量等

注:1.Ⅰ类:指必须做的项目;
　　2.Ⅱ类:根据单位工程需要而进行的项目;
　　3.试验方法参照有关标准、规范。

2. 常用建筑构配件检验

(1) 构件外观质量要求及检验方法,见表6.3。

构件外观质量要求及检验方法　　　　表6.3

项　目		质量要求	检验方法
露筋	主　筋	不应有	观察、尺量
	副　筋	外露总长不超过500mm	
孔洞	任何部位	不应有	观察、尺量
蜂窝	主要受力部位	不应有	观察、百格网测
	次要部位	总面积不超过所在构件面面积的1%,且每处不超过0.01m²	
裂缝	影响结构性能和使用的裂缝	不应有	观察、用尺、刻度放大镜量测
	不影响结构性能和使用的少量裂缝	不宜有	
外形缺陷	清水表面	不应有	观察、尺量
	混水表面	不宜有	
外表缺陷	清水表面	不应有	观察、百格网测
	混水表面	不宜有	
外表沾污	清水表面	不应有	观察、百格网测
	混水表面	不宜有	
连接部位缺陷	构件端头混凝土疏松或外伸钢筋松动	不应有	观察、摇动

(2) 构件尺寸偏差及检验方法,见表6.4。

6.4 施工过程的质量控制

构件尺寸偏差及检验方法 表 6.4

项目		允许偏差 (mm)						检验方法
		薄腹梁桁梁	梁	柱	板	墙板	桩	
长		+15 -10	+10 -5	+5 -10	+10 -5	±5	±20	用尺量平行于构件长度方向任何部位
宽		±5	±5	±5	±5	±5	±5	用尺量一端或中部
高(厚)		±5	±5	±5	±5	±5	±5	
侧向弯曲		$l/1000$ 且≤20	$l/750$ 且≤20	$l/750$ 且≤20	$l/750$ 且≤20	$l/1000$ 且≤20	$l/1000$ 且≤20	拉线,用尺量测侧向弯曲最大处
表面平整		5	5	5	5	5	5	用 2m 靠尺和楔形塞尺量测靠尺与板面两点间最大缝隙
预埋件插筋	中心位置偏移	10	10	10	10	10	5	用尺量纵横两方向中心线,取其中较大值
	与混凝土平整	5	5	5	5	5	5	用平尺和钢板尺检查
预埋螺栓中心位置偏移	中心位置偏移	5	5	5	5	5	—	用尺量纵、横两方向中心线,取其中较大值
	明露长度	+10 -5	+10 -5	+10 -5	+10 -5	+10 -5	—	用尺量测
	预留孔	5	5	5	5	5	5	用尺量纵、横两方向中心线,取其中较大值
	预留洞	15	15	15	15	15	桩顶10	
主筋保护层厚		+10 -5	+10 -5	+10 -5	+5 -5	+10 -5	±5	用尺或用钢筋保护层厚度测定仪量测
对角线差		—	—	—	10	10	桩顶10	用尺量两个对角线
翘曲		—	—	—	1/750	1/1000	桩顶3	用调平尺在板两端量测

(3) 混凝土构件结构性能指标及试验方法,见表 6.5～表 6.9。

混凝土构件结构性能指标及试验方法　　　　表 6.5

项　　目		指标要求	试 验 方 法
承载力	当按混凝土结构设计规范的规定检验时	$\gamma_u^0 \geqslant \gamma_0 [\gamma_u]$	利用有关试验设备,如支承、百分表或位移传感器、千斤顶、荷重块、荷载传感器、分配梁、拉杆、地锚等,按照 GBJ 321—90 标准的规定方法进行检验。裂缝及其宽度可利用刻度放大镜观测,混凝土结构试验具体方法按《混凝土结构的试验方法》执行
	当设计要求按构件实配钢筋的承载力进行检验时	$\gamma_u^0 \geqslant \gamma_0 \eta [\gamma_u]$	
挠度	按混凝土结构设计规范规定的挠度允许值检验时	$a_s^0 \leqslant [a_s]$	
	按实配的钢筋确定的挠度计算值检验或仅检验构件挠度时	$a_s^0 \leqslant 1.2 a_s^c$ $a_s^0 \leqslant [a_s]$	
抗　裂		$\gamma_{cr}^0 \geqslant [\gamma_{cr}]$	
裂缝宽度		$W_{s,max}^0 \leqslant [W_{max}]$	

注:γ_u^0——构件承载力检验系数实测值,即试验的承载力检验荷载实测值与承载力检验荷载设计值(均包括自重)的比值;

γ_0——结构重要性系数,按表 6.7 采用;

$[\gamma_u]$——构件承载力检验系数允许值,按表 6.6 采用;

η——构件承载力检验修正系数,按设计规范有关规定计算;

a_s^0——在正常使用短期荷载检验值下,构件跨中短期挠度实测值;

$[a_s]$——短期挠度允许值,按表 6.8 计算确定;

a_s^c——按实配钢筋计算的构件短期挠度计算值;

γ_{cr}^0——构件抗裂检验系数实测值,即试件开裂荷载实测值与正常使用短期荷载检验值(均包括自重)的比值;

$[\gamma_{cr}]$——构件抗裂检验系数允许值,按表 6.8 计算确定;

$W_{s,max}^0$——在正常使用短期荷载检验值下,受拉主筋处最大裂缝宽度实测值;

$[W_{max}]$——构件检验的最大裂缝宽度允许值,按表 6.9 采用。

6.4 施工过程的质量控制

承载力检验系数允许值 $[\gamma_u]$ 表 6.6

受力情况	达到承载力极限状态的检验标志		$[\gamma_u]$
轴心受拉 偏心受压 受　弯 大偏心受压	受拉主筋处最大裂缝宽度达到 1.5mm 或挠度达到跨度的 1/50	Ⅰ～Ⅲ级钢筋、冷拉Ⅰ、Ⅱ级钢筋	1.20
		冷拉Ⅲ、Ⅳ级钢筋	1.25
		热处理钢筋、钢丝、钢铰线	1.45
	受压区混凝土破坏,此时受拉主筋处最大裂缝宽度小于 1.5mm 且挠度小于跨度的 1/50	Ⅰ～Ⅲ级钢筋、冷拉Ⅰ、Ⅱ级钢筋	1.25
		冷拉Ⅲ、Ⅳ级钢筋	1.30
		热处理钢筋、钢丝、钢绞线	1.40
	受拉主筋拉断		1.50
轴心受压 小偏心受压	混凝土受压破坏		1.45
受弯构件的受剪	腹部斜裂缝达到 1.5mm,或斜裂缝末端受压混凝土剪压破坏		1.35
	沿斜截面混凝土斜压破坏,受拉主筋在端部滑脱或其他锚固破坏		1.50

结构重要性系数 γ_0   表 6.7

结构安全等级	γ_0	结构安全等级	γ_0
一　级	1.1	三　级	0.9
二　级	1.0		

构件挠度及抗裂检验指标系数 $[\alpha_s]$、$[\gamma_{cr}]$ 表 6.8

公式	短期挠度允许值	$[\alpha_s] = \dfrac{M_s}{M_L(\theta-1)+M_s}[\alpha_f]$
	抗裂检验系数	$[\gamma_{cr}] = 0.95 \dfrac{\sigma_{pc}+\gamma f_{tk}}{\sigma_{sc}}$
符号说明	\multicolumn{2}{l	}{M_s、M_L:分别是按荷载的短期和长期效应组合计算所得的弯矩值,kN·m θ:考虑荷载长期效应组合对挠度增大的影响系数。按设计规范规定取用 $[\alpha_f]$:构件挠度允许值,mm,按设计规范规定取用 σ_{pc}:检验时在抗裂验算边缘的混凝土预压应力计算值,N/mm² σ_{sc}:荷载的短期效应组合下抗裂验算边缘的混凝土法向应力,N/mm² γ:受压区混凝土塑性影响系数,按设计规范规定取用 f_{tk}:检验时混凝土抗压强度标准值,N/mm²}

构件最大裂缝宽度允许值[W_{max}]　　　　　表6.9

设　计　(mm)	检验(mm)	设　计　(mm)	检验(mm)
0.2	0.15	0.4	0.25
0.3	0.20		

6.4.4 样板间、样板层的质量控制

在施工过程中做样板间、样板层的目的,虽各有不同。但综合起来,主要解决设计、施工、操作、造价及领导决策等的直观性。由此及彼,可以指导下一步工作。

1. 样板间的质量控制

做样板间目的,主要是在装饰工程阶段,为了让建设单位形象化地认识,按图施工后的实际状况,包括:房间六面的构造、用料、色彩、施工工艺、工程造价及使用功能等;亦便于施工单位利用样板间的做法,征求建设单位、设计单位、监理单位的意见和指导本单位的施工;亦便于监理单位按样板间的要求形象地实行监督管理。所以做样板间,不单纯为了施工单位指导施工;而且亦是通过做样板间的过程不断对原设计进行修改、完善的过程。

2. 样板层的质量控制

做样板层是在主体完成后,室内各种管线安装和室内装修工程全面开始前进行。主要解决二个问题:

(1) 解决室内各种管线安装之间的矛盾,如高层建筑室内管线包括:通风管道、空调水管、消防水管、喷淋水管、给水管、排水管、强电线、弱电线、桥架等,在设计图上往往对它们的平面位置和设计标高没有协调好,在管线安装时发生矛盾是常有的事。如果说采用修改图纸的办法协调,往往不能直接生效。采用做样板层的办法可以取得直接协调的目的。

(2) 解决室内装修的标准问题,通过做标准层,对室内六面和立柜的装修标准,包括:构造、用料、色彩、施工工艺,工程造价及使用功能等进行鉴定,以便指导其他相同档次的楼面施工。

综上所述,做样板间、样板层可统一认识、统一标准、统一价

格、统一施工工艺、协调设计图上的不足,以确保使用功能,达到确保工程质量的目的。

6.4.5 桩基(常见)工程质量控制要点

1. 泥浆护壁成孔灌注桩

质量控制要点:

(1) 复合桩基轴线、桩位、桩径和桩口护筒标高是否符合规范要求。护筒内径应大于钻头直径,用回转钻时宜大于100mm,用冲击钻时宜大于200mm。护筒中心与桩位中心线偏差不得大于50mm。护筒的埋设深度,在粘性土中不宜小于1m,在砂土中不宜小于1.5m,护筒口一般高出地面30~40cm或地下水位1.5m以上。

(2) 检查钻机就位后是否对准桩位,是否平整垂直且稳固。

(3) 检查施工现场的泥浆循环系统能否保证泥浆护壁施工的正常进行;在钻孔过程中应有效利用泥浆循环进行清孔。孔壁土质较差时,清孔后的泥浆相对密度控制在1.15~1.25;清孔过程中,必须及时补给足够的泥浆,并保持浆面稳定;泥浆取样应选在距孔底20~50cm处。

(4) 定时测定泥浆相对密度,泥浆的相对密度按土质情况而定,一般控制在1.1~1.5的范围内;粘度控制在18~22s,含砂率不大于4%~8%,胶体率不小于90%。

(5) 钻进过程中应认真、详实、准确地做好每根桩的施工纪录,成孔速度的快慢与土质有关,应灵活掌握钻进的速度,遇到硬土、石块等难于钻进的问题,要立即研究处理,以防桩位出现严重的偏位。

(6) 钢筋笼的制作必须符合图纸和规范要求,安装就位时,一定要根据配筋位置安装到位,钢筋笼定位后4h内浇灌混凝土以防塌孔。

(7) 混凝土用的原材料必须经过检测,混凝土配合比应由有资质的测试单位提供,混凝土材料计量应确保准确。

(8) 桩内混凝土的浇灌采用导管法浇灌水下混凝土的方法进

行,其施工工艺应符合规范要求;每桩混凝土浇灌时不得中断,桩身一次成型,混凝土充盈系数不小于1.0;每根桩做一组试块测定混凝土强度。

常见质量问题的处理:

见表6.10泥浆护壁成孔常见质量问题的处理。

泥浆护壁成孔灌注桩常见质量问题的控制和处理方法 表6.10

常见问题	原因分析	控制和处理方法
坍孔壁	提升、下落掏渣筒和放钢筋骨架时碰撞孔壁;护筒周围未用粘土填封紧密而漏水或埋置太浅;未及时向孔内加清水或泥浆,孔内泥浆面低于孔外水位,或泥浆密度偏低;遇流砂、软淤泥、破碎地层;在松软砂层钻进时,进尺太快	提升、下落掏渣筒和放钢筋笼时,保持垂直上下,避免碰撞孔壁;清孔之后,立即浇混凝土,轻度坍孔时,加大泥浆密度和提高水位;严重坍孔时,用粘土、泥膏投入,待孔壁稳定后采用低速重新钻进
桩孔倾斜	桩架不稳,钻杆导架不垂直,钻机磨损,部件松动;土层软硬不匀、埋有探头石,或其岩倾斜未处理	将桩架重新安装牢固,并对导架进行水平和垂直校正,检修钻孔设备,如有探头石,宜用钻机钻透,偏斜过大时,填入石子粘土,重新钻进,控制钻速,慢速提升下降往复扫孔纠正
堵管	制作的隔水塞不符合要求,在导管内落不下去;或直径过小,长度不够,使隔水塞在管内翻转卡住,隔水塞遇物卡住,或导管连接不直、变形而使隔水塞卡住;混凝土坍落度过小,流动性差,夹有大块石头,或混凝土搅拌不匀,严重离析;导管漏水,混凝土被水浸稀释,粗骨料和水泥砂浆分离;灌注时间过长,表层混凝土失去流动性	隔水塞卡管,当深度不大时,可用长杆冲捣;或在可能的情况下,反复提升导管进行振冲;如不能清除,则应提起和拆开导管,取出卡管的隔水塞;检查导管连接部位和变形情况,重新组装导管入孔,安放合格的隔水塞;不合格混凝土造成的堵管,可通过反复提升漏斗导管来消除

6.4 施工过程的质量控制

续表

常见问题	原因分析	控制和处理方法
导管漏水	连接部位垫圈挤出、损坏；法兰螺丝松紧不一；初灌量不足，未达到最小埋管高度，冲洗液从导管底口侵入；连续灌注时，未将管内空气排出，形成高压气囊，将密封圈挤破，导管提升过多，冲洗液随浮浆侵入管内	如从导管连接处和底口渗入，漏水量不大时，可集中数量较多、坍落度相对较小的混凝土一次灌入，挤入渗漏部位，以封住底口；漏水严重时应提起导管更换密封垫圈，重新均匀上紧法兰螺丝，准备足量的混凝土重新灌注；若孔内已灌注少量混凝土，应清除干净后方可灌注，灌入混凝土较多清除困难时，应暂停灌注，下入比原孔径小一级的钻头重新钻进至一定深度后起钻，用高压水将混凝土面冲洗干净，并将沉渣吸出，将导管下至中间小孔内再恢复灌注
桩身缩颈夹泥	孔壁粘土的侵入或地层承压水对桩周混凝土的侵蚀；灌注混凝土过程中孔壁坍塌，混凝土严重稀释	对易造成坍孔、粘土侵入和有地下承压水的地层，在灌注前，必须向孔内灌优质泥浆护壁，并保持孔内水头高度；成孔后，检查孔底沉渣情况，发现沉渣突然增多，则表明孔壁有失稳垮坍现象，应采取措施，防止进一步垮孔；灌注中如发现孔口颜色突变，并有大量泥砂返出，说明孔内出现了坍孔现象，应停止灌注作业，探测孔内混凝土面位置，提出导管，换用干净泥浆清孔，排出坍落物，护住孔壁，再用小一级钻头钻小孔，清孔后下入导管继续灌注 遇有地下承压水时，应摸清其准确位置，在灌注前下入专门护筒进行止水封隔。桩身缩颈，如位置较浅，则可直接开挖对缩颈处补救；如位置较深且缩颈严重，则应考虑补桩，对验桩发现的夹层，可采用压浆法处理
断桩	灌注时导管提升过高，以致底部脱离混凝土层；出现堵管而未能及时排除；灌注作业因故中断过久，表层混凝土失去流动性，而继续灌注的混凝土顶破表层而上升，将有浮浆泥渣的表层覆盖包裹，形成断桩	灌注前应对各个作业环节和岗位进行认真检查，制订有效的预防措施；灌注中，严格遵守操作规程，反复细心探测混凝土表面，正确控制导管的提升，控制混凝土灌注时间在适当范围内

续表

常见问题	原因分析	控制和处理方法
吊脚桩	清孔后泥浆密度过小,孔壁坍塌或孔底涌进泥砂,或未立即灌注混凝土;清淤未净,积淤过厚;吊放钢筋骨架、导管等物碰撞孔壁,使泥土坍落孔底	做好清孔工作,达到要求,立即灌注混凝土;注意泥浆浓度和使孔内水位经常高于孔外水位,保持孔壁稳定不坍塌,采用埋管压浆法,清除桩底积淤,提高单桩承载力
钢筋笼错位	钢筋笼下落主要发生在使用半截钢筋笼的桩孔内,由于钢筋下放时操作不慎,孔口未将钢筋笼固定,或下导管时挂住钢筋笼,使其跟着下落,钢筋笼上窜多发生在开始灌注阶段,当首批混凝土灌入孔内时,产生向上的冲力,如果钢筋笼未在孔口固定,则会上窜;在灌注过程中,当发生操作不慎,提升导管时,也可能将钢筋笼挂起 钢筋笼在孔口焊接时,未上下对正;保护垫块数量不足;或桩孔超径严重,都会造成钢筋笼偏离孔中,靠向孔壁	预防钢筋笼错位的关键是要严格细致地下好钢筋笼,并将其牢固地绑扎或点焊于孔口;钢筋笼入孔后,检查其是否处在桩孔中心,下放导管时,应避免挂带钢筋笼下落,保护垫块数量要足,更不允许漏放

2. 套管成孔灌注桩

质量控制要点:

(1)复合桩基轴线及桩位,桩基轴线位置的允许偏差,桩基为20mm,单排桩为10mm。桩位应符合设计要求,每根桩打入前,应检查桩位的正确性。

(2)套管成孔采用的混凝土桩尖其混凝土强度等级不得低于C30;采用活瓣桩尖时,对其要求应有足够的强度和刚度,且活瓣间的缝隙应紧密。

(3)在沉管过程中,应按规范规定的打桩原则进行控制,并按规定表格做好打桩纪录。

(4) 浇灌混凝土和拔管时应保证混凝土质量,在测得混凝土确已流出桩管以后,方能开始拔管。管内应保持不少于 2m 高度的混凝土。拔管速度:锤击沉管时,应为 $0.8\sim1.2$m/min;振动沉管时,对于预制桩尖不宜大于 4m/min,用活瓣桩尖者不宜大于 2.5m/min。

(5) 锤击沉管扩大灌注桩施工时,必须在第一次灌注的混凝土初凝前完成复打工作。第一次灌注的混凝土应接近自然地面标高;复打前应把桩管外的污泥清除;桩管每次打入时,中心线应重合。

(6) 振动沉管灌注桩,采用单打法时,每次拔管高度控制在 $50\sim100$cm;采用反插法时,反插深度不宜大于活瓣桩尖长度的 2/3。

(7) 套管成孔灌注桩任一段平均直径与设计直径之比严禁小于 1;实际浇灌混凝土量严禁小于计算体积;混凝土强度必须达到设计强度。

常见质量问题的处理:

见表 6.11 套管成孔灌注桩常见质量问题的处理。

套管成孔灌注桩常见质量问题和控制及处理方法　　　　表 6.11

常见问题	原因分析	控制及处理方法
有隔层(桩中部悬空或有泥水隔断)	(1) 桩管径小 (2) 混凝土骨料粒径过大,和易性差 (3) 拔管速度过快,复打时套管外壁泥浆未刮除干净	(1) 严格控制混凝土坍落度不小于 $6\sim8$cm,骨料粒径不大于 30mm (2) 拔管时密锤慢击,控制拔管速度不大于 1m/min(淤泥中不大于 0.8m/min) (3) 复打时将套管外壁泥土除净,混凝土桩探测发现有隔层时,用复打法处理
断桩	(1) 桩中心距过近,打邻桩时受挤压(水平力及抽管上拔力)断裂 (2) 混凝土终凝不久,强度还低时,受振动和外力扰动	(1) 控制桩的中心距大于 3.5 倍桩直径 (2) 混凝土终凝不久,强度还低时,尽量避免振动和外力干扰 (3) 检查时发现断桩,应将断的桩段拔去,略增大面积,或加铁籍接驳,清理干净后重新浇混凝土补做桩段

续表

常见问题	原因分析	控制及处理方法
缩颈	（1）在饱和淤泥或淤泥质软土层中沉管时，土受强制扰动挤压，产生孔隙水压，桩管拔出后，挤向新浇混凝土，使部分桩径缩小 （2）施工抽管过快，管内混凝土量过少，稠度差，出管扩散性差 （3）桩间距过小，挤压成缩颈	（1）施工中控制拔管速度，采取慢抽密振或慢抽密击方法 （2）管内混凝土必须略高于地面，保持足够重压力，使混凝土出管扩散正常。应派专人经常测定混凝土落下情况（可用浮标测定法）发现问题及时纠正，一般可用复打法或翻插法处理
夹泥桩	（1）同缩颈（1） （2）拔管过程中采用翻插，翻插法不适用于饱和淤泥软土层，不但效果不好，而且常产生夹泥现象，又因上下抽管，也会影响邻桩质量	（1）拔管时应轻锤密击或密振，均匀地慢抽，在通过特别软弱土层时，可适当停抽密击或密振，但不要停久，否则混凝土会堵塞管中不落下 （2）在淤泥或淤泥质土层，抽管速度不宜超过 0.8m/min
吊脚桩（桩底混凝土隔空或混进泥砂形成软弱底层）	（1）预制桩尖混凝土质量差，强度不足，被锤冲破挤入桩管内，初拔管时振动不够，桩尖未压出来，拔至一定高度时桩尖方落下，但卡住硬土层，不到底而造成吊脚 （2）桩尖活瓣沉到硬层受土压实或土粘性大，抽管时活瓣不张开，至一定高度时才张开，混凝土下落不密实，有空隙	（1）严格检查预制混凝土桩尖的强度和规格，防止桩尖压入桩管 （2）为防止活瓣不张开，可采用密振慢抽办法，开始拔管 50cm 范围内，可将桩管翻插几下，然后再正常拔管 （3）沉管时用吊铊检查探测桩尖入土是否缩入管内，发现问题及时纠正
桩尖进水进泥砂	（1）地下水量多，压力大 （2）桩尖活瓣缝隙大，预制桩尖与桩管接口软垫不紧密或桩尖被打坏 （3）沉桩时间过长	（1）地下水量大时，桩管沉至地下水位以上，应以水泥砂浆灌入管内 0.5m 作封底，并再灌 1m 高混凝土，然后打下，少量进水（<20cm）可不处理，灌混凝土时可酌减用水量 （2）将桩管拔出，检查桩尖质量

续表

常见问题	原因分析	控制及处理方法
卡管(拔管时被卡住,拔不出来)	(1) 沉管时穿过较厚硬夹层,用的时间过长,一般超过40min就难拔管 (2) 活页瓣的铰链过于凸出,卡于夹层内	(1) 发现有卡管现象,应在夹层处反复抽动2~3次,然后拔出桩管扎好桩尖,重新再打入,并争取时间尽快灌筑混凝土后立即拔管,缩短停歇时间 (2) 施工前,对活页铰链作检查,修去凸出部分
钢筋或钢筋笼下沉	新浇筑的混凝土处于流塑状态,钢筋的密度比混凝土大,由于相邻桩沉入套管的振动使钢筋或钢筋笼下沉	钢筋或钢筋笼放入混凝土后,上部用木棍将钢筋或钢筋笼架起固定
	(1) 地下遇有枯井、坟坑、溶洞、下水道、防空洞等 (2) 在饱和淤泥或淤泥质软土中施工,土质受到扰动,强度大大降低,由于混凝土侧压力,使桩身扩大	(1) 施工前应详细了解施工现场内的地下洞穴情况,预先挖开,进行清理,并用素土填实 (2) 在饱和淤泥或淤泥质软土中,采用套管护壁浇筑桩的混凝土用宜先打试桩,如出现混凝土用量过大,可与有关单位研究,改用其他桩型

3. 人工挖孔灌注桩

质量控制要点:

(1) 复测轴线、桩位、井圈位置与标高,桩位偏差不大于50mm,井圈中心线与轴线偏差不大于20mm,井圈顶比场地高200~300mm,井圈壁厚比下面井壁厚120mm。

(2) 孔内每挖1~1.5m用砂浆砌筑砖护壁,砂浆用MU7.5,砖壁厚120mm,发现渗水严重时,暂停挖掘,提早砌筑护壁。

(3) 当桩孔净距小于2倍桩径且小于2.5m时,必须间隔开挖。桩孔开挖时桩径允许偏差50mm,垂直度允许偏差孔深10m以内不大于1%,10m以上不大于0.5%。孔深挖到设计标高时必须清孔,清除底部积水、残渣、淤泥、杂物等,并下孔验槽,检查孔底尺寸和地质情况。经验收合格后,即时用不低于C30混凝土封底。

（4）钢材、水泥、砂、石、砖必须经检测合格方能使用，混凝土配合比必须经有资质的测试中心试配。

（5）钢筋笼制作允许偏差：主筋间距±10mm，箍筋间距和螺旋螺距±20mm，钢筋笼直径±10mm，钢筋笼长度±50mm。主筋搭接焊缝长度，单面焊为主筋直径的10倍，焊缝饱满不咬边，无气泡；主筋与螺旋、箍筋接触点采用满点焊。

（6）桩孔混凝土的浇灌，应用串筒，筒末端离孔底距离不大于2m，每灌注1m高度即采用插入式振动器振实。一桩混凝土应连续浇灌，不得间断。在混凝土浇灌过程中，串筒离混凝土表面的自由落体高度不大于2m。

（7）做好桩孔开挖、钢筋笼制作、桩的混凝土浇灌等的原始纪录。

常见质量问题的处理：

（1）挖孔时塌壁。按规定不同的土质在挖土过程中用混凝土或砖砌护壁，如果不按规定办理或者办理不及时容易造成塌壁。塌壁后浪费人工和时间，需重新修复。

（2）钢筋笼的制作，遇到主筋位置不对称时（如支护桩的钢筋笼），容易发生差错。为防止差错，施工前的技术交底十分重要。

（3）桩混凝土的浇灌中断，形成施工缝隙。造成事故的原因，一般为混凝土供应不及时，间断时间过长。对此应做桩的静载试验，如果不合格，应采取补强措施。

4．深层搅拌桩

质量控制要点：

（1）复查桩的轴线和桩位的定位放线工作。

（2）检查水泥质保书、水泥强度测试报告、土中水泥掺量（要抽查每根桩的水泥用量）、水灰比（不大于0.5）、水泥浆稠度（用密度计测定，浆液相对密度大于1.8，每班检查不少于一次）。

（3）检查桩机试运行是否正常，钻杆轴距（多头）、钻头直径、质量是否符合要求。

6.4 施工过程的质量控制

(4) 检查水泥浆制作设备(含搅拌机、储浆池、蓄水池、泥浆泵、输浆管道等)是否符合施工要求。

(5) 严格按下列程序控制施工：

桩机就位→预搅下沉→喷浆搅拌提升→重复搅拌下沉→重复喷浆搅拌提升至孔口(此程序为二搅二喷,根据要求还可做三搅三喷或四搅四喷)→桩机移至下一孔位。

(6) 认真做好下列内容的监控：

检测桩架垂直度(确保桩的垂直度偏差不大于1.5%)和固定牢固平稳；抽测水泥浆稠度；控制搅拌轴的下沉和提升速度(下沉速度应在0.38~0.75m/min范围内,提升速度应在0.3~0.5m/min范围内)；督促施工单位做好单桩开始与结束施工时间纪录(纪录误差不得大于5s)；核定实际桩长(深度纪录误差不得大于50mm)和数量；检查桩位的正确性(桩位偏差不得大于50mm)。

(7) 督促施工单位提交下列资料：

施工定位放线纪录；桩的施工组织设计(方案)；水泥检验报告；开工报告；桩施工原始纪录；桩的竣工图。

(8) 根据设计要求对已完桩进行强度、承载力、完整性、邻桩搭接要求的检验。

常见质量问题的处理：

(1) 桩的设计长度与桩位上的实际深度不符,有的桩位上还没有到设计深度,钻杆已不再下沉(因土质坚硬或碰到孤石),有的桩位上已超过设计深度但钻杆还在下沉(因土质松软桩尖尚未到达持力层)。此时应检查地质报告,根据地质剖面上的情况,确定桩位上桩的实际深度。

(2) 桩的强度不足和桩身不均匀,前者因水泥掺量不足或水灰比过大或喷浆时提升速度过快,喷浆量过少,搅拌不匀。后者除提升速度过快外,还可能搅拌次数少之故。

(3) 当桩用作防水帷幕时,桩间渗水(因桩间搭接未满足设计要求),或桩尖下渗水(桩的长度不足,未能阻挡住地下水),可在帷幕外渗水处进行水泥压力灌浆。

(4) 每根桩必须连续施工,如因故停机,宜将搅拌机下沉至停浆点以下 0.5m,待恢复开机再喷浆提升。两根桩的搭接时间间隔不超过 24h,如超过时间,应分别情况增大水泥用量和延长搅拌时间或加桩处理。

5. 预制静压桩

质量控制要点:

(1) 审核施工组织设计(方案),重点审核压桩顺序,压机移动路线;施工进度;保证质量和安全生产措施。

(2) 复合桩轴线和桩位轴线的位置。

(3) 检查预制桩的几何尺寸、弯曲、裂缝等情况,其误差应在规范规定的允许范围内,并按规定表格做好检查纪录。

(4) 压桩时桩尖对准桩位中心,后检测桩的垂直度(控制在 1‰内);检查接桩方法(常用角钢焊接或硫磺胶泥锚接法)是否符合规范要求;检查桩顶压入后的标高(按标高控制的静压桩),桩顶标高的允许偏差应在 $-50 \sim +100$mm 范围内。

(5) 压桩过程中应按规定表格做好压桩纪录,纪录中应详细纪载桩在不同压入深度时的油压表读数(反映出桩在压至不同深度时,压机对桩施加的压载),压机上的配重,应事先经过计算,并参考试桩压桩时的配重。

(6) 做好静压桩工程的竣工图。待全部桩压完,并基坑开挖到设计标高后,应将每个桩位与 X、Y 轴之间的距离测量出来,并将数据纪录在表格内,后绘制成桩位竣工平面图,桩位的允许偏差应符合规范要求。

(7) 静压桩验收时应提交下列资料:

桩位测量放线图;工程地质勘察报告;材料试验纪录;桩的制作及压入纪录;桩位的竣工平面图;桩的静载和动载试验资料;确定压桩阻力的试验资料。

常见质量问题的处理:

(1) 桩入土 2m 后,如发现桩不垂直,不允许用移动压机来调正桩的垂直度,以防止桩身折断,应将桩拔出,重新对准桩位。

(2) 初压时,桩身发生较大幅度移位、倾斜,压入过程中桩身突然下沉或倾斜,此时有可能是桩尖碰到弧石或有可能是桩身被压断,后继续再压,桩身错位,造成桩位移、突然下沉或倾斜。处理办法:可请有关人员查阅地质报告或对桩做动测试验,查明事情发生原因后,再由原设计人员采取措施。

(3) 桩尚未压到设计深度,出现浮机,桩再也压不下去;继续对桩加载,甚至将桩顶混凝土压碎。此时可查阅地质报告,查明该桩位的地质剖面图上,其地层情况是否能说明桩压不下去的原因。由于地层情况复杂,地质报告上有可能反映不了,到时可请原设计人员等具体研究处理。另外有可能由于压机移动路线布置不妥或同一基础内各桩压入的顺序安排不妥,其结果由于压桩时桩对土的挤压,将土挤密甚至隆起,亦可能使桩压不下去,需另商处理办法。

6.4.6 钢筋混凝土主体结构质量控制要点

一、模板工程

1. 质量控制要点:

(1) 检查构件模板的几何尺寸,确保构件符合设计要求,安装偏差在规范允许范围内。

(2) 检查构件节点处模板的构造情况,确保拆模后节点处构件阴、阳角的方正、清晰。

(3) 检查模板的支撑情况,确保模板的刚度和稳定性。

(4) 检查模板接缝,确保接缝不漏浆。

(5) 检查梁、板模板的标高、轴线和起拱高度(当跨度≥4m时,起拱高度宜为全跨长度的 1/1000~3/1000),标高、轴线的安装允许偏差应符合规范要求。

(6) 检查安装在模板内的预埋件和预留孔位置是否准确,安装是否牢固。

(7) 检查模板拆模时间,应符合设计与规范规定。当施工荷载对拆模后的构件不利时,应加支撑加固。

(8) 检查脱模剂的质量和涂刷情况,对油质类等影响结构或妨碍装饰工程施工的脱模剂不宜采用。严禁脱模剂沾污钢筋与混凝土接槎处。

2. 常见质量问题的处理：

见表 6.12 模板工程常见质量问题和控制及处理方法。

模板工程常见质量问题和控制及处理方法 表 6.12

常见问题	原因分析	控制及处理方法
爆模塌模	(1) 模板强度或刚度不够，支撑强度或刚度不够，支撑的失稳（如支承在软弱基土上，由于基土下沉等所致） (2) 钢模板扣件的数量不足，或扣件强度较差	要重视模板的施工质量，必须进行模板的强度、刚度、支撑系统稳定性等的设计。特别是注意模板支撑立柱的结构与构造，拆模时，不能只考虑混凝土的强度，而要考虑支撑系统的受力情况
缝隙大	木模板四周没有刨平，钢模板四周没有校直，支模时不严格控制缝隙尺寸，缝隙过大	木模板在拼制时板边应找平刨直，拼缝严密，当混凝土为清水混凝土时，木板必须刨光，采用胶合板时应由模板设计选定。采用旧木模时，必须对有变形的进行修整，使模板横竖都可拼接，做到接缝严密，装拆灵活。接头处、梁柱、板交接处模板应认真配制，防止发生烂根、移位、胀模等不良现象。
模板不易拆除	(1) 模板拆除过迟 (2) 粘结太牢，模板漏涂隔离剂，木模板吸水膨胀，致使边模或角模嵌在混凝土内	(1) 支梁用木模时应遵守边模包底模的原则，梁柱拼接处应考虑梁模板吸湿后长向膨胀的影响，下料尺寸略为缩短，使混凝土浇筑后不致嵌入柱内，便于拆模 (2) 木楼板板模与梁模连接处，板模应拼铺到梁侧模外口平齐，避免模板嵌入梁混凝土内，以便拆除 (3) 模板应认真清理、涂隔离剂

二、钢筋工程

1. 质量控制要点：

(1) 检查钢筋出厂质量证明书，抽检钢筋力学性能、焊接质量、冷挤压接头质量，抽检要求和试件数量应符合规范规定。

(2) 检查构件内钢筋的级别、数量、直径、间距、形状、锚固长度、钢筋加密区长度、钢箍弯钩的角度和绑扎位置。当需要钢筋代换时,应征得设计单位同意,并符合施工规范的规定。

(3)检查构件内钢筋焊接接头位置是否符合规范要求,是否符合钢筋混凝土设计构造要求。因抗震要求,钢筋接头不宜设置在梁端、柱端的箍筋加密区范围内。

(4)当钢筋接头采用绑扎接头时,其钢筋搭接长度和接头位置应符合规范规定。

(5)检查上、下柱截面改变时,纵向钢筋的位置是否符合设计要求。

(6)检查预留孔洞周围应加固的钢筋是否符合设计(规范)要求,检查需要预留插筋的部位,插筋是否符合设计(规范)要求。

(7)检查钢筋保护层厚度,是否符合设计和施工规范要求。

(8)由专业监理工程师完成对钢筋工程的隐蔽验收,并办理签证手续。

2. 常见质量问题的处理:

表 6.13 钢筋工程常见质量问题和控制及处理方法。

钢筋工程常见质量问题和控制及处理方法 表 6.13

常见问题	原因分析	控制及处理方法
钢筋表面锈蚀	(1)保管不良,受到雨雪侵蚀 (2)存放期过长 (3)仓库环境潮湿、通风不良	(1)钢材应存放在仓库或料棚内,保持地面干燥 (2)钢筋不得直接堆置在地面上,必须用混凝土墩、砖或垫木垫起,使离地面200mm以上 (3)库存期限不得过长 工地临时保管钢筋原料时,应选择地势高、地面干燥的露天场地,必要时加盖雨布,场地四周要有排水措施
钢筋冷弯性能差	钢筋含碳量高,或其他化学成分含量不适合,引起塑性性能偏低。钢筋轧制有缺陷,如表面有裂缝、结疤或折叠等	另取双倍数量的试件再试验,确定冷弯性能的好坏,屈服强度、抗拉强度、伸长率任一指标仍不合格的钢材,不准使用或作降级处理

续表

常见问题	原因分析	控制及处理方法
冷拉钢筋伸长率偏小	（1）钢筋含碳量过高或表现为强度过高 （2）控制冷拉率或控制应力过大	应预先检验钢筋原材料材质，并根据材质具体情况，由试验结果确定合适的控制应力和冷拉率。伸长率指标小于规范要求的属不合格品，只能用作架立钢筋或分布筋
柱子外伸钢筋错位	钢筋固定措施不好，操作机具碰歪撞斜，未及时校正	在靠紧搭接不可能时，仍应使上柱钢筋保持设计位置，并采取垫筋焊接联系，注意浇筑操作，尽量不碰撞钢筋，同时派专人随时检查校正，在外伸部分加一道临时箍筋，按图纸位置安好，然后用模板、铁卡或木方卡固定，如发生移位，则应校正后再浇混凝土
钢筋同截面接头过多	（1）施工人员不熟悉规范 （2）钢筋配料时未考虑原材料长度	（1）在钢筋骨架未绑扎时，发现接头数量不符合规范要求，应立即通知配料人员重新考虑设置方案 （2）如已绑扎或安装完钢筋骨架方发现，则根据具体情况处理，一般应拆除骨架或抽出有问题的钢筋返工，如返工影响工时太大，则可采用加焊帮条或改为电弧焊搭接
绑扎节点松扣	（1）绑扎铁丝太硬或粗细不适当 （2）绑扣形式不正确	（1）绑扎直径12mm以下钢筋宜用22号铁丝，绑扎直径12~15mm钢筋宜用20号铁丝，绑扎较粗钢筋可用双根22号铁丝，绑扎时尽量选用不易松脱的绑扣方式 （2）将节点松扣处重新绑牢
焊缝夹渣	（1）通电时间短 （2）焊接电流过大或过小 （3）焊剂熔化后溶粘度大 （4）回收焊剂重复使用时，夹杂物清理不干净	（1）采用性能良好的焊条，正确选择焊接电流，焊接时必须将焊接区域内的脏物清除干净，多层施焊时应层层清渣 （2）在搭接焊和帮条焊时，操作中应注意熔渣的流动方向，特别是采用酸性焊条时，必须使熔渣滞留在熔池后面 （3）当熔池中铁水和熔渣分离不清时，应适当将电弧拉长，利用电弧热量和吹力将熔渣吹到旁边或后边，直至形式清亮熔池为止

续表

常见问题	原因分析	控制及处理方法
焊缝咬边	(1) 焊接电流过大,电弧太长 (2) 操作不熟练	选用合适电流,避免电流过大,操作时电弧不能拉得过长,并控制好焊条的角度和运弧方法
焊缝焊瘤	(1) 熔池温度过高,凝固较慢 (2) 焊接电流过大 (3) 焊条角度不对或操作不当	(1) 熔池下部出现"小鼓肚"时,可利用焊条左右摆动和挑弧动作加以控制 (2) 在搭接或帮条接头立焊时,焊接电流应比平焊适当减小,焊条左右摆动时在中间部位走快些,两边慢些 (3) 焊接坡口立焊头加强焊缝时,应选用直径3.2mm焊条,并应适当减小焊接电流

三、混凝土工程

1. 质量控制要点:

(1) 水泥进场必须检查水泥出厂合格证,抽检水泥强度和安定性,并应对其品种、强度等级、包装、出厂日期等检查验收。

(2) 抽检砂、石级配和含泥量。

(3) 检查外加剂的品种、质保书,及其在混凝土中的掺量。

(4) 检查混凝土的配合比,各种原材料的称量、坍落度,并严格按设计和规范要求,定组制作混凝土试块并及时进行试验,测定其抗压强度、抗渗强度。

(5) 对重要部位(含地下室、框架剪力墙、大跨度梁板结构)混凝土浇注时,应专门制订施工方案,以确保工程质量。

(6) 对混凝土冬季施工,应专门制订冬季施工方案,采取各种有效措施,以确保工程进度和工程质量。

(7) 对承台、地下室底板等大体积混凝土浇注时,应设置测温孔,及时测定混凝土底部、中部、表面的温度,将混凝土内部和表面温差控制在规范规定的不超过25℃范围内,否则混凝土表面要进行覆盖。

(8) 混凝土浇注前,应由总监理工程师签发混凝土浇灌申请报告后,方能开盘浇注混凝土。

(9) 总监理工程师签发混凝土浇灌申请报告的依据:1)由专业监理工程师签字的施工单位报送的隐蔽工程验收单(含土建、水、电、空调);2)由施工单位报送的混凝土浇灌申请报告;3)由施工单位(或商品混凝土供应商)报送的混凝土配合比通知单和水泥、外加剂、砂、石等原材料的质保书及材料检验报告;4)施工现场准备工作情况。

(10) 混凝土浇注过程中,检查混凝土浇注的间歇时间。间歇时间过长会使混凝土内出现"冷缝",影响混凝土构件质量。若因施工需要,必须按规范规定设置施工缝。

(11) 在浇注与柱和墙连成整体的梁和板时,应在柱和墙浇注完毕后停歇 1~1.5h,再继续浇注。

(12) 对已浇灌完毕的混凝土,应按规定的时间加以覆盖和浇水。

(13) 在已浇灌的混凝土强度未达到 $1.2N/mm^2$ 以前,不得在其上踩踏或安装模板及支架。

2. 常见质量问题的处理:

见表 6.14 混凝土工程常见质量问题和控制及处理方法。

混凝土工程常见质量问题和控制及处理方法　　　表 6.14

常见问题	原 因 分 析	控制及处理方法
麻面	(1) 模板表面粗糙或清理不干净,粘有干硬水泥砂浆等杂物,拆模时混凝土表面被粘损 (2) 木模板在浇筑混凝土前没有浇水湿润或湿润不够,浇筑混凝土时,与模板接触部分的混凝土水分被模板吸去,致使混凝土表面失水过多 (3) 钢模板脱模剂涂刷不匀或局部漏刷,拆模时混凝土表面粘结模板 (4) 模板拼缝不严,浇筑混凝土时缝隙漏浆,混凝土表面沿模板缝位置出现麻面 (5) 混凝土振捣不实,混凝土中气泡未排出形成麻点	(1) 模板表面清理干净,木模板浇筑混凝土前应用清水充分湿润,钢模板隔离剂涂刷均匀、无漏涂,模板拼缝严密,混凝土不得漏振,每层混凝土均应振至气泡排除为止 (2) 麻面主要影响外观,对表面不再装饰的部位用清水刷洗,充分湿润后用水泥素浆或 1:2 水泥砂浆抹平

续表

常见问题	原因分析	控制及处理方法
夹渣	(1) 浇筑混凝土前对施工缝处未处理或处理不够 (2) 漏振或振捣不够 (3) 分段分层浇筑混凝土时,施工停歇期间木块、锯末、水泥袋等杂物积留在混凝土表面未清除,而继续浇混凝土	(1) 表面缝隙较细时,可用清水将裂缝冲洗干净,充分湿润后抹水泥浆 (2) 对夹层的处理应慎重,梁、柱等在补强前,首先应搭临时支撑加固方可进行剔凿,将夹层中的杂物和松散混凝土清除,用清水冲洗干净,充分湿润,再灌筑、捣实提高一级的豆石混凝土或混凝土减石子砂浆,捣实并认真养护
缺棱掉角	(1) 木模板在浇混凝土前未湿润或湿润不够,浇筑后混凝土养护不好,导致棱角处混凝土水分被模板大量吸收而强度降低,拆模时棱角被粘掉 (2) 侧面非承重模板过早拆除或拆模时受处力作用,重物撞击或保护不好棱角被碰掉 (3) 冬期施工时混凝土局部受冻造成拆模时掉角	缺棱掉角较小时可将该处用钢丝刷刷净,清水冲洗充分湿润后,用1:2或1:2.5水泥砂浆抹齐补正;对较大的掉角,可将不实的混凝土和突出石子凿除,用水冲刷干净浸透,然后支模用比原混凝土高一级的豆石混凝土补好,认真养护
强度偏低	(1) 混凝土原材料质量不符要求 (2) 混凝土配合比计量不准 (3) 混凝土搅拌时间不够或拌合物不均匀 (4) 混凝土冬期施工时,拆模过早或早期受冻 (5) 试块未做好,如振捣不实、养护不符合要求	当试压结果与要求相差悬殊,或试块合格而对混凝土结构实际强度有怀疑,或有试块丢失,编号搞乱,忘记作试块等情况,可采用非破损检验方法来测定混凝土强度,如测定的混凝土强度不符合要求,应经有关人员研究查明原因,采取必要措施处理 如混凝土强度不合格,可直接从混凝土结构中凿取试块测定混凝土强度,凿取部位应具代表性,又为使用和安全所允许。当混凝土强度偏低,可按实际强度校核结构的安全度并经有关单位研究提出处理方案

续表

常见问题	原 因 分 析	控制及处理方法
保护性能不良	(1) 钢筋混凝土在施工时形成的表面缺陷未处理或处理不良 (2) 混凝土内掺入过量氯盐外加剂,或在禁用氯盐环境使用了含氯盐成分的外加剂	(1) 混凝土裂缝可用环氧树脂灌缝 (2) 对已锈蚀的钢筋,应彻底清除铁锈,凿除与钢筋结合不良的混凝土,用清水冲洗湿润充分后,再用豆石混凝土(比原混凝土强度高一级)填实,认真养护 (3) 大面积钢筋锈蚀引起混凝土裂缝,必须会同设计等单位研究制定处理方案,经批准后再处理
温度裂缝	(1) 表面温度裂缝是由温差较大引起的 (2) 深进和贯穿温度裂缝多由结构降温差较大,受外界约束而引起的 (3) 采用蒸汽养护的预制构件,混凝土降温过速,或养护窑坑急速揭盖,使混凝土表面急剧降温,致使构件表面或肋部出现裂缝	温度裂缝对钢筋锈蚀、碳化、抗冻融、抗疲劳等方面有影响,故应采取措施处理,对表面裂缝,可以采用涂两遍环氧胶泥或贴环氧玻璃布,以及抹、喷水泥砂浆等方法进行表面封闭处理,对有整体性防水、防渗要求的结构,缝宽大于0.1mm的深进或贯穿性裂缝,应根据裂缝可灌程度,采用灌水泥浆或化学浆液方法修补,或灌浆与表面封闭同时采用,宽度不大于0.1mm,由于混凝土有一定的自愈功能,可不处理或只进行表面处理

四、砌砖和粉刷工程

1. 质量控制要点:

(1) 检验外墙用的粘土多孔砖和内隔墙用的轻质砖的质量及砌筑砂浆的质量。

(2) 对外墙砌筑要求:灰缝厚度、砂浆饱满度、墙面平整度和垂直度应符合规范要求,沿混凝土墙柱高每500mm设2ϕ6拉结筋伸入墙内,并符合设计与规范要求。

(3) 对内隔墙要求:平整度、垂直度符合规范要求;当内墙用轻质砖砌筑且层高较高时,需在墙上设圈梁;砌筑高度按设计和消防要求,必须砌至楼板(或大梁)底。

(4) 按设计要求砖墙内每隔 4m 设一构造柱,构造柱钢筋上、下端与主体固定(与预埋筋焊接),沿柱高度 500mm 设 2φ6 拉结筋伸入墙内 1000mm。

(5) 对水、电在墙体上开槽(埋管线用的),必须用圆锯切割,严禁打凿;严禁在墙体上切割水平槽,并尽可能避免在外墙上开槽。

(6) 粉刷层应分层进行,其每层厚度应符合设计要求;底层粉刷时应对基层作好表面处理,使其粘结牢固;两种不同基层材料的接合处,应加一层钢丝网后再行粉刷,以防开裂。每层粉刷后,应严格检查有否空鼓,并按规范要求进行处理。粉刷完工后检查粉刷层的平整度、垂直度、阴、阳角方正程度和空鼓状况等,并做好检查验收纪录,以便存档。

2. 常见质量问题的处理:

见表 6.15 砌砖工程常见质量问题和控制及处理方法和见表 6.16 一般粉刷工程常见质量问题和控制及处理方法。

砌砖工程常见质量问题和控制及处理方法 表 6.15

常见质量问题	原 因 分 析	控制及处理方法
框架结构的填充墙,拉结筋设置不规范	承建单位图施工方便	拉结筋的设置,宜采用在柱内埋设连接件外焊拉结筋的方法。严禁开凿柱混凝土将拉结筋焊在柱筋上
填充墙顶部与框架底部结构接触处,砖的组砌方法不规范	砌筑工人不熟悉规范或图省时	接触处应有斜砖砌紧,斜砖的砌筑应在砌体完成后不少于 3d 进行,斜砖的倾斜度应在 50°～80°之间,并用砂浆挤紧
抗震设防地区的墙体与构造柱连接处墙体组砌不规范	施工质检员对砌筑工人要求不严格	连接处砖墙必须留置大马牙槎,并应先退后进,拉结筋埋入墙内不少于 1000mm,如窗间墙宽度少于 1000mm 的要通长设置

续表

常见质量问题	原因分析	控制及处理方法
砌体中留置施工临时过人洞不规范	砌体施工方案中未能提出明确要求	应在过人洞口两侧墙体内留置拉结筋,洞口顶部应设置过梁,其尺寸不应超过 1000mm×1800mm,洞口侧边离墙体交接处的墙表面必须超过 500mm,补砌时用与原墙相同的材料填砌严密
外墙窗洞口尺寸与外饰面不匹配	施工员缺乏经验	外墙窗洞口的尺寸大小必须结合外墙饰面砖的模数进行调整,留出足够的所需尺寸
厕所间墙体根部渗水	砌体施工方案中未能采取技术措施	厕所间的墙体根部应做不低于 120mm 高的混凝土防渗反梁
外墙面渗水	工人未能按操作规程施工	外墙刮糙用不低于 1:3 的防水砂浆,刮糙层数不得少于两遍,每层厚度不少于 10mm,总厚度不少于 15mm。逐层粉刷时,应将上一层的质量缺陷消除
女儿墙砌筑不规范	设计图不详或施工员缺乏经验	在女儿墙中,每隔 3000mm 左右设一钢筋混凝土柱,柱内钢筋锚入压顶和圈梁内,沿柱高每隔 360mm 伸出 2φ6 长 500mm 钢筋与女儿墙拉结。女儿墙采用实心砖或承重空心砖砌筑
阳台隔墙和扶手与构造柱的接触处连接不规范	设计图不详或施工员缺乏经验	每处设置 2φ6 拉结筋,上下间距 500mm,伸入墙体不少于 1000mm,预埋在构造柱内不少于 200mm

6.4 施工过程的质量控制

一般粉刷工程常见质量问题和控制及处理方法 表 6.16

常见质量问题	原因分析	控制及处理方法
空鼓、裂缝	基层处理不好,一次抹灰太厚或各层抹灰间隔时间太短,夏季施工砂浆失水过快,冬季施工受冻	抹灰前基层应清理干净,提前浇水润湿;混凝土基层应用界面剂处理;外墙粉刷设置分格可防裂;夏季应避免在日光曝晒下抹灰
外墙抹灰在接槎处有明显抹纹,色泽不匀	墙面没有分格或分格太大;留槎位置不正确;罩面灰压光不当;砂浆原材料不一致	注意接槎部位操作,避免发生高低不平、色泽不一;接样应留在分格条处或阴阳角、水落管处;罩面灰宜做成毛面,不宜抹成光面
雨水污染墙面	在窗台、雨篷、阳台、压顶、突出腰线等部位没有做好流水坡度或未做滴水线槽	在上述部位抹灰时,应做好流水坡度和滴水槽。槽深 10mm,上宽 7mm,下宽 10mm,距外表面不少于 20mm。窗框下缝隙应填充,抹灰面应低于窗框下 10mm,铝窗在框下出槽后打密封胶
内墙体与门窗框交接处抹灰层空鼓、裂缝、脱落	基层处理不当;操作不当;预埋木砖(件)位置不当,数量不足;砂浆品种选择不当	交接处宜钉钢丝网;门洞每侧墙体内木砖不少于三块;门、窗框塞缝宜用混合砂浆分层填嵌;在加气混凝土墙体内钻深 100mm,孔直径 40mm,再用同径木塞沾 107 胶后打入孔内,每侧四处
墙面起泡、开花或有抹纹	起泡因罩面后砂浆未收水就开始压光;开花因石灰继续熟化;有抹纹因底灰干燥,罩面灰失水快,压光时出抹纹	收水后压光;石灰熟化期不少于 30d;已开花墙面待熟化完成后,挖去开花粒重新刮腻子后喷浆。底层过干应浇水润湿,再薄刷一层水泥浆后罩面
墙裙、踢脚线、水泥砂浆空鼓、裂缝	基层未处理;当天打底,当天找平层;没有分层施工;压光面层时间掌握不准	基层应清除干净,并经界面处理;底层砂浆未终凝前不准抹下一层灰;面层未收水不准槎压;应分层抹灰

续表

常见质量问题	原 因 分 析	控制及处理方法
抹灰面不平、阴阳角不垂直、不方正	抹灰前挂线、做灰饼和冲筋不认真，或冲的筋不交圈或阴阳角处不冲筋，不顺杠、不找规矩而造成	用打磨方式纠正，偏差过大者，应返工
管道埋设处后抹灰不平、不光、空裂	抹灰前，基层未清理、润湿，抹灰时未用水泥砂浆填塞、压实、抹平	采取局部修补或返工

6.4.7 铝合金门、窗和玻璃幕墙工程质量控制要点

1. 制作

（1）制作前对铝材的质保书，结构胶、密封胶的质保书进行检查，并抽检铝材的规格、型号是否符合设计和规范要求，型材的表面处理、厚度是否达到规定要求。结构胶的相容性试验、密封胶的气密性和水密性试验。

（2）制作时检查各种杆件截面是否符合设计要求，拼接用的角铝大小，是否满足螺钉距要求，螺钉是否采用不锈钢。

（3）制成后，检查成品的几何尺寸、方正度、相邻两个杆件的平整度和缝隙是否符合规范要求。

（4）打胶时，应保证设计要求的宽度和厚度，打胶后要有一定的保养期。打胶应在净化的环境中进行。

（5）对所用玻璃检查其质保书，对有裂缝、掉角的玻璃严禁使用；同时检查玻璃表面平整度是否符合要求，边缘是否已经磨边、倒棱、倒角处理。

（6）对所选用的零附件及固定件，除不锈钢外，均应经防腐蚀处理。

2. 安装

（1）门、窗框、幕墙立柱安装时应检查其垂直度和水平度。

（2）门、窗框的固定应按规范要求设置锚固件（采用焊接、膨胀螺栓、或射钉，但砖墙上严禁用射钉固定）；幕墙立柱按幕墙设计

要求,设置锚固预埋节点,准确处理立柱的固定端和伸缩端的构造处理。

(3) 幕墙外挂玻璃时先挂固定玻璃,后装活动窗,活动窗的开启角度应符合设计要求。

(4) 门、窗框安装后框与窗洞之间的缝隙(1.5~2cm)可采用PU发泡剂或软质填塞物(矿棉条或玻璃棉毡条)分层填塞,填塞时要求内外饱满。门、窗框外侧缝隙外表留5~8mm深的槽口,后填嵌密封胶,门、窗框内侧用水泥砂浆粉封。

(5) 外挂幕墙玻璃后在玻璃外侧四周打结构胶,后打密封胶,且应在结构胶固化后再打密封胶。

(6) 对安装后的铝合金门、窗或玻璃幕墙,应进行清洁处理,并采取保护措施。

(7) 安装后的窗扇应开启灵活,无倒翘、阻滞及反弹现象。五金配件应齐全,位置正确。关闭后密封条应处于压缩状态。

(8) 检查防雷系统是否符合规范要求,敷设后,应进行测试,其电阻值不应大于 4Ω。

(9) 检查防火系统是否符合规范要求,防火板是否锚固,防火材料是否敷设密实,缝隙是否用防火密封胶封闭。

(10) 检查隔热保温材料安装是否符合规范要求。

(11) 安装后工程质量的允许偏差应符合规范规定。

见表6.17铝合金门窗安装允许偏差、限值和检验方法。

铝合金门窗安装允许偏差,限值和检验方法 表 6.17

		项 目		允许偏差限值(mm)	检 验 方 法
允许偏差项目	1	门窗框两对角线长度差	≤2000mm	2	用钢卷尺检查,量里角
			>2000mm	3	
	2	平开窗	窗扇与框搭接宽度差	1	用深度尺或钢板尺检查
	3		同樘门窗相邻扇的横端角高度差	2	用拉线和钢板尺检查

续表

项 目			允许偏差限值(mm)	检 验 方 法
允许偏差项目	4	推拉扇	门窗扇启闭力限开值 扇面积≤1.5m²	≤40N	用100N弹簧秤钩住拉手处,启闭5次取平均值
			扇面积>1.5m²	≤60N	
	5		门窗扇与框或相邻扇立边平行度	2	用1m钢板尺检查
	6	弹簧门扇	门扇对口缝或扇与框之间立、纵缝留缝限值	2~4	用楔形塞尺检查
	7		门扇与地面间隙留缝限值	2~7	
	8		门扇对口缝关闭时平整	2	用深度尺检查
	9		门窗框(含拼樘料)正、侧面的垂直	2	用1m托线板检查
	10		门窗框(含拼樘料)的水平度	1.5	用1m水平尺和楔形塞尺检查
	11		门窗横框标高	5	用钢板尺检查与基准线比较
	12		双层门窗内外框、梃(含拼樘料)中心距	4	用钢板尺检查

见表6.18铝合金构件安装质量。

铝合金构件安装质量　　　　表6.18

项 目		允许偏差	检查方法
幕墙垂直度	幕墙高度不大于30m	10mm	激光仪或经纬仪
	幕墙高度大于30m,不大于60m	15mm	
	幕墙高度大于60m,不大于90m	20mm	
	幕墙高度大于90mm	25mm	
竖向构件直线度		3mm	3m靠尺,塞尺

续表

项　目		允许偏差	检查方法
横向构件水平度	不大于2000mm	2mm	水平仪
	大于2000mm	3mm	
同高度相邻两根横向构件高度差		1mm	钢板尺、塞尺
幕墙横向构件水平度	幅宽不大于35m	5mm	水平仪
	幅宽大于35mm	7mm	
分格框对角线差	对角线长不大于2000mm	3mm	3m钢卷尺
	对角线长大于2000mm	3.5mm	

注：1. 1~5项按抽样根数检查，6项按抽样分格数检查；
2. 垂直于地面的幕墙，竖向构件垂直度包括幕墙平面内及平面外的检查；
3. 竖向直线度包括幕墙平面内及平面外的检查；
4. 在风力小于4级时测量检查。

见表6.19隐框玻璃幕墙安装质量。

隐框玻璃幕墙安装质量　　　　表6.19

项　目		允许偏差	检查方法
竖缝及墙面垂直度	幕墙高度不大于30m	10mm	激光仪或经纬仪
	幕墙高度大于30m，不大于60m	15mm	
	幕墙高度大于60m，不大于90m	20mm	
	幕墙高度大于90m	25mm	
幕墙平面度		3mm	3m靠尺、钢板尺
竖缝直线度		3mm	3m靠尺、钢板尺
横缝直线度		3mm	3m靠尺、钢板尺
拼缝宽度（与设计值比）		2mm	卡尺

3. 常见质量问题的处理

见表6.20铝合金门窗工程常见质量问题和控制处理方法。

铝合金门窗工程常见质量问题和控制与处理方法　　表6.20

常见质量问题	原因分析	控制与处理方法
断面偏小、壁薄、阳级氧化膜以薄代厚	为了降低成本,压价竞争;没有严格按国标检验分级	加工前对型材按设计要求严格验收,壁厚小于1.2mm不得使用;其附件应采用不锈钢制品
框、扇装配间隙偏大;接缝不严;表面不平;碰伤、划痕多	操作不熟练;工艺装备差,现场加工条件差;产品检测手段不全;缺乏对产品的保护措施	加强技术培训,工人持证上岗;改进工艺设备;加强全面质量管理;增加产品保护措施
门窗表面出现铝屑、毛刺、油污或其他污迹	工作场地不干净,裁割后未及时清理,设备漏油玷污工件	加强管理,各道工序工完场清,拼装时引起的污染应及时清理
铝材色差	使用不同批或不同厂生产的铝材;或使用不同等级氧化膜的型材	选购型材,最好是同厂、同批料,一次备足。下料前,注意配料配色
外门外窗框边未留嵌缝密封胶槽口	图纸交底不清或缺乏施工经验	门窗套粉刷时,应在门窗框内外框边嵌条,留出5～8mm深的槽口,槽口内用密封胶嵌填密实
门窗框周边用水泥砂浆嵌缝	未认真阅读图纸,凭经验按常规施工	门窗外框四周应为弹性连接,至少应填充20mm厚的保温软质材料;粉刷门窗套时,框的内外边应留槽口,后用密封胶填平、压实
组装门窗的明螺丝未处理	未按设计要求或处理遗漏	应尽可能不用或少用明螺丝组装,否则应用同样颜色的密封材料填埋密封
带形组合门窗之间产生裂缝	组合处搭接长度不足,在受到温度及建筑结构变化时,产生裂缝	横向及竖向带形门窗之间组合杆件必须同相邻门窗套插、搭接,形成曲面组合,其搭接量应大于8mm,并用密封胶密封

续表

常见质量问题	原因分析	控制与处理方法
门窗框铁脚用射钉锚固于砖砌体上	施工人员失误或设计交底不清	若用射钉锚固,必须在墙体内留置混凝土块;或改用膨胀螺栓锚固在砖砌体内
外墙推拉窗槽口积水,发生渗水	槽口内未钻排水孔	下框外框的轨道端部应钻排水孔;横竖框相交丝缝注硅酮胶封严;下框与洞口间隙一般不少于50mm,使窗台能放流水坡,切忌密封胶掩蔽框边
灰浆玷污门窗框	门窗框保护带被撕掉;粉刷时又未采取遮掩措施	采用保护带;粉刷时遮掩;及时用软质布抹除玷污

见表6.21玻璃幕墙工程常见质量问题和控制处理方法。

玻璃幕墙工程常见质量问题和控制与处理方法　　　表6.21

常见质量问题	原因分析	控制与处理方法
主体结构预埋件和垂直度不能满足幕墙安装条件	幕墙设计后于主体施工,预埋件位置不准;层与层间框架垂直度误差影响到幕墙立柱的垂直度	按幕墙设计要求重新设置预埋件;在确保幕墙垂直度的情况下,对立柱与楼面处的节点要重新设计加固
使用不合格的材料	铝材构件在运输、堆放、吊装过程中损坏;玻璃上有划痕;结构胶、密封胶过期;附件未作防腐处理,配件失灵	严格检查验收制度,坚持不合格的材料不能用于工程
幕墙骨架安装不规范	未做幕墙施工方案;施工人员缺乏经验;施工管理制度不严格	严格按基准定位线进行立柱安装;立柱与钢结构间采用螺栓连接,钢结构上提供椭圆形调节孔;横撑安装在立柱连接件上,并用水平仪检测其水平度;骨架安装完后,应用检测仪器对幕墙立柱、横撑进行三维定位尺寸检测,即垂直轴线、水平线、相对主体结构位置尺寸

续表

常见质量问题	原因分析	控制与处理方法
相邻杆件接缝和平整度超规范	操作不熟练;制作工艺设备差;检测制度不健全	工人持证上岗;改进工艺设备;建立全面质量管理制度
结构胶拉拔试验不合格	结构胶的质量不合格;打胶环境净化不够;固化时温、湿度条件差	对结构胶的质量进行检测,严禁使用过期胶;设备净化打胶室或在工厂制作;确保固化温度25℃,相对湿度50%及足够的固化时间
幕墙透水	密封胶质量差;操作时填缝不严密;幕墙变形	对密封胶的质量进行检验;操作时玻璃内外打胶,并使其严密平整;对骨架每个节点进行严格检验,使其牢固不变形
幕墙产生"冷桥"	玻璃和铝材均系高导热系数、低热阻材料	设计时,考虑在玻璃内侧放热绝缘材料垫层;在金属型材中放置热绝缘材料,以阻止金属与金属接触,避免热流通过玻璃幕墙系统,以减少热量的损失

6.4.8 地面与楼面工程质量控制要点

一、地面基层

1.质量控制要点:

(1)基土质量控制:淤泥、腐植土、耕植土、膨胀土和有机质含量大于8%的土不得用作地面下填土。填土可采用人工或机械方法分层压实,用人工夯实时,每层虚铺厚度不应大于200mm,用机械夯实时一般不应大于300mm。每层压实后的干土质量密度必须符合设计要求。填土料的最优含水量和最小干土质量密度参见表6.22。

填土料的最优含水量和最小干土质量密度　　　表6.22

土料种类	最优含水量(%)	最小干土质量密度(g/cm³)
砂　土	8~12	1.8~1.88
粉　土	9~15	1.85~2.08

续表

土料种类	最优含水量(%)	最小干土质量密度(g/cm³)
粉质粘土	12~15	1.85~1.95
粘 土	19~23	1.58~1.70

压实的基土表面应平整,用 2m 直尺和楔形塞尺检查时偏差控制在 15mm 以内。基土表面标高偏差应控制在 +0~-50mm。

(2) 垫层质量控制:

灰土垫层:垫层铺设应在基土或基层完成后验评合格方可施工。

灰土配合比为体积比,一般为 2:8 或 3:7(石灰:土)。灰土拌合料应保证比例正确,拌合均匀,并控制一定湿度。拌合时加水量一般控制在灰土拌合料总质量 16% 左右;灰土拌合料应铺设在未受地下水浸湿的基土上分层铺平夯实,其厚度一般不小于 100mm,各层竖向接槎应错开 500mm 并重叠夯实。夯实后表面应平整,标高控制在允许偏差 ±20mm 以内。灰土垫层密实度可用环刀取样。一般要求灰土夯实后的最小干土质量密度 1.55g/cm³。

砂和砂石垫层:砂垫层厚度不小于 60mm,砂石垫层厚度不小于 100mm。砂石垫层必须摊铺均匀,不得有粗细颗粒分离现象;辗压、夯实时应适当洒水使砂石表面保持湿润。一般碾压不少于三遍,并压实至不松动为止。

碎(卵)石垫层:厚度不宜小于 60mm,应摊铺均匀,表面空隙用粒径 5~25mm 的细石子填缝、碾压、夯实,应适当洒水保持湿润,压实至石料不松动为止。

碎砖垫层:厚度不宜小于 100mm,应摊铺均匀,每层虚铺厚度不大于 200mm,适当洒水后夯实,夯实后厚度一般为虚铺厚度的 3/4。不得在已铺设好的垫层上用锤击方法进行碎砖加工。

三合土垫层:是用石灰、碎料(碎砖、不分裂的冶炼矿渣、碎石、卵石等)和中、粗砂(也可掺入少量粘土)按一定配合比加水拌合均匀后铺设夯实而成,厚度一般不小于 100mm。三合土配合比(体积比)一般为 1:2:4 或 1:3:6(石灰:砂:碎料);三合土垫层铺设方法可采用先拌合后铺设或先铺设碎料后灌砂浆的方法;夯打应密实,表面平整,在最后一遍夯打时宜浇浓石灰浆,待表面灰浆晾干后,方可进行下道工序施工;其表面平整度允许偏差不得大于 10mm,标高控制在 ±10mm 内。

炉渣垫层:按设计要求和所用材料分为四种,纯炉渣垫层、石灰炉渣垫层、水泥炉渣垫层、水泥石灰炉渣垫层。垫层厚度不宜小于 60mm,用料须拌合均匀,加水量要严格控制。拌合物以拌合后手能捏成团、铺设时表面不泌水为宜。炉渣和水泥炉渣垫层所用炉渣使用前应浇水闷透,水泥石灰炉渣垫层所用炉渣使用前应先泼石灰浆或用消石灰拌合浇水闷透,闷透时间均不得少于 5d;炉渣垫层厚度如大于 120mm 时,应分层铺设,每层虚铺厚度不大于 160mm,可采用振动器或滚动、木拍等方法压实,压实后厚度不应大于虚铺厚度的 3/4,以表面泛浆且无松散颗粒为止;施工完毕后应避免受水浸湿,待其凝固后方可进行下道工序施工。

混凝土垫层:是用不低于 C10 的混凝土铺设而成,厚度不应小于 60mm。混凝土应拌合均匀,配合比应经试验确定(采用质量比);浇筑混凝土垫层前应清除基土淤泥与杂质,如基土为干燥的非粘性土,应用水湿润;混凝土振捣宜采用平板振动器;大面积垫层施工应采用区段进行浇筑,其宽度一般为 3~4m,并应根据实际情况划分;混凝土垫层浇筑完毕后应及时加以覆盖和浇水,浇水养护 7d,待强度达到 $1.2N/mm^2$ 后才能做面层。

(3) 找平层、结合层质量控制:找平层可采用水泥砂浆、混凝土、沥青砂浆和沥青混凝土铺设而成。找平层宜采用硅酸盐水泥或普通硅酸盐水泥,不得采用石灰、石膏、泥灰岩和粘土。在预制混凝土板上铺设找平层前,必须在楼板灌缝严密、板间锚固筋埋设牢固、板面上需预埋的电线管等牢固,做好隐蔽验收符合要求后,方可铺设,铺设找平层时,对其下一层表面应清理干净,对水泥砂浆或混凝土找平层其下层表面要求毛糙,以确保找平层与基层或基体结合牢固,并预先湿润,用水灰比为 0.4~0.5 的水泥浆随刷随铺,抹压平整;沥青砂浆或沥青混凝土找平层拌合料必须拌合均匀,宜采用机械搅拌,在常温下拌合料拌合温度为140～170℃,至压实完毕温度不低于160℃,拌合料铺平后,应用有加热设备的碾压机具压实,每层虚铺厚度不宜大于30mm;铺设有坡度要求的找平层时必须找坡准确,按基准线控制标高;为考虑到与上层面层结合牢固,找平层表面应既平整又粗糙。

(4) 保温层和防水(潮)层质量控制:

基层:必须牢固无松动现象,表面应平整、清洁、干燥;掺有水泥拌和物的表面必须坚实,不得有起砂现象。保温层材料堆积密度要求不大于 $1000kg/m^3$,导热系数不大于 $0.29075W/(m·K)$,封闭式保温材料应按设计要求控制含水率;松散保温材料应分层铺平拍实,每层虚铺厚度不宜大于150mm,拍实后不得直接在保温层上行车或堆放重物;沥青膨胀珍珠岩或沥青膨胀蛭石应用机械搅拌均匀;整体保温层表面应平整,如在保温层上直接设置防水层时,用2m长直尺检查,平整度不应大于5mm,如在保温层上做找平层时,平整度不应大于7mm,板块保温材料外形应整齐,其厚度允许偏差为±5%,且不得超过4mm,分层铺设的板块上下层接缝应相互错开;用沥青粘贴板块时,应边刷、边贴、边压实,要求板块相互之间与基层之间的沥青饱满、粘牢;用水泥砂浆粘贴板块时,板间缝隙应用保温灰浆填实并勾缝,保温灰浆的配合比一般为体积比1:1:10(水泥:石灰膏:同类保温材料碎粒);保温层在施工中和在防水层施工前均应采取措施加以保护,以防浸水和损坏;铺贴卷材防水层必须及时压实,挤出的沥青胶结材料要趁热刮掉,不得有皱折、空鼓、翘边和封口不严等缺陷。粘贴卷材的沥青胶结材料的厚度一般为1.5～2.5mm,并在所有转角处,铺贴附加层。在设有地漏或排水孔周围,必须封口严密、坡度正确,确保地漏、排水孔等周围不渗不漏。

(5) 基层表面的允许偏差和检验方法,见表6.23。

2. 常见质量问题的处理

见表6.24地面基层常见质量问题和控制及处理方法。

基层表面的允许偏差和检验方法　　　　表6.23

项次	项目	允许偏差 (mm)							检验方法
		基土	垫层		找平层				
		砂、砂石、碎(卵)石、碎砖	灰土、三合土、炉渣、混凝土	毛地板		用沥青玛琋脂做结合层、铺设地漆布、拼花木板、板块、硬质纤维板面层	用水泥砂浆做结合层、铺设块面层及防水层	用胶粘剂做结合层铺设拼花木板、塑料板、硬质纤维板面层	
		土			地漆布拼花木板层	其他种类面层				
1	表面平整度	15	15	10	3	5	3	5	2	用2m靠尺和楔形塞尺检查
2	标高	+0 -50	±20	±10	±5	±8	±5	±8	±4	用水准仪检查
3	坡度	不大于房间相应尺寸的2/1000,且不大于30								用坡度尺检查
4	厚度	在个别地方不大于设计厚度的1/10								尺量检查

地面基层常见质量问题和控制及处理方法　　　　表6.24

常见问题	原因分析	控制及处理方法
基土沉陷	(1)对填土土质要求控制不严,用淤泥、腐植土、耕植土作为填料 (2)对填土前清底工作控制不严,积水未排除、橡皮土未及时处理 (3)填土时每层虚铺厚度过厚,夯实遍数不够 (4)没有全部夯实,特别是室内的四周边夯击不实,容易产生不均匀沉陷	(1)回填土土质要求应严格控制,不得采用淤泥、腐植土等 (2)认真控制土的含水量在最优范围内,严格按规定分层回填夯实,并抽样检验密实度使符合质量要求 (3)如混凝土垫层、找平层尚未破坏,可填入碎石,用灰浆泵,压入水泥砂浆填灌密实,如果混凝土垫层、找平层已裂缝破坏,则应视情况局部或全部返工

续表

常见问题	原因分析	控制及处理方法
找平层空鼓、裂缝	（1）基土表面有积灰等杂物未清理干净 （2）基层表面光滑，未做斩毛处理 （3）铺设时未刷一道0.4~0.5的水泥接浆 （4）暴晒条件下施工，未养护好	（1）对房间的边角处，以及空鼓面积不大于 $0.1m^2$ 且无裂缝者可不作修补 （2）对人员活动频繁的部位，如房间的门口、中部等处，以及空鼓面积大于 $0.1m^2$，或虽面积不大，但裂缝显著者，应予翻修 （3）局部翻修应将空鼓部分凿去，四周凿成方块或圆形，并凿进结合良好处30～50mm，边缘应凿成斜坡形，底层表面应适当凿毛，凿好后将修补周围100mm范围内清理干净，修补前1～2d用清水冲洗，使其充分湿润，修补时先在底面及四周刷水灰比为0.4～0.5的素水泥浆一遍，然后用与面层相同的拌合物填补，如原有面层较厚，修补时应分层进行，每层厚度不宜大于20mm，终凝后应立即用湿砂或湿草袋等覆盖养护

二、板块楼、地面工程

1．质量控制(指用陶瓷锦砖、花岗岩、大理石铺设)要点：

（1）检查板块材料的质保书、几何尺寸、平整度和色差。

（2）检查表面处理剂(用于水泥砂浆结合层与混凝土垫层之间)和粘结剂(用于板块与结合层之间)的质保书。

（3）结合层和板块应分段同时铺砌，铺砌时板块间和板块与结合层间均应紧密贴合，板块间的缝隙宽度不应大于1mm。

（4）检查板块贴面施工后的平整度，对缝和空鼓情况，严禁空鼓。

（5）检查板块贴面施工后的产品保护措施。

（6）板块楼地面面层的允许偏差和检验方法见表6.25板块楼地面面层的允许偏差和检验方法。

板块楼地面面层的允许偏差和检验方法　　　表6.25

项次	项目	允许偏差 (mm)										检验方法
		普通粘土砖		陶瓷锦砖高级水磨石板	缸砖、水泥大砖	水泥花砖	普通水磨石板	大理石	塑料板	混凝土板	地漆布	
		砂垫层	水泥砂浆垫层									
1	表面平整度	8	6	2	4	3	3	1	2	4	2	用2m靠尺和楔形塞尺检查
2	缝格平直	8	8	3	3	3	3	2	3	3	—	拉5m线,不足5m拉通线和尺量检查
3	接缝高低差	1.5	1.5	0.5	1.5	0.5	1	0.5	0.5	1.5	—	尺量和楔形塞尺检查
4	踢脚线上口平直	—	—	3	4	—	4	1	2	4	—	拉5m线,不足5m拉通线和尺量检查
5	板块间隙宽度不大于	5	5	2	2	2	2	1	—	6	—	尺量检查

注：本表项次5系指板块间隙宽度的要求,如设计无要求时,应按上表限值检查。

2．常见质量问题的处理：

见表6.26板块楼地面工程常见质量问题和控制及处理方法。

板块楼地面工程常见质量问题和控制及处理方法　　表 6.26

常见问题	原因分析	控制及处理方法
空鼓	(1) 基层清理不干净,或浇水湿润不够 (2) 水泥素浆结合层涂刷不匀或涂刷时间过长,致使风干硬结,造成面层和垫层一起空鼓 (3) 板块铺设前浸润不够,或板块背面浮灰未刷净 (4) 铺设后过早上人行走	将松动板块搬起后,把底板砂浆和基层表面清理干净,用水湿润后,再刷浆铺设。断裂的板块和边角有损坏的板块应作更换
色泽不均匀	(1) 板块材质不符要求 (2) 铺设前对选材或试铺工作不认真,在颜色上未做适当调配 (3) 大理石、水磨石板铺设后,在接缝处做二次磨光的不光滑,造成光滑明亮不一,感觉色泽不均匀现象	应严格控制材料的质量要求,铺设前应做好试铺试排工作,对色泽严重不均匀的应局部返工重做
接缝不平,缝不匀	(1) 板块本身有厚薄、宽窄、窜角、翘曲等缺陷,事先挑选不严,铺设后在接缝处产生不平、缝子不匀现象 (2) 各房间水平标志线不统一,使与楼道相接的门口处出现地面高低偏差 (3) 地面铺设后,成品保护不好,在养护期内上人过早,板缝也易出现高低差	(1) 必须由专人负责从楼道统一往各房间内引进标高线,房间内应四边取中,在地面上弹出十字线,铺设时应先安放十字交叉处最中间一块作为标准块,如以十字线为中缝时,可在十字线交叉点对角安设二块标准块,标准块为整个房间的水平标准及经纬标准,应用90°角尺及水平尺细致校正 (2) 安设标准块后再向两侧和后退方向顺序铺设,随时用水平尺和直尺找准,缝子必须通长拉线,不能有偏差,铺设时分段分块尺寸要事先排好定死 (3) 石板有翘曲等缺陷时,应事先套尺检查,挑出不用,或在试铺时认真调整,用在适当部位

6.4.9 装饰工程质量控制要点

1．外墙干挂花岗岩的质量控制：

（1）检查花岗岩分块的型号、几何尺寸、平整度、色差。

（2）检查干挂型钢钢材的型号、防锈处理、上墙间距、锚固方法等是否符合设计要求。

（3）检查干挂所用的固定件、材质、尺寸是否符合设计要求。

（4）检查干挂后墙面的平整度、垂直度、接缝水平度，检查接缝宽度和密封胶的厚度是否符合规范要求。

（5）检查干挂花岗岩时的安全施工措施。

（6）饰面石材干挂质量允许偏差及检验方法见表 6.27 饰面石材干挂质量允许偏差及检验方法。

饰面石材干挂质量允许偏差及检查方法　　　表 6.27

序号	检 查 项 目	允许偏差(mm)	检 查 方 法
1	表 面 平 整	1	用 2m 靠尺和塞尺
2	表 面 垂 直	内墙 2，外墙 3	用 2m 靠尺板
3	阴阳角方正	2	方尺
4	缝 隙 宽 度	1	钢尺
5	接 缝 平 直	2	用 5m 拉线检查

2．外墙面砖饰面的质量控制：

（1）检查面砖的质保书，抽检面砖的色差、几何尺寸、平整度、吸水率等。

（2）检查粘贴面砖用的胶粘剂和基层表面处理剂的质保书。

（3）检查基层表面的平整度及基层空鼓情况，确保平整，严禁空鼓。

（4）面砖的镶贴形式和接缝宽度应符合设计要求。如设计无要求时，可做样板确定。

（5）面砖镶贴前应先预排，以使拼缝均匀。在同一墙面上的横竖排列，不宜有一行以上的非整砖。非整砖行应排在次要部位。

(6) 面砖镶贴前必须找准标高,垫好底尺,确定水平位置及垂直竖向标志,挂线镶贴,做到表面平整,不显接茬,接缝平直,宽度符合设计要求。

(7) 检查面砖粘贴后的空鼓、平整度、垂直度、灰缝饱满和水平度,发现上述不符合规范的情况时应及时通知施工单位整改,严禁空鼓。

(8) 面砖镶贴完成后应用水泥浆或水泥砂浆勾缝。

(9) 外墙面砖允许偏差及检验方法见表 6.28 饰面工程质量允许偏差。

3. 外墙面金属饰面板安装的质量控制:

(1) 检查金属饰面板的品种、质量、颜色、花型、线条应符合设计要求,并应有产品合格证。

(2) 检查墙体骨架,如采用钢龙骨时,其规格、形状应符合设计要求,并应进行除锈、防锈处理。

(3) 检查金属饰面板安装,当设计无要求时,宜采用抽芯铝铆钉,中间必须垫橡胶垫圈。抽芯铝铆钉间距以控制在 100~150mm 为宜。

(4) 外墙面金属饰面板安装时,应挂线施工,做到表面平整、垂直,线条通顺清晰。

(5) 板材安装时,严禁采用对接。搭接长度应符合设计要求,不得有透缝现象。当安装突出墙面的窗台、窗套线等部位的金属饰面板时,裁板尺寸应准确,边角整齐光滑,搭接尺寸及方向应正确。阴阳角宜采用预制角装饰板安装,角板与大面搭接方向应与主导风向一致,严禁逆向安装。

(6) 外墙金属饰面板安装允许偏差及检验方法见表 6.28 饰面工程质量允许偏差。

4. 外墙涂料饰面的质量控制:

(1) 外墙涂料适用于混凝土表面和抹灰表面施涂的薄涂料、厚涂料、复层建筑涂料。对涂料应控制其工作粘度或稠度,使其在涂料施涂时不流坠、不显刷纹。

表 6.28 饰面工程质量允许偏差 (mm)

项次	项目		天然石			人造石			饰面砖				金属饰面板		检查方法
			光面镜面	粗磨面麻面条纹面	天然石	大理石	水磨石	水刷石	外墙面砖		面砖	陶瓷锦砖	铝合金板	压型钢板	
1	立面垂直	室内	2	3	—	2	2	4	2		2	2	2	2	用 2m 托线板检查
		室外	3	6	—	3	3	4	3		3	3	3	3	
2	表面平整		1	3	—	1	2	4	2		2	2	3	3	用 2m 靠尺和楔形塞尺检查
3	阳角方正		2	4	—	2	2	—	2		2	2	3	3	用 200mm 方尺检查
4	接缝平直		2	4	5	2	3	4	3		2	2	0.5	1	拉 5m 线检查，不足 5m，拉通线检查
5	墙裙上口平直		2	3	3	2	2	3	2		2	2	2	3	
6	接缝高低		0.3	3	—	0.5	0.5	3	室内	0.5	0.5	0.5	1	1	用直尺和楔形塞尺检查
									室外	1	1	1	—	—	
7	接缝宽度		0.5	1	2	0.5	0.5	2	—0.5		—0.5	—0.5	—	—	用尺检查

(2) 施涂前应将基层的缺棱掉角处,用 1:3 的水泥砂浆修补;表面麻面及缝隙应用腻子填补齐平。基层表面的灰尘、污垢、溅沫和砂浆流痕应清除干净。

(3) 检查基层的含水率:混凝土和抹灰表面施涂溶剂型涂料时,含水率不得大于 8%,施涂水性和乳液涂料时,含水率不得大于 10%。

(4) 外墙涂料工程分段施工时,应以分隔缝、墙的阳角处或水落管等为分界线。同一墙面应用同一批号的涂料,每遍涂料不宜施涂过厚;涂层应均匀,颜色一致。

(5) 外墙涂料工程的施工工序,按表面薄涂、厚涂、复层涂等的要求不同,其施工工序亦各不相同,应按规范规定进行控制。其表面质量要求分别见表 6.29 薄涂料表面的质量要求、表 6.30 厚涂料表面的质量要求和表 6.31 复层涂料表面的质量要求。

薄涂料表面的质量要求　　　　表 6.29

项次	项目	普通级薄涂料	中级薄涂料	高级薄涂料
1	掉粉、起皮	不允许	不允许	不允许
2	漏刷、透底	不允许	不允许	不允许
3	反碱、咬色	允许少量	允许轻微少量	不允许
4	流坠、疙瘩	允许少量	允许轻微少量	不允许
5	颜色、刷纹	颜色一致	颜色一致,允许有轻微少量砂眼,刷纹通顺	颜色一致,无砂眼,无刷纹
6	装饰线、分色线平直(拉 5m 线检查,不足 5m 拉通线检查)	偏差不大于 3mm	偏差不大于 2mm	偏差不大于 1mm
7	门窗、灯具等	洁净	洁净	洁净

厚涂料表面质量要求 表 6.30

项次	项目	普通级厚涂料	中级厚涂料	高级厚涂料
1	漏涂、透底起皮	不允许	不允许	不允许
2	反碱、咬色	允许少量	允许轻微少量	不允许
3	颜色、点状分布	颜色一致	颜色一致,疏密均匀	颜色一致,疏密均匀
4	门窗、灯具等	洁净	洁净	洁净

复层涂料表面质量要求 表 6.31

项次	项目	水泥系复层涂料	合成树脂乳液复层涂料	硅溶胶类复层涂料	反应固化型复层涂料
1	漏涂、透底	不允许	不允许		
2	掉粉、起皮	不允许	不允许		
3	反碱、咬色	允许轻微	不允许		
4	喷点疏密程度	疏密均匀	疏密均匀,不允许有连片现象		
5	颜色	颜色一致	颜色一致		
6	门窗、玻璃、灯具等	洁净	洁净		

5. 内墙瓷砖贴面的质量控制:

(1) 控制对基体的处理,使其粘结牢固,不空鼓。对砖基体,将砖基体用水湿透后,用1:3水泥砂浆打底,木抹子搓平,隔天浇水养护;对混凝土基体,可用表面凿毛、1:1水泥细砂浆(内掺20% 107胶)喷或甩(毛化处理)、用界面处理剂处理基体表面,后用1:3水泥砂浆打底,木抹子搓平,隔天浇水养护。

(2) 检查瓷砖的质保书,抽检瓷砖的几何尺寸、平整度、色差。

(3) 检查表面处理剂和胶粘剂的质保书,并抽检其质量。

(4) 瓷砖镶贴前应先选砖预排,以使拼缝均匀。在同一墙面上的横竖排列,不宜有一行以上的非整砖。非整砖行应排在次要部位。

(5) 瓷砖镶贴前应将其背面清理干净,并浸水 2h 以上,待表面晾干后方可使用。

(6) 瓷砖宜用 1:2 水泥砂浆或胶粘剂或聚合物水泥砂浆镶贴。

(7) 瓷砖镶贴完后,检查瓷砖贴面的平整度、垂直度、接缝位置、宽度、饱满度和空鼓情况,严禁空鼓。

(8) 瓷砖接缝宜用与瓷砖同色的白水泥加色粉嵌缝,嵌缝后,应及时将面层水泥浆清洗干净,并做好成品保护。

(9) 瓷砖贴面的允许偏差及检验方法见表 6.28 饰面工程质量允许偏差。

6. 内墙墙纸(布)裱糊的质量控制:

(1) 检查基体或基层表面的质量:含水率对混凝土和抹灰不得大于 8%,对木材制品不得大于 12%;基层涂抹的腻子,应坚实牢固,不得粉化、起皮和裂缝。对抹灰面层不宜采用石膏腻子;对木制品表面宜先刷一遍清油或清漆封底后批腻子。

(2) 检查墙纸(布)的质量:要求图案、品种、色彩等符合设计要求,并检查其产品合格证;检查胶粘剂是否按墙纸(布)的品种选配,并应具有防霉耐久或者耐高温的性能。

(3) 检查裱糊工序是否符合施工规范规定。

(4) 裱糊工程的质量应符合下列规定:纸(布)必须粘贴牢固,表面色泽一致,不得有气泡、空鼓、裂缝、翘边、皱折和斑污,斜视时无胶痕;表面平整,无波纹起伏。纸(布)与挂镜线、贴脸板和踢脚板紧接,不得有缝隙;各幅拼接横平竖直,拼接处花纹、图案吻合,不离缝,不搭接,距墙面 1.5m 处正视,不显拼缝;阴阳转角垂直,棱角分明,阴角处搭接顺光,阳角处无接缝;纸、布边缘平直整齐,不得有纸毛、飞刺;不得有漏贴、补贴和脱层等缺陷。

7. 吊顶工程质量控制:

(1) 吊顶所用材料的品种、规格、颜色应符合设计要求;各类罩面板、木龙骨、轻钢龙骨、铝合金龙骨及其配件应符合设计要求和有关国家、行业标准;胶粘剂的类型应按所用罩面板的品种配套选用,并应有质量保证书。

(2) 检查吊顶龙骨的结构构造是否符合施工规范要求,检查吊筋间距是否符合设计推荐系列选择。当用钢筋作吊筋时,应检查钢筋直径是否符合设计要求。当吊筋需接长时,必须搭接焊牢,焊缝均匀饱满,焊缝长度不宜小于 $5d$,应采用双面焊接。

(3) 检查吊顶标高和起拱度是否符合设计要求。金属龙骨起拱高度应不小于房间短向跨度的 1/200。主龙骨安装后应及时校正其位置和标高。主龙骨端部悬挑超过 300mm,应增设吊筋。

(4) 检查吊顶周围封口是否规范,标高是否一致。封口上的边龙骨应按设计要求弹线,固定在四周墙上,且固定点应采用受剪方式,不宜采用受拉方式。

(5) 全面校正主、次龙骨的位置及水平度。连接件应错位安装,大吊挂件应正反间隔安装。明龙骨应目测无明显弯曲。校正后应将龙骨的所有吊挂件、连接件拧夹紧。

(6) 检查吊顶上灯具、喷淋头、烟感、空调风口、广播喇叭的位置是否符合设计要求,是否影响装饰效果。

(7) 各种罩面板的安装工序,应符合施工规范要求,安装时的允许偏差见表 6.32 和表 6.33;吊顶罩面板封板前,应协调吊顶以上各工种是否已完,是否符合防火规范,否则应进行整改后才能封板。

吊顶罩面板工程质量允许偏差   表6.32

项次	项目	允许偏差 (mm)									检验方法
		石膏板		无机纤维板		木质板		塑料板		金属装饰板	
		石膏装饰板	深浮雕嵌装式装饰石膏板	纸面石膏板	矿棉装饰吸声板	超细玻璃棉板	胶合板	纤维板	钙塑装饰板	聚氯乙烯塑料板	纤维水泥加压板	
1	表面平整	3		2		2	3	3	2		2	用2m靠尺和楔形塞尺检查观感平整

续表

项次	项目	允许偏差 (mm)										检验方法
		石膏板			无机纤维板		木质板		塑料板		纤维水泥加压板	金属装饰板	
		石膏装饰板	深浮雕嵌式装饰石膏板	纸面石膏板	矿棉装饰吸声板	超细玻璃棉板	胶合板	纤维板	钙塑装饰板	聚氯乙烯塑料板			
2	接缝平直	3	3		3		3	4	3			<1.5	拉 5m 线检查,不足 5m 拉通线检查
3	压条平直			3		3		3		3	3		
4	接缝高低	1		1		0.5		1		1	1		用直尺和楔形塞尺检查
5	压条间距			2		2		2		2	2		用尺检查

罩面板及钢木骨架安装允许偏差和检验方法　　　表 6.33

项次	项目		允许偏差 (mm)						检验方法
			胶合板	塑料板	纤维板	钙塑板	刨花板	木丝板 木板	
1	罩面板	表面平整	2	3	4	3			用 2m 靠尺和楔形塞尺检查
2		立面垂直	3	4	4	4			用 2m 托线板检查
3		压条平直	3	3	3	3		—	拉 5m 线,不足 5m 拉通线和尺量检查
4		接缝平直	3	3	3	3			
5		接缝高低	0.5	1	1	1			用直尺和塞尺检查
6		压条间距	2	2	3			—	尺量检查

续表

项次	项目		允许偏差 (mm)						检验方法
			胶合板	塑料板	纤维板	钙塑板	刨花板	木丝板	木板	
7	钢木骨架	顶棚主筋截面尺寸	方木	−3						尺量检查
			原木(梢径)	−5						
8		吊杆、搁栅(立筋、横撑)截面尺寸	−2							
9		顶棚起拱高度	短向跨度 1/200±10							拉线、尺量检查
10		顶棚四周水平线	±5							尺量或用水准仪检查

(8) 吊顶施工完工后,应进行表面清理,清除灰尘和手迹。

6.4.10 工程测量质量控制要点

1．施工前的准备

（1）认真熟悉规划设计图纸,明确由规划院(测绘院)以图上的控制点放样到实地的各控制点位置、方位作为建筑工程的首级控制。

（2）对施工单位的经纬仪作认真检查,同时对施工单位的测量人员进行检核。

（3）配备工程测量监理所必须的图表及对工程测量中的实际情况提出监理的具体意见。

2．轴线控制测量

（1）施工单位依据已知控制点进行轴线放样的控制测量,监理必须全方位、全过程进行监测,发现问题及时检测、复测或令其整改。

（2）施工单位必须因地制宜做好首级控制点的埋设及保护工作,监理必须按工程测量规范进行指导。

（3）轴线控制测量完毕后,监理必须对控制网、轴线起始点的测量定位及各轴线的间距作认真检测,严格按工程测量规范进行验收,同时测得纵横轴线几何图形对角线数据值进行方正度的校核。

(4) 施工单位必须绘制轴线控制测量成果图,图中必须注明:工程名称、地点、时间、层次、施测方法及所使用何种仪器、测绘者、自检偏差数据等项,后向监理方报验。经监理方检测合格,由测量监理工程师签字认可。资料存档,数据上墙实行规范化监管。

(5) 土方及桩基工程完工后,应根据现有资料,施工方需绘制竣工图,后经原设计及土建施工单位技术人员、监理工程师的审核、会签,存档。以便与土建施工单位顺利交接。

3. 高程控制测量

(1) 根据规划院提供的水准点或导线点的位置及高程作为原始点(离工程施工现场不宜太远)来控制其标高。

(2) 对土方工程开挖的标高控制,监理工程师必须对开挖深度、长宽度检测验收,合格后签字认可,资料存档。

(3) 对工程±0点的设置,施工单位应将其高程引测至稳固建筑物或构筑物上,其精度不应低于原有水准点的等级要求,监理必须检核。

(4) 对各层次标高的控制测量,应按工程设计要求从±0点用钢尺垂直向上引测丈量至设计标高+50~100cm处作标志,以此标志用水准仪作全面抄平。施工人员经自检合格后将资料向监理报验。经监理工程师验收合格后签字认可,资料存档,数据上墙,实行规范化监管。

4. 沉降观测

(1) 建筑物的沉降观测,首先对观测点应按设计要求或按工程测量规范进行布置,其首要条件是标志稳固、明显,结构合理且不影响建筑美观与使用,并便于观测及长期保存。监理工程师对施工单位设置观测点的实施进行检验及指导。

(2) 观测的方法及精度要求,按工程需要采用相应等级规定,观测次数一般非高层建筑不应少于5次,建筑物第一层完工后必须测得初次沉降观测数据,以后每建一层测一次。其方法可采用附合或闭合路线水准测量方法,水准仪可采用 DS,尺子一般不用塔尺,可自制刻度至 1mm,长度约 2m 的沉降观测用尺,每次观测应由同一人观测,专人立尺,采用同一路线同一方法,以便提高其观测精度。

(3) 观测记录用表应符合水准测量记录手簿格式要求。闭合差应达到其相应等级精度规范要求,通过平差算出各观测点的绝对高程,然后在沉降观测成果表上填写每次每点的绝对高程,算出其沉降量累计量,最后资料一并报验。测量监理工程师应对其资料进行核算无误后签字认可。同时每次沉降量把各观测点展开绘制曲线图,上墙公布,资料存档。

(4) 工程竣工时,对建筑物作一次垂直度检测,其偏差应符合规范要求,数据应列入存档资料。

6.5 竣工验收质量等级的综合评定

竣工验收,是全面考核建设工作,检查是否符合设计要求和工程质量的重要环节,对促进工程项目交付使用(投产),发挥投资效果,总结建设经验有重要作用。《中华人民共和国建筑法》第六十一条做了明确规定:交付竣工验收的建筑工程,必须符合规定的建筑工程质量标准,有完整的工程技术经济资料和经签署的工程保修书,并具备国家规定的其他竣工条件。

建筑工程竣工经验收合格后,方可交付使用;未经验收或者验收不合格的,不得交付使用。

监理工程师必须根据国家的法律、法规,以及有关工程项目的质量检验评定标准,和按照设计图纸、施工合同等文件要求,及时地组织有关单位的人员进行质量评定和办理竣工验收交接手续。现将工程项目质量评定和验收的内容阐述如下:

6.5.1 工程质量评定项目的划分

1. 建筑工程的分项、分部工程

6.5 竣工验收质量等级的综合评定

一个建筑物或构筑物的建成,由施工准备工作开始到交付使用,要经过若干工序、若干工种的配合施工。所以,一个工程质量的优劣,能否通过验收,取决于各施工工序和各工种的操作质量。因此,为了便于控制、检查和评定每个施工工序和工种的质量,需将一个单位工程划分为若干分部工程;每个分部工程又划分为若干个分项工程。以各分项工程的质量来综合评定单位工程的质量。在评定的基础上,再与合同要求相对照,以决定能否竣工验收。因此,分项工程的质量是评定分部工程、单位工程质量等级的基础,也是能否验收的基础。

(1) 分项工程:通常按主要工种工程划分,例如,砌砖工程、钢筋工程等。建筑工程的大多数工序是单一工种作业,如瓦工的砌砖工程;木工的木门窗安装工程;油漆工的混色油漆工程等。但有的工序并不限于一个工种,如钢木组合屋架制作工程是由几个工种配合施工的。

(2) 分部工程:按建筑的主要部位划分为六个分部工程,他们是:地基与基础工程、主体工程、地面与楼面工程、门窗工程、装饰工程、屋面工程。

多层及高层房屋的主体分部应按楼层(段)划分各分项工程;单层房屋工程中的主体分部工程必须按变形缝划分各分项工程。其他分部工程的分项也可按楼层(段)划分。对一些小型项目,或按楼层(段)划分有困难时,也可不按楼层(段)划分。各分部、分项工程名称见表6.34。

建筑工程分部、分项工程名称表 表6.34

分部工程名称	分 项 工 程 名 称
地基与基础工程	土方、爆破、灰土、砂、砂石和三合土地基、重锤夯实地基、强夯地基、挤密桩地基、振冲桩地基、打(压)桩、灌注桩、沉井和沉箱、地下连续墙、防水混凝土结构、水泥砂浆防水层、卷材防水层、模板钢筋混凝土、构件安装、预应力混凝土、砌砖、砌石、钢结构焊接、钢结构螺栓连接、钢结构制作、钢结构安装、钢结构油漆等

续表

分部工程名称	分项工程名称
主体工程	模板、钢筋、混凝土、构件安装、预应力混凝土、砌砖、砌石、钢结构焊接、钢结构螺栓连接、钢结构制作、钢结构安装、钢结构油漆、木屋架制作、木屋架安装、屋面木骨架等
地面与楼面工程	基层、整体楼面、地面、板块楼面、地面、木质楼地面
门窗工程	木门窗制作、木门窗安装、钢门窗安装、铝合金门窗安装
装饰工程	一般抹灰、装饰抹灰、清水砖墙勾缝、涂料油漆、刷浆喷浆、玻璃、裱糊、饰面、罩面板及钢木骨架、细木制品、花饰安装
屋面工程	屋面找平层、保温(隔热)层、卷材、油膏嵌缝、涂料屋面、细石混凝土屋面、平瓦屋面、薄钢板屋面、波瓦屋面、水落管等
备注	地基与基础分部工程,包括±0.000以下结构及防水分项工程

2. 建筑设备安装工程的分项、分部工程

(1)分项工程:一般按用途、种类及设备组别等划分。例如,室内给水、管道安装工程,配管及管内穿线工程,通风风管及部件安装工程,电梯导轨组装工程等。同时也规定各分项、分部工程中的分项工程可按系统、区段来划分。如采暖卫生与煤气工程的分项工程,从用途来分,碳素钢管有供应冷水、热水、暖气、煤气等;又可作给排水管道等。从种类来分,管道安装有碳素钢管道、铸铁管道、混凝土管道、陶土管道等。从设备组别来分,有锅炉安装、锅炉附属设备安装、卫生器具安装等。

不论按哪种方法划分分项工程,都要有利于检验与评定能够取得较完整的技术数据,以免影响分部工程的评定结果。

(2)分部工程:按工程用途划分为建筑采暖卫生与煤气工程;建筑电器安装工程;通风与空调工程和电梯安装工程等四个分部。另外,单位工程可分为室内和室外,所以建筑设备安装工程的分部、分项工程也可分为室内与室外。

6.5 竣工验收质量等级的综合评定

分项、分部工程的名称应符合表 6.35 的规定。

建筑设备安装工程分部、分项工程名称　　　　表 6.35

分部(或单位)工程名称		分 项 工 程 名 称
建筑采暖卫生与煤气工程	室内	给水管道安装、给水管道附件及卫生器具给水配件安装、给水附属设备安装、排水管道安装、卫生器具安装、采暖管道安装、采暖散热器及太阳能热水器安装、采暖附属设备安装、煤气管道安装、锅炉安装、锅炉附属设备安装、锅炉附件安装等
	室外	给水管道安装、排水管道安装、供热管道安装、煤气管道安装、煤气调压装置安装等
建筑电气安装工程		架空线路和杆上电气设备安装、电缆线路、配管及管内穿线、瓷柱(珠)及瓷瓶配线、护套线配线、槽板配线、照明配线用钢索、硬母线安装、滑接线和移动式软电线安装、电力变压器安装、低压电器安装、电机的电气检查和接线、蓄电池安装、电气照明器具及配电箱(盘)安装、避雷针(网)及接地装置安装等
通风与空调工程		金属风管制作、硬聚氯乙烯风管制作、部件制作、风管及部件安装、空气处理室制作及安装、消声器制作及安装、除尘器制作及安装、通风机安装、制冷管道安装、防腐与油漆、风管及设备保温等
电梯安装工程		牵引装置组装,导轨组装,轿箱、层门组装、电气装置安装,安全保护装置,试运转等

在"建筑工程"和"建筑设备安装工程"中,每一个分项工程(如表 6.36 砌砖分项工程)均应独立参加评定分部工程质量等级,这种严格划分分项工程的目的,为的是正确评定出分部工程的质量等级,进而正确地评定出单位工程的质量等级。从而决定是否达到工程合同的要求,能否验收等。

3. 单位工程

建筑工程和建筑设备安装工程共同组成一个单位工程,这样能突出建筑物(构筑物)的整体质量,当然,一个单一的建筑物或构筑物也为一个单位工程。例如,在一个建筑群中,每一个独立的建筑物或构筑物,即每一栋住宅楼、锅炉房等均为一个单位工程,应分别进行质量评定。

6.5.2 工程质量评定等级标准

按照我国现行标准,分项、分部、单位工程质量的评定等级只分为"合格"与"优良"两级。因此,监理工程师在工程质量的评定验收中,也只能按合同要求的质量等级进行验收。

1. 分项工程的质量等级标准

(1) 合格:保证项目必须符合相应质量评定标准的规定。基本项目抽检处(件)应符合相应质量评定的合格规定。

允许偏差项目抽检的点数中,建筑工程有70%及其以上,建筑设备安装工程有80%及其以上的实测值在相应质量评定标准的允许偏差范围内,其余的实测值也应基本达到相应质量评定标准的规定。

(2) 优良:保证项目必须符合质量检验评定标准的规定。基本项目每项抽检的处(件)应符合相应质量检验评定标准的合格规定,其中50%及其以上的处(件)符合优良规定,该项为优良;优良项数占抽检项数50%及其以上,该检验项目即为优良。允许偏差项目抽检的点数中,有90%及其以上的实测值在相应质量标准的允许偏差范围内,其余的实测值也应基本达到相应质量评定标准的规定。

2. 分部工程质量等级标准

(1) 合格:所含分项的质量全部合格。

(2) 优良:所含分项的质量全部合格,其中,50%及其以上为优良。

3. 单位工程质量等级标准

(1) 合格:所含分部工程全部合格。质量保证资料应符合规定。观感质量的评分得分率达到70%及其以上。

(2) 优良:所含各分部的质量全部合格,其中有50%及其以上优良。质保资料应符合规定。观感得分率达到85%及其以上。

6.5.3 工程质量的评定

1. 分项工程质量评定标准

对于分项工程的质量评定,由于涉及到分部工程、单位工程的质量评定和工程能否验收,所以监理工程师在评定过程中应做到认真细致,以确定能否验收。按现行《建筑安装工程质量检验评定标准》,分项工程的评定主要有以下内容:

(1) 保证项目:是涉及结构安全或重要使用性能的分项工程,它们应全部满足标准规定的要求。

保证项目中包括的主要内容有以下三方面:

1) 重要材料、成品、半成品及附件的材质,检查出厂证明及试验数据。

2) 结构的强度、刚度和稳定性的数据,检查试验报告。

3) 工程进行和完毕后必须进行检测,现场检查或检查测试记录。

(2) 基本项目:它对结构的使用要求、使用功能、美观等都有较大影响,必须通过抽查来确定是否合格,是否达到优良的工程内容,它在分项工程质量评定中的重要性仅次于保证项目。

基本项目的主要内容是:

1) 允许有一定的偏差项目,但又不宜纳入允许偏差项目。因此在基本项目中用数据规定出"优良"和"合格"的标准。

2) 对不能确定偏差值而又允许出现一定缺陷的项目,则以缺陷的数量来区分"合格"与"优良"。

3) 采用不同影响部位区别对待的方法来划分"优良"与"合格"。

4) 用程度来区分项目的"合格"与"优良"。当无法定量时,就用不同程度的措词来区分"合格"与"优良"。

(3) 允许偏差项目:是结合对结构性能或使用功能、观感等的影响程度,根据一般操作水平允许有一定的偏差,但偏差值在一定范围内的工作内容。

允许偏差值的数据有以下几种情况:

1) 有"正"、"负"要求的数值。

2) 偏差值无"正"、"负"概念的数值,直接注明数字,不标符号。

3) 要求大于或小于某一数值。

4) 要求在一定范围内的数值。

5) 采用相对比例值确定偏差值。

现就分项工程质量检验标准中的保证项目、基本项目和允许偏差项目举例如下:

【例】某砌砖工程。

(1) 保证项目

1) 砖的品种、强度等级必须符合设计要求。

2) 砂浆品种符合设计要求,强度必须符合下列规定:

同品种、同强度等级砂浆各组试块的平均强度不小于 $f_{m,k}$;任意一组试块的强度不小于 $0.75 f_{m,k}$。

注:砂浆强度按单位工程为同一验收批,当单位工程中仅有一组时,其强度不应低于 $f_{m,k}$。

3) 砌体砂浆必须饱满密实,实心砌体水平缝的砂浆饱满度不小于 80%。

4) 外墙的转角处严禁留直槎。其临时间断处留槎的做法必须符合 GB 50203—98 的规定。

(2) 基本项目

1) 砖砌体上下错缝应符合以下规定:

合格:砖柱、垛无包心砌法,窗间墙及清水墙面无通缝,混水墙每间(处)5~6 皮砖的通缝不超过 3 处。

优良:砖柱、砖垛无包心砌法,窗间墙及清水墙无通缝,混水墙每间(处)无 4 皮砖的通缝。

2) 砖砌体接槎应符合以下规定:

合格:接槎处灰浆密实,缝、砖平直,每处接槎部位水平灰缝厚度小于 5mm 或透亮的缺陷不超过 10 个。

优良:接槎处灰浆密实,缝、砖平直,每处接缝部位水平灰缝厚度小于5mm或透亮的缺陷不超过5个。

3）预埋拉结筋应符合以下规定：

合格：数量、长度均符合设计要求和 GB 50203—98 的规定，留置间距偏差不超过 3 皮砖。

优良：数量、长度均符合设计要求和 GB 50203—98 的规定，留置间距偏差不超过 1 皮砖。

4）留置构造柱应符合以下规定：

合格：留置位置正确，大马牙槎先退后进；残留砂浆清理干净。

优良：留置位置正确，大马牙槎先退后进上下顺直，残留砂浆清理干净。

5）清水墙应符合以下规定：

合格：组砌正确，刮缝深度适宜，墙面整洁。

优良：组砌正确，刮缝深度适宜一致，楞角整齐，墙面清洁美观。

（3）允许偏差项目：砌体尺寸、位置的允许偏差应符合表 6.36 的规定。

6.5.4 工程质量验收方法

工程质量的验收是按工程合同规定的质量等级，遵循现行的质量评定标准，采用相应的手段对工程分阶段进行质量认可与评定的过程。

1．隐蔽工程验收

隐蔽工程是指那些在施工过程中上一工序的工作结束，被下一工序所掩盖，而无法进行复查的部位。例如混凝土工程的钢筋、基础的土质、断面尺寸等。因此，对这些工程在下一工序施工以前，现场监理人员应按照设计要求、施工规范，采用必要的检查工具，对其进行检查验收。如果符合设计要求及施工规范规定，应及时签署隐蔽工程记录手续，以便承建单位继续下一工序的施工。同时，隐蔽工程记录交承建单位归入技术资料；如不符合有关规定，应以书面形式告诉承建单位，令其处理，处理符合要求后再进行隐蔽工程验收与签证。

表 6.36 砌砖分项工程质量检验评定表

工程名称：　　　　　　　　　部位：

	项　目	质　量　情　况										等　级
保证项目	1	砖的品种、强度等级必须符合设计要求										
	2	砂浆品种必须符合设计要求，强度必须符合验评标准的规定										
	3	砌体砂浆必须密实饱满，实心砖砌体水平灰缝的砂浆饱满度不小于80%										
	4	外墙的转角处严禁留直槎，其他临时间断处，留槎的做法必须符合施工规范的规定										

	项目	1	2	3	4	5	6	7	8	9	10	
基本项目	1	错　缝										
	2	接　槎										
	3	拉结筋										
	4	构造柱										
	5	清水墙面										

续表

	项	目	允许偏差 (mm)	实 测 值 (mm)									
				1	2	3	4	5	6	7	8	9	10
允许偏差项目	1	轴线位移	10										
	2	基础和墙砌体顶面标高	±15										
	3	垂直度	每 层	5										
			全高 ≤10m	10										
			全高 >10m	20										
	4	表面平整度	清水墙、柱	5										
			混水墙、柱	8										
	5	水平灰缝平直度	清水墙	7										
			混水墙	10										
	6	水平灰缝厚度(10皮砖累计)	±8										
	7	清水墙面游丁走缝	20										
	8	门窗洞口 (后塞口)	宽 度	±5										
			门口高度	+15 −5										

6.5 竣工验收质量等级的综合评定 539

续表

允许偏差项目		项目	允许偏差								
9	预留构造横截面	（宽度、深度）									
10		外墙上下窗口偏移	±10 20								

检查结果	保证项目								
	基本项目	检查	项，其中优良				项，优良率 %		
	允许偏差项目	实测	点，其中合格				点，合格率 %		

评定等级	工程负责人： 工　长： 班组长：	核定等级	质量检查员：

注：每层垂直度偏差大于15mm时，应进行处理。

年　月　日

隐蔽工程验收通常是结合质量控制中技术复核、质量检查工作来进行,重要部位改变时可摄影以备查考。

隐蔽工程验收项目及内容一般如下表6.37所示。

隐蔽工程项目和内容　　　表6.37

项　目	验　收　内　容
基础工程	地质、土质、标高、断面、桩的位置数量
混凝土工程	钢筋的品种、规格、数量、位置、形状、焊缝接头位置,预埋件数量及位置以及材料代用
防水工程	屋面、地下室、水下结构防水层数、防水处理措施
其　他	完工后无法进行检查的工程,重要结部位和有特殊要求的隐蔽工程

2．分项工程验收

对于重要的分项工程,监理工程师应按照合同的质量要求,根据该分项工程施工的实际情况,参照质量评定标准进行验收。

在分项工程验收中,必须按有关验收规范选择检查点数,然后计算出基本项目和允许偏差项目的合格或优良的百分比,最后确定出该分项工程的质量等级,从而确定能否验收。

3．分部工程验收

根据分项工程质量验收结论,参照分部工程质量标准,可得出该分部工程的质量等级,以便决定可否验收。

另外,对单位或分部土建工程完工后转交给安装工程施工前,或其他中间过程,均应进行中间验收。承建单位得到监理工程师中间验收认可的凭证后,才能继续施工。

4．单位工程竣工验收

通过对分项、分部工程质量等级的统计推断,再结合对质保资料的核查和单位工程质量观感评分,便可系统地对整个单位工程作出全面的综合评定。从而决定是否达到合同所要求的质量等级,进而决定能否验收。

质量保证资料的核查:

监理工程师在单位工程的验收中,对质量保证资料应核查以下方面的内容:

(1) 质量保证资料是否齐全,内容与标准一致否;

(2) 质量保证资料是否真实可信;

(3) 对于承建单位送验的材料,应审查检验单位有无权威性;

提供质量保证资料的时间是否与工程进度同步(排除完工后补做试验的可能性)。

《建筑安装工程质量检验评定标准》中质量保证资料的内容如表 6.38 所示。

质量保证资料核查表　　　　　　　　　表 6.38

工程名称:

序	项　目　名　称		应有份数	实有份数	核查情况
1	建筑工程	钢材出厂合格证、试验报告			
2		焊接试(检)验报告、焊条(剂)合格证			
3		水泥出厂合格证或试验报告			
4		砖出厂合格证或试验报告			
5		防水材料合格证、试验报告			
6		构件合格证			
7		混凝土试块试验报告			
8		砂浆试块试验报告			
9		土壤试验、打(试)桩记录			
10		地基验槽记录			
11		结构吊装、结构验收记录			
12	建筑采暖卫生与煤气工程	材料、设备出厂合格证			
13		管道、设备强度、焊口检查和严密性试验记录			
14		系统清洗记录			
15		排水管灌水、通水试验记录			
16		锅炉烘、煮炉、设备试运转记录			

续表

序	项 目 名 称		应有份数	实有份数	核查情况
17	建筑电气 安装工程	主要电气设备、材料合格证			
18		电气设备实验、调整记录			
19		绝缘、接地电阻测试记录			
20	通风与空调工程	材料、设备出厂合格证			
21		空调调试报告			
22		制冷管道试验记录			
23	电梯安装工程	绝缘、接地电阻测试记录			
24		空、满、超载运行记录			
25		调整、试验报告			

核查结果： 企业技术部门
或监督部门
负责人

公 章
年 月 日

注：1. 本表适用于工业与民用建筑的建筑工程和建筑设备安装工程。有特殊要求的工程可按实增加检查项目。
2. 本表所列项目齐全、无缺项、漏项，内容符合有关规范和专门规定的要求。
3. 合格证、试(检)验单或记录单内容应齐全、准确、真实，抄件应注明原件存放单位，并有抄件人、抄件单位的签字和盖章。

观感质量评定：

确定检查数量：室内按有代表性的自然间抽查10%（包括附属间及厅道），室外和屋面要求全面检查。

室内有代表性的自然间，指各类做法均能查到，公共建筑的附属房间指公用房间，如盥洗室、厕所，也包括服务员工作室、贮藏室，厅道包括楼梯道、楼梯间等。住宅建筑的附属用房包括厨房、厕所、过厅等。

检查点或房间采用随机抽样的办法，一般应在平面图上勾定房间,按既定房间检查。选点时应照顾到代表面,同时突出重点。如高层建筑跳层检查时,必须包括首层和顶层。

室外和屋面的全数检查,采用"分点检查综合定级"的方法。例如,将室外墙面划分为若干部位,每个部位限定范围,各作为一个检查点。

确定检查项目:

以表 6.39 所列出的建筑工程外观的可见项目为例,根据各部位对工程质量的影响程度,所占工作量和工作量大小等综合考虑和给出的标准分值。

单位工程观感质量评定表　　　　　表 6.39

工程名称:

项 目 名 称	标准分	评 定 等 级					备注
		一级 100%	二级 90%	三级 80%	四级 70%	五级 0	
室外墙面	10						
室外大角	2						
外墙面横竖线角	3						
散水、台阶、明沟	2						
滴水槽(线)	1						
变形缝、水落管	2						
屋面坡向(度)	2						
屋面防水层	3						
屋面细部	3						
屋面保护层	1						
室内顶棚	4/5						
室内墙面	10						
地面与楼面	10						
楼梯、踏步	2						
厕浴、阳台泛水	2						

续表

项目名称	标准分	评定等级					备注
		一级 100%	二级 90%	三级 80%	四级 70%	五级 0	
抽气、垃圾道	2						
细木、护栏	2/4						
门安装	4						
窗安装	4						
玻璃	2						
油漆	4/6						
合计		应得　　分,实得　　分,得分率　　%					

检查人员：　　　　　　　　　　　　　　年　月　日

实际检查时,每个工程的具体项目都不一致,占的比重也不一样,因此首先要按照所查工程的实际情况,确定检查项目,有些项目中有时包括几个分项或几种做法,不便合并一起评定,此时可以根据工程量大小不同进行标准分值的再分配,分别进行评定。例如,室外墙面项目中可能包括清水墙、干粘石墙面及面砖等多种做法,几种做法一起评定难度较大,故凡遇这种项目,便可进行标准分值的再分配。

检验评定：

确定每一检查点或房间的等级：监理工程师应对表6.39项目的范围、内容事先明确,结合分项工程评定标准的等级进行逐项评定。

记录：分点或分房间检查的项目,可采用逐点或逐房间记录。一般可在备注栏作符号记录,"合格"用"○""优良"用"√";不合格用"×"。

统计评定项等级：在预定检查的点或房间均检查完毕后,便可进行统计评定。首先查对记录,看各检查点或房间是否全部达到合格标准及其以上,若有任何一点或房间为"不合格,则该项定为五级;若各点或房间全部达到合格标准及其以上,其中优良点或房间数量占总检查点或房间数 19% 以下,就为四级;优良点或房间的数量占总数的 20%～49% 为三级;占 50%～79% 为二级;占 80% 及其以上为一级。

等级填写:当某项目确定等级后,应于等级格内填写其得分值。如屋面防水层按上述程序确定为二级,则于表的对应格内填写该项目实得分值为 $3\times90\%=2.7$。

计算得分率:

应得分:将表中缺项(该项工程无此项目)的标准分去掉,将所查项目的标准分相加,得出所查项目的总分,即为该单位工程的观感评定的应得分,记入合计栏中应得分格内。

实得分:将所查项目评定等级所得分值进行竖向累加,然后将各级合计得分进行汇总,便得出实得分,记入合计栏中实得分栏。

$$得分率 = \frac{实得分}{应得分} \times 100\%$$

将经过以上过程得到的得分率,与单位工程质量等级的得分率相对照,看该工程属于哪个等级,再将这个质量等级与合同要求的等级比较,若等于或高于合同的质量等级,便可验收,签署验收证明,否则不予验收。

最后将以上验收填入单位工程质量综合评定表中,见表 6.40。

单位工程质量综合评定表　　　　　　　表 6.40

工程名称:	施工单位:	开工日期:	年 月 日
建筑面积:	结构类型:	竣工日期:	年 月 日

项次	项目	评定情况		核定情况
1	分部工程质量评定汇总	共　　　　　　　　　　分部 其中:优良　　　　　　分部 　　　　优良率　　　　　　% 主体分部质量等级 装饰分部质量等级 安装主要分部质量等级		

续表

项次	项目	评定情况		核定情况
2	质量保证资料评定	共核查 其中:符合要求 　　　经鉴定符合要求	项 项 项	
3	观感质量评定	应得 实得 得分率	分 分 %	

企业评定等级:	工程质量监督站核定结果
企业经理: 企业技术负责人: 　　　　　　年　月　日	站长: 　　　　　公　章 　　　　年　月　日

注:单位工程质量等级应由企业技术负责人组织企业有关部门评定,当地工程质量监督站核定。本表为核定留存。

6.5.5 工程项目的竣工验收

1. 竣工验收的标准

由于建设工程项目门类很多,要求各异,因此必须有相应的竣工验收标准,以资遵循。

(1) 土建工程验收标准:凡生产性工程、辅助公用设施及生活设施按照设计图纸、技术说明书、验收规范进行验收,工程质量符合各项要求,在工程内容上按规定全部施工完毕,不留尾巴。即对生产性工程要求室内全部做完,室外明沟勒脚、踏步斜道全部做完,内外粉刷完毕;建筑物、构筑物周围2m以内场地平整、障碍物清除,道路及下水道畅通。对生活设施及职工住宅除上述要求外,还要求水通、电通、道路通、电讯通。

(2) 安装工程验收标准:按照设计要求的施工内容、技术质量要求及验收规范的规定,各道工序全部保质保量施工完毕,不留尾巴。即工艺、燃料、热力等各种管道已做好清洗、试压、吹扫、油漆、保温等工作,各项设备、电器、空调、仪表、通讯等工程项目全部安装结束,经过单机、联机无负荷及投料试车,全部符合安装技术的质量要求,具备形成设计能力的条件。

(3) 人防工程验收标准:凡有人防工程或结合建设的人防工程的竣工验收必须符合人防工程的有关规定,并要求按工程等级安装好防护密闭门;室外通道在人防密闭门外的部位增防护门进、排风等孔口,设备安装完毕。目前没有设备的,做好基础和预埋件,具备设备进场以后即能安装的条件;应做到内部粉饰完工;内部照明设备安装完毕,并可通电;工程无漏水,回填土结束;通道畅通。

(4) 大型管道工程验收标准:大型管道工程(包括铸铁和钢管)按照设计内容、设计要求、施工规格、验收规范全部(或分段)按质量敷设施工完毕和竣工,泵验必须符合规定,要求达到合格。管道的垃圾要清除,输油管道、自来水管道还要经过清洗和消毒,输气管道还要通过通气换气。在施工前,对管道材质及防腐层(内壁及外壁)要根据规定标准进行验收,钢管要注意焊接质量,并加以评定和验收。对设计中选定的闸阀产品质量要慎重验收。地下管道施工后,对覆土要求分层夯实,确保道路质量。

2. 工程项目竣工验收条件

承建单位承建的工程项目,达到下列条件者,可报请竣工验收。

生产性工程和辅助公用设施,已按设计建成,能满足生产要求。

主要工艺设备已安装配套,经联动负荷试车合格,安全生产和环境保护符合要求,已形成生产能力,能够生产出设计文件中所规定的产品。

生产性建设项目中的职工宿舍和其他必要的生活福利设施以及生产准备工作,能适应投产初期的要求。

非生产性建设项目,土建工程及房屋建筑附属的给排水、采暖通风、电气、煤气及电梯已安装完毕,室外的各管线已施工完毕,可以向用户供水、供电、供暖气、供煤气,具备正常使用条件。如因建设条件和施工顺序所限,正式热源、水源、电源没有建成,须由建设单位和承建单位共同采取措施临时解决,使之达到使用要求,这样也可提请竣工验收。

工程项目达到下列条件者,也可报请竣工验收:

工程项目(包括单项工程)符合上述基本条件,但实际上有少数非主要设备及其某些特殊材料短期内不能解决,或工程虽未按设计规定的内容建完,但对投产、使用影响不大,也可报请竣工验收。

工程项目具有下列情况之一者,施工企业不能报请监理单位作竣工验收。

生产科研性工程建设项目,因工艺或科研设备、工艺管道尚未安装,地面和主要装修未完成者。

生产、科研性建设项目的主体已经完成,但附属配套工程未完成影响投产使用。如:主厂房已经完成,但生活间、控制室、操作间尚未完成;车间、锅炉房已经完成,但烟囱尚未完成等。

非生产性建设项目的房屋建筑已经竣工。但由于承建单位承担的室外管线没有完成,锅炉房、变电室、冷冻机房等配套工程的设备安装尚未完成,不具备使用条件。

各类工程的最后一道喷漆、喷浆未做。

房屋建筑工程已基本完成,但被施工企业临时占用,尚未完全让出。

房屋建筑工程已完成,但其周围的环境未清扫,仍有建筑垃圾。

3. 竣工验收程序

建设单位组织工程项目竣工验收时可按图 6.7 所示程序进行。

督促承建单位作竣工自验:承建单位竣工自验是指工程项目完工后要求承建单位自行组织的内部模拟验收。监理单位组织建设、设计,承建单位进行预验是进一步帮助承建单位找出竣工验收时的不足,提出整改要求自验和预验是顺利通过正式验收的可靠保证。

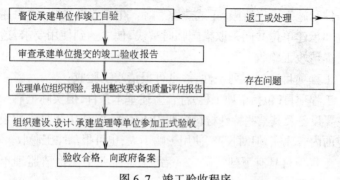

图 6.7 竣工验收程序

当承建单位自验符合设计要求时,可提出竣工验收报告填报竣工验收通知单,如表 6.41 所示。

竣工验收通知单　　　　　　　　　　　表 6.41

填报单位:

建设单位		工程地点		合同开工日期		合同竣工日期	
工程名称		工程造价		实际开工日期		实际竣工日期	
工程内容简况							
延迟或提前原因							
本工程合同所含各全部项目已于　　年　　月　　日施工完毕,可以验收请于　　年　　月　　日组织　　　验收							

承建单位代表:　　　　　工程技术负责人:　　　　　年　　月　　日

竣工验收步骤:一般可分为两阶段

一是单位工程验收,是指在一个总体建设项目中,一个单位工程或一个车间已按设计要求建成,能满足生产要求或具备使用条件,且承建单位已自验,监理单位已预验通过,在此条件下正式验收。

6.5 竣工验收质量等级的综合评定

二是全部验收。全部验收是指整个建设项目按设计要求全部建成,并已符合竣工验收条件,承建单位自验通过,监理单位预验认可,由建设单位组织,监理单位、设计单位及承建单位参加的正式验收。

正式验收程序:

参加工程项目竣工验收的各方对已竣工的工程进行目测检查,并逐一检查工程资料所列的内容是否齐全完整。

举行各方参加的现场验收会议,通常分为以下几个步骤:

承建单位介绍工程施工情况,自验情况及竣工情况,出示竣工资料;

监理单位通报监理过程中的主要内容,发表竣工验收工程质量评估报告,出示监理档案资料设计单位汇报关于工程设计情况的报告,出示工程档案资料;

建设单位汇报关于工程项目执行情况的报告;

接着验收人员对工程勘察、设计、施工、设备安装质量和各个管理环节作出全面评价形成验收意见,办理竣工验收签证书,见表6.42,并各方签字。

竣工验收签证书　　　　　　　表6.42

工程名称		工程地点	
工程范围	按合同要求定	建筑面积	
工程造价			
开工日期	年 月 日	竣工日期	年 月 日
日历工作天		实际工作天	
验收意见			
质监站验收人			
建设单位	(公章) 年 月 日	监理单位	(公章) 年 月 日	施工单位	工程负责人 公司负责人 (公章) 年 月 日	质量监督站	(质量等级) 验收人: 年 月 日

6.5.6 工程资料的验收

工程资料是工程项目竣工验收的重要依据之一,承建单位应按合同要求提供全套竣工验收所必需的工程资料,经监理工程师审核,确认无误后,方能同意竣工验收。

1. 工程项目竣工验收资料的内容
(1) 工程项目开工报告;
(2) 工程项目竣工报告;
(3) 分项、分部和单位工程技术负责人名单;
(4) 图纸会审和设计交底记录;
(5) 设计变更通知单;
(6) 技术变更核定单;
(7) 工程质量事故调查和处理资料;
(8) 水准点位置、定位测量记录、沉降及位移观测记录;
(9) 材料、设备、构件的质量合格证明;
(10) 试验、检测报告;
(11) 隐蔽验收记录及施工日志;
(12) 竣工图;
(13) 质量检验评定资料;
(14) 工程竣工验收资料及竣工结算。

2. 工程项目竣工验收资料的审核内容
(1) 材料、设备构件的质量合格证明材料;
(2) 试验、检验资料;
(3) 核查隐蔽工程记录及施工记录;
(4) 审查竣工图、竣工结算。

建设项目竣工图是真实地记录各种地下、地上建筑物等详细情况的技术文件,是对工程进行交工验收、维护、扩建、改建的依据,也是使用单位长期保存的技术资料。

1) 监理工程师必须根据"编制建设工程竣工图的几项暂行规定"对竣工图绘制基本要求进行审核,以考查承建单位提交竣工图是否符合要求。

2）审查承建单位提交的竣工图是否与实际情况相符。若有疑问，及时向承建单位提出质询。

3）竣工图图面是否整洁，字迹是否清楚，是否用圆珠笔和其他易于退色的墨水绘制，若不整洁，字迹不清，使用圆球笔绘制等，必须让承建单位按要求重新绘制。

4）审查中发现施工图不准确或短缺时，必要时让承建单位采取措施修改和补充。

3．工程项目竣工验收资料的签证

监理工程师审查完承建单位提交的竣工资料之后，认为符合工程合同及有关规定，且准确完整、真实，便可签证同意竣工验收的意见（见表6.42）。送交建设工程质量监督站核定工程质量等级。工程结算由监理工程师预审签注审核意见后，交建设单位委托审计单位审定。

6.6 保修阶段工程质量的回访

6.6.1 保修回访制度

保修回访制度是国家建设主管部门规定的一项重要办法，自1984年实施以来，对促进工程产品质量的提高，起了重要作用。特别是1996年以后推行了建设监理工作，这一制度得到了加强。承建单位对交工后的工程产品均保修1年，并且预留总造价，3%的工程款做为保修基金，同时竣工后半年、1年都要回该1~2次，1993年11月16日建设部发布的《建设工程质量管理办法》更明确了返修赔偿的规定，使质量缺陷在监理工程师监督指导下，做到了认真处理。2000年1月，国务院279号令《建设工程质量管理条例》进一步明确了质量保修制度，保修期限、保修范围和责任。根据现行的有关法规规定，保修的范围和保修期限为：

1．保修范围

（1）屋面漏雨；

（2）烟道、排气孔道、风道不通；

(3) 室内地坪空鼓、开裂、起砂、面砖松动,有防水要求的地面漏水;

(4) 内外墙及顶棚抹灰、面砖、墙纸、油漆等饰面脱落,墙面粉刷起泡、吐碱和脱皮;

(5) 门窗开关不灵或缝隙超过规范规定;

(6) 厕所、厨房、盥洗室地面泛水倒坡积水;

(7) 外墙板漏水,阳台积水;

(8) 水塔、水池、有防水要求的地下室漏水;

(9) 室内上下水、供热系统管道漏水、漏气,暖气不热,电器、电线漏电,照明电器坠落;

(10) 室外上下水管道漏水、堵塞,小区道路沉陷;

(11) 钢、钢筋混凝土、砖石砌体结构及其他承重结构变形、裂缝超过国家规范和设计要求;

(12) 建设单位和承建单位在施工合同中对特殊部位有专门要求的。

2. 保修限期

(1) 民用及公共建筑、一般工业建筑、构筑物的土建工程为一年,屋面防水为五年;

(2) 建筑的照明电气、上下水管线安装工程为二年;

(3) 建筑物的供热、供冷系统为二个采暖、供冷期;

(4) 室外的上下水和小区道路为一年;

(5) 工业建筑的设备、电气、仪表、工艺管线和有特殊要求的工程,以及其他另作约定的分(部)项目其保修内容和期限,由建设单位和承建单位在合同中规定。

6.6.2 产品使用交底

工程产品验收合格后,监理工程师除了根据监理合同、监理大纲向建设单位提供该项目或该单位工程全部图纸、文件、监理资料的档案外,还要向建设单位提出工程使用备忘录或使用注意事项通知,这类文件的主要内容应包括:

(1) 工程产品的主要特性和特点;

(2) 工程地质的特点和沉降观测的位置和方法;

(3) 楼层、屋面承受活荷载每平方米的最大值;

(4) 加层、改建、装饰装修应注意的问题,不允许破坏或减弱的结构;

(5) 给水排水、暖通、电器、梯等工程的易损件和某些主要配件的使用寿命;

(6) 工程产品以及某些构、配件使用中应注意的事项和保养保护措施。

附件6.1《建设工程质量管理条例》。

附件 6.1

建设工程质量管理条例

(国务院 279 号令 2000 /1 /30)

第一章 总 则

第一条 为了加强对建设工程质量的管理,保证建设工程质量,保护人民生命和财产安全,根据《中华人民共和国建筑法》,制定本条例。

第二条 凡在中华人民共和国境内从事建设工程的新建、扩建、改建等有关活动及实施对建设工程质量监督管理的,必须遵守本条例。

本条例所称建设工程,是指土木工程、建筑工程、线路管道和设备安装工程及装修工程。

第三条 建设单位、勘察单位、设计单位、施工单位、工程监理单位依法对建设工程质量负责。

第四条 县级以上人民政府建设行政主管部门和其他有关部门应当加强对建设工程质量的监督管理。

第五条 从事建设工程活动,必须严格执行基本建设程序,坚持先勘察、后设计、再施工的原则。

县级以上人民政府及其有关部门不得超越权限审批建设项目或者擅自简化基本建设程序。

第六条 国家鼓励采用先进的科学技术和管理方法,提高建设工程质量。

第二章 建设单位的质量责任和义务

第七条 建设单位应当将工程发包给具有相应资质等级的单位。

建设单位不得将建设工程肢解发包。

第八条 建设单位应当依法对工程建设项目的勘察、设计、施工、监理以及与工程建设有关的重要设备、材料等的采购进行招标。

第九条 建设单位必须向有关的勘察、设计、施工、工程监理等单位提供与建设工程有关的原始资料。

原始资料必须真实、准确、齐全。

第十条 建设工程发包单位，不得迫使承包方以低于成本的价格竞标，不得任意压缩合理工期。

建设单位不得明示或者暗示设计单位或者施工单位违反工程建设强制性标准，降低建设工程质量。

第十一条 建设单位应当将施工图设计文件报县级以上人民政府建设行政主管部门或者其他有关部门审查。施工图设计文件审查的具体方法，由国务院建设行政主管部门会同国务院其他有关部门制定。

施工图设计文件未经审查批准的，不得使用。

第十二条 实行监理的建设工程，建设单位应当委托具有相应资质等级的工程监理单位进行监理，也可以委托具有工程监理相应资质等级并与被监理工程的施工承包单位没有隶属关系或者其他利害关系的该工程的设计单位进行监理。

下列建设工程必须实行监理：

（一）国家重点建设工程；

（二）大中型公用事业工程；

（三）成片开发建设的住宅小区工程；

（四）利用外国政府或者国际组织贷款、援助资金的工程；

（五）国家规定必须实行监理的其他工程。

第十三条 建设单位在领取施工许可证或者开工报告前，应当按照国家有关规定办理工程质量监督手续。

第十四条 按照合同约定，由建设单位采购建筑材料、建筑构配件和设备的，建设单位应当保证建筑材料、建筑构配件和设备符合设计文件和合同要求。

建设单位不得明示或者暗示施工单位使用不合格的建筑材料、建筑构配件和设备。

第十五条 涉及建筑主体和承重结构变动的装修工程,建设单位应当在施工前委托原设计单位或者具有相应资质等级的设计单位提出设计方案;没有设计方案的,不得施工。

房屋建筑使用者在装修过程中,不得擅自变动房屋建筑主体和承重结构。

第十六条 建设单位收到建设工程竣工报告后,应当组织设计、施工、工程监理等有关单位进行竣工验收。

建设工程竣工验收应当具备下列条件:

(一)完成建设工程设计和合同约定的各项内容;

(二)有完整的技术档案和施工管理资料;

(三)有工程使用的主要建筑材料、建筑构配件和设备的进场试验报告;

(四)有勘察、设计、施工、工程监理等单位分别签署的质量合格文件;

(五)有施工单位签署的工程保修书。

建设工程经验收合格的,方可交付使用。

第十七条 建设单位应当严格按照国家有关档案管理的规定,及时收集、整理建设项目各环节的文件资料,建立、健全建设项目档案,并在建设工程竣工验收后,及时向建设行政主管部门或者其他有关部门移交建设项目档案。

第三章 勘察、设计单位的质量责任和义务

第十八条 从事建设工程勘察、设计的单位应当依法取得相应等级的资质证书,并在其资质等级许可的范围内承揽工程。

禁止勘察、设计单位超越其资质等级许可的范围或者以其他勘察、设计单位的名义承揽工程。禁止勘察、设计单位允许其他单位或者个人以本单位的名义承揽工程。

勘察、设计单位不得转包或者违法分包所承揽的工程。

第十九条 勘察、设计单位必须按照工程建设强制性标准进行勘察、设计,并对其勘察、设计的质量负责。

注册建筑师、注册结构工程师等注册执业人员应当在设计文件上签字,对设计文件负责。

第二十条 勘察单位提供的地质、测量、水文等勘察成果必须真实、准确。

第二十一条 设计单位应当根据勘察成果文件进行建设工程设计。

设计文件应当符合国家规定的设计深度要求,注明工程合理使用年限。

第二十二条 设计单位在设计文件中选用的建筑材料、建筑构配件和设备,应当注明规格、型号、性能等技术指标,其质量要求必须符合国家规定的标准。

除有特殊要求的建筑材料、专用设备、工艺生产线等外,设计单位不得指定生产厂、供应商。

第二十三条 设计单位应当就审查合格的施工图设计文件向施工单位作出详细说明。

第二十四条 设计单位应当参与建设工程质量事故分析,并对因设计造成的质量事故,提出相应的技术处理方案。

第四章 施工单位的质量责任和义务

第二十五条 施工单位应当依法取得相应等级的资质证书,并在其资质等级许可的范围内承揽工程。

禁止施工单位超越本单位资质等级许可的业务范围或者以其他施工单位的名义承揽工程。禁止施工单位允许其他单位或者个人以本单位的名义承揽工程。

施工单位不得转包或者违法分包工程。

第二十六条 施工单位对建设工程的施工质量负责。

施工单位应当建立质量责任制,确定工程项目的项目经理、技术负责人和施工管理负责人。

建设工程实行总承包的,总承包单位应当对全部建设工程质量负责;建设工程勘察、设计、施工、设备采购的一项或者多项实行总承包的,总承包单位应当对其承包的建设工程或者采购的设备的质量负责。

第二十七条 总承包单位依法将建设工程分包给其他单位的,分包单位应当按照分包合同的约定对其分包工程的质量向总承包单位负责,总承包单位与分包单位对分包工程的质量承担连带责任。

第二十八条 施工单位必须按照工程设计图纸和施工技术标准施工,不得擅自修改工程设计,不得偷工减料。

施工单位在施工过程中发现设计文件和图纸有差错的,应当及时提出意见和建议。

第二十九条 施工单位必须按照工程设计要求、施工技术标准和合同约定,对建筑材料、建筑构配件、设备和商品混凝土进行检验,检验应当有书面记录和专人签字;未经检验或者检验不合格的,不得使用。

第三十条 施工单位必须建立、健全施工质量的检验制度,严格工序管理,作好隐蔽工程的质量检查和记录。隐蔽工程在隐蔽前,施工单位应当通知建设单位和建设工程质量监督机构。

第三十一条 施工人员对涉及结构安全的试块、试件以及有关材料,应当在建设单位或者工程监理单位监督下现场取样,并送具有相应资质等级的质量检测单位进行检测。

第三十二条 施工单位对施工中出现质量问题的建设工程或者竣工验收不合格的建设工程,应当负责返修。

第三十三条 施工单位应当建立、健全教育培训制度,加强对职工的教育培训;未经教育培训或者考核不合格的人员,不得上岗作业。

第五章 工程监理单位的质量责任和义务

第三十四条 工程监理单位应当依法取得相应等级的资质证书,并在其资质等级许可的范围内承担工程监理业务。

禁止工程监理单位超越本单位资质等级许可的范围或者以其他工程监理单位的名义承担工程监理业务。禁止工程监理单位允许其他单位或者个人以本单位的名义承担工程监理业务。

工程监理单位不得转让工程监理业务。

第三十五条 工程监理单位与被监理工程的施工承包单位以及建筑材料、建筑构配件和设备供应单位有隶属关系或者其他利害关系的,不得承担该项建设工程的监理业务。

第三十六条 工程监理单位应当依照法律、法规以及有关技术标准、设计文件和建设工程承包合同,代表建设单位对施工质量实施监理,并对施工质量承担监理责任。

第三十七条 工程监理单位应当选派具备相应资格的总监理工程师和监理工程师进驻施工现场。

未经监理工程师签字,建筑材料、建筑构配件和设备不得在工程上使用或者安装,施工单位不得进行下一道工序的施工。未经总监理工程师签字,建设单位不拨付工程款,不进行竣工验收。

第三十八条 监理工程师应当按照工程监理规范的要求,采取旁站、巡视和平行检验等形式,对建设工程实施监理。

第六章 建设工程质量保修

第三十九条 建设工程实行质量保修制度。

建设工程承包单位在向建设单位提交工程竣工验收报告时,应当向建设单位出具质量保修书。质量保修书中应当明确建设工程的保修范围、保修期限和保修责任等。

第四十条 在正常使用条件下,建设工程的最低保修期限为:

(一)基础设施工程、房屋建筑的地基基础工程和主体结构工程,为设计文件规定的该工程的合理使用年限;

（二）屋面防水工程、有防水要求的卫生间、房间和外墙面的防渗漏，为 5 年；

（三）供热与供冷系统，为 2 个采暖期、供冷期；

（四）电气管线、给排水管道、设备安装和装修工程，为 2 年。

其他项目的保修期限由发包方与承包方约定。

建设工程的保修期，自竣工验收合格之日起计算。

第四十一条 建设工程在保修范围和保修期限内发生质量问题的，施工单位应当履行保修义务，并对造成的损失承担赔偿责任。

第四十二条 建设工程在超过合理使用年限后需要继续使用的，产权所有人应当委托具有相应资质等级的勘察、设计单位鉴定，并根据鉴定结果采取加固、维修等措施，重新界定使用期。

第七章 监督管理

第四十三条 国家实行建设工程质量监督管理制度。

国务院建设行政主管部门对全国的建设工程质量实施统一监督管理。国务院铁路、交通、水利等有关部门按照国务院规定的职责分工，负责对全国的有关专业建设工程质量的监督管理。

县级以上地方人民政府建设行政主管部门对本行政区域内的建设工程质量实施监督管理。县级以上地方人民政府交通、水利等有关部门在各自的职责范围内，负责对本行政区域内的专业建设工程质量的监督管理。

第四十四条 国务院建设行政主管部门和国务院铁路、交通、水利等有关部门应当加强对有关建设工程质量的法律、法规和强制性标准执行情况的监督检查。

第四十五条 国务院发展计划部门按照国务院规定的职责，组织稽察特派员，对国家出资的重大建设项目实施监督检查。

国务院经济贸易主管部门按照国务院规定的职责，对国家重大技术改造项目实施监督检查。

第四十六条 建设工程质量监督管理，可以由建设行政主管部门或者其他有关部门委托的建设工程质量监督机构具体实施。

从事房屋建筑工程和市政基础设施工程质量监督的机构,必须按照国家有关规定经国务院建设行政主管部门或者省、自治区、直辖市人民政府建设行政主管部门考核;从事专业建设工程质量监督的机构,必须按照国家有关规定经国务院有关部门或者省、自治区、直辖市人民政府有关部门考核。经考核合格后,方可实施质量监督。

第四十七条 县级以上地方人民政府建设行政主管部门和其他有关部门应当加强对有关建设工程质量的法律、法规和强制性标准执行情况的监督检查。

第四十八条 县级以上人民政府建设行政主管部门和其他有关部门履行监督检查职责时,有权采取下列措施:

(一)要求被检查的单位提供有关工程质量的文件和资料;

(二)进入被检查单位的施工现场进行检查;

(三)发现有影响工程质量的问题时,责令改正。

第四十九条 建设单位应当自建设工程竣工验收合格之日起15日内,将建设工程竣工验收报告和规划、公安消防、环保等部门出具的认可文件或者准许使用文件报建设行政主管部门或者其他有关部门备案。

建设行政主管部门或者其他有关部门发现建设单位在竣工验收过程中有违反国家有关建设工程质量管理规定行为的,责令停止使用,重新组织竣工验收。

第五十条 有关单位和个人对县级以上人民政府建设行政主管部门和其他有关部门进行的监督检查应当支持与配合,不得拒绝或者阻碍建设工程质量监督检查人员依法执行职务。

第五十一条 供水、供电、供气、公安消防等部门或者单位不得明示或者暗示建设单位、施工单位购买其指定的生产供应单位的建筑材料、建筑构配件和设备。

第五十二条 建设工程发生质量事故,有关单位应当在24小时内向当地建设行政主管部门和其他有关部门报告。对重大质量事故,事故发生地的建设行政主管部门和其他有关部门应当按照事故类别和等级向当地人民政府和上级建设行政主管部门和其他有关部门报告。

特别重大质量事故的调查程序按照国务院有关规定办理。

第五十三条 任何单位和个人对建设工程的质量事故、质量缺陷都有权检举、控告、投诉。

第八章 罚 则

第五十四条 违反本条例规定,建设单位将建设工程发包给不具有相应资质等级的勘察、设计、施工单位或者委托给不具有相应资质等级的工程监理单位的,责令改正,处50万元以上100万元以下的罚款。

第五十五条 违反本条例规定,建设单位将建设工程肢解发包的,责令改正,处工程合同价款0.5%以上1%以下的罚款;对全部或者部分使用国有资金的项目,并可以暂停项目执行或者暂停资金拨付。

第五十六条 违反本条例规定,建设单位有下列行为之一的,责令改正,处20万元以上50万元以下的罚款:

(一)迫使承包方以低于成本的价格竞标的;

(二)任意压缩合理工期的;

(三)明示或者暗示设计单位或者施工单位违反工程建设强制性标准,降低工程质量的;

(四)施工图设计文件未经审查或者审查不合格,擅自施工的;

(五)建设项目必须实行工程监理而未实行工程监理的;

(六)未按照国家规定办理工程质量监督手续的;

(七)明示或者暗示施工单位使用不合格的建筑材料、建筑构配件和设备的;

(八)未按照国家规定将竣工验收报告、有关认可文件或者准许使用文件报送备案的。

第五十七条　违反本条例规定,建设单位未取得施工许可证或者开工报告未经批准,擅自施工的,责令停止施工,限期改正,处工程合同价款1%以上2%以下的罚款。

第五十八条　违反本条例规定,建设单位有下列行为之一的,责令改正,处工程合同价款2%以上4%以下的罚款;造成损失的,依法承担赔偿责任:

(一) 未组织竣工验收,擅自交付使用的;

(二) 验收不合格,擅自交付使用的;

(三) 对不合格的建设工程按照合格工程验收的。

第五十九条　违反本条例规定,建设工程竣工验收后,建设单位未向建设行政主管部门或者其他有关部门移交建设项目档案的,责令改正,处1万元以上10万元以下的罚款。

第六十条　违反本条例规定,勘察、设计、施工、工程监理单位超越本单位资质等级承揽工程的,责令停止违法行为,对勘察、设计单位或者工程监理单位处合同约定的勘察费、设计费或者监理酬金1倍以上2倍以下的罚款;对施工单位处工程合同价款2%以上4%以下的罚款,可以责令停业整顿,降低资质等级;情节严重的,吊销资质证书;有违法所得的,予以没收。

未取得资质证书承揽工程的,予以取缔,依照前款规定处以罚款;有违法所得的,予以没收。

以欺骗手段取得资质证书承揽工程的,吊销资质证书,依照本条第一款规定处以罚款;有违法所得的,予以没收。

第六十一条　违反本条例规定,勘察、设计、施工、工程监理单位允许其他单位或者个人以本单位名义承揽工程的,责令改正,没收违法所得,对勘察、设计单位和工程监理单位处合同约定的勘察费、设计费和监理酬金1倍以上2倍以下的罚款;对施工单位处工程合同价款2%以上4%以下的罚款;可以责令停业整顿,降低资质等级;情节严重的,吊销资质证书。

第六十二条　违反本条例规定,承包单位将承包的工程转包或者违法分包的,责令改正,没收违法所得,对勘察、设计单位处合同约定的勘察费、设计费25%以上50%以下的罚款；对施工单位处工程合同价款0.5%以上1%以下的罚款；可以责令停业整顿，降低资质等级；情节严重的，吊销资质证书。

工程监理单位转让工程监理业务的，责令改正，没收违法所得，处合同约定的监理酬金25%以上50%以下的罚款；可以责令停业整顿，降低资质等级；情节严重的，吊销资质证书。

第六十三条 违反本条例规定，有下列行为之一的，责令改正，处10万元以上30万元以下的罚款：

（一）勘察单位未按照工程建设强制性标准进行勘察的；

（二）设计单位未根据勘察成果文件进行工程设计的；

（三）设计单位指定建筑材料、建筑构配件的生产厂、供应商的；

（四）设计单位未按照工程建设强制性标准进行设计的。

有前款所列行为，造成工程质量事故的，责令停业整顿，降低资质等级；情节严重的，吊销资质证书；造成损失的，依法承担赔偿责任。

第六十四条 违反本条例规定，施工单位在施工中偷工减料的，使用不合格的建筑材料、建筑构配件和设备的，或者有不按照工程设计图纸或者施工技术标准施工的其他行为的，责令改正，处工程合同价款2%以上4%以下的罚款；造成建设工程质量不符合规定的质量标准的，负责返工、修理，并赔偿因此造成的损失；情节严重的，责令停业整顿，降低资质等级或者吊销资质证书。

第六十五条 违反本条例规定，施工单位未对建筑材料、建筑构配件、设备和商品混凝土进行检验，或者未对涉及结构安全的试块、试件以及有关材料取样检测的，责令改正，处10万元以上20万元以下的罚款；情节严重的，责令停业整顿，降低资质等级或者吊销资质证书；造成损失的，依法承担赔偿责任。

第六十六条 违反本条例规定，施工单位不履行保修义务或者拖延履行保修义务的，责令改正，处10万元以上20万元以下的罚款，并对在保修期内因质量缺陷造成的损失承担赔偿责任。

第六十七条 工程监理单位有下列行为之一的,责令改正,处50万元以上100万元以下的罚款,降低资质等级或者吊销资质证书;有违法所得的,予以没收;造成损失的,承担连带赔偿责任:

(一) 与建设单位或者施工单位串通,弄虚作假、降低工程质量的;

(二) 将不合格的建设工程、建筑材料、建筑构配件和设备按照合格签字的。

第六十八条 违反本条例规定,工程监理单位与被监理工程的施工承包单位以及建筑材料、建筑构配件和设备供应单位有隶属关系或者其他利害关系承担该项建设工程的监理业务的,责令改正,处5万元以上10万元以下的罚款,降低资质等级或者吊销资质证书;有违法所得的,予以没收。

第六十九条 违反本条例规定,涉及建筑主体或者承重结构变动的装修工程,没有设计方案擅自施工的,责令改正,处50万元以上100万元以下的罚款;房屋建筑使用者在装修过程中擅自变动房屋建筑主体和承重结构的,责令改正,处5万元以上10万元以下的罚款。

有前款所列行为,造成损失的,依法承担赔偿责任。

第七十条 发生重大工程质量事故隐瞒不报、谎报或者拖延报告期限的,对直接负责的主管人员和其他责任人员依法给予行政处分。

第七十一条 违反本条例规定,供水、供电、供气、公安消防等部门或者单位明示或者暗示建设单位或者施工单位购买其指定的生产供应单位的建筑材料、建筑构配件和设备的,责令改正。

第七十二条 违反本条例规定,注册建筑师、注册结构工程师、监理工程师等注册执业人员因过错造成质量事故的,责令停止执业1年;造成重大质量事故的,吊销执业资格证书,5年以内不予注册;情节特别恶劣的,终身不予注册。

第七十三条 依照本条例规定,给予单位罚款处罚的,对单位直接负责的主管人员和其他直接责任人员处单位罚款数额5%以上10%以下的罚款。

第七十四条 建设单位、设计单位、施工单位、工程监理单位违反国家规定,降低工程质量标准,造成重大安全事故,构成犯罪的,对直接责任人员依法追究刑事责任。

第七十五条 本条例规定的责令停业整顿、降低资质等级和吊销资质证书的行政处罚,由颁发资质证书的机关决定;其他行政处罚,由建设行政主管部门或者其他有关部门依照法定职权决定。

依照本条例规定被吊销资质证书的,由工商行政管理部门吊销其营业执照。

第七十六条 国家机关工作人员在建设工程质量监督管理工作中玩忽职守、滥用职权、徇私舞弊,构成犯罪的,依法追究刑事责任;尚不构成犯罪的,依法给予行政处分。

第七十七条 建设、勘察、设计、施工、工程监理单位的工作人员因调动工作、退休等原因离开该单位后,被发现在该单位工作期间违反国家有关建设工程质量管理规定,造成重大工程质量事故的,仍应当依法追究法律责任。

第九章 附 则

第七十八条 本条例所称肢解发包,是指建设单位将应当由一个承包单位完成的建设工程分解成若干部分发包给不同的承包单位的行为。

本条例所称违法分包,是指下列行为:

(一)总承包单位将建设工程分包给不具备相应资质条件的单位的;

(二)建设工程总承包合同中未有约定,又未经建设单位认可,承包单位将其承包的部分建设工程交由其他单位完成的;

(三)施工总承包单位将建设工程主体结构的施工分包给其他单位的;

(四)分包单位将其承包的建设工程再分包的。

本条例所称转包,是指承包单位承包建设工程后,不履行合同约定的责任和义务,将其承包的全部建设工程转给他人或者将其承包的全部建设工程肢解以后以分包的名义分别转给其他单位承包的行为。

第七十九条 本条例规定的罚款和没收的违法所得,必须全部上缴国库。

第八十条 抢险救灾及其他临时性房屋建筑和农民自建低层住宅的建设活动,不适用本条例。

第八十一条 军事建设工程的管理,按照中央军事委员会的有关规定执行。

第八十二条 本条例自发布之日起施行。

7 建设监理信息管理

7.1 建筑工程监理信息及其管理

7.1.1 信息的概念

1. 信息的定义

通常,信息是指客观世界中各种事物的变化和特征的最新反映,是客观事物之间联系的表征,也是客观事物状态经过传送后的再现。从管理角度来说,信息是指经过加工处理的、对管理活动有影响的数据。而数据则是记录下来的事实,可以扩展到包含数字、文字、图形、声象等的集合。

数据和信息是两个不同的概念,不能混淆。一般来讲,数据具有客观性,而信息具有主观性,只有将数据经过分类、整理、分析之后,才能成为对管理活动有用的信息。在管理中,数据和信息是相对的,在不同的管理层次中,它们的地位是交替的。即:低层次决策用的信息,将成为加工高一层决策信息的数据。

2. 信息的特点

信息一般具有可扩充性、可压缩性、可更替性、可传输性和可分享性等特点。就建筑工程监理管理信息来说,除具有上述一般特点外,还具有以下几个方面的特点:

(1) 监理管理信息的非消耗性:监理管理信息可供多个子系统或一个子系统的不同过程反复利用。

(2) 信息的发生、加工,应用在空间、时间上的不一致性:在监理的不同阶段、不同地点都将发生、处理和应用大量信息。

(3) 信息的系统性:监理信息是在一定时空内形成的,与监理管理活动密切相关的,而且,信息的发送、收集、加工、传递及反馈是一个连续的闭合环路,具有明显的系统性。

(4) 信息来源的分散性:监理过程中产生的信息来自建设单位、设计单位、承建单位及监理组织内部等各个渠道。

(5) 信息量大:监理过程中不断产生大量信息,来自投资、质量、进度等各个方面。

建设监理信息的上述特点,对于建设监理管理信息系统中的信息处理方法和手段的选择、信息流的组织和管理有着很大的影响。

3. 信息的分类

为了使信息得到有效管理,以便合理利用,须将信息进行分类。信息的分类可按具体要求进行。以监理信息管理为例,可以选择图 7.1 所示的分类方法之一,或几种方法结合使用。

4. 信息的编码

在管理过程中,随时都可能产生大量的信息(如报表、数字、文字、声像等),用文字来描述其特征已不能满足现代化管理的要求。因此,必须赋予信息一组能反映其主要特征的代码,用以表征信息的实体或属性,便于计算机管理。代码可以是数字、文字或规定的特殊符号。信息的编码是监理信息管理的基础。

(1) 编码原则

1) 短小精炼的原则。代码的增加,不仅会带来出错率的增长,还会增加信息处理的工作量和信息存储空间,因而必须适当压缩代码值的大小,但缩减代码值也必须适当,要留有后备的号码。

2) 惟一性原则。每个代码所代表的实体或属性必须是惟一的。

3) 逻辑性强、直观性好。编码必须具有一定规律,直观简明,便于理解和使用。

4) 可扩充性原则。编码要留有足够的位置,以适应变化需要,便于添加新码。

5) 尽量使用现有的名称代码,便于记忆。

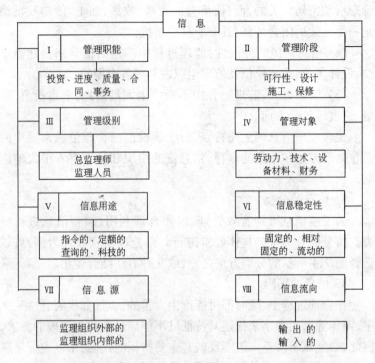

图 7.1 监理信息的分类

6) 代码值应与计算机的字长相称,以提高工作效率。

(2) 编码方法

1) 顺序编码法:该法按对象出现的顺序排列编号,也可按字母顺序或数字升序排列。

例如,对施工工序的编码可采用表 7.1 所示的方法。

施工工序的编码　　　　　表 7.1

工　序	代　码	工　序	代　码
土方工程	1	内墙与柱	5
基础工程	2	楼板与楼梯	6
±0.000 下外墙工程	3	屋面工程	7
外墙工程	4		

这种方法简明易懂,用途广泛,可以与其他形式编码组合使用,便于追加新码。缺点是不易分类,难以进行处理。

2) 分组编码法:该法给每一组要编码的信息以一组代码,各组分别编码。每个组内应留有后备编码,便于添加新码。

例如,将建筑物装修分为三组:地面装修、内墙装修和外墙装修,每一组内又可分为若干种装修方法,其编码方法如表 7.2 和表 7.3 所示。

分组编码法示例 1-1　　　　　　　　　　表 7.2

组　名	可能代码数	后备代码数	组代码
地面装修	15	5	00—19
内墙装修	18	2	20—39
外墙装修	7	3	40—49

分组编码法示例 1-2　　　　　　　　　　表 7.3

工 程 项 目	编码	工 程 项 目	编码
普通水泥地面(配筋)	00	⋮	⋮
美术水磨石地面(配筋)	01	涂料地面	15
磨光花岗岩石板地面	02		16
彩色釉面砖地面	03	(备用码)	⋮
红缸砖地面	04		20

该法与顺序编码法相比,易于分类处理,且建立简便、标志位数较少。

3) 十进制编码法:当要编码的信息具有若干类标志,且这些标志在信息处理时必须划分时,可采用十进制编码法。为每一类标志固定若干位十进制的代码,在这种代码中,为编制每一类标志的代码划分出等于 10 的倍数的号码数。

例如,对建筑材料可采用图 7.2 表示的代码结构。

该法编码、分类比较简单,易于计算机处理,但剩余号码较多,空间利用率低,处理速度慢。

4) 组合编码法:组合编码法是上述一种或几种简单编码的组合。适用于多标志的代码。

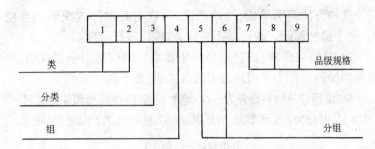

图 7.2 材料代码的结构

组合编码中,代码各部分不可分开的称为关联码,代码每一部分具有独立意义的称为非关联码。

监理管理信息的编码一般采用组合编码法。例如,对大中型项目,可采用图 7.3 所示的编码方法。

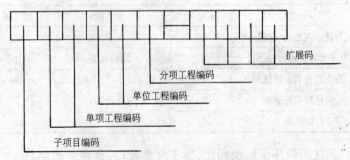

图 7.3 建筑工程监理信息编码图

图中扩展码可以包含如下内容:

a. 信息的类型。即该信息反映的是投资信息、进度信息,还是质量信息等;

b. 信息的流向。即该信息可以是外部流向监理组织内部,或是内部流向外部,也可是监理组织内各部门间的信息;

c. 信息的形式。即该信息是文字类,还是图表类、音像类等;

d. 阶段名称。即该信息发生在哪一阶段。

7.1.2 建筑工程监理信息管理

1. 信息流

从控制论的观点来看，监理是一个信息的收集、传递、加工、判断和决策的过程。任何一个建设项目建设过程中的所有活动都可用图7.4表示。

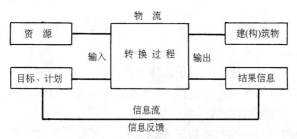

图7.4 项目建设活动示意图

从图7.4中可以看出，信息流是伴随物流而产生的，即项目建设过程中伴随着信息的不断产生，同时，信息流要规划和调节物流的数量、方向、速度和目标，使之按一定的目标流动。监理的实际工作就是帮助建设单位通过信息的收集、加工和利用对建设项目的投资、质量和进度进行规划和控制。

监理过程存在三种信息流，如图7.5所示。一是自上而下的

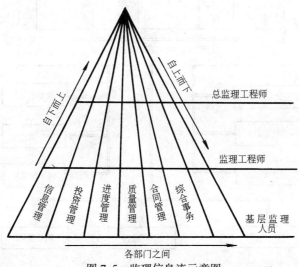

图7.5 监理信息流示意图

信息流;二是自下而上的信息流;三是各部门之间的信息流。这三种信息流都必须畅通。

信息流是双向的,即要有信息反馈。在监理过程中,要用好信息反馈的方法,同时要注意以下几点:

(1) 信息的反馈应贯穿于项目监理的全过程,仅依靠一次反馈不可能一劳永逸地解决所有问题;

(2) 反馈的速度应快于客体变化的速度,且修正要及时;

(3) 力争做到超前反馈,即要对客体的变化发展有预见性。

2. 监理信息管理

监理信息管理可按以下步骤进行:

(1) 建立信息流结构图(反映参加部门、单位间的信息关系),如图 7.6 所示。

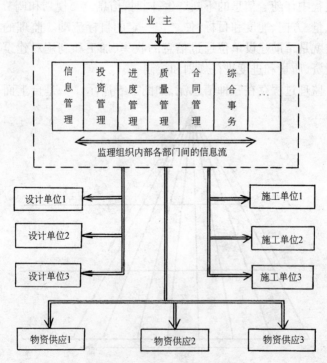

图 7.6 监理信息流结构图

7.1 建筑工程监理信息及其管理

(2) 建立信息管理流程图,如图7.7所示。

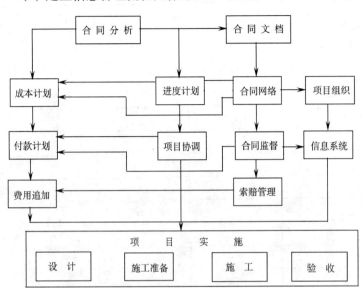

图7.7 信息理信流程图

(3) 建立信息目录表(包括信息名称、信息提供者、提供时间、信息接收者、信息的形式),见表7.4。

(4) 建立会议制度(包括会议名称、主持人、参加人、会议举行的时间等),见表7.5。

(5) 信息的编码系统,如图7.3所示。

(6) 根据投资、进度、质量、合同四个方面组织信息,建立相应的子系统。

(7) 建立信息的收集、整理及保存制度。

监理组织内部应设有专人负责将监理过程中形成的各种信息集中整理、分类,以供随时查询利用。在利用计算机进行管理时,对于重要的信息应及时备份,以免丢失。在一项工程完成或告一段落后,必须将形成的材料加以系统整理,组成保管单位,注明密级,由工程负责人审查后,送交档案部门及时归档。

信 息 目 录 表

表 7.4

表 名	信息目录表(通用)	编号		本表号	

工程项目名称 ....
　项目编号 ....

信息名称	收集时间	信息提供者	信息接受者

填表人		填表日期	

会 议 制 度 表　　　　表 7.5

表 名	会议制度表(通用)	编号		本表号	

工程项目名称 ....
项目编号 ....

会议召开时间	
会议名称	

会议主持人		会议参加人	

会议主要内容

填表人	填表日期

监理组织内部应建立健全收发文件制度,以提高工程管理水平。

(1) 凡由上级单位、设计单位、施工单位、建设单位的来函文件,或由监理工程师签发的发往施工单位、建设单位等的文件均需编号,并登记入收发文本;

(2) 收发文本应统一设置,按收发文日期顺序登记填写;

(3) 收发文必须有签字手续。收文由收件人及保管人签字,发文由发往单位的有关人员签字。

(4) 技术资料应按下述分项整理

1) 技术交底;

2) 材质与产品检验;

3) 施工试验报告;

4) 施工记录。

3. 监理信息管理的特点

监理信息管理除满足一般信息管理的要求外,还具有以下特点:

(1) 监理信息系统的各个子系统都存在生产、技术、经济、资源类信息,但侧重点不同,主次不同,各子系统具有相对独立性。

(2) 监理信息管理系统既需要大量的即时数据,也需要大量的历史数据。建设前期需要大量历史数据,用于可行性研究等,建设期则更多地需要即时数据,以便及时调整和控制过程。因此,不同时期对信息的要求不同。

(3) 不同的监理层次、不同的监理岗位也有不同的信息要求,如信息的类型、信息的精度、信息的来源等。

(4) 监理信息管理具有强烈的时效性、系统性。

建设过程中随时都在产生大量信息,用常规的管理工具无法及时、准确地收集、处理、存贮和传递大量的信息,因而,建立以计算机为核心的监理管理信息系统是十分必要的。

7.2 监理管理信息系统

7.2.1 监理管理信息系统的涵义

监理管理信息系统是一个由人、计算机等组成的能进行管理信息的收集、传递、存储、加工、维护和使用的集成化系统,它能够为一个监理组织进行建设项目的投资控制、进度控制、质量控制及合同管理等提供信息支持。

7.2.2 监理管理信息系统的作用

监理管理信息系统的作用是收集、传递、处理、存贮、分发建设监理各类数据和信息给建设监理各层次、各岗位的监理人员,为高层次建设监理人员提供预测、决策所需的数据、数学分析模型、手段,提供决策支持。为监理工程师提供标准化的、有合理来源和一定时间要求的结构化的数据,提供人、财、物、设备诸要素之间综合性强的数据和对编制计划、变动计划、实现调控提供必要的科学手段,提供必要的应变程序,保证对随机性问题处理时的多方案选择,做到事前管理;提供必要的办公自动化手段,使监理工程师能摆脱繁琐的日常事务工作,集中精力分析数据产生信息。

7.2.3 监理管理信息系统的结构形式

监理管理信息系统的结构形式与管理组织机构的形式相对应,具有多种形式。主要结构形式有以下几种:

(1) 职能结构。即管理职能部门既是管理工作机构,也是管理信息系统的一个子系统,担负各种信息管理工作。

(2) 横向综合结构。即把管理各个职能部门的信息系统联合起来,组成一个统一的管理信息系统。它是把每个管理职能部门内部同类的管理信息集中在一起,建立若干个专业性信息子系统。

(3) 纵向综合结构。即下层管理信息及时传递给上层信息管理机构进行信息加工,加工后的信息及时传递给下层管理机构,使每一级管理机构都能获得全部信息,实现信息共享。

(4) 全面综合结构。即将横向综合结构和纵向综合结构结合起来的管理信息系统,兼有两者的特性。

7.2.4 监理管理信息系统的模型

监理管理信息系统的模型如图 7.8 所示。

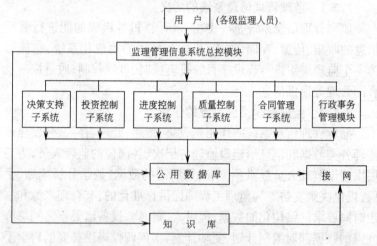

图 7.8 监理管理信息系统的模型

监理管理信息系统由多个子系统构成,它们是:决策支持子系统、投资控制子系统、进度控制子系统、质量控制子系统、合同管理子系统、行政事务管理子系统等。各子系统功能的实现依靠公用数据库及知识库的支持。

数据库是按最小冗余数据,以多种应用共享为原则,将数据以一定方式存贮起来的数据组织形式。监理信息系统中的公用数据库,就是将各子系统共同的数据按一定的方式组织起来,并存贮在其中,以实现各子系统的数据共享。

知识库则是以数据库为基础,将专门知识和信息以一定方式存贮起来的数据组织形式,是决策支持系统的基础。

决策支持系统包括决策者、决策对象和信息处理三个基本要素,是决策者在科学决策理论指导下,采用科学的决策方法和现代化的决策手段,通过内外信息的传递、沟通和反馈,对决策对象进行加工处理,并做出决策的过程。

决策支持系统以计算机为基础,由大型数据库、完善的模型库、知识库和专家系统组成。监理管理信息系统的决策支持子系统可为监理高层领导对规划性、发展性问题提供决策支持,即提出各种可行方案,对各方案进行分析处理,并提供处理结果作为决策依据。

监理管理信息系统还必须建立与外界的联络通讯,如:与国家经济信息网联网,收集国内各地区、各部门建设项目信息、国际工程招标信息、国际金融、建设物资、设备信息等必要的、决策所需的外部环境信息。

各个子系统既相互独立,有自身目标控制的方法和内容,又相互联系,互为其他各子系统提供信息。

7.2.5 监理管理信息系统的建立

1. 建立监理管理信息系统的指导思想

建立监理管理信息系统的指导思想是以建设项目的目标(工期、质量及投资目标)管理为中心,通过项目实施前的目标规划与项目实施过程中的目标控制,使项目目标尽可能好地实现。

建设项目的监理工作中,监理规划是指导监理工作全过程的文件,它是进行三大控制(即投资控制、进度控制、质量控制)的依据,它实现了监理工作流程程序化、监理记录标准化、监理报告系统化,是实现建设监理管理系统的前提。监理规划的主要内容有:工程概况、项目总目标、项目组织、监理班子的组织、信息管理、投资控制、进度控制、质量控制等。

建设监理规划的主要内容如图 7.9 所示。

监理工程师的中心任务是对建设项目的实施过程进行有效控制,使其顺利地达到计划(合同)规定的工期、质量和造价目标。监理工作的中心是动态目标控制。动态目标控制原理如图 7.10 所示。

因此,作为监理管理信息系统工作的主要任务便是基于项目目标规划与动态控制的原理及方法,对建设监理的全过程进行辅助性管理。

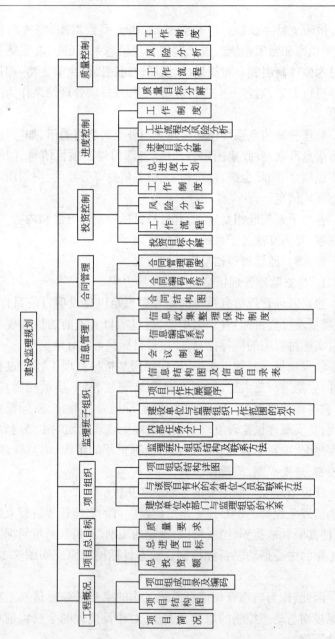

图 7.9 建设监理规划的主要内容

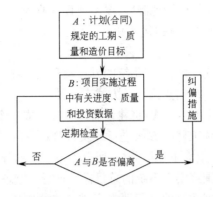

图 7.10 动态目标控制原理

2. 建立监理管理信息系统的原则

(1) 系统的原则:要认识一个系统,除了认识它的各个组成部分之外,还必须认识它各个部分之间的相互影响和制约关系。因此,建立监理管理信息系统就要从系统的原则出发,使监理职能和监理组织机构相互联系,与监理管理信息系统相协调。

(2) 系统工作统一性原则:为便于进行信息的收集、传递和处理,便于监理管理信息系统与其他系统的联系以及系统中各子系统间相互协调工作,提高整个系统的工作效率,必须使监理工作达到标准化、规范化的要求。

(3) 较强的适应性和可靠性:由于各建设项目的外部环境不尽相同,要求系统对外界环境的变化具有较强的适应性及较好的灵活性。

3. 建立监理管理信息系统的前提

(1) 合理的组织机构:要明确各执行工作任务部门之间的上下级关系,建立层次清楚、路线明确的命令系统,以便确定究竟需要何种信息,以及信息的流向。

(2) 合理的工作流程组织:要明确各执行工作任务部门的分工、权力、任务及责任,确定各项工作任务执行的先后顺序,尤其要注意它们之间的连接,既不可重叠,又不可中断。

(3) 合理的信息管理制度：要实现日常业务的标准化，报表文件的规范化，数据资料的代码化和完整化，便于计算机处理，实现高效的管理。

4. 建立监理信息管理系统的方式及开发过程

建立监理管理信息系统的方式有三种：

(1) 自上而下的方式：将建设监理单位看成一个整体，利用系统的观点和系统工程的方法进行开发，即以最高决策层的信息需求分析开始，由上而下逐层分析，所有子系统的划分和各程序模块的确定都紧紧围绕实现系统的总目标来进行。监理单位的各职能部门的设立根据系统的运行要求安排。这种方式的优点是：系统整体性好，数据一致性好，便于通讯和共享；缺点是开发周期长，技术力量要求高，一次投资大。

(2) 自下而上的方式：从基层做起，即从一个单项的业务信息系统开始逐步建立，逐步扩充和完善总的管理信息系统。这种方式由浅入深、由简到繁，容易被管理人员所接受；缺点是：系统整体性差，各子系统间的接口和数据难以共享，数据一致性差，冗余量大。

(3) 自上而下分析、自下而上实现的方式：在系统开发前，认真仔细进行总体设计，并在总体设计的指导约束下，从各子系统开始逐步建立，首先开发数据库比较完善、收效明显的子系统，再逐步扩大和完善。这是目前较常用的方式。

监理管理信息系统的开发过程如表 7.6 所示。

监理管理信息系统的开发过程　　　　表 7.6

阶段	开发步骤	任　　务
系统分析阶段	确定系统目标	了解用户要求及现实环境，研究并论证开发系统的可行性，确定系统性能和功能
	软件需求分析	确定软件的运行环境，提出系统流程图及数据处理方式，制定开发计划

续表

阶段	开发步骤	任务
系统设计阶段	软件设计	建立系统的总体结构和模块间的关系,设计全局数据库、数据结构,设计各功能模块的内部细节
系统设计阶段	软件实现	建立数据库、知识库及模型库,编制源程序
系统实施阶段	软件测试	对软件进行组装测试和系统综合测试,提出测试分析报告,编制用户手册
系统实施阶段	软件运行与维护	对投入运行的软件系统进行维护和鉴定,提供综合评价以供改进

7.3 监理管理信息系统的主要内容

7.3.1 投资控制子系统

1. 投资控制子系统的控制方法

投资控制的核心是投资计划值与投资实际值的比较。为此,在从事投资控制工作之前,首先要对项目的总投资进行分解,将总投资逐层由粗到细划分成若干条块,并进行编码,以掌握每一项投资费用发生在总投资的哪一部分,以及是哪一部分的实际投资超过了计划投资,从而分析超额的原因,采取纠偏措施。

2. 投资控制子系统的功能

投资控制子系统用于收集、存储和分析有关工程项目投资方面的信息,在项目实施的各个阶段制定计划投资,提供实际投资信息,做实际投资与计划投资的动态跟踪比较,控制每个投资分块、每一阶段的实际投资,以达到工程项目投资总目标的实现。

投资控制子系统具有如下功能:

(1) 投资数据输入:完成投资计划的编制和实际投资数据的

收集和存储;

(2) 投资数据修改与查询:完成对投资计划的修改与补充;满足各管理层次对各种投资数据的查询要求;

(3) 投资数据比较:完成各种投资计划值与投资实际值的比较;

(4) 财务用款控制:用于工程项目的资金控制。

投资控制子系统的各功能模块可用图 7.11 表示。

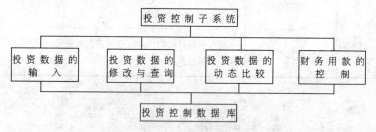

图 7.11 投资控制子系统功能模块图

3. 投资控制子系统各功能模块的主要内容

图 7.11 中各功能模块具有如图 7.12 所示的具体内容。

图 7.12 中:

(1) 投资按合同分类进行比较是指:跟踪每一份合同执行情况,将合同范围内的实际投资与合同价进行比较;

(2) 投资按项目分类比较是指:跟踪每一子项目的合同价及实际投资情况,将本子项目的实际投资与合同价进行比较;

(3) 投资按时间阶段进行比较是指:根据进度计划编制月、季、年度投资计划,与月、季、年度实际投资进行比较。

4. 投资控制子系统的任务

投资控制子系统在项目实施各阶段可完成表 7.7 所示的各项任务。

7.3.2 进度控制子系统

1. 进度控制子系统的功能

7.3 监理管理信息系统的主要内容

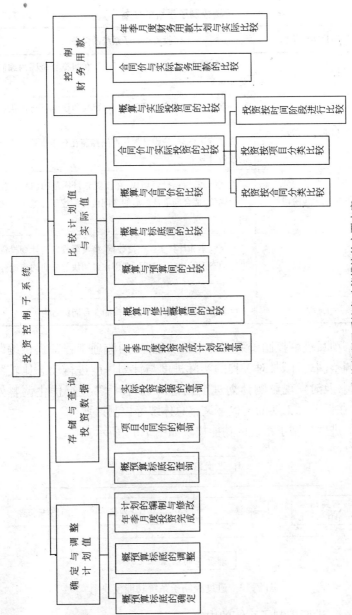

图 7.12 投资控制子系统各功能模块的主要内容

投资控制子系统的任务　　　　　　　　表 7.7

项目实施阶段	投资控制子系统的任务
设计准备阶段	编制粗概算,初步确定投资目标,在粗概算范围内编制修正概算
初步设计阶段	编制总概算,确定投资目标,对结构和设施进行优化和协调。 编制修正概算,使设计深化严格控制在初步概算所确定的投资计划值之内
招标发包阶段	编制标底,根据投资切块,在投资分目标范围内把握住各合同价,使合同价及以后的合同调整额控制在概预算之内
施工阶段	不断收集和计算实际投资数据,将实际投资与计划投资进行动态跟踪比较,将投资费用在各切块部分间均衡地分配
竣工验收阶段	审查竣工决算,将竣工决算控制在合同价之内

项目进度控制子系统的主要功能是:为监理工程师提供编制和调整网络计划,对工程的实际进度与计划进度进行动态比较和控制,及时发现影响计划进度执行的不利因素,进行优化调整处理,在保证总工期的前提下调整总体统筹控制计划。

进度控制子系统的功能模块如图 7.13 所示。

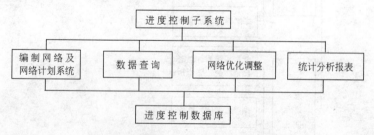

图 7.13　进度控制子系统功能模块图

2. 进度控制子系统的内容

(1) 编制双代号网络计划或单代号搭接网络计划;
(2) 编制多阶网络(多平面群体网络)计划;
(3) 总网络与子网络计划的协调分析;
(4) 提供现有时间坐标的网络图和相应的横道图计划;
(5) 工程实际进度的统计分析;
(6) 实际进度与计划进度的动态比较;
(7) 工程进度变化趋势预测;
(8) 计划进度的定期调整;
(9) 工程进度的查询;
(10) 提供不同管理层次工程进度报表;
(11) 绘制网络图。

3. 进度控制子系统的任务

项目实施各阶段进度控制子系统的任务如表 7.8 所示。

进度控制子系统的任务　　　　　　　　　表 7.8

项目实施阶段	进度控制子系统的任务
设计准备阶段	(1) 为建设单位提供有关工期的信息,协助建设单位确定工期总目标 (2) 编制项目总进度计划 (3) 编制准备阶段详细工作计划并控制该计划的执行 (4) 施工现场条件调研、分析
设计阶段	(1) 编制设计阶段工作进度计划,并控制其执行 (2) 编制详细的出图计划,并控制其执行
施工阶段	(1) 编制施工总时度计划,并控制其执行 (2) 编制施工年、季、月度实施计划,并控制其执行

7.3.3 质量控制子系统

1. 质量控制子系统的功能

项目质量控制子系统主要是为监理工程师制定管理项目的质量要求和质量标准,对已建工程质量进行跟踪对比和统计分析,及时发现质量问题,加以控制。

质量控制子系统的功能模块如图 7.14 所示。

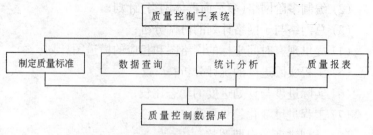

图 7.14　质量控制子系统功能模块图

2. 质量控制子系统主要内容

(1) 项目质量要求与质量标准的制定;

(2) 分项、分部、单位工程的验收记录与统计分析;直方图、控制图等管理图表的绘制;

(3) 工程材料的验收记录;

(4) 机电设备安装验收记录;

(5) 工程设计质量验定记录;

(6) 安全质量事故及处理记录等。

3. 质量控制子系统的任务

项目实施各阶段质量控制的主要任务如表 7.9 所示。

质量控制子系统的任务　　　　　表 7.9

项目实施阶段	质量控制子系统的任务
设计准备阶段	(1) 确定质量要求、标准 (2) 确定设计方案竞赛的有关质量评选原则 (3) 审核各设计方案是否符合质量要求
设计阶段	在设计进展过程中,审核设计是否符合质量要求,根据需要提出修改意见
招标发包阶段	(1) 审核施工招标文件中的施工质量要求和设备招标文件中的质量要求 (2) 评审各投标书中的质量部分 (3) 审核施工合同中有关质量的条款

续表

项目实施阶段	质量控制子系统的任务
施工阶段	(1) 检查材料、构件、制品及设备的质量情况 (2) 监督施工质量 (3) 中间验收和竣工验收

7.3.4 合同管理子系统

1. 合同管理子系统的功能

合同管理子系统主要是通过公文处理与合同信息统计的方法,为监理工程师起草、签订合同、跟踪合同执行提供辅助。

合同管理子系统的功能模块如图 7.15 所示。

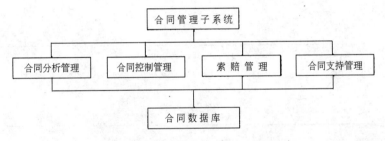

图 7.15 合同管理子系统的功能模块图

2. 合同管理子系统各功能模块的内容

(1) 合同分析模块

1) 合同结构分解、编码(建立合同编码表);

2) 建立合同事件表(见表 7.10),将合同目标和合同规定落实到合同实施的具体问题上和具体事件上,并建立合同事件网络,以反映合同事件之间的逻辑关系。

(2) 合同控制模块

1) 将被审查的合同与合同的标准结构进行对比、分析、审查,确定风险制度,并提出修改建议与对策;

2) 对合同进行分析,提出风险对策,确定不同层次监理人员的职责;

7 建设监理信息管理

合 同 事 件 表　　　　表 7.10

表名	合同事件表	编号		本表号	

工程项目名称：_____　　　　　日期
项目编号：_____　　　　　变更次数

事件名称的简要说明：

事件内容说明：

前提条件：

本事件主要活动：

负责人（单位）：

费用 计划 实际	其他参加者	工期 计划 实际

7.3 监理管理信息系统的主要内容

3) 将合同事件的实际情况与合同事件表对比分析,并提出建议与对策。

(3) 索赔管理

1) 合同变更分析审查;
2) 索赔报告审查分析;
3) 反索赔报告的建立、审查、分析,提出索赔值的计算方法;
4) 特殊问题的法律分析。

(4) 合同支持模块

1) 合同资料和与合同有关的工程资料的编辑、登录、修改、删除、查询、统计、排版等;
2) 合同管理各类统计报表;
3) 提供和选择使用各类标准合同;
4) 各类经济法规的查询等。

各功能模块的主要内容可用图 7.16 表示。

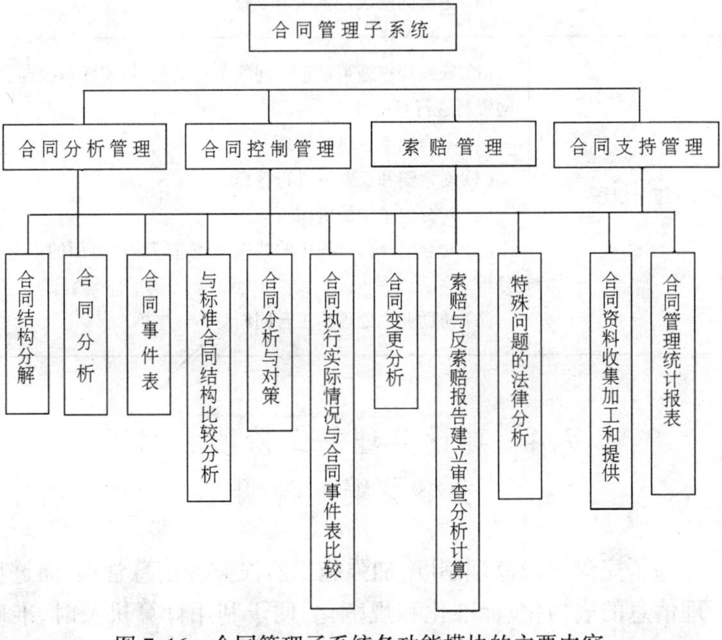

图 7.16 合同管理子系统各功能模块的主要内容

3. 合同管理子系统的任务

项目实施各阶段合同管理的主要任务可用表 7.11 表示。

合同管理子系统的任务 表 7.11

设计准备阶段	合同管理子系统的主要任务
设计准备阶段	(1) 编制设计招标文件 (2) 协助建设单位对合同进行审查分析,提供修改建议,为合同谈判和合同签订提供决策信息
设计阶段	检查设计承包单位执行设计合同情况,为合同修改提供法律方面的审查
招标发包阶段	(1) 编制施工招标文件 (2) 协助建设单位审查投标单位资质 (3) 拟定施工承包合同 (4) 协助建设单位签订施工承包合同 (5) 为合同修改提供法律审查
施工阶段	(1) 跟踪检查施工承包合同的执行情况,将实际情况与合同资料进行对比分析 (2) 对合同变更进行管理 (3) 对索赔和反索赔进行管理 (4) 对分包单位的资质审查 (5) 对合同执行过程中的特殊问题进行法律方面的审查、分析 (6) 协助业主处理施工合同纠纷

7.4 建设监理施工阶段常用表格及编制说明

为了完善建设监理制度,加强施工阶段监理信息管理,通过将管理信息的表格化、标准化和规范化,便于利用计算机及时、准确

7.4 建设监理施工阶段常用表格及编制说明

地进行信息的分类、处理和管理,使得监理工程师、承建单位、建设单位都能及时掌握项目进展过程中有关投资控制、质量控制和进度控制的情况,便于针对存在的问题,及时采取措施,以确保项目总目标的实现。

本附录仅提供施工阶段监理的常用表格,供读者在实际工作中参考。本附表分为三部分:第一部分(A表)是由承建单位根据标书及合同文件中所规定的双方的权利和义务,以及施工程序,逐一向监理工程师填报的内容,须经监理工程师确认后才能进行下一步工作。第二部分(B表)为监理工程师按标书及合同要求对承建单位发出的监理指令;第三部分(C表)为监理工程师向建设单位填报的项目施工阶段的投资、进度、质量三方面的实际完成情况表。表内的"编号"和"本表号"根据实际编码系统填写。

建设监理施工阶段常用表格目录

第一部分(A表)承建单位向监理工程师的报表

A-1　承建单位申报表(通用)

A-2　建筑工程开工报告

A-3　施工技术方案报审表

A-4　进场设备报验单

A-5　建筑材料报验单

A-6　分包申请

A-7　合同外工程单价申报表

A-8　计日工单价申报表

A-9　工程报验单

A-10　复工申请

A-11　合同工程月计量申报表

A-12　计日工月计量申报表

A-13　人工、材料价格调整申报表

A-14　付款申请

A-15　索赔申报表

A-16　竣工报验单

A-17 额外工程月计量申报表
A-18 延长工期申报表
A-19 事故报告单

第二部分(B表)监理工程师向承建单位发出的报表

B-1 监理工程师通知(通用)
B-2 额外或紧急工程通知
B-3 计日工通知
B-4 设计变更通知
B-5 不合格工程通知
B-6 工程检验认可书
B-7 竣工证书
B-8 变更指令
B-9 工程暂停指令
B-10 复工指令
B-11 现场指示

第三部分(C表)监理工程师向建设单位的报表

C-1 项目总状况报告表
C-2 工程质量月报表
C-3 单位工程质量综合评定表
C-4 质量保证资料核查表
C-5 分部工程质量评定表
C-6 工程(分项)进度月报表
C-7 暂定金额支付月报表
C-8 应扣款月报表
C-9 备忘录
C-10 施工监理日记

7.4 建设监理施工阶段常用表格及编制说明

A-1

表 名	承建单位申报表(通用)	编 号		本表号	

工程项目名称：_____

合同编号：_____

致(监理工程师代表)_____

事由

申报内容：

附件：

承建单位　　　日　期

注：本表适用于没有专用表格，根据合同规定和监理要求又必须向监理工程师提出的申请、报审、报批、请示、申报和报告等。

A-2

表 名	建筑工程开工报告	编 号		本表号	

工程项目名称：_____
　　合同编号：_____

建设单位		设计单位	
建筑面积	结构及层数		工程造价

计划开竣工时间
　　____年____月____日至
　　____年____月____日

建筑执照：

施工许可证：

开工条件：

_____ 承建单位 日　期	_____ 总监理工程师 日　期

7.4 建设监理施工阶段常用表格及编制说明

A-3

表 名	施工技术方案报审表	编 号		本表号	

工程项目名称:_____
　　合同编号:_____

致(监理工程师代表)_____

现报上_____工程的技术、工艺方案,
方案详细说明和图表见附件,请予审查和批准。

附件:技术、工艺方案说明和图表。

　　　　　　　　　　　　　　_____　　_____
　　　　　　　　　　　　　　　承建单位　　　日　期

总监理工程师代表审查意见:	总监理工程师审定意见:
○同意	○同意
○修改后再报(见附言)	○修改后再批
○不同意	○不同意
总监理工程师代表 　　　　　　日　期	总监理工程师 　　　　　日　期

7 建设监理信息管理

A-4

| 表 名 | 进场设备报验单 | 编 号 | | 本表号 | |

工程项目名称：_____
　　合同编号：_____

致(监理工程师)_____：

下列施工设备已按合同规定进场,请查验签证,准予使用。

　　　　　　　　　_____　　_____
　　　　　　　　　　承建单位　　日　期

设备名称	规格型号	数量	进场日期	技术状况	拟用何处	备注

致(承建单位)_____：

　经查验：
　1. 性能数量能满足施工要求的设备：_____(准予进场使用的设备)
　2. 性能不符合施工要求的设备：_____(由施工单位更换后再报的设备)
　3. 数量或能力不足的设备：_____(由施工单位补充的设备)
　请尽快按施工进度要求,配足所需设备。

　　　　　　　　　_____　　_____
　　　　　　　　　　监理工程师　　日　期

7.4 建设监理施工阶段常用表格及编制说明

A-5

表 名	建筑材料报验单	编 号		本表号	

工程项目名称：_____
  合同编号：_____

致(监理工程师)_____

下列建筑材料经自检试验符合技术规范要求，报请验证，并准予进场。
附件：1. 材料出厂质量保证书
   2. 材料自检试验报告

	材料名称			
	材料来源产地			
	材料规格			
	用途			
	本批材料数量			
承建单位试验	试样来源			
	取样地点日期			
	试验日期、操作人			
	试验结果			
	材料预计进场日期			

致承建单位_____

我证明上述材料的取样、试验等是符合/不符合规程要求的，经抽检复查的结果表明，这些材料，符合/不符合合同技术规范要求，可以/不可以进场在指定工程部件上使用

监理工程师 　　　 日　期

A-6

| 表 名 | 分包申请 | 编 号 | | 本表号 | |

工程项目名称:_____
　　合同编号:_____

致(监理工程师代表)_____
要求同意下列分包,我证明执行这项分包工程的单位是有经验、有能力胜任的,并且保证工程将全部按合同文件的规定进行。

_____　_____
承建单位　　日期

附件:分包人资质、经验、能力、信誉、财务及主要人员经历等资料。

分包单位名称_____

工程号	分包工程的名称	单位	数量	单价	分包金额	占合同总金额的百分数(%)
				合计		

分包工期开工日期:
分包工程预计竣工日期:

监理工程师代表的建议:	总监理工程师审批意见:
○建议分包	○批准分包
○不同意分包	○不准分包
监理工程师代表　　　日期	总监理工程师　　　日期

7.4 建设监理施工阶段常用表格及编制说明

A-7

表 名	合同外工程单价申报表	编 号		本表号	

工程项目名称：_____

　　合同编号：_____

致(监理工程师代表)_____

　　根据第_____号变更指令增加的合同外工程,除标书中已有单价的项目参照标书执行外,对下列项目内容采用申报的单价,请审查核准。

附件:工程单价计算表、计算依据及说明。

　　　　　　　　　　承建单位　　日期

项目号	项目工程名称内容	单位	申报单价	监理工程师代表审定单价	监理工程师核准单价

监理工程师代表	总监理工程师
日期	日期

A-8

| 表 名 | 计日工单价申报表 | 编 号 | | 本表号 | |

工程项目名称：_____
　　合同编号：_____

致(监理工程师代表)_____

兹申报下列计日工程单价,请审查核准。

附件：单价计算表及计算依据资料。

	承建单位	日期	
工种及主要材料、设备名称	单位	申报单价	监理工程师代表审定单价	总监理工程师核准单价

监理工程师代表	总监理工程师
日期	日期

7.4 建设监理施工阶段常用表格及编制说明

A-9

表　名	工 程 报 验 单	编　号		本表号	

工程项目名称：_____
　合同编号：_____

致(监理工程师代表)_____

　　按合同和规范要求,已完成──────────,并经自检合格,报请查验。
　　　　　　　　　　　　　　(工程或项目名称)

附件：自检资料

──────　────
承建单位　　日期

监理工程师代表查验意见	总监理工程师审定意见
   ────── 监理工程师代表 ────── 日期	 ────── 总监理工程师 ────── 日期

A-10

表 名	复 工 申 请	编 号		本表号	

工程项目名称:＿＿＿＿＿＿
　　合同编号:＿＿＿＿＿＿

致(监理工程师代表)＿＿＿＿＿＿

鉴于＿＿＿＿＿＿工程的停工因素已经消除,特请批准复工。

附件:具体复工条件的说明情况

承建单位　　日期

监理工程师代表意见	总监理工程师审定意见
○具备复工条件	○同意复工
○不具备复工条件	○不同意复工
○满足上述意见提出的条件后再报	○满足条件后再报
 　 监理工程师代表 　 日期	 　 总监理工程师 　 日期

7.4 建设监理施工阶段常用表格及编制说明

A-11

表 名	合同工程月计量申报表	编 号		本表号	

工程项目名称：_____
　　合同编号：_____

致(监理工程师)_____

　　兹申报_____年_____月份完成合同工程量如下表,请予核验量测,你的计量结果,将作为我本期申请该项工程进度款的依据。
　　附件：工程检验认可书、计量计算表等。

_____　_____
承建单位　日期

工程号	工程内容	单位	申报数量	单价	合价	核定工程量	核定总价
合计							

　　经测量、计算、本项合格的可计量的工程量如上表核定数,本期该合同工程核定总价为_____元,请据此提出本项工程进度付款申请。

_____　_____
监理工程师　日期

7 建设监理信息管理

A-12

表 名	计日工月计量申报表	编 号		本表号	

工程项目名称:_____
　合同编号:_____

致(监理工程师)_____

兹报上本期(_____年_____月份)完成之计日工程如下表,请予核实并确认,这将作为我本期申请付款的依据。

附件:计日工程统计报表,工程检验认可书。

　　　　　承建单位　　　日期

计日工程名称							
人工、材料、机械名称	单位	用量	批准单价	合价	核定用量	核定总价	
合计							

经核查,我确认上述申报,核定本期计日工计量总价为_____元,请据此提出本期付款申请。

　　　　　监理工程师　　　日期

7.4 建设监理施工阶段常用表格及编制说明

A-13

表 名	人工、材料价格调整申报表	编 号		本表号	

工程项目名称：_____

合同编号：_____

致(监理工程师代表)_____

根据合同_____规定，我要求调整下列人工、材料价格，报请审批。(条、款)

附件：价格调整计算表，有关证明文件及资料。

承建单位　　　日期

序号	人工及材料名称	单位	调整起讫日期	调整数量	单价调整值（＋或－）	调整总金额（＋或－）

监理工程师代表审核意见： 监理工程师代表 日期	总监理工程师审定和批准： 本批准的调整总额作为承建单位申请付款的依据。 总监理工程师 日期

表 名	付款申请	编号		本表号	A-14

工程项目名称：_____
　　合同编号：_____

致(监理工程师代表)_____

兹申请支付_____年_____月份完成下列工程项目的进度款_____元,作为本期的全部付款。

附件：各项计量证明。

承建单位　　日期

	项目号	工程名称	计量证书表号及编号	申请付款额	监理工程师代表审核数	总监理工程师批准数
支付						
扣除		动员预付款				
		材料预付款				
		保留金				
		其他				
		小计				

本期付款总额

监理工程师代表	总监理工程师
日期	日期

注：1. 将按监理工程师批准的付款额签发支付凭证付款。
　　2. 支付的其他项目包括索赔、价格调整、利税合同,材料预付款等。

7.4 建设监理施工阶段常用表格及编制说明

A-15

表 名	索赔申报表	编 号		本表号	

工程项目名称_____
　　合同编号_____

致(监理工程师代表)_____

　　根据合同条款──────的规定,由于──────的原因,我要求索
　　　　　　　　　　(条款号)　　　　　　(原因及理由)
赔金额(人民币)_____元,索赔工期_____公历日,请予批准。

索赔的详细理由及经过:

索赔额及索赔工期的计算:

　　　　　　　　　　　　　　　承建单位　　日期

A-16

表　名	竣工报验单	编　号		本表号	

工程项目名称:＿＿＿＿＿＿
　　合同编号:＿＿＿＿＿＿

致(监理工程师代表)＿＿＿＿＿＿
现―――――――已按合同要求基本完成/完成,(下述未完工程及缺陷修补除外),
　(工程项目名称)
并已通过自检合格,特报请进行初步验收/正式最终验收。

在通过初步验收/正式最终验收后,我们将在责任期内/责任期后继续按合同要求,履行缺陷修补完成未完工程/最终未完工程的责任,直到监理工程师根据合同认为满意为止。

上述工程中的缺陷及未完项目

项目名称	责任内容	完成时间	备　注

附件:竣工报告、竣工图、自检资料

　　　　　　　　　　　　承建单位　　　日期

监理工程师代表查验意见	监理工程师意见
○合格(单项工程竣工书另发)	○合格,鉴定后另发竣工证书
○基本合格,限制完成缺陷修补及未完工程	○基本合格,最终完善缺陷修补
○不合格,改正后再报	○不具备验收条件,满足后再报
监理工程师代表　　　日期	监理工程师　　　日期

7.4 建设监理施工阶段常用表格及编制说明

A-17

表　名	额外工程月计量申报表	编　号		本表号	

工程项目名称：_____
　　合同编号：_____

致(监理工程师)_____

　　兹报上本期(____年____月份)完成之额外工程如下表，请予核查确认，这将作为我期申请付款的依据。

　　附件：1. 工程检验认可书。
　　　　　2. 工程测量、计算数据和必要说明。

　　　　　　　　　　　　　　　_____　　_____
　　　　　　　　　　　　　　　承建单位　　　日期

额外工程名称：_____
　　变更指令号：_____

工程号	工程内容	单位	数量	批准单价	合价	核定	
						数量	总价
合　　计							

经核查，我确认上述申报，核定本期额外工程计量总价为：_____元，请据此提出本期付款申请。

　　　　　　　　　　　　　　　_____　　_____
　　　　　　　　　　　　　　　监理工程师　　日期

注：由承包单位呈报两份，经确认后监理组留档一份，另一份退承包单位。

表 名	延长工期申报表	编 号		本表号	

工程项目名称：_____
　　合同编号：_____

致（监理工程师代表）_____
　　根据合同条款_____的规定，由于下述原因，我要求延长工期_____日历天，使竣工日期（包括已指令变更延长的工期在内）从原来的_____年_____月_____日延长到_____年_____月_____日，请予批准。

　　　　　　　　　　　　　　　　　　　　承建单位　　　　日期

要求延期的原因或理由：

延长工期的计算：

　　注：本表由承建单位呈报监理工程师代表，监理工程师各一份，承建单位自留一份。结果将由监理工程师书面通知承建单位。

7.4 建设监理施工阶段常用表格及编制说明

A-19

表 名	事 故 报 告 单	编 号		本表号	

工程项目名称：_____
　　合同编号：_____

致(监理工程师代表)_____
____年____月____日____时,在____发生————————的事故,报
　　　　　　　　　　　　　　　　　　　　(性质或类型)
告如下：

1. 事故原因(初步调查结果或据现场报告情况)：

2. 事故性质：

3. 造成损失：

4. 应急措施：

5. 初步处理意见：

……待进行现场调查后,再另作详细报告

承建单位　　　日期

注：由承建单位即时呈报给监理工程师代表一份,报监理工程师一份。

7 建设监理信息管理

B-1

表 名	监理工程师通知(通用)	编 号		本表号	

工程项目名称：_____

　合同编号：_____

致(由承建单位)_____

　事由：

通知内容：

监理工程师

抄报：　　　　　　　日　期

抄送：

附注：本书面通知适用于没有专用表格，而又必须书面通知承建单位的任何意见、同意、批准、指示和决定。

7.4 建设监理施工阶段常用表格及编制说明

B-2

表 名	额外或紧急工程通知	编 号		本表号	

工程项目名称：_____

　合同编号：_____

致(承建单位)_____

　兹委托你单位进行下列不包括在合同内的额外/紧急工程，正式变更指令另行签发。

　工程内容细节：

　计价及付款方式：

　　　　　　　　　　　　　　监理工程师　　　　日　期

承建单位签收：

　　　　　　　　　　　　　　承建单位　　　　日　期

7 建设监理信息管理

B-3

表 名	计日工通知	编 号		本表号	

工程项目名称:_____
　合同编号:_____

致承建单位_____
　现决定对下列工程在计日的基础上,进行各种不同的工作。请据此执行。特此通知。
计日工内容及要求:

计价及付款方式:

<u>　　　　　</u>　<u>　　　　</u>
监理工程师　　日　期

承建单位签收:

<u>　　　　　</u>　<u>　　　　</u>
承建单位　　日　期

7.4 建设监理施工阶段常用表格及编制说明

B-4

| 表　名 | 设 计 变 更 通 知 | 编　号 | | 本表号 | |

工程项目名称：_____
　　合同编号：_____

致承建单位_____

根据合同一般条款规定，现决定对——————————的设计进行变更，请
　　　　　　　　　　　　　　　　（工程或项目名称）
按变更后的图纸组织施工，正式的变更指令另发。

变更项目内容的细节：

变更后合同金额的增减估算：

附件：变更设计图纸

　　　　　　　　　　　　　　　　　　监理工程师　　　日　期

承建单位签收：

　　　　　　　　　　　　　　　　　　承建单位　　　日　期

B-5

表 名	不合格工程通知	编 号		本表号	

工程项目名称：_____
  合同编号：_____

致承建单位：_____
  现通知你，经试验/检验表明，——————————不符合合同技术规范
           （工程名称或检测项目）
要求，根据规范规定，这些要求为：_____
_____，
故要求对该工程○拆除/○更换/○修补/○返工，费用自理。
  你必须决定采取何种必要的改进措施，并在工程师确认或否定该工程不合格时，决定是否中断该工程。你将对你的决定负责。

            监理工程师   日　期

承建单位签收：_____
  第_____号不合格工程通知于_____年_____月_____日收到，我将根据该通知重申的技术规范要求和监理工程师的意见进行改正。

            承建单位   日　期

7.4 建设监理施工阶段常用表格及编制说明

B-6

表 名	工程检验认可书	编 号		本表号	

工程项目名称：_____

　　合同编号：_____

致承建单位：_____

　　第_____号工程报验单所报之————————工程，经查验确认为合格/
　　　　　　　　　　　　　　　　　（工程项目内容）
基本合格工程。

　　施工放样认可：_____

　　材料试验认可：_____

　　施工质量认可：_____

　　备　注：

监理工程师代表	总监理工程师
日　期	日　期

7 建设监理信息管理

B-7

表 名	竣 工 证 书	编 号		本表号	

工程项目名称：_____
　　合同编号：_____

致承建单位：_____

　　兹证明_____号竣工报验单所报────────────工程已按合同和监
　　　　　　　　　　　　　　　　（工程项目名称）
理工程师的指示(该报验单中注明的工程缺陷和未完工程除外)完成。从_____年
_____月_____日起，该工程进入养护责任阶段。

备注：

监理工程师代表 日　期	总监理工程师 日　期

7.4 建设监理施工阶段常用表格及编制说明

B-8

表　名	变　更　指　令	编　号		本表号	

工程项目名称：_____

　　合同编号：_____

变更指令类别：　○数量调整　　　　○额外或紧急工程
　　　　　　　　○修改设计、更改范围　○延长时间

致承建单位：_____

现决定对本合同项目工程作如下变更或调整，请遵照执行。

项目号	变更项目内容	单位	数量(增或减)	单位	增加金额	减少金额

变更或额外/紧急工程描述及其他说明：　　　　　总计

合同金额的增减	合同工期日数的增加
①原合同金额	①原合同工期
②以往变更指令的累计总额	②本变更指令延长工期日数
③本变更指令涉及的变更金额	③至今延长合同工期的总日数
④现合同金额	④现合同工期(日历天)
⑤变更比率(现合同金额/原合同金额)	
监理工程师代表	总监理工程师
日　期	日　期

7 建设监理信息管理

B-9

表 名	工程暂停指令	编 号		本表号	

工程项目名称：＿＿＿＿＿

  合同编号：＿＿＿＿＿

致承建单位＿＿＿＿＿

  由 于＿＿＿＿＿＿＿＿＿＿＿＿＿＿＿＿＿＿＿＿＿＿＿＿＿＿＿＿＿＿＿＿＿＿

的原因，现通知你截止于＿＿＿年＿＿＿月＿＿＿日时对―――――――（工程项目名称）

暂停施工。

       总监理工程师

       日 期

      监理单位章

抄　报：

抄　送：

接收人：

7.4 建设监理施工阶段常用表格及编制说明

B-10

| 表 名 | 复 工 指 令 | 编 号 | | 本表号 | |

工程项目名称：_____
　　合同编号：_____

致承建单位_____

　　鉴于第_____号工程暂停通知所述工程暂停的因素已经消除,请你于_____年_____月_____日_____时起对——————————工程恢复施工。
（工程项目名称）

根据造成工程暂停的原因和合同规定的责任：
1.○于此日起开始计算你的工期,直到后面的暂停或竣工。
2.○合同工期不变,由指令变更的工期延长除外。

总监理工程师

日　期

B-11

表 名	现 场 指 示	编 号		本表号	

工程项目名称：_____
　　合同编号：_____

致承建单位_____

　　请你按下述指示内容立即执行：_____
_____
_____

　　确认本现场指示的正式工地指示,会有工程师代表于24h内发出,如无这种确认,你将不对由此产生的后果负责。

监理工程师代表　　　日　期

　　第____号现场指示于____年____月____日____时收到,我将根据指令内容执行。

承建单位代表　　　日　期

7.4 建设监理施工阶段常用表格及编制说明

C-1

表 名	项目总状况报告表	编 号		本表号	

工程项目名称：_____
　　合同编号：_____

① 项目合同工程总价：_____
② 其中：业主自办项目及费用总额：_____
③ 承建单位承包合同工程总额：_____
④ 至报告期末变更指令增减的合同工程累计总额：_____
⑤ 至报告期末预计承建单位承包合同工程总价：③＋④：_____
⑥ 期末业主完成自办项目及费用总额：_____
⑦ 期末业主自办项目及费用余额：②－⑥：_____
⑧ 至报告期末已付承包合同工程款总额：_____
⑨ 扣除（合计）
　其中：动员预付款（待扣部分）_____
　　　　材料预付款（待扣部分）_____
　　　　已扣保险金（视作未完工程扣减）_____
　　　　其他待扣款_____
⑩ 至报告期末完成承包合同工程总价：_____
⑪ 至今未完成承包合同工程总价：_____
⑫ 至报告期末完成工程占原合同工程总价百分比：(⑥＋⑩)/①_____
⑬ 期末完成工程占预计合同工程总价的百分比⑩/⑤_____
⑭ 原合同规定的工期（日历天）_____
⑮ 至今变更指令批准的延期（日历天）_____
⑯ 至今合同总工期（日历天）_____
⑰ 至期末已进行的工期（日历天）_____
⑱ 已进行工期占原合同工期的百分比⑰/⑭_____
⑲ 已进行工期占至今合同总工期的百分比⑰/⑯_____

监理工程师代表		日　期		总监理工程师		日　期	

7 建设监理信息管理

C-2

表 名	工程质量月报表	编 号		本表号	

工程项目名称：_____
合同编号：_____

工程号	本月检验分项工程内容	检验分项工程量	检查合格数量	合格率（%）	不合格原因及处理结果	本月质量检验小结
监理工程师代表 日 期				总监理工程师 日 期		

7.4 建设监理施工阶段常用表格及编制说明

C-3

表 名	单位工程质量综合评定表	编 号		本表号	

工程项目名称：_____

合同编号：_____

建筑面积	结构类型	开竣工日期	自___年___月___日至 ___年___月___日

项 次	项目	评 定 情 况	核定情况
1	分部工程评定汇总	共____分部，其中优良____分部，优良率_____% 主体分部质量等级 装饰分部质量等级 安装主要分部质量等级	
2	质量保证资料	共核查____项，其中符合要求____项，经鉴定符合要求____项	
3	观感评定	应得_____分 实得_____分 得分率_____%	

企业评定等级	建筑工程质监站或主管部门核定结果：
企业经理	_____　_____　_____ 负责人　公 章　日 期
企业技术负责人	_____　_____ 总监理工程师签字　日 期

C-4

表 名	质量保证资料核查表	编 号		本表号	

工程项目名称：_____
合同编号：_____

序号	名称	项目名称	份数	核查情况
1	建筑工程	钢材出厂合格证、试验报告		
2		焊接试(检)验报告，焊条(剂)合格证		
3		水泥出厂合格证试验报告		
4		砖出厂合格证试验报告		
5		防水材料合格证试验报告		
6		构件合格证		
7		混凝土试块试验报告		
8		砂浆试块试验报告		
9		土壤试验、打(试)桩记录		
10		地基验槽记录		
11		结构安装、结构验收记录		
12	建筑采暖卫生与煤气工程	材料、设备出厂合格证		
13		管道、设备强度和严密性试验记录		
14		系统清洗记录		
15		排水管的灌水、通水试验记录		
16		烘锅炉、煮炉、设备试运转记录		
17	建筑电气安装工程	主要电气、设备、材料合格证		
18		电气设备试验、调整记录		
19		绝缘、接地电阻测试记录		
20	通风与空调工程	材料、设备出厂合格证		
21		空调调试报告		
22		制冷管道试验记录		
23	电梯安装工程	绝缘、接地电阻测试记录		
24		空、满、超载运行记录		
25		调整试验报告		

核查结果：

总监理工程师　　　日　期

7.4 建设监理施工阶段常用表格及编制说明

C-5

| 表　名 | 分部工程质量评定表 | 编　号 | | 本表号 | |

工程项目名称：_____
　合同编号：_____

序号	分项工程名称	项数	基中优良项数	备注
合　计			优良率____%	

评定等级	技术负责人　日　期 工程负责人　日　期	核定意见	监理工程师　日　期 核定人　日　期

C-6

表 名	工程(分项)进度月报表	编 号		本表号	

工程项目名称：_____

　　合同编号：_____

清单　　项　　　　起止日期

工程号	内容	单位	估计数量	至期末累计完成数量	本　期完成数量	单价（元）	本期合价（元）
						合计	

本项合同总价：　　　　　　　　本期完成占本项合同总价的_____%

至期末累计完成本项合同价：　　期末累计完成占本项合同总价的_____%

监理工程师代表 日　期	总监理工程师 日　期

7.4 建设监理施工阶段常用表格及编制说明

C-7

| 表 名 | 暂定金额支付月报表 | 编 号 | | 本表号 | |

工程项目名称：_____

合同编号：_____

内 容	期初累计支付	本期支付	期末累计支付	备 注（注明本期变更指令编号）
额外工程				
计日工				
索 赔				
价格调整				
其 他				
合 计				

监理工程师代表	总监理工程师
日 期	日 期

7 建设监理信息管理

C-8

表 名	应扣款月报表	编 号		本表号	

工程项目名称：_____
合同编号：_____

内　容		期初累计	本期支付	本期扣回	期末累计	备注
动员预付款	支　付					
	回　收					
材料预付款	支　付					
	回　收					
保留金	返　还					
	扣　留					
违约赔偿	建设单位赔偿					
	承建单位赔偿					
其　他	支　付					
	回　收					

监理工程师代表	总监理工程师
日　期	日　期

7.4 建设监理施工阶段常用表格及编制说明

C-9

| 表 名 | 备 忘 录 | 编 号 | | 本表号 | |

工程项目名称：_____
　　合同编号：_____

致_____

事由：

内容：

　　　　　　　　　　　　　　　总监理工程师：────── ──────
　　　　　　　　　　　　　　　　　　　　　　　签字　　　　　日期

主送：

抄报：

抄送：

　　附注：本表适用于没有专用表格，又必须书面请示、报告、批复、指示、通知有关部
　　　　门和个人。

C-10

表 名	施工监理日记	编 号		本表号	

工程项目名称:_____
　合同编号:_____

气温	____℃至____℃	气候	○晴○阴○雨○雪

分部分项工程	施 工 情 况
原 材 料	

存在问题(包括工程进度与质量)	处理情况
其他(包括安全、停工等情况)	
	监理工程师或监理工程师代表
	日　期

8 建筑工程施工监理实例

8.1 工程概况

某业务综合楼,地下2层,地上28层,框架剪力墙结构,总高度107.30m,建筑面积28345m²,总投资约1.4亿人民币,施工合同工期为620d。系集营业、办公、展览、软件研制、生产等多功能为一体的高层智能化大厦。地下室开挖深度为-7.7m,最深处为-11.45m,开挖层全部为砂岩层。柱基为直径3.5m,深3m的嵌岩墩,基坑支护采用混凝土喷锚技术。±0.00以上柱为钢管混凝土柱,边柱直径800mm,中柱直径850mm;管壁厚10mm、12mm、14mm。水平结构采用双梁夹柱形式,梁截面500mm×500mm。梁与柱间节点用钢销支承。楼板采用冷轧扭变形钢筋。混凝土有C30、C35、C40。室内设中央空调、进口电梯、消防系统、监控系统、办公自动化系统。外装修为玻璃幕墙、中空玻璃隐框窗、仿石面砖、干挂花岗岩。内装修按不同功能要求,对地面、墙面、吊顶利用国产或进口木材、石料、铝材等进行装修。

8.2 工程主体施工监理规划

一、工程概况

1. 建设单位:××××××
2. 工程名称:×××业务综合楼
3. 工程地点:××路××号

4．建筑面积:28345m²

5．工程总投资:7208万元(设备费除外)

6．工程特点:框剪结构,柱采用钢管混凝土、梁为双梁抱柱、柱与梁板间以钢销支承,地下室二层,地上二十八层,总高度107.30m。

二、工程施工阶段监理总目标

质量目标:优良

工期目标:499d

投资目标:(装饰工程除外)

1．土建投资:预算价2819.52万元,投标报价2688.28万元

2．安装投资:预算价947.60万元,投标报价927.98万元

3．钢管柱投资:投标报价294.07万元

三、"三大控制"内容

(一)质量控制

1．审查承建单位质量保证体系,在监理过程中,充分发挥质保体系的自检,互检、交接检作用,以确保工程质量符合承包合同规定的质量目标。

2．审查承建单位编制的施工组织设计,并依此检查,督促承建单位贯彻于施工全过程,如有改变,必须取得监理工程师协调和签证。

3．检验各种建筑材料,构配件(含钢管柱的制作质量),设备等的合格证,质保书及试验报告。对质量有凝问时,监理有权采取实物抽样复试。对不合格的材料、构配件、设备等,不得用于工程。

4．监督承建单位严格按设计文件、图纸、规范、标准、规程,规定要求施工,并严格进行检查验收。凡经检查不合格者,应立即以口头或书面通知承建单位进行整改。未经整改或整改后仍有不合格者,不验收。情节严重者,令其停工整顿,直至符合要求为止。

5．对基础工程和主体工程中的混凝土浇筑过程,监理人员实行24h连续旁站监理。在监理过程中监理人员做好检测记录和抽样试验及填写施工监理日记。

6. 严格执行隐蔽工程验收制度,对钢筋混凝土工程中的钢筋、水、暖、卫、电、风、气等预埋管,铝合金门窗预埋件,吊顶工程以上隐蔽部分的各种管线等,进行严格验收,并办理签证手续。

7. 督促承建单位按设计要求及时做好沉降观测,监理及时分析数据,若遇意外,应及时报告有关单位采取措施。

8. 复验主体轴线和标高、钢管柱的垂直度,并在承建单位的报验单上签字。

9. 审查承建单位对地下室和主体非标准层及标准层的混凝土浇注方案,并督促其认真实施。

10. 对水、暖、风、电、卫、气各种管道的预埋。预留严格检查,安装后分别进行打压试验,抛球试验,电阻测试,调试和各种参数测试。

11. 督促承建单位进行分项工程质量检验评定,监理人员做到及时检验核定签证,并分层做好各分项工程评估记录,进行动态控制;监理单位根据承建单位报送的资料,及时组织对基础工程(含地下室)、主体工程等进行中间验收。

12. 质量事故处理:

(1) 一般施工质量事故,由总监理工程师组织有关方面进行事故分析,并责成承建单位提出事故报告,处理方案等,经设计单位、建设单位、监理人员同意后实施,监理人员检查监督其完成情况。

(2) 对重大施工质量事故,总监理工程师应及时向建设单位、监理主管部门和有关方面报告,参与有关部门组织的事故处理全过程,并负责检查监督实施及验收签证。

13. 复查承建单位提供的竣工图和竣工资料,为建设单位提供完整的工程技术档案资料,并参与建设单位主持的工程项目验收。

14. 当遇有下列情况之一者,总监理工程师有权签发停工令:

(1) 严重违反规范、标准、规程,进行野蛮施工;

(2) 使用不合格的材料、构配件、设备等;

(3) 危及安全的冒险作业行为；
(4) 重要工程部位未经验收签证者。

(二) 进度控制

1. 总监理工程师审核，认可由承建单位按施工合同条款约定的工期、编制的施工进度计划(以日历网络图表示)；

2. 督促承建单位根据批准认可的施工进度计划，分阶段或分年度、季度、月度制订具体执行计划，并报监理单位备案；

3. 监理人员根据总施工进度计划和分阶段或年、季、月度计划，定期检查承建单位执行情况，并记录在案(可在日历网络图上用前锋线表示)，实行动态控制。如有延误工期，监理人员应进行调查研究，分清责任，并及时报告总监理工程师，由总监理工程师再报建设单位审定；

4. 各专业监理工程师及时填写专业进度检查卡，每周报总监理工程师，总监理工程师每月向建设单位通过月报报告施工进度情况，并绘制实际施工进度与计划施工进度对照表，上墙公布；

5. 协调建设单位与承建单位之间在工期上违约引起的索赔和反索赔；

6. 严格执行进度控制程序，如有工期延误，总监理工程师负责及时召集或定期召集建设单位、承建单位开协调会进行调整，会后由承建单位各自调整进度计划，并报监理单位和建设单位审定。

(三) 投资控制

1. 熟悉承建单位在投标时的预算价和报价，了解承建单位的承建范围，工程量计算方法，套用定额、单价、各种收费标准等；

2. 审核承建单位按月做出完成工程量和工作量的报表，并经专业监理工程师对其工程质量验收合格(不合格者不计量)，后报总监理工程师签发工程计量及付款签证单。建设单位根据施工合同约定和总监理工程师的签证，支付工程款，同时按施工合同条款规定扣回工程预付款；用计划线、申报线、审核线、实际支付线等四线进行动态控制，并制表上墙公布。

3. 承建单位由于自身原因造成的返工工程量不予计量，工程

质量未达到标准尚待处理的,暂不计量;

4. 因设计图纸变更需调整工程价款时,应有设计单位的变更通知,经建设单位认可,由总监理工程师签证后作为调整造价的依据。如因建设单位要求扩大工程规模或提高建设标准,需经原项目批准机关的批准和有相应追加的投资以及设计部门的图纸变更,方可实施;

5. 承建单位在提交竣工报告后,在规定期限内提交工程结算,经总监理工程师审查签证后提交建设单位,按行政手续审批,建设单位按施工合同支付工程款;

6. 协助建设单位从设计、施工、工艺、材料和设备等多方面挖掘节约投资的潜力;

7. 协助建设单位处理工程索赔和反索赔事宜。

(四) 信息与技术档案管理

1. 项目监理部设置专职人员负责信息与技术档案管理,信息做到及时收集、整理、分类,并及时提供给有关人员,利用信息资源做好监理工作。

2. 技术档案按政府质检部门规定的要求督促承建单位随时进行收集、整理、存档。监理部设专人汇集有关技术档案资料进行编目、整理、装订成册、存档,并在监理过程中注意对技术档案的利用。

3. 在监理过程中,档案人员随时向建设单位、施工单位、设计单位索取下列资料归档:

(1) 工程开工报告,工程竣工报告;

(2) 工程设计变更通知单或设计变更图;

(3) 测量放线记录,施工放样报验单;

(4) 原材料质量合格证书,有关设备的合格证书;

(5) 混凝土配合比,混凝土强度,抗渗试验报告;

(6) 钢筋机械强度试验报告及钢筋接头(对焊、电渣焊、套筒连接)试验报告;

(7) 隐蔽工程验收记录,混凝土浇灌申请报告;

(8) 工程计量报审及付款申请签证；

(9) 工程阶段验收及竣工验收记录；

(10) 各项索赔申请和监理签证；

(11) 土建和安装工程施工组织设计和专项施工方案；

(12) 工程沉降观测记录,基础工程混凝土测温记录；

(13) 设计图纸会审记录；

(14) 施工竣工图；

(15) 其他文件。

4. 做好月报和年报工作,每月末将本月中有关投资、进度、质量等控制和合同管理方面的信息通过月报上报建设单位、监理公司、建委；每年末进行年终总结上报建设单位、监理公司、建委。

5. 技术档案一式贰份,工程竣工后,一份交建设单位,另一份由监理公司存档。

(五) 合同管理

1. 熟悉建设单位与承包单位签定的施工承包合同条款；

2. 必要时提醒建设单位、承包单位共同遵守合同条款规定；

3. 当发生合同纠纷时,监理单位进行调查研究,提供可靠证据；

4. 在建设单位与承包单位之间进行协调,妥善处理合同纠纷。

(六) 组织协调

组织协调工作是做好监理工作的关键,因此工程监理部必须具有强有力的组织协调手段,本工程采用以下手段进行协调：

1. 监理协调会——由总监理工程师负责,每周(或二周)召集一次现场监理协调会,由建设单位、承建单位和监理单位有关人员参加,主要协调施工进度、施工质量、安全生产、文明施工和相互间配合等问题,会后写出监理会议纪要,并发至会议参加单位,共同遵守会议商定的意见；

2. 指令性文件——监理工程师应充分利用监理工程师指令单、联系单、备忘录等形式对任何事项发出书面指示,督促承建单

位严格遵守与执行监理工程师的书面指示;

3. 会见承建单位项目经理——当承建单位无视监理工程师的指示,违反施工合同条件进行工程活动时,由总监理工程师邀见项目经理,指出承建单位在工程上存在的问题的严重性和可能造成的后果,并提出挽救问题的办法;

4. 停止支付——监理工程师应充分利用监理合同赋予的支付方面的权力,承建单位的任何工程行为达不到监理工程师的满意,都应有权拒绝支付承建单位的工程款,以约束承建单位认真按合同规定的条件完成各项任务;

5. 会见建设单位项目负责人——对建设单位在材料供应、设备订货、设计方案决策迟缓等造成违约时,由总监理工程师邀见项目负责人商讨解决问题的办法,及时为承建单位提供方便;

6. 与设计院勾通——在施工过程中有关图纸上的问题时常发生,监理工程师可以通过建设单位或可以直接(当设计院并不计较时)勾通及时解决有关问题;

7. 监理部内部的协调——总监理工程师与负责项目监理部内部监理人员之间的组织协调工作,形成职责分明,密切配合的运行机制。

8.3 工程施工监理细则

一、桩基工程监理细则

见本书第 6.4.5 节。

二、钢筋混凝土主体结构工程监理细则

见本书第 6.4.6 节。

三、铝合金门、窗和玻璃幕墙工程监理细则

见本书第 6.4.7 节。

四、地面与楼面工程监理细则

见本书第 6.4.8 节。

五、装饰工程监理细则

见本书第 6.4.9 节。
六、工程测量监理细则
见本书第 6.4.10 节。

8.4 工程施工监理程序

(1) 施工图会审：
建设单位主持会议→设计院图纸交底→承建、监理、建设单位对图纸提出疑题→设计院(建设单位)答疑→分专业写出图纸会审纪要→建设、设计、监理、承建单位参加会审会议的负责人签字后生效。

(2) 施工组织设计审定：
开工前承建单位编制施工组织设计(方案)→并经总工程师审批→报总监理工程师审核→报建设单位总工程师审定。

(3) 开工申请报告审批：
施工现场"三通一平"→施工组织设计已经审定→施工测量放样到位，材料、设备已经进场→工程施工许可证、占用道路手续已办、周边环境已经协调→向工程总监理工程师提出开工申请报告→总监理工程师审定→报建设单位认可→总监理工程师签发开工令→承包单位组织开工。

(4) 原材料检验：
原材料→监理提出检验方案→承建单位配合抽样、制作试件→试件送往具有资质的测试中心检验→承包单位向监理填报材料进场申报单，同时交验原材料测试报告和材料出厂合格证→监理提出审定意见，并在申请单上签字→承建单位使用经检验合格的材料。

(5) 工序质量报验：
工序施工→承建单位自检合格→填写分项工程质量检验评定表并经监理签字认可→填写隐蔽工程验收、中间验收、功能试验、安装调试等的报验表，并经监理签字认可→填写工序质量报验单向监理报验→经监理在报验单上签字后,承建单位方可进入下道工序施工。

(6) 签发混凝土浇灌申请报告:

隐蔽工程(钢筋、水、电、风、气、消防、综合布线、监控等预埋管)验收合格→混凝土用的砂、石、水泥、外加剂等检验合格→混凝土配合比经有资质的测试中心出具通知单→为混凝土浇灌所作的现场准备工作到位→承建单位填写混凝土浇灌申请报告→经总监理工程师审定后签发→承建单位获得签证后开始浇灌混凝土。

(7) 工程变更签证:

建设(施工、设计)单位提出变更要求→经设计单位出图或签发设计修改(补充)通知单→承建单位按变更内容施工后向监理申请签证→监理核实工程量后签证→报建设单位认定。

(8) 监理工程师指令单的签发:

承建单位违规→监理工程师签发指令单→承建单位填写指令回单,并进行整改→监理工程师复检合格。

(9) 监理工程师联系单的签发:

监理工程师提出问题→与工程各方联络(回复)→双方取得一致意见→执行。

(10) 监理工程师备忘录的签发:

监理工程师提出问题→未能被建设(承建)单位采纳→监理认为事情重要,应当申辩→监理工程师向建设(承建)单位签发备忘录。

(11) 监理月报:

每月底收集当月的工程施工概况,质量、进度、费用控制情况→由总监理工程师按规定格式书写监理月报→打印一式数份→分别上报建设单位、监理公司、建委及监理部留档。

(12) 监理协调会:

确定协调内容→监理通知承建、建设、监理等单位的有关人员参加协调会→总监主持协调会→协调会后由总监签发会议纪要→纪要发至会议参加单位,分别实施。

(13) 签发工程停工令:

承建单位不按图,不按规范、规定、规程施工,不安全操作,出现严重质量事故→报业主同意→总监下达停工令→承建单位停工整改。

(14) 签发工程复工令:

承建单位整改到位→经监理复验合格→报总监同意后签发工程复工令。

(15) 分项、分部验收:

分项、分部承建单位自检合格→分项工程报专业监理复验合格后签字→分部工程由总监组织建设、施工单位共同进行验收后签字→各方检验结果存档。

(16) 工程计量:

工程施工自检合格→按月向监理填报工程计量报审表→专业监理工程师审核当月已完工程量,对质量合格者予以计量,对质量不合格者及尚未施工到位的不予计量,并在报审表上签字→报总监复审后签字→返回承建单位。

(17) 工程款支付:

承建单位当月按监理审核后合格的工程量向监理填报工程付款申请表→经预算监理工程师审核与合格工程量相对应的工作量,并在审核结果上签字→报总监复审后签发付款申请表→报建设单位核实、批准、支付。

(18) 设备开箱检验:

设备运至现场→检查设备出厂合格证→建设(供货)单位组织承建、监理、供货商对设备抽验→检验合格者才能安装。

(19) 工程索赔:

承建单位向建设单位提出索赔报告→报监理核对事实,审查索赔要求的合理性→报建设单位审议→监理在双方间进行调解→逐步取得一致意见→确定索赔的可能性及索赔的程度。

(20) 工程反索赔:

建设单位向承建单位提出索赔(称反索赔)报告→报监理核对事实,审查索赔要求的合理性→报承建单位审议→监理在双方间进行调解→逐步取得一致意见→确定反索赔的可能性及反索赔的程度。

(21) 监理进度控制：

总进度计划控制→由承建单位编制→报总监审核→送建设单位认定。

月进度计划控制→由承建单位编制→报总监审核→在月初监理协调会上讨论认定。

周进度计划控制→由承建单位编制→报总监审核→在周监理协调会上讨论认定。

(22) 投资控制：

工程预付款：由承建单位按年度计划完成的工作量提出申请报监理→总监按政府的有关规定提出审核意见→报建设单位审定（审定时应与承建单位商定预付款扣除计划）。

工程进度款：由承建单位按月将已完成的工作量报监理审核→由总监签发付款凭证→报建设单位审批、付款。

(23) 档案资料管理：

工程资料：含图纸、设计变更、图纸会审纪要、招标书、投标书、工程标底、施工合同、地质勘察报告等。

施工资料：含开工报告，施工组织设计，原材料、半成品、成品、设备质保书及其抽检报告，工程定位放线报告，隐蔽工程验收报告，分项、分部工程验收报告，单位工程竣工验收报告，工程沉降观测报告，混凝土配合比，混凝土浇灌申请报告，混凝土、砂浆强度测试报告，砖强度测试报告，管道通水打压、抛球试验，电气线路电阻测试，工程量和工作量月报、年报、竣工图、竣工结算、各种签证等。

监理资料：含各种施工资料签证，监理日记，监理月报，监理会议记要，监理工程师指令单，监理工程师联系单，监理工程师备忘录，"三控制、二管理、一协调"等有关资料。

资料管理程序：

收集→整理→利用→装订→归档。

8.5 工程进度控制

本工程进度控制分:总进度控制;月计划进度控制;标准层进度控制。

总进度控制——采用日历网络图控制(见表8.1),每月底检查各项工作的完成情况,并用前锋线在网络图上显示,从而了解每项工作在每月底是超前完成还是迟后完成等情况,以供下月采取调整措施。

月计划进度控制——采用工序分解图控制(见表8.2),它是以楼层子网络为基础,集中解决工序间的合理搭接,以确定每月完成的楼层数,到每月底根据进度完成情况,另行调整下月计划。

标准层进度控制——采用子网络控制,它主要显示构成楼层钢筋混凝土主体结构的每道工序需要占用的作业时间及工序间的合理搭配。

8.6 工程质量控制

本工程质量控制重点把好四道关:原材料质量检验;工程测量控制;隐蔽工程验收;分项、分部、单位工程验收。

原材料质量检验——按规范、规定要求,设置经过培训的专职监理人员把关,并将每次、批测试结果输入计算机,定期将计算机统计结果公布,以便有关方面检查。

工程测量控制——主要控制建筑物的标高、轴线、垂直度、沉降量等。

标高控制见表8.3;轴线控制见表8.4;钢管柱垂直度控制见表8.5;沉降量控制见表8.6。

隐蔽工程验收控制——涉及到基础、主体、装饰施工的各个阶段中的土建、安装、装修等各个方面,在此不一一说明,这里推荐一项钢筋混凝土主体工程的隐蔽验收和工程质量控制见表8.7。

8.6 工程质量控制

表 8.2 十一月份施工进度计划表

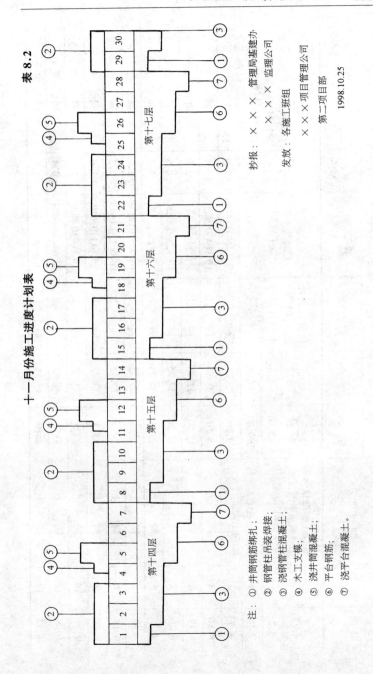

注：① 井筒钢筋绑扎；
② 钢管柱吊装焊接；
③ 浇钢管柱混凝土；
④ 木工支模；
⑤ 浇井筒混凝土；
⑥ 平台钢筋；
⑦ 浇平台混凝土。

抄报：×××管理局基建办
　　　×××监理公司
发放：各施工班组
　　　×××项目管公司
　　　第二项目部

1998.10.25

标高控制测量记录表

表 8.3

日期	层次	测量方法	标高(M) 建筑	标高(M) 控制	测量方法	楼层标高抄平 检测均值(M)	误差(MM)	备注
98 4.27	-2	用DS3水准仪依据IB导线点引测,且在现场作固定点±0从±点(在#2井筒上)向上丈量	-7.20	-7.40	依据标高控制点,用DS3水准仪进行抄平布控	检测点8个取平均值		( )中为层标高控制点后视读数。标高控制在下1m作水平控制(5cm做地坪)(混凝土浇灌楼面水平控制)标高控制在下55cm
7.2	-1	同 上	-3.60	-2.65	同 上			
7.18	1	同 上	±0.00	+0.95	同 上			
8.7	2	同 上	4.50	5.00	同 上	(1.417)1.415	+2.0	
8.11	3	同 上	8.50	9.00	同 上	(0.904)0.9039	+0.1	同 上
8.19	4	同 上	12.50	12.95	同 上	(1.248)1.245	+3.0	向下50cm
8.26	5	同 上	17.30	17.75	同 上	(0.925)0.9256	-0.6	同 上
9.2	6	同 上	21.3	21.75	同 上	(1.375)1.377	-2.0	同 上
9.8	7	同 上	25.3	25.75	同 上	(0.955)0.9533	+1.7	同 上
9.15	8	同 上	29.3	29.75	同 上	(0.661)0.6613	-0.3	同 上
9.21	9	同 上	33.3	33.75	同 上	(0.611)0.610	+1.0	同 上
9.29	10	同 上	37.3	37.75	同 上	(0.807)0.805	+2.0	同 上
10.8	11	同 上	41.3	41.75	同 上	(0.642)0.6424	-0.4	同 上
10.15	12	同 上	44.9	45.35	同 上	(0.648)0.6469	+1.1	同 上

8.6 工程质量控制   653

续表

日期	层次	测量方法	标高(M) 建筑	标高(M) 控制	测量方法	楼层标高抄平 检测均值(M)	误差(MM)	备注
10.22	13	同 上	48.5	48.955	同 上	(0.654)0.6533	+0.7	±0点已沉降5mm混凝土浇灌楼面水平控制向下50cm
10.29	14	从13层标高控制点向上量3.6m;从±0点处向上引50m作固定点再从固定点往上丈量	52.1	52.555	同 上	(0.658)0.656	+2.0	同 上
11.3	15		55.7	56.15	同 上	(0.650)0.6494	+0.6	同 上
11.9	16		59.3	59.75	同 上	(0.651)0.6506	+0.4	同 上
11.13	17		62.9	63.35	同 上	(0.670)0.6695	+0.5	同 上
11.18	18	50M点引拉	66.5	66.95	同 上	(0.664)0.6639	+0.1	同 上
11.23	19	同 上	70.10	70.55	同 上	(0.682)0.6818	+0.2	同 上
11.29	20	同 上	73.70	74.15	同 上	(0.687)0.687	0	同 上
12.4	21	同 上	77.30	77.75	同 上	(0.681)0.6806	+0.4	同 上
12.8	22	同 上	80.90	81.35	同 上	(0.679)0.6791	−0.1	同 上
12.14	23	同 上	84.50	84.95	同 上	(0.682)0.6818	+0.1	同 上
12.19	24	同 上	88.10	88.55	同 上	(0.608)0.6081	−0.1	同 上
12.24	25	同 上	91.70	92.15	同 上	(0.678)0.6778	+0.2	同 上
12.31	26	同 上	95.30	95.75	同 上	(0.674)0.6736	+0.4	同 上
99 1.11	屋面	同 上	98.90	99.35	同 上	(0.985)0.9843	+0.7	同 上

轴线控制测量记录表

表 8.4

日期	层次	测量方法	偏差值(mm)	允许值(mm)	检测值(m)	理论值(m)	误差(mm)	允许误差(mm)	备注
98.4.27	负2层	用J2经纬仪依据控制点放样	0	8					6,B轴处更改
98.7.2	负1层	用J2经纬仪依据控制点放样	0	8					
98.7.17	1	用J2经纬仪依据控制点放样	0	8					
98.8.6	2	从一层控制制线挂锤引测	CD轴5纠偏	8					
98.8.11	3	从二层控制制线挂锤引测	3,5轴1	8					
98.8.19	4	从二层控制制线挂锤引测	D轴2	8					
98.8.27	5	从二层控制制线挂锤引测	5,C轴1	8	27.957;27.953	27.957	0;+4	±12	
98.9.2	6	从二层控制制线挂锤引测	现场纠正	8	27.961;27.950	27.957	+4;−7	±12	
98.9.10	7	从二层控制制线挂锤引测	2	8	27.964;27.950	27.957	+7;−7	±12	
98.9.16	8	从二层控制制线挂锤引测	2	8	27.964;27.952	27.957	+7;−5	±12	
98.9.23	9	从二层控制制线挂锤引测	2	8	27.958;27.951	27.957	+1;−6	±12	
98.9.30	10	从二层控制制线挂锤引测	3	8	27.958;27.950	27.957	+1;−7	±12	3,5—C,E轴4个预埋孔控制
98.10.10	11	从九层轴线引测	3	8	28.644	28.645	−1	±12	

续表

日期	层次	测量方法	偏差值(mm)	允许值(mm)	对角线检测 检测值(m)	理论值(m)	误差(mm)	允许误差(mm)	备注
98.10.17	12	从九层轴线引测	3	8					
98.10.24	13	从九层轴线引测	3	8					
98.10.31	14	从九层轴线引测	3	8	27.954;27.960	27.957	-3;+3	±12	
98.11.5	15	从十四层轴线引测	3	8	27.954;27.961	27.957	-3;+4	±12	
98.11.10	16	从十四层轴线引测	2	8	27.956;27.960	27.957	-1;+3	±12	
98.11.15	17	从九层轴线引测	2	8					对其他各层校对
98.11.20	18	从九层轴线引测	3	8	27.956;27.953	27.957	-1;-4	±12	以十六层作基准
98.11.25	19	从十六层基准引测	2	8	27.957;27.955	27.957	0;-2	±12	以十六层作基准
98.11.30	20	从十六层轴线引测	2	8	27.957;27.957	27.957	0	±12	以十六层作基准
98.12.5	21	从十六层轴线引测	3	8	27.955;27.955	27.957	-2	±12	以十六层作基准
98.12.11	22	从十六层轴线引测	3	8	27.957;27.955	27.957	0;-2	±12	以十六层作基准
98.12.16	23	从十六层轴线引测	3	8	27.958;27.955	27.957	+1;-3	±12	以十六层作基准
98.12.21	24	从十六层轴线引测	3	8	27.955;27.960	27.957	-2;+3	±12	以十六层作基准
98.12.26	25	从十六层轴线引测	3	8	27.956;27.960	27.957	-1;+3	±12	以十六层作基准
99.1.2	26	从十六层轴线引测	3	8	27.959;27.956	27.957	+2;-1	±12	以十六层作基准

表 8.5 钢管柱垂直度偏差检测记录表

点号\偏差值\层次\柱高	E-2 X+	E-2 Y-	B-3 X+	B-3 Y-	E-4 X+	E-4 Y-	E-5 X+	E-5 Y-	D-4 X+	D-4 Y-	D-5 X+	D-5 Y-	C-4 X+	C-4 Y-	C-5 X+	C-5 Y-	B-2 X+	B-2 Y-	B-3 X+	B-3 Y-	B-4 X+	B-4 Y-	B-5 X+	B-5 Y-	B-6 X+	B-6 Y-
1 / 5.5	3	3	5	4	4	3	1	4	2	2	2	0	3	3	4	2	3	2	4	5	1	1	5	3	2	0
2 / 5.0	5	4	2	2	3	3	3	1	2	4	1	2	5	3	3	3	2	5	3	3	3	3	3	4	2	2
3 / 5.0	3	2	2	4	1	1	3	1	4	3	3	2	2	5	1	4			3	3	3	3	4	3	1	4
4 / 5.8	4	2	1	1	1	3	1	2	3	1	1	1	3	2	4	4			3	3	1	3	4	3	2	4
5 / 5.0	4	3	5	3	2	5	2	5	1	3	2	5	2	3	3	3	3	2	1	2	4	4	4	1	1	3
6 / 5.0	2	1	3	2	3	3	5	3	4	1	3	3	3	2	2	4	2	1	4	2	1	2	1	1	2	2
7 / 5.0	5	5	3	5	2	3	1	5	1	3	1	5	3	3	5	5		3	1	5	3	5	3	3	3	3
8 / 5.0	4	2	3	4	3	4	4	1	4	1	4	2	4	1		2	4	2	4	3	1	1	1	5	2	2
9 / 5.0	5	3	3	2	3	3	3	3	1	4	3	3	2	5	2	5		3	2	3	3	3	2	1	3	3
10 / 5.0	3	3	2	2	2	1	1	2	3	3	2	2	1	1	1	2			1	5	1	1	2	2	2	1
11 / 4.6	3	4	3	3	3	4	4	4	2	4	3	3	4	0	4	4			4	3	3	2	3	2	1	1
12 / 4.6	4	3	4	2	2	4	3	3	4	2	2	2	2	4	2	2			2	1	5	2	4	3	3	2
13 / 4.6	1	1	2	2	2	4	2	1	2	0	3	2	2	3	2	2			1	4	3	4	1	2	1	3
14 / 4.6	1	3	2	2	1	3	3	3	3	2	3	2	4	2	4	0			4	3	2	2	3	3	4	2
15 / 4.6	4	2	2	2	2	2	3	0	2	2	2	1	1	4	1	1			2	3	3	3	1	2	4	1

8.6 工程质量控制

续表

注：H 为钢管柱垂直部分的长度 (mm)；层柱高为 m
钢管柱垂直度安装测量的允许偏差为 H/1000
偏差值为 mm

点号	偏差值 层次 柱高	E-2 X+	E-2 X-	E-2 Y+	E-2 Y-	B-3 X+	B-3 X-	B-3 Y+	B-3 Y-	E-4 X+	E-4 X-	E-4 Y+	E-4 Y-	E-5 X+	E-5 X-	E-5 Y+	E-5 Y-	D-4 X+	D-4 X-	D-4 Y+	D-4 Y-	D-5 X+	D-5 X-	D-5 Y+	D-5 Y-	C-4 X+	C-4 X-	C-4 Y+	C-4 Y-	C-5 X+	C-5 X-	C-5 Y+	C-5 Y-	B-2 X+	B-2 X-	B-2 Y+	B-2 Y-	B-3 X+	B-3 X-	B-3 Y+	B-3 Y-	B-4 X+	B-4 X-	B-4 Y+	B-4 Y-	B-5 X+	B-5 X-	B-5 Y+	B-5 Y-	B-6 X+	B-6 X-	B-6 Y+	B-6 Y-
16	4.6	4	1			4	1			2				1	2			2	2			2	3			1	2			2	1							4	1			2	3			3	4			4	2		
17	4.6	2	2			1	4			2	3			2	2			1	2			2	0			1	1			2								4	1			4	1			4	2			3	4		
18	4.6	1	4			1	2			2	3			3	2			1	1			2	2			1	1			2								1	1			2	1			3	2			3	2		
19	4.6	2	2			1	2			0	1			2	1			1	3			3	1			2	2			1	1							1	2			2	2			1	1			2	1		
20	4.6	2	3			1	1			2	2			2	2			1	3			1	3			2	2			2								2	3			3	3			1	2			2	2		
21	4.6	2	3			2	2			1	0			1	3			4	4			4	0			2	1			2	2							1	1			1	0			3	0			3	1		
22	4.6	3	1			2	2			3	1			1	1			1	2			1	1			3	2			3	2							2	3			2	2			2	2			3	1		
23	4.6	4	2			3	3			4	1			2	0			0	1			1	2			3	2			1	3							3	2			4	3			2	2			4	3		
24	4.6	3	2			1	2			2	3			1	3			2	2			2	1			3	3			3	1							2	1			2	2			2	3			3	1		
25	4.6	1	2			2	2			3	1			1	1			1	2			2	1			3	2			1	1							2	2			2	2			1	1			1	1		
26	2.8																	2	2			2	1			2	2			3	2																						
27																																																					
28																																																					

表 8.6 沉降观察点沉降量展开图　比例 10:1(mm)

次数	层次	观察日期	沉降量(mm)
1	5	98.9.3	0
2	7	98.9.14	1
3	9	98.9.24	2
4	11	98.10.9	3
5	13	98.11.2	4
6	15	98.11.10	5
7	17	98.11.23	6
8	19	98.12.8	7
9	21	98.12.14	8
10	23	98.12.26	9
11	26	99.1.20	10

6.7.8.9.10
11.封顶

沉降观测点平面图

分项、分部、单位工程验收——分别按政府质检部门规定的表格和检查项目进行验收。分项、分部工程验收,由监理单位根据施工的报验单与施工单位一起进行验收;单位工程预验收,根据施工单位的竣工验收报告,由监理单位主持,组织施工、设计、建设单位进行验收,通过预验,向施工单位提出整改要求,限期整改完毕,必要时,需经多次预验才能通过;预验通过后,由监理单位向建设单位提出单位工程质量评估报告,后由建设单位组织勘察设计、施工、监理等单位对工程进行竣工验收;竣工验收合格后由建设单位向当地县以上政府建设行政主管部门备案。

8.7 工程投资控制

施工阶段的投资控制,本工程采用四线制控制。即:

合同控制线——按施工合同规定:建设单位按施工形象进度向施工单位付款。即分±0.00以下,±0.00以上主体完,竣工收尾,竣工结算完,保修阶段结束等五个阶段付款。合同控制线是按每阶段付款数的累计百分率绘制。

实际发生线——按月由施工单位报给监理单位的当月完成的工程量和工作量。实际发生线是按施工单位每月完成的工作量的累计百分率绘制。

监理审核线——是经监理对施工单位每月上报的工作量审核后,扣除其中经计量工程质量不合格的工作量、实际上未能完成而虚报的工作量、甲供材料的工作量,并以每月工作量累计百分率绘制。

财务支付线——由建设单位按监理审核签证的费用扣除应扣的工程预付款,再考虑一定的折减系数后给施工单位的付款数额。财务支付线可按合同规定的形象进度付款时间支付额的累计百分率绘制。

本工程以上四线的表示方法见图8.1

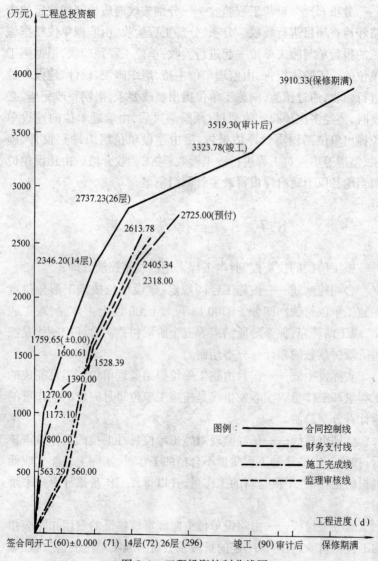

图 8.1 工程投资控制曲线图

8.8 工程组织协调

施工阶段监理的组织协调工作,范围广、任务重、关系复杂,因此,要求监理人员、特别是总监理工程师,应该具有丰富的实践经验、广泛的知识面、较高的组织管理能力。但目前多数情况下监理人员达不到上述水平,所以感到组织协调工作很难。如果做好了这项工作,对顺利开展施工监理是十分有益的。本工程尝试做了以下工作:

(1) 分阶段确定组织协调工作重点

基础(含桩基)施工阶段——主要围绕确保工程质量组织协调,因为基础阶段较普遍存在的问题是工程质量问题。

主体结构施工阶段——主要围绕确保工程质量与安全生产、文明施工的前提下协调好工程施工进度,确保施工进度接受工程总进度计划的控制。

装修施工阶段——因在这个阶段内土建、安装、装修工程一起上,形成了一个多工种立体作业的局面。所以本阶段主要协调任务是在确保工程进度、质量、安全生产、文明施工的前提下协调好多工种之间的配合。

竣工验收阶段——为确保工程质量达到施工合同规定的质量目标,协调的主要任务是组织各施工单位对各自的工程进行精加工。并协调好各施工单位对竣工资料、竣工图、竣工决算的限期完成。

(2) 讲究组织协调工作的技巧

组织协调工作很重要,工作起来难度又很大。大量的人际关系,利害冲突,使一般工程技术人员难以胜任。如若不讲究一点工作技巧,有可能事得其反。组织协调工作包括日常监理工作中的口头协调和组织施工、建设单位召开会议协调及监理签发书面指令协调等。无论哪种形式的协调,都应该注意到工作技巧。作者在工作实践中感到行之有效的办法,可综合为"严于始终、晓之以理、治之以法、持之以恒。"

严于始终。是指组织协调工作从工程监理开始至工程竣工验收为止,始终坚持严格要求。协调会由总监理工程师主持,会后签发会议纪要,会上定的,会后一定要兑现。不能兑现的,一定要说明原因,要提倡批评与自我批评,要追究失误的责任。

晓之以理。是指工作中要以理服人,不能强迫命令,不能以权势压人。组织协调时,一定要向大家说清楚为什么要这样做,让大家听明道理,相信大家会通情达理的。

治之以法。是指工作上的治理要有依据。协调工作中凭依据办事,依据就是图纸、技术资料、规范、规定、规程和有关理论与实践方面的经验。依据是大家统一认识的基础。是防止争论不休的尺度。有了依据就有了权威,有了依据就有了法。以法办事能分清是非,分清责任。

持之以恒。是指对上述三点坚持不懈。作为监理工程师能在监理工作中坚持上述三点,相信组织协调工作的效果一定是比较好的。

8.9 工程监理常用表式

本工程施工监理实例是采用江苏省的一个实例。因此,施工阶段监理所使用的表式是由江苏省建委监理处统一制定的表式。在表式中分三类:A表类是承包单位就现场工作报请监理工程师核验的申报用表或告知监理工程师有关事项的报告用表;B表类是建设单位、设计单位就现场有关工作与监理单位进行联络用表;C类表是现场监理组的自身工作用表,它分对外用表和内部用表两部分。这里仅选择C类表中常用的几种表式作例子:

(1) 监理工程师指令单(C12类),见表8.8。
(2) 监理工程师联系单,见表8.9。
(3) 监理工程师备忘录,见表8.10。
(4) 会议纪要,见表8.11。
(5) 监理月报,见表8.12。
(6) 监理日志,见表8.13。

8.9 工程监理常用表式

监理工程师指令单（C12类） 表8.8

单位工程名称：×××业务综合楼	编号：C1 2—008

事　由	关于楼板钢筋等隐蔽工程验收中的一些质量问题

致（施工单位）：×××处：

经查验，四层楼板钢筋等隐蔽工程验收中，发现如下一些质量问题：

(1) 按构造要求：板中受力钢筋一般距墙边或梁边50mm开始配置，目前实际上有不少地方超出50mm，有的达100mm；
(2) 板筋绑扎不整齐，间距大小相差较多，钢筋网之间支撑绑扎固定不到位；板筋受力钢筋端头位于梁上时，端头未能越过梁的中心线；
(3) 板筋下的水泥垫厚薄不一，间隔不一，有的已破碎；
(4) 梁筋位置不平整，两头高中间低；
(5) 中筒剪力墙钢筋焊接接头有的同心度差；
(6) 钢管柱与楼板接头处在板内的箍筋绑扎个别不到位，该处受力大，经建院节点试验，在破坏荷载作用下，该处裂缝较多，故不能忽视。要求施工单位自检到位；
(7) D-E轴与6轴处大门上面梁加密区内侧三角区箍筋未能绑扎；
(8) PVC管在板内多处被压扁；
(9) 强、弱电竖井楼板上预留洞位置竖向的垂直度要求：各层应在一条垂直线上，故要求留洞位置尺寸正确，洞口预留预埋由土建负责，安装检查认可。洞口边长大于500mm时应在周边设加固钢筋。
(10) 外墙构造柱预埋插筋，在梁面梁底应同时设置。从第五层开始不能遗漏。严禁遗漏梁底插筋，否则会造成事后施工困难。严禁事后在梁底打开混凝土后，在主筋上焊接插筋，因为此时主筋已受力，在受力下的钢筋是不能焊接的，防止钢筋产生热脆的危险。

上述意见请于　　月　　日前回复。

监理组（章）：_____

总监理工程师：_____　日期：_____

注：本表分类为：进度控制类（C11）、质量控制类（C12）、费用控制类（13）、安全文明类（C14）、暂停施工类（C15）、执行业主指令单类（C16）。

监理工程师联系单

表 8.9A

单位工程名称：×××业务综合楼　　　　　编号：C21—011

事由	催办热泵、风机、水泵供货等问题

致：×××公司：

热泵安装时间的早或晚，对下一步工程施工影响很大。目前因热泵尚未供货，影响到屋面防水层至今不能施工。屋面不能做防水层，屋面漏水问题不能解决，进而各层的装修问题不能施工，这样直接影响到施工工期的拖延。为此，建议你们抓紧组织力量订货、供货。

通风机组的供货目前尚未到位，直接影响到机房隔墙的砌筑，隔墙不砌，部分楼面磨石子地面不能施工。因此，通风机组的供货也迫在眉睫。

水泵的供货目前也尚未到位，也影响到下一道工作的施工，如地下室水泵不能安装，影响到地下室地面表面层的施工不能进行，否则在地表面搬运水泵时会破坏表面层，影响工程施工质量。

第四层配电间的隔墙方案是否已经确定，会不会再变？如果说不会再变，那么已经砌好的隔墙可以粉刷。墙面粉刷应在磨石子地面之前施工为妥，否则会污染磨石子地面。

上述意见，我们在口头上已提出过多次，但目前的工作进展不快，已经造成在施工进度上的被动。为此，我们以书面建议提出，望能采纳。

监理组(章)：_____

总监理工程师：_____ 日期：_____

注：对业主联系单(C21)、对施工单位联系单(C22)。

8.9 工程监理常用表式

监理工程师联系单 表8.9B

单位工程名称：×××业务综合楼   编号：C22—004

事由	重申前几次监理会协调上已决定,但至今未落实的事项

致：×××处

5月1日开工以来已有二个月,回顾二个月中监理协调会上已作决定,但至今尚未落实的事项如下,现要求你们在6月底前落实报给我们。

(1) 本工程施工组织设计尚未修改,施工总进度计划尚未落实。
(2) 月度施工进度计划安排未见书面出台。
(3) 按月将你们完成的工作量报给我们一事尚未执行。
(4) 现场施工管理人员及技术人员尚未全部到位专职,特别是5处。
(5) 电焊工等专业性工种的上岗证尚未报监理。
(6) 地下室的施工方案尚未修改、打字、归档。
(7) 现场文明施工,安全生产还有差距。基坑周围安全护栏二根水平杆中的一根被拿作他用;现场材料堆放较乱,特别是办公楼前及基坑周围道路两边。
(8) 施工机械部分(如塔吊、振动器)尚未到位。

监理组(章)：
总监理工程师：   日期：

注：对业主联系单(C21)、对施工单位联系单(C22)。

监理工程师备忘录 表8.10A

单位工程名称：	×××业务综合楼	编号：C31—005
事由	关于第十九层样板层的几点建议。	

致：×××公司：

以第十九层作为样板层，其目的应包括：确定各种管线的位置，标高；协调室内装修用材、色调、效果、造价和业主意图；规范参与建设活动的设计、施工、建设、监理等单位的工作行为。只有这样才能真正起到做样板层的作用。才能真正确保装修工程质量达到优良，在工程竣工验收时不因装修工程达不到优良等级而影响整体工程达不到优良工程等级(注：工程等级优良是在总包和监理合同中已定的目标)。从上述思路出发，我们在下列两方面提出建议供参考。

一、装修施工队伍的选择

施工队伍的素质高低，决定着装修施工质量的好坏。因此政府政策要求通过招投标选择施工队伍，以确保工程质量。这个观点我们曾经在C31—004号备忘录中已经提出，在此再重申一次。施工队伍的招标，首先应当由建设单位组织总包、监理对其进行资质审查和工程实绩考察，然后与总包、监理共同参与确定装修分包队伍，为什么要这样做？因为在确定分包队伍中总包、监理均有其一定的权利和义务。否则，在确定分包过程中行为不规范，定会受到政府主管部门的制约。

二、建设单位在装修工程上的组织领导程序

为使装修工程有序的进行，其关键是建设单位的组织领导要有序，否则工作紊乱，决策失误，拖延时间，甚至有关方发生冲突。为此，我们建议程序如下：

(1) 装修工程设计，应先由设计单位提出方案图和效果图，经建设单位领导组织审定，后由设计单位绘制装修施工图；

(2) 以装修施工图为准，组织施工队伍招投标。施工单位投标时，对预算中的主要材料要提供样品。中标后，装修材料应以样品为准验收；

(3) 由建设单位初审中标单位预算书，后请建设银行或其他有权威的单位审核、签字、盖章；

(4) 建设单位组织施工图会审，并确认会审后的图纸和有关部门审核后预算中的材料单价；

(5) 工程竣工结算时，材料单价以上述审核后的预算单价为准；工程量以竣工时实测为准。

根据我们的监理经验，以上几条会使工作有条不紊。

监理组(章)：_____

总监理工程师：_____ 日期：_____

注：1. 本表用于监理单位就有关建议未被建设单位采纳或有关指令未被施工单位执行的最终书面说明。

  2. 对建设单位备忘录(C31)、对施工单位备忘录(C32)。

监理工程师备忘录　　　　　表 8.10B

单位工程名称：×××业务综合楼　　　　编号：C32—008

事由	关于冬天雨雪天气安全生产问题。

致：×××处：

目前已进入12月份，从12月1日开始最低气温已下降至5度以下，并出现雨雪天气，这为现场安全生产造成困难，在此提出以下几点请你们采取必要措施：

(1) 下雪后在施工前要组织人员清除积雪，尤其在人流量大的地带积雪应清除干净，作为应采取的防滑措施。

(2) 注意安全用电，对所有的电源、电线进行检查，凡破损的必须更换，以免漏电伤人。

(3) 凡新砌的墙在迎风面大的部位应加设支撑，以免天气变化刮大风吹倒墙体。

(4) 凡新浇灌的混凝土要采取防雨、防冻措施。

(5) 钢管柱安装时的临时固定必须加强，必要时在上端加设支撑，以免雨雪天气影响时引起不安全。

(6) 钢管柱现场焊接和超声波探伤时注意安全用电。

(7) 现场所有施工机具注意安全操作。

(8) 现场施工人员必须安全操作，并注意防雨、防冻。

(9) 注意混凝土拆模时间，凡按规范规定的混凝土强度尚未达到龄期时，不准拆模。遇到特殊情况需经总监同意，并采取必要的加固措施。

(10) 夜间施工要加强照明。

监理组(章)：_____
总监理工程师：_____ 日期：_____

注：1. 本表用于监理单位就有关建议未被建设单位采纳或有关指令未被施工单位执行的最终书面说明。
　　2. 对建设单位备忘录(C31)、对施工单位备忘录(C32)。

会 议 纪 要　　　　　　　　表8.11

单位工程名称：×××业务综合楼　　　　　　　　　　C9#45—P-1

会议时间	1999.11.26	会议地点	工地会议室	
组织单位	××监理部	主持人	总监×××	
参加单位	××	××	×××	×××	监理部
参加人员					
会议议题	检查11月份完成的施工任务,安排12月份施工任务。				

会议主要内容及结论

　　会议开始由各施工单位汇报11月份完成的施工任务和12月份施工任务的安排。为确保12月份施工任务的完成,施工单位要求建设单位及时解决的下列问题。

——××处提出：

(1) 屋面保温材料的订货与供应尽早进场；

(2) 20至26层地面线槽安装到位,以便水泥地面的施工；

(3) 确定4至10层天棚涂料品牌；

(4) 确定电梯厅装饰方案；

(5) 确定楼梯间踏步装饰用料；

(6) 确定4层以下外装饰方案；

(7) 催办窗玻璃进场时间。

——××提出：

(1) 供应第19层铜芯线；

(2) 第19层还有配电箱、母线槽等设备未进场；

(3) 屋顶风机未进场；

(4) 下一步怎么干,要作出安排。

——××提出：

(1) 到公司催办发泡剂的供应问题；

(2) 总包提供吊篮问题；

(3) 总包提供垂直运输的配合问题；

(4) 下午5点半以后的供电问题。

——××提出：

(1) 电源送入电梯机房；

(2) 电梯门与墙之间的缝填塞问题；

　　　　　　　　监理组(章)：＿＿＿＿＿＿＿＿＿＿

　　　　　　　　总监理工程师：＿＿＿＿＿＿　日期：＿＿＿＿＿＿

续表

会议主要内容及结论	(3) 消防电梯井底渗水排除问题； (4) 每层电梯门口防水栏问题。 ——监理单位意见： (1) 目前已进入多工种施工阶段，最近以来工序间的配合不好，铝窗预埋件尚未焊完，土建贴面砖已将其覆盖；铝窗框周边尚未填发泡剂，框内外已贴面砖等。这种严重影响施工质量的做法，要求各施工单位在内部追究其责任。在此严肃指出：上道工序没有做完之前，决不能做下道工序。 (2) 总包与分包间的配合问题，要求分包办事要有计划，要求总包对分包配合要先人后己，否则很难把关系处理好。 (3) 各施工单位一定要抓好工程质量，目前不少施工单位现场质检工作放松，质检员不到位。我们口头已向有关单位讲过多次，如果不改正，到时我们会采取一定措施。 (4) 产品保护问题，目前各施工单位各行其是，不注意爱护别人甚至于自己的产品，有些产品刚做成就已被损坏。要求各单位采取措施，保护好产品。 (5) 安全生产，文明施工问题。目前现场不安全因素众多，我们已发了专项指令；文明施工我们口头和书面已表达过多次，但有关单位落实不够；要求会后抓紧落实。 ——建设单位意见： (1) 上道工序未完成，不能做下道工序，违者要罚款。 (2) 19层以上和电梯厅铝窗安装，下周要检验完毕。 (3) 19层和6层电梯厅的石料装修做成样板层。 (4) 四建下周抓好电梯机房的施工。 (5) 4至10层钢管柱的粉刷方案要求粉刷不开裂，具体另定。 (6) 电梯机房的临时电源线暂由四建购买。 (7) 材料供应问题我们尽力去做，电梯厅、楼梯间、卫生间的方案已定，下周可以下达。 (8) 与安全有关的工程质量，要特别小心，违反安全的罚款要加重。 (9) 要重视产品保护。 (10) 明年5月份配电房要供电。 总监注：上述建设单位和监理单位的意见，请各施工单位领导认真研究，切实采取相应措施，否则你们的工作将会相当被动。 监理组(章)：_____ 总监理工程师：_____ 日期：_____

表 8.12

___×××业务综合楼___ 工程

监 理 月 报

第___9___期

___1998___年_8_月_1_日至___1998___年_8_月_31_日

内容提要：

月工程情况概要

月工程质量控制情况评析

月工程进度控制情况评析

月工程费用控制情况评析

监理组(章)：_____

总监理工程师：_____

日期：_____

本月工程情况概要　　　　　　　　　　续表

相关情况登记

本月日历天	31d	实际工作日	31d
设计变更	0份	业主指令单	0份
监理指令单	6份	对业主联系单	2份
监理备忘录	4份	对施工方联系单	2份
例会会议纪要	2份	专题会议纪要	1份

形象进度情况

区/幢号	进行的分部工程	本月主要施工内容
业务综合楼	±0.00以上1~4层	楼板、中筒墙模板、钢筋,钢管柱安装及其中混凝土的浇灌

监理对本月工程现场情况的总体评价：

本月份××处完成四层结构施工任务至五层中筒模板、钢筋施工完,钢管混凝土浇灌完,施工进度比原计划完成五层迟缓4d。5处主要配合土建预埋管道。1处完成1~5层的钢管柱的制作与安装。

施工质量基本良好,1~2层模板拆除后,有几处在中筒剪力墙上模板有变形,同一轴线上的梁梁边不在一条线上,构件截面偏正值。五层钢管柱安装后发现有5根钢管柱短5cm,原因是制作要求调正误差-5mm,制作人员看错单位,将mm看作cm。事故发生后,1处立即组织人力将第六层钢管柱用作调换,影响工期1d。××处预埋的PVC管在混凝土浇灌时经常被压扁,造成经常更换。安全施工上未发生大事故,危险作业时有发生,高压线护栏月底才到位。文明施工尚未到位,回填土尚未结束,底层拆模后室内尚未整理有序。

本月工程质量控制情况评价

续表

本月质量控制情况登记

本月抽查试验次数	22次	试验结果不合格次数	2次
设备开箱检查次数	0次	检查不符合要求次数	0次
本月检查分项工程	6项	其中合格 2 项,优良 4 项。	
发出监理指令单(质量控制类)		4份	

工程质量情况简析(文字或图表)

钢筋安装与绑扎质量:在梁、墙内质量为优,在楼板内因采用冷轧扭钢筋绑扎到位后仍位移,质量为合格,总体为优。

模板安装质量:经1~2层拆模后发现,在中筒剪力墙上,有些地方出现走模,特别在上下剪力墙接头处,因中筒大模板脚部支撑不牢所致。梁模出现正偏差。板模因多次周转而破旧,安装后板与板间接头不平整。总体为优。

混凝土浇灌质量:钢管柱中混凝土的质量,经检查发现,多数柱内局部有空壳,特别在上下柱接头以上1m左右的范围内比较集中。梁、墙、板混凝土浇灌质量经模板拆除后检查,混凝土质量较好。总体为优。

钢管柱的制作与安装:钢管柱的制作中尚存的问题为个别钢管柱的管口圆度和对口错边超出规范;钢管柱制作与安装中的对接焊缝符合规范;钢管柱安装时的垂直度符合规范。质量总体为优。

水、电管线预埋到位,质量合格。

另:关于冷轧扭钢筋检测后的质量已在C21-006联系单中报告建设单位。

下月质量情况预计和目标

采取积极措施,纠正8月份施工质量上的不足,使四个主要分部全面达到优良标准。

本月工程进度控制情况评价　　　续表

本月计划完成至	第六层楼面混凝土施工完		
本月实际完成至	第五层楼面混凝土,钢管柱混凝土,中筒模板、钢筋施工完。		
本月提前/滞后天数	/4d	累计提前/滞后天数	/15d
本月批准延长工期	0d	预计工程竣工日期	499d

本月工程进度情况简析(文字、图表)

8月1日浇灌底层钢管柱混凝土;
8月3日浇灌底层中筒混凝土;
8月5日浇灌二层楼板混凝土;
8月8日浇灌二层钢管柱混凝土;
8月10日浇灌二层中筒混凝土;
8月12日浇灌三层楼板混凝土;
8月16日浇灌三层钢管柱混凝土;
8月17日浇灌三层中筒混凝土;
8月20日浇灌四层楼板混凝土;
8月24日浇灌四层钢管柱混凝土;
8月25日浇灌四层中筒混凝土;
8月27日浇灌五层楼板混凝土;
8月31日浇灌五层钢管柱混凝土。

基本上达到7d完成一层的目标。

下月工程进度展望

9月份计划完成四层半,争取完成五层。即到达10层楼板混凝土施工完成,争取完成10层半。

续表

本月费用控制情况评价			
本月实际完成金额	645.8936万元	累计完成金额占总预算金额	21.6%
本月扣除预付款	0万元	累计扣除预付款占总预付款	0 %
本月监理批准付款	642万元	累计批准付款额	642万元
本月发生批准索赔	0万元	累计发生索赔额	0万元

工程费用控制情况简析(文字或图表)

根据施工合同±0.00标高完成后,土建支付合同价的15%,即563.2919万元。本月按此数并扣除未能完成部分后支付560万元。另加钢管柱完成82.6017万元。共计完成645.8936万元(土建未计入±0.00以上工作量)。土建+钢管=总投资为2989.96万元。

预计下月工程发生费用金额

根据合同下次付款待第14层完成后才能支付。故上述二项下月不会发生费用支付。

监 理 日 志

表 8.13

日期:1999 年 12 月 12 日　　　　　　　　　天气:阴
星期：日　　　　　　　　　　　　　　　　　气温：13/2

施工单位	四建
施工人数	150 人

施工及监理工作情况	今日施工现场正在施工下列项目： 1. 地下室负一层浇灌混凝土配筋面层。因负一层为人防、地下车库,要求地面耐磨、面层不开裂,故施工要求混凝土表面原浆抹平。 　　对此,监理工作重点检查：面层混凝土的配合比;配筋位置整修到位;混凝土振捣密实且随捣随抹平。这三项,施工现场实际上做不到位,监理工作费力。 2. 屋面保温层施工。保温层采用轻质多孔珍珠岩砌块。监理工作要求：确保保温层厚度且符合设计要求的坡度;摆设时,块与块之间要紧密,并在设计规定的位置留设排气槽;摆设前屋面基层要求干燥,珍珠岩砌块要求干燥。 3. 外墙面砖勾缝。设计要求使用嵌缝粘合剂。经使用,事后缝中吐白,污染墙面。经监理与施工单位研究,改用水泥与粘合剂以二比三混合加细砂拌合使用,效果较好。 4. 窗台内侧收口粉刷。监理检查粉刷层高度是否高出铝窗下槛 5mm,以符合规范要求。

形象进度	自本日开始的施工内容： 室内外装修	至本日结束的施工内容： 室内外装修

机械	运转情况记录：混凝土拌和机上午 8 点至 10 点损坏修理,10 点后恢复施工。

材料	进场情况记录：能满足施工需求。

值班监理工程师	＊＊＊	总监理工程师	＊＊＊

主要参考文献

1. 全国监理工程师培训教材编写委员会．工程建设质量控制．北京：中国建筑工业出版社,1997
2. 全国监理工程师培训教材编写委员会．工程建设进度控制．北京：中国建筑工业出版社,1997
3. 《建筑施工手册》编写组编．建筑施工手册,第三版．北京：中国建筑工业出版社,1997
4. 成虎,钱昆润．建筑工程合同管理与索赔．南京：东南大学出版社,1996
5. 王慧仪,蔡齐芳主编．建筑工程质量管理和质量保证手册．北京：中国建筑工业出版社,1997
6. 钱昆润,杨昊．建筑装饰工程监理手册．北京：中国建筑工业出版社,1997
7. 国家统计局．固定资产投资统计最新指标解释,1993
8. 建设部标准定额司编．工程项目建设工期定额汇编,1993
9. 混凝土结构实用构造手册．北京：中国建筑工业出版社,1997
10. 王相义,陈金元,孙翔主编．投资管理系统工程．北京：中国财经经济出版社,1992
11. 江苏省建设委员会建设监理处编．工程建设监理法规与文件汇编,1998
12. 江苏省建设委员会建设监理处编．建设项目总监理工程师实务,1998